观照

西方科学哲学理性

高小斯⊙著

人民出版社

目　录

卷首语　　/1

第一章　万法圆明:科学　　/1

一、科学本身　/4

二、科学主义　/84

三、科学精神　/152

四、一位科学家的哲学自白　/201

　　——观照S·温伯格的终极理论心愿

第二章　法相圆明:存在　　/267

一、存在问题诸说　/268

二、存在与证伪　/295

三、从禅学的立场来看存在追问　/311

第三章　蠡海普度:超越　　/326

一、循环论证与超越问题　/327

二、当代西方哲学家克服循环论证的思路　/356

三、分析哲学实现超越的两个主导理路　/375

第四章　念河息波:泯争　　/389

一、西方哲学史的三大公案   /391

二、当代西方哲学几大流派的争论   /411

三、哲学争论为什么"无意义"   /433

卷　首　语

　　本书是已由人民出版社出版的《禅话西方哲学的禅化》一书的姊妹篇。

　　《禅话西方哲学的禅化》一书，纵向探讨西方哲学的非理性认知行为，非理性认知的心路历程及非理性认知的成果，以提示，非理性认知对于人类来说的存在真值及其正当性和必要性。

　　本书则在横向上讨论理性认知行为的存在真值及其正当性和局限性，从而阐明由其正当性决定的局限性，当逻辑理性的运用一旦超越其局限性的界限，也就是超越其正当性界限之时，便会产生诡辩论和不可知论，并造成许多无益的论争和维特根斯坦所说的明显的胡说。因此，认清理性认知行为的正当性即局限性，是正确运用逻辑理性的必要前置性理性认知。达此，方可认知科学精神的本质真值。非此，难以促进科学发展。

　　本书讨论的理性，不仅仅是讨论理性自觉，而是集中讨论逻辑理性，在西方文化语境中的"自觉"，是以逻辑理性的运用为核心的。西方神学、哲学、科学无一不奉持逻辑理性为其自觉的真值实性。如是，常常导致无益的论争和其学说无法逾越的界限并由此引起悖论，从而将无法论证的终极东西和无法证明的终极力量最终归于"第一推动力"，使其哲学和科学最终无法摆脱对神学的依赖。指出这一点，并不是要否认逻辑理性——哲学、科学理性"靠不住"，而是要澄清其发生作用和运用实性的范围、领域，从而消泯其神学底蕴，进而追寻到理性存在和运用的更高级形式——认知理性，使人性本真获得解缚，使人的本质性认知能力得到解脱，得以最大限度地发挥其创化——创造能力，及回归家园的自觉，真正确立人本身应有的终极本体自信。

90 年前爆发的"五四运动"，将科学理念传入中国。国人深以为中国既贫且弱，是因为科学不发达，如是，以科学立国、立民、立身、立世成了国人百年梦求。缘于此，在国人心中留下了潜阴影，造成了一种根深的殖民地心理：科学必须向西方学习，向西方看齐，这种梦魇压迫国人至今，使之言科学必以西方为尚。在与科学相关的问题，不仅祖述西方，而且时时处处以西方科学为检验标准。但凡一种学理学说，一旦打上西方科学印记，便成了摸不得的老虎屁股，动不得的真理，即便是国粹，也要得到西方科学的认可，方才具有了现代真理意义，这种观念压抑了国人的创造力的发挥与实现。因而，以釜底抽薪的方式，观照到西方哲学科学理性存在真值及其正当性，是彻底解除这种梦魇的唯一办法。若如是观照，则可提振国人自信心，在科学认知本质上，不再祖述西方，而向东方认知理性存在及实现方向上诉求，使逻辑理性运用处于认知理性自觉之中，我们的科学发展，就会在科学精神这一内在素养的涵育中，得到"甦"的生命力支持和发挥。本书若能真正起到这种"去蔽"逻辑理性崇拜导致的在科学上相信并依赖西方文化的殖民地心理阴影，走出这个"洞穴"，大千世界中"事和"之"理合"无限，便澄明地展现在国人面前。

　　行文至此,要说明的是,这两册书的出版,并不仅仅是要提振民族自信心,不仅仅是提出对科学本身的重新认识,而主要是深入地对认知理性和非理性认知行为,作出一个整体性的论述和把握,因此,这两册书的出版,是为把握禅认知提供一个学理性背景。为此,我将在其出版后,推出中国禅化认知学专著:《禅认知学原理》。该书将就人性问题展开全面讨论。其中包括人性生命力创化性创造力发生和实现问题;中华传统文化祖先崇拜的人格信仰问题;在此基础上,东西方文化的可融合性问题;顺便破解"李约瑟难题"。敬祈读者期待出版社推出该书。这,应该是一个负责的态度:不仅摇旗呐喊,更应当提出应为之道和当为之术,身体力行地为之——论述和把握认知理性的学理与实践的方式方法。是耶,非耶,均当止于此。

高小斯

2009 年 3 月

第一章　万法圆明:科学

　　科学,源自于古希腊文化。这一点,人们是毋庸置疑的。对于科学理性的认识,也就是对科学理论和科学理性功用的界线性认识。也产生于古希腊,这一点,常常为人们所忽略。这种区分和认识,可以说源自于米利都三杰,经前苏格拉底各派智者的殊途而同归的讨论,到了苏格拉底,给出了一个明确的界说:"只有复杂的事物可以被分解,而灵魂和理念一样,不是由许多部分构成的,应该说,是单一的,不能有开始或终结,或变化,它本质上是不变的。"这一界定,实质上是指出了科学与科学理论相关的科学理性有两点区别:其一,科学所把握到的理论真理本身,不是人的理性本身或人的终极本体;其二,因此,科学理性,尤其是逻辑理性本身,是无法通过科学模式来解释、归纳、推理而证明为人的终极本体的。但是,这一界说并不说明终极本体的存在与科学本身是对立的,非此即彼的,而是有着一种源与流的关系。我们可以从古希腊智者们各种研究相关的部分内容中看到这一点。

　　古希腊确定的科学起源,一般以为是毕达哥拉斯学说。因为他是第一个要将体验到的东西,神秘的东西,以数学的方式给予表达的人。也是力图以演绎推理的证明方式去论证和净化人类灵魂的人。如是,他发现了:理性的东西与神秘的东西在人类灵魂中对立着并互相贯穿着。这种豁然贯通感使他感到了一种沉醉的欢欣,他因而认为,纯数学家正像音乐家一样,是他那秩序井然的美

丽世界的创造者和享受者,人生——生活,人的生命力的活动因此
而走出了混沌步入了光明。如是,毕达哥拉斯开创了理性的"神
话"——理性以数学为工具对神秘的东西的言说。

赫拉克利特则洞察到并描述了人生历程的大化流转式的体
验。他以为,追求永恒才是人的天性。但是,永恒只能在无尽的流
转历炼中体现出来,在这个立义上说,永恒只是过程性的永恒。但
是,他又清楚地看到,过程性只是展现出永恒,而说明不了永恒,因
为永恒意味着没有过去、现在、将来的过程性限制,因此,永恒的大
化流转是无法说明这种没有变化的东西的。也就是无法用可以处
理过程性东西的逻辑理性来处理这种非过程性的永恒的东西,永
恒的东西是理性无法操作的,人们运用理性只能把握和论证在永
恒的流变中的东西,而不是永恒本身。如是,人们用科学理性推理
的对象,只是表现永恒的存在的一种自在形式,而并不是永恒的东
西本体,在这里,我们看到了古希腊人对科学与理性更深一层的
认识。

就哲学的科学意义上的存在论创立者巴门尼德的学理来
说,永恒的东西就是存在,只当人们以内在的理性眼光把握住
这个存在本体以后,人们才可能对其进行推理、证明、说明。
否则,人的灵魂就会掉进虚无的深渊中无以自救。他为了说明
这一立论,明确指出:"既然我们现在能够知道通常被认为是
过去的事物,那么它实际上就不可能是过去,而在某种意义上
说,它是现存在的。"理性只有抓住了这个当下即是的"存
在",才有了推理和演绎的对象,也才可能使人生走出混沌而
步入清晰的坦途。

在当代科学的意义上说,这三位古希腊先哲,都是科学理性信
仰的先驱者。他们从不同的角度论证了人类认知行为、历程和依

据,存在的推理和确定其明确性的科学方式方法,并最终达到对于人的逻辑理性的把握。一般讲哲学史的人,注重他们理论的分歧;但在禅学看来,他们的言说,并不是矛盾对立的,而是从不同的视域角度,在观照并言说着报身实相的存在方式和对其进行正觉演绎的处理历程,最终达到一种明确的生存、生活方式和对终极本体的理解性把握。

这三位科学的先驱者对科学与理性的认识,从整体文化语境上看,都源自于非神学的阿那克西曼德对世界和人生本身的把握。当阿那克西曼德将那个存在终极本体"元质""名之以无"以后,他才看出,在大化流转中,一切存在者,一切存在现象,一切存在都遵循着一种互补的和谐原则,从而才会永恒地运动着。罗素是这样来陈述阿那克西曼德的这个存在本体的终极思想:"名之以无的'元质',是无限的,永恒的,而且是无尽的,它包围着一切世界,我们的世界只是许多世界中的一个元质可以转化为我们所熟悉的各种各样的实质事物,它们之间可以互相转化"。(这里我们既看到了佛性普在而周流世界才发生了缘起性空事情的佛学义理,又看到了量子物理学弦理论的源影)如是,人及人的灵魂的灵动所显示的理性运用方式,正是在对这种"空无之妙有"中缘起的永恒流变把握中,把握到了那个当下即是的存在本体,从而才有可能以科学—数学的逻辑理性推论说明方式,去建立一种源于混沌而清晰于混沌的科学理论体系,从而展示出"事和"世界的"理合"秩序之美,并运用与享有这种秩序之美。如是,就有了上述古希腊先哲对科学与理性的界定。如是,我们也就可以沿着这条千百年来欢流的"科学理性"永恒流转的长河,畅观与科学相关的三大问题。这当是人生历炼诸苦中少有的一种福分。

一、科学本身

不管是发现了以数学为标准理性模式的逻辑演绎证明方法，还是洞观到流变是永恒得以展现的唯一存在方式，抑或是把握到"存在"本体具有当下即是的特性，从而是一切真理得以发生的实相本体，古希腊人都认为，在一切科学的发生运动中，都有一种清醒、清楚而又清晰的明确有力的人之先天能力在先验地发生认知作用，"认识你自己"的人本身追问，至此已然走到了一个可把握的实在的东西。因此，古希腊的科学和哲学思想，发展到苏格拉底以后，就不再去追问那个"名之以无"的东西，而是去追问那个居于如此显赫地位的理性。科学源于它，它本身又是科学发生的内在依据和发展科学认识的能量源头。从此，科学理性就成了真理发生和获得存在形式的内在的自足的核心依据。如是，在西方文化传承中，理性的地位取代了宇宙终极本体的地位，对理性的追问，取代了对终极本体的追问，尤其是文艺复兴运动以后，对理性的科学追问取代了对理性的宗教诉求，使理性的王者地位得到了进一步的人文化和人本性化。因为科学的本质就是理性的存在与理性在存在之中发生作用之时而显现。科学理性崇拜由此而生成。

1. 科学与理性

当代中国的科学主义者们认为，科学的精神内容之一，是它自身就是自身的"第一推动力"。科学不仅不隶属于神学和哲学，也不隶属于儒学，科学本身是一种超文化的文化现象，因此它是普遍的，独立的，自身即为自身的主宰。一句话，科学即终极。然而，在科学的发祥地古希腊，人们对于科学本身的认识却不是这样的，科学时时处处都与人搅在一起,不但与历史中的历炼的人搅在一起,更与人的灵魂,非神学的非历史的灵魂搅在一起,科学乃被看做是人的灵魂乃至历炼中的心灵灵智之用的一种观念世界性的产物。柏拉图就是这一唯灵论——唯心论——唯理论的开山鼻祖式的代表人物。

　　柏拉图是最彻底的唯心主义者,以至于他将人类的情至之爱,都还原为一种连手都不牵的精神恋爱。在他看来,人的存在,是由两种因素构成:一种是主动因,一种是被动因,虽然被动因也是能动的,但却是盲目的,受人感官冲动支配的,只有那个主动因是不盲目的,理性化的,因而只有它才是人存在与实现存在的终极因。这就是他所指的灵魂的历炼形式:心灵。人们从哲学意义上讨论柏拉图,都极为关注他这种"唯心所是"的主张,却不曾注意,他所以将心灵确指为人的存在终极因,是因为在大化流转中历炼的灵魂,人的心灵具有了一种自在的灵魂没有的主动的主体功能:理智。正是由于人的心灵具有了这种内在的自足的理性化的运用性依据,才使人与宇宙终极本体具有了共性与道性。也可以说,是宇宙终极本体以此理性化的方式赋予了历炼中人以一种终极主动因,使人如此的在众多存在者中卓越不凡。

　　在柏拉图看来,人的这种理性的终极因的理智之功用方式有两种:其一,任何知识科学,本质上不属于任何感官器官,也不属于任何自在物,只属于有理性的心灵。因为人的一切感官,虽然可以以触、摸、视、听、嗅几个方式感觉到事物,但是,却无法单一地判断事物存在方式、本质规定和运行法则,只有心灵具有这种理智的归纳判断的功能。所以,只有心灵才是理智的而不是模糊的,才是可以自觉的而不是盲动的。其二,一切知识源自于思索,而不是源自于感官所乘。因为五官体肤只能感觉而不能思索。所以,摆脱了一切物自体幻相而成立的科学知识，就依赖于，也只能源自于心灵，只有心灵会思考，能思考。如是，诸种纯粹的，非物相的科学知识，只能源自于纯粹的，摆脱感官束缚的心灵。所以，纯粹语言形式的，只运用符号的数学——科学的逻辑演绎方法，就只有心灵才能驾驭，也只有心灵才具有运用逻辑方法进行思维的理性能力。缘于此，我们可以说，柏拉图的唯心论，实质上是一种理性崇拜的哲学解释。

然而，人的心灵为什么能运用这种自本自根的"理智"能力，人的五官体肤不也是自本自根的吗？进一步追问，人又是怎样启动这种纯粹灵智的心灵之用呢？柏拉图没有回答。

柏拉图的一生，经历了人类一生所能经历的许多巨变。他崇拜的偶像、老师苏格拉底，却为其追捧的民主制希腊政权鸩死，其后国家又在政治动乱中陷入了战争灾难，心灵家园和现实家园的毁灭与衰败及其随后的流亡生涯，使他看到一切外在的东西是如此的悖理和肮脏，惟有那纯洁的心灵才是他惟一可以依仗的家园，他因此一生沉浸在对心灵的"精神爱恋"中，已顾不上回答这些问题了。这些涉及终极关怀的问题，交给了处于升平世界的宫廷学者亚里士多德，也正是这位无需在"心灵的纯洁"中寻找家园归宿的智者，才可能在正觉的观照中，发现这个机密，也正是由于亚里士多德通过了这种对"终极关怀"的正觉，所以他才能够辗转于宫廷学园之中，避开一切政治迫害，老去于自己母亲的故园之中。

在亚里士多德那里，思想是最好的东西。什么是神？神就是纯粹的思想。这个思想，并不是我们日常说的具有某种意识对象作为内容的思维，而是一种"对思考的思想"。我们可以把它理解为哲学意义上的反思，也可以将其理解为禅学意义上的观照，尤其当其是"纯粹"的，没有任何在先存在的标准、理论时。当我们进一步了解了亚里士多德的理论时，我们发现，他所说的这种"对思考的思想"是指一种理性的生活方式："沉思"。

亚里士多德的这一立论不是无缘无故的，他继柏拉图之后，将人的非物质性存在分解为两种性态，一种是依托于感官的灵魂，一种是分享有神性的心灵。灵魂拥有感官的感觉，便成了柏拉图所说的那种能动因，不但可以感觉，也能据感觉产生的印象而构成思维——思想。但灵魂具有的思想依然体验着一切感官感觉造就的情绪，所以，灵魂并不是人的终极依据。能够摆脱一切情绪影响的东西，是那个分有神性的心灵："唯有心灵才能孤立地存在于其他一切精神能力之中。"缘于此，心灵的理智之用，才能够分享并发挥神的功能；思想着思想。据此，我们找到了亚里士多德对"心灵"的理性能力启动和发生作用的入口：孤立地、纯粹地进行"沉思"。即对思想进行思想。这仍然可以是反思，也可以是观照。从亚里士多德形而上学理论本身来看，他这里所说的"沉思"应该是运用纯粹的形式逻辑来思考灵魂提供的经验命题。从他认可的神已然是代表秩序的阿波罗而不是代表直觉体验的巴库斯酒神来说，也应该是逻辑理性的超体验型的运用。如是，亚里士多德认为，理性的"沉思"可以摆脱嗜欲而进入"静观"。但是，他又说，若不借助于嗜欲，理性又不会引导出任何观念、道德、知识，从而绝不可能引向任何有道德的实践活动。这看起来似乎是悖论。其实不然，亚里士多德这里讲的是理性启动的条件和发生作用的形态：沉思式的静观，并且这种"静观"中的"沉思"不是虚无的"断灭相"凿空，而是以灵魂为嗜欲所动产生的思想为其静观和沉思的对象。没有这种思想对象的产生，沉思则无内容，静观则不会被启动。如是，亚里士多德把理性启动的条件和理性运用的状态以及对理性本质的把握并享有理性化的生活方式都集中到"静观"这一基本前提已然发生条件下来。"幸福在于有德的活动,完全的幸福在于最好的活动,而最好的活动则是静观。""实践的德行仅仅能带来次等的幸福,而最高的幸福就在于理性的运用。因为理性是人人不能够充分的静观。但就静观而言,是分享神圣的生活,超乎于一切其他福祉之上的神的活动就是静观。"所以他认为:人必须追求培养和自觉运用理性的神性能力"静观","运用自己的理性,并培养着自己的理性的人,是使心灵处于最美的状态:静观,而且以此与神最亲近。"如是,"静观"使"心灵具有最高的思想能力,并且与身体无关而成为不朽的。"

综上所述,我们看到,亚里士多德围绕理性行为的一切相关方面,最后将心灵的理性应用指向一种最终的也是最纯粹的东西:静观。

其一,理性之所以能够存在并得以实现,就在于人可以以一种最纯粹的心灵之用:静观。

其二,理性之所以能够启动,就在于心灵可以有一种活动方式,发生一种认知行为,即在心灵的静观中,理性地认知"思想"。

其三,理性之所以能够使思想摆脱感官促生的情绪支配而进行纯粹的、孤立的思考,就在于理性在静观中发挥最好的思维能力。

缘于此,我们可以说,在亚里士多德那里,对于理性的把握,已完全超出了后来人们在通常意义上所说的逻辑理性。

首先,理性即神性,只有理性是纯粹的思想能力,只有理性能在静观中达到沉思,从而对思想进行思想。

其次,理性的存在,使心灵有别于灵魂,从而使人可以分享神性,有着超出动物的行为方式,产生一种最高的思维能力:静观。

最后,理性在这里,已然不仅仅是对思想进行逻辑推理的思维,而是可以静观大化流转,领悟人生本根,享有人生真谛引导的纯粹理性化的最美好的生活方式。

在亚里士多德的这种静观的正觉中,最终展示出的人的终极本体,就是那个神圣的理性。理性是人的神性所在的根本依据,理性崇拜的意识于此基本形成。

从亚里士多德对理性的正觉式的观照中,我们看到,这已然不是科学理性意义上的理性,而是禅学于正觉观照中所指的理性。因为它的启动源于"静观"——无念无相的观照;它的作用方式已不仅仅是分析、推理、论证、综合、说明,而是静观一切思想和产生思想的源头:灵魂为嗜欲所动;它的"沉思"作用结果,也不是要走到一种"道德的秩序生活"和发现科学知识,而是享有一种"静观"中愉悦,一种最大的福祉,可以引喻为禅悦。如是,对于一切大化流转中涌现的"事和"之"理合"的知识性秩序化把握和逻辑化表述,都已成为理性之用的末节蔓枝,虽然这一切可以,也只能在理性的"静观"中获取。从亚里士多德对于理性的正觉立义来看,理性在这里已然被泛化了,似乎不着边际了。但是,他在这种正觉的"静观"中获得的对理性的认知,对于千百年后人们重新发现和认识理性,使理性从逻辑化氛围中突围,有着甚为重要的理论意义和思想价值。我们可以说,亚里士多德的心灵——神性——理性——静观——最高的思维能力这一认知理路,暗含着与禅学的自性空——无垢识——止观双运——禅观照——人的最根本的大般若正智理路是一致的。我们因此可以说,自苏格拉底,经柏拉图到亚里士多德,古希腊哲学——科学对理性的探讨,是完成一段辉煌的心路历程,并走到了一个顶峰,从而使我们可以理解一种完全不同的理性信仰,对人的终极本体的信仰,是一种完全超出了逻辑理性有限范围的对"性空"的信仰。如果我们试着将禅学的自性

与亚里士多德的心灵画一个等号的话,就可以把这种原初的理性
信仰的本真内涵看清楚,也会对近三百年的科学理性崇拜具有一
种全新的审视视域。

　　上述探讨,对于只专注于亚里士多德创立的形而上学的研究
者来说,可能是费解的,更可能是不屑一顾的,也正是由于后世源
于政教合一的需要,专注于神学对于亚里士多德形而上学的移植,
才使理性的研究走进了一条死胡同。尤其是当中世纪经院哲学对
于逻辑理性的追捧走到一种极端时,形而上学的东西产生了对人
类理性来说难以忍受的压制以后,文艺复兴运动中兴起的浪漫主
义思潮就返回到对"当下即是"的非理性存在的追捧时,后现代的
科学理性崇拜思潮生成,这时,对理性的追问,就已不再仅仅局限
于对浪漫主义思潮的否定,也不再仅仅是对非理性存在的排斥和
曲解,而是在对其所发现和把握的非理性的存在展示的"静观"的
"沉思"中,对理性本身开始了一种全新的理解与认知。

　　说不清的亚里士多德的静观,引导出了说不尽的康德。康德
在对理性的追问中,尤其是在对逻辑理性的逻辑法则的追问中,发
现了人类另有一种天赋能力:悟性,并且由此而展开了对非逻辑理
性产物的"先验综合知识"为轴心的三个批判,这已是方家所熟知
的。我要指出的是,由此而展开的历经几百年的对非理性认知行
为的理性研究中,引导人们对理性本身的理解,发生了一些前所未
有的变化。在这里,我以分析哲学的两位杰出的代表人物的思想
为案例,展现其认知历程。此即卡尔纳普和维特根斯坦。

　　当代分析哲学,也称之为科学哲学,是以逻辑实证主义方式兴
起的,以用逻辑理性的论证方式来建立起科学理性的崇拜。但是,
引发他们产生这种主张的一个重要因素,恰恰是对于非理性的研
究和逻辑论证会导致悖论的现象。近百年来,在科学的发展中,不

论是自然科学、理论科学、社会科学、人文科学，都经历了前所未有
的快速变化。在理论科学中，数学自然是纯概念的，可以用纯逻辑
方法进行论证的，即数学的新发现，可以用其已有的公式、定理对
新发现公理进行一种所有懂数学的人都可以认可的论证。但是，
数学新公理发现本身，却不是由任何纯逻辑论证，纯数学运算中产
生的。最典型的莫过于汉密尔顿。当他疲惫不堪地走出办公室，
在泰晤士河桥上散步，忘却了一切数学公式和逻辑方法时，彻底放
松身心，望着满天绚丽的彩霞，与大自然融为一体时，他在多少年
的数理逻辑推理运算中找不到的公理，却一下子跳到他的眼前，这
种纯粹的直觉中的顿悟，被分析哲学家们不知以何种理由，只好归
入到经验科学的发现行为中去。他们认为，这种经验科学中的发
现，固然依赖于直观和观察，但更依赖于归纳逻辑和统计法则。这
使逻辑理性的应用范围进一步扩大了。如是，形成了一种怪现象，
一方面是，逻辑理性的源起和应用界限，从来没有像今天这样，在
人们的认知历程中突兀地显现出来，逻辑理性既不是产生科学发
现的依据，也不是发明新方法的本源，从而受到了功能限制；另一
方面，经验中产生的新发现，又必须依靠逻辑理性把握的逻辑方法
来描述，才变得清晰可靠。这种怪现象，引发了一系列的科学主义
呼声：一切新发现和命题，都必须得到逻辑理性的论证和可以用数
学方式来描述，如其不然，至少要经过统计法则和归纳逻辑的直观
观察检测来得到验证，否则，就会被斥为非科学甚至是伪科学的。
这种科学主义的核心依据，就是对逻辑理性的崇拜。逻辑理性固
然不能创造出新发现，但是对所有非理性的新发现却握有最终裁
判的至高无上的主权。也就是说，且不说一切非理性把握的"事
和"实相，即使是由其而转化成的基本命题，都必须经过逻辑理性
认可的逻辑程序的一种平面论证，否则，即是假命题，即使这种命

题的内涵有待一种为分析哲学家们承认的,他们还没有把握的,或者他们认为属于科学哲学研究范围以外的更高级的认知行为来证明,也应该作为非科学的陈述给以拒绝。在这一立场上,分析哲学家们完全拒绝了康德"发现"的"思维着的悟性法则"。

　　分析哲学家们之所以如此地推崇逻辑理性,就在于他们把握住一条原则:数学并不依赖于超出逻辑思维原则以外的任何东西而成立。数学本身就是逻辑理性有效的证真典范,又是逻辑理性得以自身证明的最高形式。对于数学的这种纯观念性的科学形式证明的逻辑理性的王者至尊的崇拜,分析哲学认为不是一种偏见,而是源于数学——逻辑命题——公理本身存在是"无前提的",它的产生过程,就是它的证明过程,它是源自于对逻辑方式进行的数学基础研究中产生的,同时也就是对数学知识进行逻辑化处理中产生出来的。一句话,逻辑——数学是其为一体的纯观念的逻辑理性的产物,是像海马那样进行自性繁殖的。由此立论,才引导出前文所述的"科学自身是本身发展的第一推动力"的当代神话——科学的逻辑理性之神所说的话。此其一。其二,数学本身的逻辑性质和逻辑理性的有效的数学纯观念证明方式,更表现在,它是一种可以在人与人之间无障碍地,准确地传达和共同讨论的唯一有效的科学语言方法。因此,分析哲学才会合力攻击形而上学从意义到语言上的不可证明性和不准确性,并致力于寻找一种可准确地运用于证明的人工符号语言取代形而上学的日常语言,来说明和解释"公理"性命题的产生源头和产生过程。他们认为,只有当语言本身达到了这种逻辑理性的类似数学语言的规范化要求以后,理性之光才会照亮人类思维与认知的每一个角落。也正缘于此,分析哲学才有了自己的一个堂而皇之的别号:科学哲学。

　　表面看起来,科学哲学确实给我们编织了一整套由逻辑理性一统天下的外套,又在这种外套上织绣上了各种人工语言的符号图形,一切都处在逻辑理性的操控和包容之中了。可惜,它只是一种我们无法看见的"皇帝的新衣",我们看见的倒是另外一些事实。且不说,所有的科学家和哲学家都承认,在逻辑认知方式以外,还有一种非科学的更原初同时也更高级的认知方式存在并有待开发,更重要的是,科学哲学承认数学公理发现行为本身就是在逻辑化认知程序以外发生的。正是由于有了这种科学逻辑说明、证明以外的非理性的发生——发现领域,才使他们承认有一种更原初也更高级的认知方式存在,并且可以去处理这个产生于逻辑论证作用范围以外的东西。如是,可以说,分析哲学家们本身是十分清楚的,逻辑理性只是在正觉认知过程中,在演绎推理的范围以内排斥和否定非理性的东西存在和发生作用,在这里,我们且不谈这种排斥是否有意义,在人类的正觉认知过程中是否有非逻辑推理的顿悟发生,这种顿悟与直觉和圆觉过程中的顿悟有什么不同,即使是从正觉中演绎推理的逻辑理性发生作用的范围内排斥的非理性的东西,也仅仅是在逻辑推理一系列观念性法则上给予的非理性的界定和排除,而不是在存在的逻辑事实整体的意义上排除一切非理性的东西,更不是将其统统指斥为非科学的东西,甚至是伪科学的东西给予打压。如是,分析哲学实质上是将其研究的范围严格地限定在逻辑理性发生作用的正觉认知过程中演绎推理的阶段之内,也就是非理性认知发生以后的后添的正觉演绎过程之内,而不去干涉关系到悟性的存在与发生作用的体验及其把握体验为基本命题的非理性的认识过程和认知范围。这种自身界定研究范围的自为行为本身,严格地说,是科学的,并且常常没有为国内的科学主义者们所认识到,或者是有意无意地予以忽略或省略掉。

卡尔纳普的逻辑实证主义正是在这种语境中成立,并理性化地指出了这种分析哲学大语境所涉及的视域的有限性。当人们已然了解,一切科学原理都是用公理的形式建立起来时,人们往往忽视了一个基本问题:公理是从哪里产生的。卡尔纳普告诉我们,公理是判断句,不是分析句,也不是描述句,公理是从陈述句中来的,而陈述句的产生,有待重新认识,但有一点是可以肯定,它不是逻辑演绎的结果,即不是逻辑理性作用的结果。当代数学的研究也向人们展示出这一现象,数学公理的发现,恰恰不是从逻辑研究和对数学符号进行逻辑推理中产生的,就像汉密尔顿不曾解构泰晤士河上空的彩霞一样,而是从直觉和前科学的对直觉归一实相的顿悟体验中产生了公理。并且,判断句所使用的陈述公理的符号、概念,也是借助于这种顿悟对公理的体验,才产生并被引入到数学的逻辑论证程序中来,这其中并不排斥给予已有的符号、概念以"公理系统特有的概念,是由公理系统蕴涵地规定了的。"这就涉及了我们所说的悟性把握了"事和"实相,并且以陈述语句的方式命名了其"理合"内涵这一前逻辑理性的前科学的认知过程。只有当发生了这种非理性的前科学的认知过程以后,逻辑理性所支配的科学模式才开始启动,对这些陈述性命题进行演绎证明与说明:"如果某公理有效,则某定理也有效",正是这种逻辑理性把握的演绎推理程序。这一过程的启动固然使公理本身变得可以准确描述和运用,并且可以在主体间交流,但是,仍然不要忘记这一点,即这一陈述句公理化演绎和描述过程并没有解决公理本身的发生与发现问题,更没有解决如何把握公理发生与发现的源头及其所带来的对更高一级的超逻辑理性的认知过程及认知能力问题,反而使人们在公理被证明为真的兴奋中,淹没了这种追问。

卡尔纳普在解决公理所引入的概念的标准化问题研究中作出

了他的卓越的贡献，即用固有的概念代替陈述句中非固有的概念，
以使逻辑理性对公理的操作可以顺利进行，也可以使新发现的公
理得以流畅地在主体间交流。他在此表现出了比奥卡姆挥舞大剃
刀更非凡的科学性，但是，他对于理性研究的贡献并不止于此。他
指出：在所谓的科学的、准确的逻辑语言之外，公理本身蕴涵的那
种非固有概念，才是可交流的科学语言之根，就像在非理性的认知
范围内产生的公理，才是理性的科学定理产生之根那样。在这个
非理性的认知领域内，没有逻辑理性发挥作用的余地，更找不到逻
辑理性发生作用的痕迹，即便是后来人们所说的逻辑事实内涵的
逻辑刚性，也只是一种逻辑存在，而不是逻辑理性作用的结果和逻
辑推理行为本身和逻辑符号本身，以逻辑理性为运作根本依据的
奥卡姆剃刀，在这里也就无从下刀了。逻辑理性只是在将非固有
概念通约化地转化为固有概念，即给固有概念赋予新的存在实相
意义时，逻辑理性才开始发生精确的言说的作用。就像"量子束"
"粒子流"中的"束"和"流"，已赋予了其完全不同的存在实相本
体内涵，才不同于木柴的"束"和河水的"流"。而对于公理中蕴涵
的非固有概念的原初的悟性陈述体验到的实相性存在的把握，完
全靠一种"经验"上的牵连，即对直觉中归一实相的顿悟式的体验
把握。这里我们可以举一个例子。几率是一个数学固有的概念，
概率是一个运筹学固有的概念。可以说，概率这一概念的确立，是
经由对于几率这一概念的后添的通约而来的。几率在数学中的作
用是标明在整体范围内一定的真值分布域，而概率则是用在整体
范围内一定的存在真值分布域来预示整体的一种运行方向和几种
发展的可能趋势和发展的可能性程度。因此，对于运筹学和决策
论来说，几率这一借用的概念就变成了非固有的概念，不足以表述
概率这一概念所包含的内容，概率才是在运筹决策过程中显示的

公理所蕴涵的固有概念。因其所展示的不仅仅是几率表述的真值分布域，而是以这个存在真值的分布域在整体流变中的位置、比率，来展示流变中的整体的发展方向和可能的发展态势。所以，几率这一概念不完全适用于运筹、决策领域。这时，代表总体趋势，可能性发展态势的模糊性词"大概""概况""概览"的"概"字，就比"几"字能更清晰准确地表达可能性的"率"字的指示性。因此，概率一词，在运筹决策的理性认知领域中的准确性作用，完全不同于在数学运算领域中的精确性作用，如是，概率就在运筹学、决策论中以固有的公理概念方式取代了作为数学中固有概念而在运筹学中非固有概念"几率"的地位，从而产生了一门全新的公理性学科：概率论。在这一转换过程中，完全没有逻辑推理的演绎作用，而只有一种从整体上把握存在实相的认知理性作用，其中，既可以有悟性的体验在发生作用，也可以有知性的经验归纳判断在发生作用。只当在概率论产生并定型以后若干年，在科学哲学的逻辑体系中，才后添地发展出了模糊逻辑、模态逻辑和决策逻辑作为运筹学运用概率论的逻辑工具，并以此来论证、说明这一固有概念和非固有概念的转演过程，这只能说明认知理性在整个认知过程中起到推动理论成熟的作用，推动逻辑理性发展了其理论内涵，即逻辑形式化得到了进一步发展，而不能说明逻辑理性对其作用范围进行了超越，从而对认知顿悟起到了指导和启动的作用。如是，这位著名的维也纳学派的领军人物，在将逻辑理性运用的范围推展到经验科学领域的同时，也将对理性的研究范围，自为地指向了非理性的那个"幸运"发生的方向上来，即指向可能存在的非逻辑理性的顿悟研究方向上来。这既是对古希腊人理性泛化研究的一种回归，又是对泛指的理性更高层次的、科学化的准确言说的研究努力。当然，这一切仍然在他特别强调的统一的科学方法、统一的人工化科学语言的大旗下展开,不过,卡尔纳普毕竟把逻辑理性的王者殿堂打开了一个天窗,人们可以在逻辑理性的王国中去渴望那个"幸运",并且企盼着有朝一日打开一道"幸运"的方便之门,真正把握到人之理性的本来面目和终极依据。

作为蛇足,我想引用当代分析哲学家的一段话来给科学主义者们提个醒:"我们没有理由认为借用对理论问题的解释也能解决生活问题。欧几里得的平面是无限展开的,但仍然远不构成整个欧几里得空间。同样,科学可以无限地扩展,但也构不成生活。即使全部有意义的问题都得到了回答,我们也很少能由此对于通晓生活有所贡献,适于生活问题,必须在科学以外,在生活本身中加以解决。比如在哲学上,关于死的问题就不存在。"分析哲学给科学的这种清晰定位,无疑给后面将要介绍的诺贝尔物理学奖得主 S. 温伯格一类寻找终极理论的人士头上,一记响亮的棒喝。同时也指示着,即使是逻辑理性运用的程序方式,也有着一个超出两值以外的多值逻辑发展前景,"王者"也得"与时俱进"。应该说,对于非理性的研究,不仅在研究人本身存在及其认知过程上有意义,而且对于逻辑理性的运用方式与形式上,也有着非凡的意义。科学,只有在不拒绝非科学的命题时,才能发展;理性,只有在研究非理性的存在时,才能显露头角。因为基本的事实是,所有的科学真理都产生于非科学的陈述命题中,理性的每一步深刻地展现,都源于对于非理性的存在的理性化把握。人们见怪不怪倒也平常,可以奇怪的是,人们常常把惯见的事实意指为怪。难怪佛陀要点破人们的心智迷津,要人们去找到自家本来时时怀揣把攥却总是忘却,甚至是无暇一顾的自家宝藏。

作为分析哲学的一个另类代表人物维特根斯坦,在致力于语言研究时,探根寻源,认为解决语言的不准确性问题,不可能在语言解析和符号化字词中寻找到出路。语言本身只是工具。这就是他那个受到一些分析哲学家抵制的"工具箱"理论。工具的各种专有用途没有毛病,问题出在怎样运用这些工具上,即问题出在语言使用行为本身。语言的运用有一个场合的问题,即有一个语境的问题,也可以说在什么样的视域中运用什么语言去解决什么问题。如是,语言的不准确性并不是出在语词语句本身中,而是出在运用语言的行为中。因此,维特根斯坦认为,我们只有从关于语言问题本身的问题,即从表层语法问题中解脱出来,进入到语境——视域的深层语法的用法行为中去,即不是力求通过规范语言法则的精确化去解决科学哲学语境中出现的用法视域的把握时,我们才可能获得解决语言问题的"不确定性"问题,也就是说,从根本上使造成语言不准确的哲学追问变得无意义时,语言的问题才可能寻找到解决的方向,而不是力图在哲学性的表层语法规则范围内解决语言的不确定性问题的途径中去解决哲学本身存在的悖论和偏食病。这也就是他所说的哲学的更高的目的,就是导致哲学问题消失时,语言本身就会走到一种清晰性。也可以说,当我们不考虑一种工具在某种加工领域内的有效性时,我们反而能更清楚地看到一种工具本身的有效性及其可能发挥其作用的多种加工领域和其发挥不同程度加工作用时所必须的条件性。此即语言使用时所要求的必要语境和在一定语境中使用语言可以走到的清晰程度的视域理论。这一立论,听起来有些不着边际,但却十分理智:当不将工具局限在解决某一特定的问题对象上时,工具之用的有效性范围会最大化地展现在人们面前,就像一块红砖,既可以看做是一种建材,也可以看做是一种颜料的硬化存在状态,更可以看做是一种有效的敲打工具,也可以被看做是一种杀人的武器。这时,人们对红砖的有效性、确定性的理解才更全面而且更深刻了一步。

即当人们不再按一种理论图形去理解工具图像时，人们对语言的工具性会看得更清楚。

维特根斯坦运用他自己设计的这个"分析"哲学问题的理路，对一个极端化的哲学问题作了一番有意思的言说，从中我们可以看到他对理性存在方式和作用范围及其根本大用的理解，此即关于"无"的图形理解和图像的把握。他说：当日常语言中出现"无"这个语词时，思想家想到一种"无"的图形。也就是说，当哲学家谈到"无"时，就像他在想象某一种物自体式的实体，并且只要他像对其他物自体一样作出描述时，他必然要对这个"无的实体"之所以是"无"作出一些准确的关于"无"的属性的符号化的说明，就像他在进行关于"有"的属性的说明一样。这时，以说明"有"的方式来讨论"无的实体"属性，必然会陷入一种无法自圆其说的悖论推理中。因为"无的实体"的属性，是不能说是"无"本身固有的实体属性，这在同一律是悖论的，在排中律上是不成立的。如是，当使用语言以有的方式谈论无，以无确指为一种"有"的存在时，语言是不准确的。但是，这里的语言的不准确性自然不是语言本身存在问题，而是关于讨论"无"的运用语言的行为方式出了问题，进一步说，是在讨论"无"时运用讨论"有"的推理方式本身是不适用的。也就是说，哲学家们根本没弄清楚，我们讨论的存在之"无"与图形理念的符号之"无"根本不是一个东西，是不同的语境中的不同存在本体和不同的说明模式，因此，使用语言所要走到的视域是完全不同的。应当说，我们言说的存在之"无"，不是在言说是否有物自体在场的"无"，而是在言说一种最基本的终极存在方式之"无"，也可以用当代物理学理念来说，是在言说宇宙大爆炸之前的那个既无空间也无时间，更无温度的存在本体之"无"。只有当我们搞清所要言说的"无"的这个终极追问的语境时，我们才可能搞清哲学家们讨论的"无"的视域落在终极本体之上,而不是在言说是否有物自体在场之无的视域时,我们才可能以日常语言言说的方式去命名这个终极本体的"空无之妙有"的"无"。如是,维特根斯坦认为,当我们在讨论有限的物自体时,突然引入"有"和"无"的讨论,从物自体固有的有限性存在方式上来讨论"无形整体"时,这种哲学问题本身就失去了其意义,因其在物自体存在的有限的语境中,去试图实现对终极本体存在的视域显示,这一认知行为本身就违反了理性的规范化要求,所以是无理论实际意义的讨论。只有当这位哲学家的讨论和思考从有限的有实物自体的图形座架中解脱出来,进入无时空结构的存在本体的讨论时,他才可能真正进入讨论"无"的存在性问题的理性,在这种讨论中,不再有任何关于物自体实体性质和关于物自体图形符号理论介入到讨论中来,这时他把握到的,只是在"无限的心灵"语境中面对无限的存在的视域而产生的一种一览无遗的"自性空"的体验。维特根斯坦对于在这种非理性的体验中去把握住存在本体的认知行为方式,确指为理性的另一种非逻辑推理的更高级的运用方式:"领悟",而不是逻辑理性达之的"理解"。也就是说,理性的灵智之用中把握到的那个"无限整体"之"无"的存在,不是现实世界中无物自体之在的"无",即逻辑理性言说的存在者的有与无,与理性灵智地体验到的存在本体"妙有"之"无",完全不是一回事,完全处于不同的语境所指的视域之中。前者是逻辑理性可以用演绎推理证明是有的肯定式或是无的否定式,后者却要靠认知理性领悟到"无限存在"的"无",是无法以逻辑理性以悖论的方式来认知和把握的"空无妙有"之"无",即佛家所言的"性空"。

在这种"领悟"中,产生作用的不是逻辑理性对"感悟"到的"事和"中的"理合"命题进行推理证明所能达到的,它靠的是一种人本身的"通官"能力产生的"通观"的体验而促动的"领悟"认知行为。也就是说，对这种存在之"无"，而不是存在者之不在场之"无"，是不能以理性的逻辑运作形式发问的："无是存在还是不存在？"如果它存在，那么它是以什么种类的实体方式存在？它具有什么种类的存在者的属性？可以用何种精确的无内在矛盾的语言来确指它，得出的只能是一种既否定又肯定的悖论的命题"空无之妙有"，它当然会为逻辑推理否定掉，因为它违反排中律，成为一个假命题。但是，终极本体作为一种前宇宙爆炸的"无"之存在时肯定的，是一个不争的事实。即使是在宇宙大爆炸以后的现实存在世界中，只当一种本身作为无物存在，无观念性存在的终极本体"性空——自性空"存在时，才能呈现有物存在并且可以有观念存在。而这种存在，不论是以关系性方式呈现，还是以非物体非观念非精神现象式的存在方式存在，都无法由逻辑推理来说明，它靠什么来确证呢？维特根斯坦给出我们的认知这种存在的第一步：放弃对此在的哲学方面的追问，即使这种哲学逻辑理性化的问题消失，用惠能的话来说，就是"于念而无念"，放弃从逻辑理性作用的逻辑推理论证范围内获得解答的期望，摆脱以图形座架方式获得解答的束缚，这时，我们在"无垢心性"规范场中，才可能看清追问"无"存在的问题的本质，不是追问一种科学法则真理的"万法"式知识追索，而是对存在终极本体的终极关怀式的追问，进一步说，就是追问人生终极本体根器"大智慧"的追问。只有这种发问时的"无垢心性"的"语境"问题获得了"于念而无念"式的解决，其他哲学问题，关于存在者存在的诸多问题，才可能获得解决的方便法门，因为"自性能生万法"，更因为只有在"不住中生其心"。如是，当我们一旦摆脱了理性的逻辑化束缚时，我们关于追求一种精确化语言的期望就消解了。所以，维特根斯坦所确立的"于念而无念"的认知方式第一步,实质上是要求摆脱逻辑化的理论座架体系对于理性的束缚。当我们的先天的认知能力一旦摆脱了逻辑理性的束缚时,我们就不会再要求以某种图形符号观念体系来说明我们对终极的关怀,随着一切以存在者的描述方式而产生的概念和理论体系的解体而解体的对终极存在的物自体说明方式,就会产生惠能所说的进入禅观照的第二步"于相而离相"。如是,在"无念离相"的观照中,我们通豁地一下子就"看"到了那个"性空"之"无",以无限的"妙有"方式澄明地展现出来,泰晤士河上空的灿烂的彩霞中,豁然洞现了汉密尔顿之理"自性生万法"。显然,这种通豁地把握到的"无中生有"的"自性能生万法"的认知过程,已然不是理性的逻辑化运用的思维过程,而是一种打通人的所有官能能力,将其归一到一起而产生的"通观"的认知过程,维特根斯坦根据他自己的体验而领悟到,这种过程总能为体验者本人当下即是地直接把握到,并从中领悟到,这才是人的理性的根本大用:非逻辑化地认知存在本体。

如是,人的理性的最高级的灵智运用形式,就不是逻辑推理中实现的"理解",而是在其直接体验中达之的"领悟"认知。缘于此,理性的最基本也是最高级的存在方式就不是"推理"而是"领悟",理性存在的最本质的规定性也就不是进行推理,而是领悟,此即禅学中一再强调的"定中生慧"的"顿悟"。"于不住中生其心",即在禅定的"无念离相"语境中所生发的,就是这种认知理性能力——大般若正智,而不是一个肉团团的心脏之心。

怎样陈述领悟,它与逻辑推理的理解有什么不同。对这一问题的回答,可以说是维特格斯坦论述中最为华彩的部分。在这里,维特根斯坦使用最不精确的日常语言来最精确地"陈述"了顿悟的瞬间的"领悟"的存在真值状态:"噢!…"即当其突然领悟"事和"存在实相的内在逻辑刚性的"理合"内涵时，他会突然地在豁然开朗的体验中破口而出："噢！我知道是怎么一回事了！"然后，他会从容不迫地娓娓道来其中的奥秘——规则——公理。这也是汉密尔顿的顿悟——领悟，在泰晤士河上空的彩霞唤起的"一切不住"的"自性空"中达之领悟，而不是在数学运算——逻辑推理中达之的理解。用分析哲学家们的话来说："维特根斯坦是在把握到了学者们在一种反常的情况下理解了正常的表达和运算的规则。"在这种领悟中使用的准确的不精确的语言，不但在逻辑推理中不成立，就是在经验归纳判断中也难以确认，即在表层语法中极难给予其以精确的定义和使用规定，因其出现的几率——概率极小，而被认为是不可靠的，但是它就是那样偶然性地必然会出现在人的认知历程中并确实为真。正是在这种"反常"的以偶然方式表显出的认知的理性必然之用中，人的理性把握到了一个以非规范的语言用非逻辑形式陈述出的逻辑事实包含的可以用逻辑形式论证和说明的理论命题。如果对这种非逻辑推理的认知方式和过程进行观照式的追问，人们肯定会进而领悟到一个非否定式的，无物无念，非我非他，非此非彼的存在终极本体，"无以名之，强字之曰：自性空。"就这样，维特根斯坦将理性的存在与作用方式推向了极致。理性以认知理性的方式，在"领悟"中发生着"发现"的创化者的作用。如是，认知理性的作用就超越了逻辑理性，并且，认知理性的灵智之用，大于也高于逻辑理性之用。这也正是为什么维特根斯坦要求人们摆脱图形座架的束缚，使哲学问题变得无意义的真实思想之存在。缘于此，我们可以说，在维特根斯坦这里以"领悟"——"顿悟"方式显示的认知理性，才是理性的最核心的本质和最高级的作用形式，也才是科学得以发生和获得发展的根本动力。用科学主义者的语言来说，"是科学发展的'第一推动力'"

是理性的终极性的本来面目。当科学主义者因恐惧神秘的东西而放弃、排斥非理性乃至非科学的东西时，当其他分析哲学家掉进语言——逻辑理性的流变中无力自拔时，维特根斯坦，直面人生大智慧，以其大勇而生的正智，发现了理性的真三昧。分析哲学思潮，既造就了这位理性的正觉者，又不敢直接面对他明丽的思想光芒，怕刺痛了他们戴惯了逻辑理性眼镜的眼睛。这既是分析哲学的骄傲，也是分析哲学的悲哀，这是多么不合理而又不可悲的"事实"。然而，大化流转中的人生历练就是如此，只有大无畏者，才可能获慈航引渡而达之自性净土。唐僧要是不跳上那个无底船，恐怕难见佛祖真面目。维特根斯坦敢于跳上"哲学无意义"这条无底船，他不怕为哲学家们的口水淹死。他看透了那只哲学之舟不过是一个观念图形，他才能飞出捕蝇瓶的束缚，而达之理性的般若正觉。对此，我们还能说什么？还能要求什么精确的人工语言？只剩下一种语言可用了：喝彩。

由此可见，由顿悟而回归静观的这一方便法门，唐三藏走得通，惠能走得通，维特根斯坦也走得通，凡大智而大勇者，皆走得通。当我们从对方便法门的这种领悟中回过神来以后，就可以进一步看一看，维特根斯坦后的逻辑理性在这种全新的理性语境中获得了什么新的视域，科学与理性展示出了什么本真的联系。

首先来看一看什么是科学。在西方文化中立义的科学，就是关于某种事物某一方面表现出的本质，本质规定性决定的其存在的规则和运动的规律的学说。在古希腊人那里，是通过把无生命的事物的运动同化在有生命的事物的运动里，由此来把握其科学的内容。约而言之，事物具有三种抽象的表现可以为人的理性"静观"和"分析"到：其一，一切事物都具有一定的组织结构；其二，一切事物都具有相应的运动秩序规则；其三，一切事物的运动规则都符合于他的组织结构的存在和实现其本质规定性要求的目的。这是最早的科学符合论，也是最原初的目的论，并从中衍生出最早的唯意志论和决定论。展而延之到当代，一切事物被约而言之为"实体"。什么是实体呢？实体就是自在地具有某些性质的本体。而这些可以分别以各种自然学科抽项出来的为逻辑理性独立地证明的性质，又是与存在实体完全不同的东西。当我们一旦抽取空了这些若干性质以后，再去把握这一实体的时候，我们便发现什么也没有了。如是，实体便不就是什么东西了，不是什么事物了，只是孤悬在人们观念世界中的一个观念性的"钩子"，它只不过按不同的组织结构把一些性质挂在上面罢了。这样一来，对于哲学思辨来说，实体既不是一个研究对象，又是一个无法脱离的研究"主体"存在起点。如是说，有点玄，其实，这就是科学摆弄的事实。所谓的科学，就是对理性把握到的逻辑事实——实体，分解和抽取为一个个单独的逻辑事项，然后再给予纯粹逻辑证明，最后将其还原到必然的逻辑化的组织结构中去，显示其必然性和必然性所指的逻辑关联性。

完成这种由逻辑事实到逻辑事项的抽取和证明，靠的是什么？靠的仅仅是逻辑理性吗？不是，靠的是一种广大无限的亚里士多德式的"心灵"。西方哲学家对这一点是有着他们直观归纳的敏感的："奴隶出身的爱比克泰德和罗马皇帝奥勒留两个人，在许多问题上都是一致的。这说明，哲学家都是具有一定的心灵广厦的人，他们都能够把自己生活中的种种偶然事件置之于厦外。这时，他们便是哲学家了，便能思考问题了。"我想说，这里讲的"置之厦外"的心灵广厦，正是科学产生和理性发挥作用的人之本根，"自性空"。正是这种"心性"，使人类的理性可以在"无垢净土"中，去接受和解析"实体"，而达之对其性质的抽项和解析的抽象理解过程。

那么,科学之所以成为科学而不是哲学,靠的是什么呢?在科学哲学家看来,这要从知道什么是科学来谈起。他们认为,科学就是努力从一个事物中发现另一个事物的思维方式。这可以作两个理解。其一,就是上文所说的,努力在什么也不是的实体中发现不同种类的性质;这些性质本身不就是这个实体,这些性质又无从表显和被抽取被把握到。其二,从一个实体的内在组织结构中发现一种可以通约其他实体的运行规则。例如,以"波粒二象性"来通约一切"能"量的存在方式,或者以引力的运行性规则来通约一切存在实体的运动规律,抑或是以遗传密码的存在和传递信息的方式来通约一切生命现象。也就是说,科学的第一利器,就是从普遍观念中发现特殊的存在现象,从偶然发生的存在现象中发现必然的存在性质,以这种特殊的必然性再去通约一切普遍存在实体及其偶然发生的突变运动中的必然存在性质。科学第二利器就是把握这种必然性的真理。科学家们很清楚这样一种科学之必然,科学真理的存在与发现,虽然不是科学活动的充分条件,但一定是从事科学研究的必然条件。只有承认科学研究的这种普遍而又必然的前件本质规定性,人类才会认真对待人类的认知能力和认识过程,也才可能会发现超越人本身生物存在有限性的界限,从而改变人的生物规定性造就的人的自然宿命命运。有此立义之后,才可以谈论科学靠什么来说明它所把握到的那个"存在"的"事和"的"理合"内涵而构成的真理:靠符号和由符号构成图形。也就是把世界上无限多的事物、事件、事实通约地用一种简单的符号单义地标示出来,从而得到一个理论体系:科学真理体系。这便是科学的第三个利器:用科学概念来表述事物本质规定性及其运行规则。如是,在这三种利器的共同作用下,科学的目的——功利功用显示出来了:用最简单的最少的符号概念,做对世界的最本质的最单义的标记。在这种立义条件下,科学给自己打造了一种无可替代的王者地位,并且不断地在这套王者的坚硬的外套上打磨,削平一切过多的,仍嫌复杂的东西。但是,要命的就是这个但是,所有的真正持科学态度的科学家和科学哲学家都承认这一点,正是由于科学的符号概念简单的多,准确的多,从而也清晰得多,使其远远不同于模糊的存在本体,所以,任何科学符号概念构成的理论体系,不就是存在本体,也不就是逻辑事实本身实相。因为如此简单而又清晰的逻辑事实——报身实相存在本体是根本不存在的。就像没有一位医生把自己的亲人看成一堆器官,没有一位物理学家把自己的心上人看成一堆蹿来蹿去的电子。换句话说,如果存在着与科学概念理论体系一模一样的存在实体,那么,科学本身就成为不必然的,也不可能需要什么科学概念。所以,科学概念不就是存在,它只能是对于存在的"理合"内涵中某一逻辑事项的单义的标记;科学理论体系也不就是逻辑事实整体存在的逻辑刚性,而只是某一逻辑事项的存在本质规定性决定的其运行规律所需要的必要的条件的关系,而不是整个存在实相存在的整个逻辑刚性要求的充分条件。要寻找科学真理和概念的发生源头和必要的条件拣选,就不能从概念中去寻找,也不能从由概念到概念的逻辑推理中去寻找,而必须从模糊的、复杂的存在实相的报身图像的混沌中所展示的逻辑事实中去寻找。一旦达到此种追问,人们也就发现,追问真理的科学研究行为,已达到了产生真理的边界,逻辑理性的功用边界。因为逻辑理性只能操作、处理概念,而操作处理不了非概念的东西。如是,科学概念——科学真理的界限也就是逻辑理性发挥作用的界限。这一点也不奇怪。因为科学真理正是依靠逻辑理性才有得以归约的简单化、精确化、清晰化特征。一句话,逻辑理性的作用就是将不精确不清晰的观念,转化成清晰的、精确的概念。

在搞清科学是什么,科学真理如何成立和以什么特殊方式成立以后,我们对于科学本身的作用,就能够清楚地说明了。即人们常说的"科学发现"一语不成立。因为"发现"本身,不是逻辑推理中产生的认知行为,即不是逻辑理性行为。或者说,发现行为本身,恰恰因其是非逻辑理性的,所以才能够发生和成立。任何一位严肃的认真的科学家,都可以在观照自己的发现行为时发现,他们发现科学真命题的行为,是在一种非逻辑推理的认知中发生的。杨振宁先生在发现弱力场条件下能量不守恒时,用非等式数学公式来描述这一定理的"发现"行为,就不是他在对物理学相关问题的逻辑推理中发现的。而是他在上高中时就对"对称性"和"守恒性"问题有了一种直觉的兴趣,在十几年以后,他在美国做研究工作中,对此问题产生了极大的研究兴趣,并作了深入的逻辑推理研究,仍不得其解,最终是当他在黑板上信笔"涂鸦"进行"手思考"中突然在"顿悟"中发现的。这与汉密尔顿的公理发现行为一样,都是一种摆脱了逻辑推理的思维方式以后发生的一种非逻辑理性的认知行为,即同一种认知理性发生作用的"顿悟"式认知行为。有人会说,你絮絮叨叨地讲科学本身的局限性和条件性,你不也在使用一种既简单又清晰的科学概念"同一种"吗?正确。谈论非理性问题,不是要坚持非理性,而是要以理性的方式搞清非理性的东西,更进一步,搞清什么是真实的理性及其多种作用方式。所以,我并不反对科学,更不反对逻辑理性的正确使用。恰恰因为我认真对待科学,追寻理性,我才会如是说。就像一个挚爱他爱人的人,绝不会否认他所爱的人不是一个完人那样,即使他所爱的人是一位白雪公主或白马王子,也正是在这公主或王子的存在品性优点或优势上展示出了不具备完人人格品性的缺点，就像鲁迅笔下评判的林妹妹那样。

那么，科学本身起到了什么作用，以至有些人走上了科学崇拜的反理性的宗教式道路，将科学推崇为"第一推动力"？我同意当代一些分析哲学家和大部分科学家的看法，科学只是论证和说明并简单而清晰地展示出了什么是基本命题中内涵的真理，即在把握到的逻辑事实及其运行的规律性和条件性的关联关系，除此无他。在这方面，K.波普尔和冯·赖特两位哲学家作出了比较清楚的说明。

在波普尔那里，一个基础句子，一个陈述句中所提出的理论假设，不是逻辑推理的结果，而是一种观察中发生的"顿悟"体验的结果："理论是突然产生的美感，这是发现。"因之，他认为，"在我们所做的观察到的理论发现中，没有一条合理的道路。只有当一种假设提出后，可检验性才展示出来，"自此才开始逻辑理性的逻辑推理，即科学论证的证明和说明工作。因为波普尔清楚地看到，观察与实验，都属于一种非理性的探索行为，即使是在一种理论指导下的观察与实验，也充满了非理性的"试错"的探索的体验，而不是准确、精确的推理。只有当在基础陈述句包含了可靠的，毫不涉及我们已有的约定性内容的存在性的东西，如前提条件和存在实相的规定性准确地提示出来以后，科学的研究工作才展开。科学本身的作用，就在于以逻辑理性去说明发现的理论为真，即"在于合乎逻辑地说明推导被说明者来。"

冯·赖特则对科学本身的传统方式作了进一步的区分。他指出："关于自然科学，适用的是伽利略传统，而关于人的科学，则不适用伽利略传统，而适用于亚里士多德传统。"因为在伽利略传统中，确立了一个精确的"说明"性的包摄模型，而关于人的东西，这个包摄模型是不适用的。这也可以从普列高津的耗散结构理论和后来的开放性的发散结构理论的关系中看到。在自然界中，熵转移是从有序到无序，最后归于新的有序的线性的平面运动。但是在涉及人的事物中，转移都是指向非线性的多元化的可能的多维方向，并不一定遵守热力学的定律。也可以说，在耗散结构中转移的仍是负熵量，而在发散结构中，时时可以有新的能量、因素、条件、影响力加入进来，从而完全改变原初的线性的转移方向和结构，形成非原规律决定的结果。所以，作为科学哲学家，赖特非常严肃而严格地限定了科学本身的作用方式和范围。他对科学本身的作用做了三点规范性说明：其一，科学只起到对真值命题的真理内涵的说明作用，而不起发现或技术发明的作用，虽然理论可以具有指导发现或发明的作用。其二，科学只说明真理所展示的因果性，即严格的条件性和因果关联性，而不说明发生新事物，发现真理，提示出新的问题的"自性因"，它只证明由于已然有了这个先天的"自性因"存在，才会引导出某种必然的结果。但是，这个"自性因"为什么会存在，它是怎样产生的，又怎样为人所把握这一系列问题，科学理性是不可能对其给予说明的。要对这些事物、问题进行说明，就必须回到亚里士多德传统中去。当我们将这一传统不仅仅理解为"目的论"时，就是回到"沉思"的"静观"中去，也就是回到禅观照中去，才可能给予说明。因为只有在这种观照中才会发现，"人的目的性——人的意志"这一"不可确定性"的"自性因"性发散性因素，如何会加入进来。如是，分析哲学明确搞清了科学本身的"包摄模型"，更明确指出了，科学的包摄模型，只是一种在人类正觉认知过程中用于演绎推理的说明性的图形座架体系，这不是"自性因"成立的存在本身，更不是报身实相的存在全息图像本身。如若要说明存在实相的存在及成因，必须到科学理性,即逻辑理性发生作用的范围以外的认知过程中去探索,即去探究波普尔所说的那条"没有合理的道路"。如是,非理性研究的方向、对象,视域位置,就被分析哲学清楚地指示出来了。

施太格缪勒继维特根斯坦后的分析哲学家们的研究,在论述科学的逻辑理性之用中,更进一步明确指出了如何以理性方式去操作非理性的"发现"过程。他明确指出,科学的作用,就在于对逻辑事实中无矛盾的逻辑事项加以拣选,并寻找到其间的必然的关联和运动转移规律以后,才可能论证并说明"万法"式的法则。用他们的话来说就是"只有将一个领域中所有陈述加以比较,并使之毫无矛盾地一致起来,才能找到真理。"但是,真正的真理的发现陈述,则无法在这种二值逻辑的平面的"一维度"的推理中发生,而是在"多维度"的立体化的存在逻辑事实中进行拣选时,才可能发生发现真理的认知行为。因为只有在这时,常规的逻辑推理中要求的排中律认定的矛盾关系被打破,逻辑事实中存在的逻辑刚性关系才会展现出来,才可能产生新的真值命题的发现,这一认知过程,就其逻辑事实本身来说,已不是逻辑理性的二值逻辑程序所能容许的和可以操作的,而是来自一种"充满危机和电闪雷鸣"的非逻辑理性的突变中发生的。为此,他引用了爱因斯坦一句话:"上帝不掷骰子",来表达他对为概率统计法则所排斥掉的非理性的偶然性突变运动中发生的"多维思维"的认可。因为只有在这种多维思维中,才可能在打破逻辑理性的"包摄模式"带来的说明真理的法则的束缚。并且,原有的绝对真理在这种多维思维中被相对化,只有在这种"破执"过程中,才可能在另一种"全新的高度"上进行发散性的非逻辑理性的理性思维。也就是只有在"自性空"的立场上去进行"观照"时,才有可能发现存在的"新的"逻辑事项,即重新把握到"事和"中存在的"理合"内涵。他的这一立论,无疑是在实践维特根斯坦提出的"理性城实"原则,即不执著于任何法相观念,而尊重存在的实相本身。为了更好地"说明"分析哲学对科学本身的这种突破性认知,我们可以例举中国传统文化中一个经典性的古老的发散性多维思维的例子给予论证。此即"孙膑赛马"。

我国先秦战国时代,齐国贵族田忌与其兄齐王赛马,总是输。赛马的规则是:上乘马对上乘马,中乘马对中乘马,下乘马对下乘马,各赌一局。贵族的马匹当然赛不过国王的马匹,田忌为此十分懊恼。孙膑其时为其门客,他就打破了这种平面的一维思维方式,利用了三乘马匹不同品质的不对称性的矛盾关系,进行了一种"多维"的思维,提出了一条"不合理的道路",不按常理出牌,在原有的存在的逻辑事项中找到一种全新的逻辑关联性:以田忌的中乘马对齐王的上乘马,以田忌的下乘马对齐王的中乘马,以田忌的上乘马对齐王的下乘马,结果取得了二搏一的胜绩。在这里我们看到,按二值逻辑的要求,无矛盾性的真理关系应该是上对上,中对中,下对下的对等的对称性。但这只是平面的直线性的无矛盾性,而不是赛事整体逻辑事实中的无矛盾性。赛事整体逻辑事实的基本无矛盾性是贵族的马匹,在对等的等级上必然跑不过国王的马匹。但是,这种无矛盾性的逻辑关系中,隐含了另一种可能的无矛盾性的逻辑性,即可以在这种平面的线性逻辑关系以外寻找到一种加入人的智性因素的发散性的逻辑关联,即"不按常理出牌"的"不合理"——不符合原有逻辑理性选项的方案。这里,田忌的思维方式显然与孙膑的思维方式不同。田忌只是在原有的无矛盾的一维逻辑思维中去寻找解决问题的办法,即在力图提高马匹的能力上去找解决问题的办法,也就是自单项逻辑事项的拣选上去找解决问题的办法。孙膑则打破了这种平面的一维逻辑思维,站在赛马这一逻辑事实整体逻辑刚性的高度上去进行"电闪雷鸣"的多维的非理性思维,从整个逻辑事实内隐含的另一种逻辑关联关系上找到了获胜的方案。在这里,我们看到了,一个超出原有逻辑推理结构的因素加入进来:不按常规出牌,打破平面一维思维追求的对称性的对等性。由于人的智性因素加入进来,产生了一个开放的新的真值命题系统,如是,新的发现,新的运行规律,新的赛马规则就产生了出来,新的赛事结果也就水到渠成地应运而生。这里,一切存在实相的逻辑事实整体没有改变,但是,事情却发生了令人难以置信的改变,而导致这种改变的关键因素,从现象上看,是非逻辑理性的非线性思维的因素加入了进来,实质则是人的内在基本依据:智慧加入了进来。说到底,这时在起决定性作用的仍然是人的理性,只不过已然不是那个二值逻辑的一维思维的理性。畅观孙膑方案的出台,就在于他对整个逻辑事实进行了"全信息"的整体的观照。

其一:赛马规则逻辑事项的对等性中存在着非合理性。即齐王的马匹优于田忌的马匹,这一逻辑事项本身就违反了竞赛的公平对等原则。因此,在逻辑推理上这一逻辑事项是无矛盾的,但在存在的逻辑事实整体中却是不合理的。即在逻辑推理的无内在矛盾关系中隐含着一种矛盾关系的存在和悖理的竞赛。

其二:赛马的存在实相中,又展示出逻辑事实整体中存在一种"理合"的内涵:田忌的上乘优于齐王的中乘,田忌的中乘优于齐王的下乘,只有其下乘马绝对劣于齐王的上乘,可以进行二搏一的比赛。如是,对于田忌来说,赛马逻辑事实中的"无矛盾"的逻辑关系展现出来了。以不对称性来处理不对等性,即可在二搏一的总体竞赛规则中进行"公平"的比赛。但是我们看到,这一孙膑赛马方案,已经扬弃了原有的逻辑真值的规定。即扬弃了原有的逻辑推理认定的"真理":名义上的对等性。

其三,正是由于孙膑在对赛马的原有的理论规则的观照中,看到其内在的矛盾关系,并且在赛马的逻辑事实整体中看到了"二搏一"的"理合"内涵,从而引导出一套"不按常理出牌"的"二搏一"的方案。虽然超出了原有逻辑推理认定的合理的真值规则,但在更高的层次上把握到了一种"非理性"存在"事和"的"补偿关系",实现了一种全新的和谐统一性。齐王对此,也只能认可,因其"理合",原有赛马方案只是表面上的公平合理。

从现象上看,要完成这种超越,就必须超越原有的理论规范,也就是进行一种非合理性的认知行为,扬弃原有的真理性的规则,但是从认知思维的方式上看,却是超越了逻辑理性的思维方式,首先上升到"止观双运"的禅观照中去,才能完成这种发散性的多维思维,把握到二值逻辑以外的这种"不确定性"逻辑刚性的东西,从而把握到赛马"事和"中本真的"理合"内涵,将其转化为确定的胜算方案。千百年来,谁能说孙膑赛马,不是理性思维,可是谁又能说孙膑赛马,是满足了中规中矩的二值逻辑的论证要求呢?如是,我们才可以看到,在这种"悖理"的"理合"中,理性之大用,并且可以看到如何可能在"自性空"的观照中,才能启动和实现这种理性的大用。缘于此,我们就可以发问:人的终极本体,到底是这种理性的灵智之用,是人的大智慧呢?还是人所具有的"自性空"是人的大智慧根本呢?

正是由于对于科学理性的这种深入的非理性的追问,近一个世纪以来,对于逻辑理性的研究,获得了极大的发展,在这一进展中,逻辑形式本身也得到极大的扩张。其中,最具有科学的哲学意义的,就是"多值逻辑"的提出和量子力学的"三值逻辑"的应用方式。正是在这种"多维"思维方向上的突破,才使理性的逻辑化运用,突入到非理性的存在认知领域,不但可以从结果上去把握那个不确定性的东西,而且可以从存在本身——逻辑事实的"事和"中,去把握,尤其是去承认,从而确定那个"不确定性"的东西的"理合"内涵,也可以说是从"不确定性"的"自性因"的把握上去入手,来把握可能产生的"不确定性"的可确定的结果。在这方面,卢卡维茨的研究是具有代表性的。

传统的逻辑理性认为:如果对一个命题的推理证明中承认,除了证明命题具有真值性或假真值性以外另有一种真值性的话,那么,这是在毁灭理性认知本身。因为排中律要求的是非 A 即 B,非 B 即 A,没有 C 存在的可能,如果存在了 C,那么该命题就无意义,不成立,不仅在真值上不成立,即使在假真值上也不成立。但是,当代科学本身的发展,却时时刻刻在指示着,除了已知的可证明一个命题是否成立的真、假两个确定值以外,存在一种更高级的对其他不可确定性的可确定的证明方向和方式。卢卡维茨通过他对决定论和非决定论的研究表明,除去二值逻辑认定的真、假两个真值以外,还有一种真值可供逻辑推理选择为证明的对象,即第三个真值:不确定性,以此来代表所有二值逻辑判断以外存在的偶然性的真值存在。他对逻辑理性运用的这一拓展性研究,后来为布劳发展为三值逻辑。即对一个命题作真或伪的真值判断中,有一部分逻辑关系是既不可证明为真,也不可能证明为假的逻辑事实内容,也就是作为一种对于二值逻辑来说是"不确定性"的确实存在的真值内容。如是,逻辑推理证明就超出了平面的线性的思维方式,而进入了多维的对信息全方位把握的立体化的思维方式,理性思维的逻辑化运用就可以指向三个以上的判断方位:真、假,不确定性的证明。一个命题在此时,就可以被证明为真命题,也可以被证明为假命题。不论其被证真或证伪,同时还可以被证明为具有不确定内容的命题,更可以整个被证明为不确定性命题而可以成立。
这一多值——三值逻辑理论的发展,不仅使人们认识到,已为二值
逻辑证明的真理具有相对性,更重要的意义在于,给科学的发展指
示了新的方向。这也就是后来的科学家们承认的,反复进行已成
功的实验和反复论证已证明的理论的意义,不仅在于可推理已知
的真理,更在于于其中可发现"不确定性"的"自性因"存在,从而
发现新的理论和新的研究方向。本章第四节,温伯格的自白中,就
自为地认知了这一点。说到温伯格,我们既可以说,量子力学的发
展,实在是得益于这种多值逻辑——三值逻辑思维方式的确立。
因为经典物理学和爱因斯坦相对论为代表的现代物理学,都认为
必须将有关"未看到的范围"以内的陈述看做是无意义的。但是
莱辛巴赫认为,应该把这种未能在现代实验条件下直观观察到的
陈述列入"不确定性"的第三个逻辑真值。如是"波粒二象性"命
题,即量子物理学中的粒子佯谬命题,就可以成立,即成为有意义
的命题。不但可以作为一个待实验证明的命题,而且可以作为一
个"不确定"的真值命题,在量子物理学的理论研究中作为公理命
题发挥作用。如是,我们看到,为传统的逻辑学和物理学所排斥的
"偶然的","不可直观的","非理性的","不确定性的",存在实相
的"事和"本身,在这里,被引入到理性把握的认真对待的正觉认
知领域,非理性的存在第一次被纯理论化,纯符号化的逻辑理性所
把握,并将其"形式化"地列入了逻辑形式范围以内,并获得了一
个精确化的人工语言表达,即布劳的 U 符号确指为"不确定性"。
正是这种逻辑形式的新发现:多值逻辑的产生,使科学研究本身,
获得了在传统逻辑理性思维中难以想象的发展。也可以说,多值
逻辑形式的确立本身,都是源于这个"不确定性"的存在,也是对
这个"不确定性"的理性化把握结果。它的出现本身,就是打破了

"住念"和"箸相"的思维方式的结果,也是"超越了 A 与非 A 的逻辑对立"的理性推理思维的模式的结果。正是在这种观照中,产生了一种悟性启动的结果:顿悟的结果。它的产生证明:顿悟本身是偶然发生的认知行为,是非逻辑性发生的认知行为,但是,它仍然是理性——认知理性的应用的结果,因而是必然的非逻辑理性的悟性作用的结果。对这种逻辑形式拓展的确认,不但引导人们对非逻辑理性的悟性之用产生了一种理性化的正觉式的确认,而且引导逻辑理性本身走出了平面一维性思维模式的束缚,走向了多维思维的广阔天地。进一步说,不但使逻辑理性的运用得到了合理的良性发展,也就是布劳所说的三值逻辑模式将二值逻辑模式包含在内,而且使人的一种非逻辑理性的自为认知能力——悟性以认知理性的方式,纳入到了当代理性研究的范围,从而引发了对认知理性的研究和作用领域的把握:悟性,一种指向和把握"混沌"和"不确定性"存在的确定的人类自为的认知能力。它也是人类的一种天赋的能力,在认知学的意义上,是比逻辑理性更重要的一种天赋能力,因为悟性之用,起到一种"发现"真值真理命题的作用。当哲学家们就此而企望着"我们总有一天会发现一种或多种这类多值逻辑的有说服力的模型",我们有理由相信,在认知学意义上模型化地描述人类认知的历程时,这种逻辑形式的模型会建立起来。

逻辑理性的应用性发展,不但表现在逻辑形式的扩展上,也表现在对逻辑理性应用范围和有效性范围的界定上。克里普克的研究,对此是有贡献的。继康德之后,他又一次区分了"先验的"和"必然的"知识的界线,从而给逻辑理性找到了一个真正的发生作用的起点,也就是科学发生的起点。在克里普克看来,既可能有先验的真理,也可能有必然的真理,但是,只有那种既包含了先验真理又包含了必然真理的陈述句,才是可以为逻辑理性分析推理的命题。因为,先验的认知包括了一切不可能以经验方式重复性地把握到归纳判断中的体验,属于认知论中的东西;而必然的东西则是远离了偶然性的,已由悟性命名和知性经验归纳判断确认的形而上学的东西,只有这种命题,才是可分析的,可由逻辑理性来推理证明的。如是,先验的知识,只指向一种不可分析的偶然的真知,而必然的知识则指向一种可分析的,可推理可论证的本质真理。逻辑理性的作用,就是把包含于先验知识中的必然性知识,分析、归纳、判断、综合提取出来,构成一种"本质的知识",这就是科学的真理。因此,科学真理只是关于先验知识中的一部分的本质知识的把握,而不是对先验知识的整体把握,更不是关于认知的终极本体的把握。用禅学的话来说,科学理性把握的只是存在实相中的"万法"性真理,而不是存在实相本身的先验真知和产生存在实相的真如实相的相关知识性把握。这里就不但界定了逻辑理性在认知过程中的作用界限,只有在必然的形而上学的命题成立之后才发生作用;而且界定了必然性知识——科学真理的产生条件和其把握的知识范围:产生于先验的知识生成以后,并且只是其先验知识中的一部分可分析的关于存在本体中某一逻辑事项的本质性的知识,而不就是存在本身整体知识。要追问存在本身的先验知识,就只有跳出身心二元论,走向"不可确定"的那个悟性发生作用时"身心归一"的通官之通观能力的观照时,才有可能。只有在这种极大扩展了的"静观"的理性语境中,才可能产生新的视域,发现认知的源头和逻辑理性应有的作用形式、范围及在认知历程中的地位。如是,科学本身的作用和地位才会第一次全面地显示出来。缘于此,在克里普克看来,过去的哲学之所以会把"先验的"与"必然的"东西混为一谈,根源就在于没有真正区分开两种认知行为:逻辑理性的分析性认知行为和"身、心、脑"的全身器官间交流的认知行为。因为只有在这种"身、心、脑"的"通官"中的"通观观照"中,才可能全信息地把握存在"事和"的整体逻辑事实而产生先验知识,也才可能进一步产生对先验的知识的追问而展示其产生源头的要求。如果说,当代分析哲学对克里普克所作的上述研究是有争议的,但是,他将认知现象区分为逻辑理性的分析思维现象和非逻辑理性的"全体间交流"的心理现象,是可以为大家认同的,而正是对这种现象的共识的区分,使他引导出了对逻辑理性和科学知识的界定,从而在禅学看来,由此而明确地界定科学真理只属于"万法"性知识,既不是关于报身实相存在的知识,也不是追问终极本体而产生的知识。一句话,现代的科学知识,只是经由逻辑理性证明和说明的关于物自体本质的知识,而不是认知理性把握的存在本体整体实相的知识,更非禅观照中的"明心见性"而达之的对终极本体的知识。这后两种知识,如果可以称为"知识"的话,勉强可以按哲学的分类,称之为"先验的知识。"

与克里普克对"知识"种类的解析相近的,还有普特南的"内在实在论"。他对认知过程中参与诸元的解析,使维特根斯坦所说的"事实"——包含逻辑诸事项综合与逻辑关联关系整体存在——逻辑事实的立论,得到进一步澄清,从而使逻辑理性——科学理性把握的对象,进一步清晰地显现出来。

维也纳学派的代表人物卡尔纳普认为,对意义的领会是某种精神的产物。因此,理解意义,就必须使自己处于某种精神状态:对体验的反思中。以维特根斯坦所举的"痛"的例子来说,如果一个人要领会痛的意义,就必须在对痛的体验感觉发生以后,进行对痛的回忆反思中,才能说出"痛"的真值判断。如是,一个人所理解的语言表达式的内涵意义是由他的心理状态过程性规定的。

普特南所属的加利福尼亚学派则认为：维特根斯坦对维也纳学派上述立论的批评是对的。一个人不必经过对痛的体验的理性思维的反思，就可以当下即是地直接用语言去命名这个"痛"的体验，即不经过理性思维的推理过程而先验地得出"痛"这个知识性名词。

为什么会这样？普特南作出了一个回答，即人的认知过程中存在一种"内在实在"的东西，在结构上与体验到的东西相似，而在认知中又有着本质的不同，从而导致了上述混淆：将先验的知识混同于理性处理后的知识。即逻辑推论认知状态与体验发生的心理状态有一种对应的关系，使内在的实在结构状态与身心的体验状态相对应。由于这两种状态处在一种人的某种机能与存在实相的对应状态中，一种存在实相的连续统一体中，才会发生上述的混淆。但是，如果人们一旦发现这两种对应是完全不同的"内在状态"时，尤其是当人们以禅学的观点来看待这两种不同的对应状态时，人们会发现，这两种对应状态，指的应该是逻辑形式本身与心理反应所产生的某种念识相对应，而结构状态与身体状态的对应，应该是逻辑事实，即报身实相全息的图像与对这种连续统一体的体验性把握相对应。前者是认知行为中，知性的经归纳判断的认知过程，后者则是对归一实相的悟性体验而产生的顿悟性觉悟的"领悟"命名过程。一旦区分开来这两种不同的"内在状态"，即在认知过程中悟性与知性发生不同认知作用的过程，就显示出了非理性的能力——悟性的认知作用。在这种悟性和知性先后参予的认知过程中产生的"知识"性命题中，就包含了一种"隐含的知识"，即包含了可供逻辑理性拣选的多项逻辑事项和多维关联的逻辑事实的"理合"知识内涵。因此，非理性的对存在实相整体的确认、命名性认知，是一切必然的逻辑理性所把握的本质知识的前件知识,即先验的知识。如是,在逻辑理性思维秩序范围内,就可以做如是的推理证明:非理性所把握的先验知识,是逻辑理性把握的必然知识的前件;而非理性认知能力发生作用,是理性认知能力得以发生作用的前置性"先天"的行为;并且,非理性的认知过程和在这种认知过程中显现的这种非理性的认知能力,可以在理性思维——正觉的观照中得到理性化的认知和把握。如是,理性的研究对象和作用范围必然得到进一步的拓展和确认。如是,在对非理性认知的观照中,对理性的研究进入了一个更高层更广阔的语境中,从而将理性的研究引入了一个更深化的更高级也更原初的视域中。

其后,斯尼德的结构主义进一步描述了克里普克和普特南的非理性研究成果。

斯尼德在分析理论"内在状态"时进一步指出,理论本身,并不是像理论科学认为的那样,是一种命题的集合,而是充满了非命题性的思想内容。这种思想内容是经验的、模糊性的,尤其是当代物理学的分化与进展使他加强了这一认识:"某种模糊性恰好是物理研究所特有的。"这时,思想的科学内容,就不仅仅是纯理论的了,它包括了几种内容:1. 用来阐明理论的逻辑结构;2. 思想的经验基础内容;3. 理论由此构成的一种超逻辑理性的结构;4. 理论的应用方式也具有了非证明性的、非精确性非数学化的方式;5. 思想——理论不再仅仅用来说明公理与定律,命题与命题之间的体系关系,而是说明各种理念方面的联系:存在实相与基本命题,基本命题与经验判断,经验判断的命题与逻辑证明及其结论说明的联系。通过这些联系,不但可以说明科学真理发生之源头,说明真理与存在的必然关联关系,而且可以说明非理性领悟与悟性思维是"思想"的本质内容,是一个认知过程的连续统一体。这一连续统一体是从人的理性和非理性的认知行为的自组织状态中完成的。如果在这里再陈述一步,这种自组织状态是在"自性空"中以"无垢识"的运用方式完成的,斯尼德就进入了禅化的般若智的把握中了。可惜他没有再向前迈出一步,彻底打开这道禅化的方便法门。如是,斯尼德实际上通过他的理论——思想的结构主义方案,将模糊的、存在于逻辑事实中的"隐含的知识"准确地以意向结构的内在方式言说了出来,使存在"事和"实相的内在的"理合"内涵,以多维的结构方式显示了出来。以牛顿的经典物理学的万有引力理论产生为例。行星运动显示的万有引力,是一个逻辑事项。而这一逻辑事项是由行星的不同系统关联关系,物体的摆动、地表上的自由落体、海洋的潮汐涨落等命题逻辑事项的内在结构关联关系事物构成一幅存在实相的图像。而对这一图像的把握,不是在各种物自体的单项逻辑事项中完成的,而是在每一种全息的存在实相中显现出的互相关联、互相依存、互相显现的连续统一体中获得显现的。对这种存在连续统一体的实相性把握,就不是在单项物自体的运动中可把握到的,而是在一种"静态的平衡"中,即在"不动的飞矢"式的报身图像中获得的全信息的把握中获得的。只有当在这种"静观"的"无垢心性"中把握住了这种连续统一体的存在实相图像"事和"的全部信息以后,才可能发现其中的"理合"内涵——万有引力。并且可以进一步以逻辑理性去论证其内在的逻辑关系,运用逻辑形式给予其必然性的规则、规律性论证和说明。在这一认知过程中,同一种概念的应用,在不同的认知阶段,所起的作用不同,具有的内涵不同。如归纳判断这一概念,在归纳逻辑意义上有其意义,但在直觉归一的体验中有归纳判断之用,在悟性命名的认知中有归纳判断,在知性经验判断中,有归纳判断,在逻辑推理中也有归纳判断。因此,必须允许理论具有一定的模糊性来表达"思想—思维整体"中显示的"隐含知识"的模糊性。如是,人们不但要承认,纯理论中有一些概念不能还原为可观察的事物,同时更应当允许理论概念,在另一种操作中的使用是非理论性的。即在悟性认知命名和知性经验归纳判断过程中,已非纯理论性的使用。极端的例子就是阿拉伯数字在音乐简谱中的使用和在数学运算中的使用就具有完全不同的用法规则和符号内涵。1—7,在简谱中展示的是一个完整的基本旋律,而不是7个1的叠加。同时,1—7在简谱中每个数字符号固然是对前一个音阶的倍数的升高,但并不就是前一个音阶的同质的倍数的升高,而是一个完全独立的固有音质的音阶,而在数学中,每一个1的相加只表示同质的量的倍数的机械性的提高。最后,1—7的音阶的音质变化构成一个连续统一体的清晰的旋律,而1—7的数字符号可以把这种模糊的隐含的旋律变化的"隐含的知识",准确地以符号的方式陈述出来,以供人们自觉地把握之。

如果说,斯尼德的结构主义给被逻辑理性束缚的理性研究,从思想—逻辑事实存在整体上打开了一扇仰望非理性天空的窗口的话,那么,库恩的理论动力学,则直接引导理性研究走入非理性的存在领域,给理性的运用从耗散结构走向发散结构打开了一道大门:新的理论不产生于旧理论体系的修修补补之中,而产生于对于非理性存在的理性追问之中,且不管这个新的信息来源产生于一个全新的存在实相本体还是来自于对于原有存在图像的"补充集合"的信息追加式追问把握之中。

库恩赞同斯尼德的一种结构主义观点:认为人们把握存在——报身实相——逻辑事实中,不但存有理论内涵,即可以为已有的理论给予说明的逻辑事项和逻辑形式的内涵,更存有一些由现有的理论和逻辑形式无法把握和说明的"理合"内涵。这些内涵中,有一部分是可以用经验方式给予把握的,但是,却无法为现有的理论和逻辑形式给以说明。而这些"理合"内涵本身,恰恰就是新理论产生的源头和基础。为了更好地说明这一点,他认为,新理论产生的动力,不是建立在原有的理论体系之上,而是建立在理性对这些非理性的存在把握和对"非合理性"的经验命题的论证之上。如是,库恩清晰地区分了产生新理论的"非理性"的动力:科学发现新理论的非理性态度——悬置一切理论座架,承认,并把握新观察到的"事和"的存在本体,以这种"于念而无念"的"中观"实性,去对待在逻辑理性以现有的逻辑形式无法论证,无法说明的"非合理性"的经验命题。当且仅当我们在这里把这种经验命题理解为由悟性体验而命名的新的存在实相的逻辑事实时,情况即是如此。因为这种新的由先验的知识构成的陈述命题所陈述的"理合"内涵,超出了证真或证伪的二值逻辑可以论证的范围而展示出一种"不确定的"真值存在时,它即表现为"非合理的",即不符合由二值逻辑演绎规范要求的那种理论的体系方式。只有在承认并清晰化地展示了这一非理性的认知过程,多值逻辑要明确把握的"不确定的"东西构成的"非合理的"命题所展示的"理合"内涵,才成为确定性的东西,转化为可以为人的理性进一步把握的东西,而不是神赐的或神秘的东西。这也就为理性向非理性的"不确定性"存在领域拓展,打开了一道理性之门。所以,库恩认为,科学的进步,不是新理论产生于旧理论之中,因之,旧理论不是产生新理论的基础。从禅学上来说,原有的一切名相、念识,都是束缚人们创新的绳索,人,只有在逃出这个捕蝇瓶之后,才可能发现新天地。以孙膑赛马例来说,原有的赛马规则,是一套旧理论,在这种旧理论指导下,田忌永远不可能获胜。孙膑赛马方案,则是一套新理论,但它在旧赛马规则框架内,是不合理的,因其违反了对等性。孙膑的赛马方案,正是跳出了这个旧规则的束缚,才获得了新的理论,新的赛马方案。以牛顿力学与量子力学的关系来说,一些人坚持认为,量子力学是牛顿力学的发展,新理论是从旧理论中发展出来的,因其基本理论没有超出牛顿力学的引力论。另一些人则说,量子力学产生于全新的"于念而无念"式的观察,即摆脱了牛顿力学束缚的观察才产生的。这里其实表显了一个明显的误区:将引力存在的逻辑事实与某种观念的引力说等同起来,即将引力说等同于能量运动中的引力存在本身。如是理解,当然可以说牛顿力学衍生了量子力学。但是,以诚实的理性态度来看,则完全是另一回事。能量运动和引力存在是一个整体的逻辑事实,牛顿力学只是对这一事实的一个方面的说明和描述。当人们看到这一描述远没有说明对"能量和引力"存在实相的整体描述时,人们当然会在新的体验和观察中重新去描述这一存在本体实相,这时,才会产生新的理论量子力学。如是,库恩的立论才是符合认知本身的规则。

库恩的理论动力学,对于西方科学界和哲学界的震动是巨大的。它使人们对科学本身产生了新的看法。科学本身的发展并不是建立在纯理论思维上的。因为科学的发展,是在人的理性能力面对"失效"的原理论时已"无能"的条件下才发生的。这就迫使人们自为地去追问,是什么能力超越了理性能力驱动了科学的发展。如是,对科学发展源头动力的追问,对科学发展这一非理性过程的理性追问,引导人们进入了一种禅化的追问过程。虽然这一追问历程远没有完成,但是,它终究开始引导西方学界重新去认识人的理性和认知能力及认知过程的关系。在这种背景下,多学科混合的一门新学科就应运而生了。这就是认知学。其实,这种追问并非发生在二十世纪,早在三百年前就已经开始了。康德早就提出了人的"悟性"存在的问题,从那时起,对于人的理性研究,已然超出了逻辑理性范围。起码从那时起,西方学界已有有识之士在承认,人的悟性、理性、观照行为都是人的一种最高的天赋能力之用的表显形式,只有当人们将这一切显性的能力和行为归之于人的内在终极本体的存在与作功时,这一禅化追问过程才算有个着落。也可以说,只当人们认知阿摩罗识是人的根本认知能力时,人对自身的能力本真,才有了一种终极性认识。当然,要完成这一追问历程,不仅需要多学科的结合,更需要多科学的综合。因为它涉及的问题已远非与人本身无涉的自然科学问题,所以,仅凭自然科学全学科的结合,解决不了这种追问。

　　库恩的理论动力学,使分析哲学确立了一个批判命题:致使科学进步的,事实上是非常规的偶然事件的研究。这当中隐藏了偷换概念的诡辩术,从而易于将理性化研究和对非理性化的存在割裂并对立起来,由此带来的混乱和祸害将是多方面的,并且是巨大的。正确的立论应是,新的"科学发现",事实上是人的理性——认知理性对非常规的事物,也可以说是对"不确定性"的存在的逻辑事项的把握,由此产生了新的科学命题,而由这一新命题中产生新理论的科学"进步",则仍是由正觉演绎过程中的逻辑理性来完成的,并且,在这一逻辑论证过程中,逻辑理性所运用的逻辑形式本身也获得了进步性发展。库恩本人在陈述他的"理论动力学"时,不止一次地谈到,在这种创新的发现中,必须有一种"中立观察"的科学态度,从而观察到一种不是由逻辑推理中发生的"突变"的"恍然大悟"的认知行为。只是在多种"常无"的观照中,才可能发生这种顿悟的体验而把握到新的逻辑事项,从而形成新发现。但是,这种新发现,只是科学理论进步的先验的前件,并不就是科学理论进步本身,虽然它是科学本身获得进步的一个非理性的先验认知过程。只有在摆脱了所有哲学对库恩理论的"解释"以后,才能走到"还原"库恩理论动力学的"禅话"地步,这时,人们才可能了解库恩所思所想和科学哲学已然走到的禅化程度和内涵。如是,正如分析哲学家们所提出的"只有在科学中,才有论证,而库恩和维特根斯坦一样"对于理论进步所要求的"科学发现"的方法就是"无需思考,还是观察吧!"这一批判用中国人的俗话来说就是歪打正着:无需思考科学进步需要什么,应该满足什么条件才能促进科学进步,而是"于不住中生其心"地观照存在实相是如何产生的,如何展现的,如何为人把握的。这,也正是几千年前老子的"科学发现方法":"常无,欲以观其妙"的当代科学哲学理论的翻版:"无需思考,还是观察吧!"

库恩的理论动力学并不是建立在片面强调非理性存在的立场和非合理性的命题超常规理论的特性上。他对于合理性的逻辑理性是有着清晰的确认的:逻辑理性确实是将命题与命题之间的关联关系论证得一清二楚的。也正因其具有这种演绎论证说明描述的不可替代的功能,逻辑理性也就只能在命题成立的条件下才会发生作用。因此,逻辑理性的这种自明性是有其确定的作用领域的,也就是无法超越出已提出的命题范围以外去讨论问题。因此,命题的确立,严格地说,基本陈述命题的产生——发现,当然就不是逻辑理性的功能性任务了。如是,他才发现,为自然科学寻找与数学的自明的确切性相类似的东西是不可能的。要寻求"发现"的源头,只能在逻辑理性发生作用的领域以外去追询。也就是说,没有对非理性存在实相的承认、确认和把握,就不可能有创新的发现,也不可能使科学本身获得发展,更谈不上科学理论的进步。科学本身之所以伟大,不但在于运用逻辑理性去论证、说明非合理性的命题,更在于科学本身的每一次突破性的发展,都在承认,不论是自觉的承认还是自为的承认,多维的、多值的、模糊的非合理性命题的确实性和非理性的存在实相的确实性。而不在于坚持科学立场就意味着可以死守着"理论"来对抗、排斥,甚至否定非理性存在的东西和非合理性命题的真值性。更不在于以具有最抽象的论证方式的逻辑理性去排斥、抗拒"中观"的"观照",将其打入神秘主义的反理性冷宫之中,从而导致否定突发的偶然事件启动的"顿悟"性认知行为,切断了科学本身的生命源头。如是,库恩的理论动力学的重要贡献之一在于,在"中立观察"的这一全新的哲学高度上发现:常规科学家失败的原因,不在于已有的理论本身,而在于人们对于已有的理论的迷信导致的固执的教条主义。即"箸法相"。其实,这也正是神秀法师所犯的错误,死守着一种"明镜台"的理论,箸了法相,成了死禅,这也是马祖道一禅师为什么最后道破的禅关,点破了在常人看来玄之又玄的那个禅学命题:非心非佛。只当人们既不将佛看作一个物自体,也不将佛看作是一种观念,更不追求什么心中有佛的理论体系时,人们悬置了一切观念,中止了一切理论判断,即摆脱了一切理论的束缚时,才能真正从理论上搞清楚什么是自家宝藏——以阿摩罗识之用的方式显示的人的内在终极本体:自性空。一旦达此了悟,有心没心,有佛没佛都了然无干系了。只要确立是于此"自性空"之中"性空",就可以运用"无垢识"而"正智",达观世界,其中当然包括"自性生万法"的科学之用。

事实上,当科学家、哲学家、科学哲学家们一旦开启禅观照的方便法门,步入对自己的心路历程的观照时,无一不在"体验"的这种非理性的"切近感"中,发现自己的科学研究中,发现意义上的非理性认知活动的重要性。因为,这种"切近感"所表达出来的对存在实相的体验的体验,是接近存在实相本体的一种悟性启动的体验,而在此时,过多的运用逻辑理性,哪怕是以最纯粹最抽象的符号去权衡,体验这种体验时,都会使这种体验的本真内涵与人的认知过程拉大距离,并且会使"不同流派的哲学家之间相互疏远和越来越失去思想联系"。至于以科学模式来判断这种"切近感"的体验是情感的,不应干扰科学思维的科学主义作法,则湮没了对存在本体的把握。因为促动悟性发生启动和把握存在实相"事和"中"理合"内涵的这种"无垢识"的大雄之力巨大的认知能量,会由于这种科学模式的"证真"行为而被关闭。只有那种可以对报身实相体验产生的"切近感"体验,才会真正促动人的理性产生追寻追问的冲动和觉醒到把握理合内涵的机遇产生就在眼下的这一瞬间。因为这种悟性为直觉归一实相促动而产生的体验行为本身是崇高的,与人的生物性欲求冲动无关的。施太格谬勒就曾由衷地陈述自己曾有过的这种体验:"《当代哲学主流》第一版本,是我24岁时写的。我的思想和文风,自那时以来发生了很大变化,的确是变得精确一些了,但因此也更加拘谨了,更少了直观性,也就再不能像当年那样去体验与我无关的思想方式了。所以,当我重写此书时,就极大地丧失了直观性和切近感。"如是,直觉的根源性,顿悟的根器性和观照的根本性等等非理性认知行为的作用,不是每一名真正称得上从事科学与哲学研究的人所能否定的,即便是在理论的"自觉"中去给予否定,它们还是会时时在自为的陈述中显现并发生作用。因为,只有在这种直觉归一物我的当下瞬间,才能"非我相"地启动悟性体验,才能产生那种由物我归一而升华出的情理归一圆触实相和圆觉的情境体验。也只有在这种"无我相"的"切近感"的"沉浸"中,人们才会不为逻辑理性所左右而直接把握到存在的本体真相——报身实相的图像。在这时,芝诺的"飞矢"不动了,存在实相本身摆脱了一切幻生幻灭的化身干扰方式,而以一种逻辑事实整体的全息方式呈现在无垢心性之中,对于它的模糊的陈述,就产生了基本真值命题,科学理性论证的"先验知识"对象产生了。

从胡塞尔的现象学来看,存在,不是在生生灭灭的大化流转中的物自体本身,而是在流转中可以为人把握为一种可对之进行反思,禅学认为可以对其进行观照的东西。这个东西,在逻辑理性看来,是"不透明"的,是"不确切"的。弗雷格将其称为"不透明理性"。但是在胡塞尔看来,这不是一个在语言中表述的不透明的语境,而是一个在人的认知中,即在直觉中归一物我的"看"的行为中,构成一种"不透明"的存在本体。它是一种以具相报身实相方式显现的抽象的实体,即芝诺的"不动的飞矢",它显示了所有的各种形态的各种类的各样式的飞行的飞矢的存在实相。它是抽象的,不仅由于上述具相式的存在抽象,更因为它不因任何一支飞矢已飞过去而消失,即不因幻生幻灭的化身消失而消失,而是以静态的存在图像的当下即是的持存,展示了动态的存在运行,使之成为一种"绵延"性的存在本体,时时可以当下化地再现于人的无垢识的视域中,去领悟,去分析,去理解,去说明。如是,胡塞尔在对这种"不动飞矢"的存在本体当下化的为人把握认知的行为中,再次以现象学的名义发现了禅学"止观双运"的禅法:观照,在悬置一切观念、概念、理念之时,同时也就是"中止一切判断"之时,去"还原"性地观照那个产生一切理念、概念、观念及其所引发的判断行为的源头:存在本体。正源于此,理性的应用及对理性的研究,才跳出了逻辑理性的循环推论,在西方哲学中,第一次以非逻辑推理的非逻辑理性运用的方式去追问理论产生的非理性的存在源头,并将对理性的追问推向那个非逻辑理性可以发生作用的认知领域中去。

如是，从分析哲学所认同的胡塞尔现象学还原中达之的"意向内容"，不就是对认知对象化身物自体这一立论来说，分析哲学也同样给逻辑理性划定了一条运用的界线：对"意向内容"所构成的真值命题的含义进行研究和说明，而由存在的报身实相图像构成的"意向内容"所产生和命名为基本命题的认知行为，则是逻辑理性要处理的范围以外的事。这些事可以交由现象学的"还原——观照"中去完成，因为"现象学是关于意向内容的先验科学。"

而雅斯贝斯，在他的哲学体系中，给理性的运用，确定了一系列的规定。

首先，理性是把一切包括者联系起来的纽带。也就是说，理性是把一切于存在实相中展示的逻辑事项联结在一起，构成一种可以用逻辑形式给予论证和说明的人的内在能力。在将逻辑事实存在的逻辑刚性以逻辑形式方式展示为一种清晰的科学理论的时候，理性显示出一种"不透明的语境"所不具有的特有功能：打开一切存在图像的外壳。将其"理合"的内涵挖取出来，从而使一切存在者在其幻生幻灭的宿命中被解脱出来，使其本质规定性于存在实相——连续统一体中被展示为一种"理合"性的"合理"存在，而不是孤立的存在者。这时，理性就具有了一种无限的开放性功能：理性的最基本态度就是这种打开性——无限的开放。如是，理性即是哲学家思考的承担者，也是哲学思考的对象。如是，哲学活动本质上就是对存在本体的逻辑事项的逻辑推理活动，而逻辑理性的运用就是哲学对理性的理解和运用。但是，不论是对理性的逻辑化理解也好，对理性的逻辑化运用也罢，雅斯贝斯的实存哲学最后都归结为一点：实存是对理性的推动者，没有存在实相的产生，仅有物自体的存在，不可能有对理性运用的启动和对理性本身的理解。另一方面，理性又是对报身实相即是存在本体的唤醒者，没有理性的启动和逻辑化运用，存在实相将永远得不到打开和说明，仍然处于自在的至多是自为的状态，即至多是一种为神秘主义者把握的神秘现象。这就是他的著名的论点："存在是在思考中的存在，现存在是在思想中展开的。"这一立论又使我们想到了王阳明的"花说"："我不见花时，花是寂寞的自在。""花开花落两由之"。只有在我见花时，在这种物我归一中，在这种对花的存在实相的体验中，花开花落展示的大化流转中生命力的鲜活美好，才如此娇艳地展现出来，花儿由此才获得了存在意义和存在价值，觉此无它。只因此时，自性觉醒和佛性映射才归一为一种人的本真终极本体的实现：认知的实现。

只是在认知行为中，理性才获得了存在意义的展示和存在价值的实现；也只是在这种先验的认知发生过程中，理性才找到了自己发生作用的领域和开放性的规定性。至此，我们可以说，雅斯贝斯和王阳明一样，都将人的理性置于大化流转中，置于一种开放性的方便法门中，即置于一种充分显示生命本身存在的价值意义环境中去看待，而不是仅仅将其局限于逻辑演绎的封闭的形式中去看。如是，理性，广义上的人之理性，在研究存在问题的学者那里，都将其触角伸入到了非逻辑理性的范围中去了，起码是起到"唤醒"存在的"体验"的作用，从而起到打开"事和"的不透明语境，进而把握其内涵的"理合"内容的作用。在这一意义上，理性是一种认知的"过程性"工具，而不是认知过程整体，更不是认知行为所依据的人的终极本体。实存哲学家詹姆士对此有过一个中肯的评论："哲学的职能是弄清假若这个或那个世界定则是真理。在这里，理论就成了工具，而不再是疑难者的解答。"如是，科学理论"万法"本身，只是人们把握终极本体之用而产生的一种益于人历世的工具，而不是唯一的把握终极本体的方式，更不可能是终极本体本身。

如是,石里克给科学本身下了一个最简单的意义:"科学最简单的目的,用最少的概念,达到对世界的最简单义的标记。"即科学只是我们把握存在本体实相,包括把握我们自己的一种最简单最方便的工具。但是,仅靠这个工具我们不可能把握存在本体实相,也不可能把握我们的全部生活,包括生活意义,生活价值和生活目的,所以,石里克明确说:"真理只是认知的必要条件,绝不是充分条件。"即使我们将世界上无限多的事实都用单义的符号标示出来,我们因此可以得到一个真命题体系,但我们绝对没有得到认知本身。"因为这里得到的只是用符号使世界重复。"这一定论对于禅学来说也是适用的。既使我们用最简单的命题"空无之妙有"来陈述世界终极本体"性空"的品性,我们也没有把握住"止观双运"的认知方法,更不用说把握到存在本体的真值实相。所以,禅学才一再强调"庄严国土"不是认知目的,而"利乐有情"才是修行者的必为之路。若如是,就必须懂得"自性能生万法"的禅机,能行"自性生万法"的禅修之路。

分析哲学的发生和发展,伴随着一个十分有意思的现象而日益溢出逻辑理性的认知领域,即对于"天赋能力"的确认、强调和运用。并且在这种追问中,日益倾向于认为经验是一种认知的源头和理性的诉求:以经验上可以检验为一种标准。哈特曼甚至提出了符合论和可重复性的检验理论的标准。乔姆斯基则认为,天赋能力的存在,指的是人的先天能力与经验混合在一起时,才会发生的一种复杂得多的认知行为现象。他尤其以"语言能力"为典型:一个孩子,尚未掌握普遍的语法知识,就已学会使用一种语言。这种非理性行为的确实存在,使他看到,人所知道的要比其意识到的东西多得多。尤其是语言能力所指向的人的天赋能力的非逻辑理性造成的过程的复杂性,更使人们应该向广泛的认知领域中去认知和把握人的天赋能力。正是在这种认知语言的非理性化的存在现象中,分析哲学家们明确提出了逻辑理性的作用界限:逻辑的任务就在于使诉诸直观的认识是多余的,从而制定出可以据以建立证明步骤的正确规则。超出这些人之语言规则以外的证明和把握存在的工作,要由经验检验来做,直至诉诸人的天赋能力的启动和作用。

在对科学本身和逻辑理性的认知真理的"工具"性地位确认以后,卢卡维茨进一步将语言的工具地位也给予了一种确认,从而否定掉一些分析哲学家认为"语言即真理","语言即游戏"本身的立论。即语言只是人们以逻辑形式可以合法运用的唯一工具形式来论证、证明、描述、说明非理性的"先验知识"的先天工具,而并不就是先验知识本身,更不就是天赋能力本身。卢卡维茨认为,语言的科学性本身在于其具有"可变动性",而不在于语法规则的"不可变动性"的定律性。因为定律规则一旦改变了,就成为另外一种定律了。但是,语言中的语词改变本身,甚至某一语词内在意义的改变本身,并不要求改变语法规则,更不会改变语言的工具性质。因此,语言本身不可能等同于科学定律规则,也不等同于科学真理本身,就是因为语言的内涵可以多元化地变动而不触动语法规则,也不改变语言的工具性质。而科学真理则不同,当科学真理内容发生变化时,科学真理所给出的科学法则也必然随之变动,科学真理所必然发挥的效用也随之改变了,要求的必需条件和作用范围也发生变化了。这种立论虽然并不全面,但是,确实堵死了分析哲学在经验检验真理的路上跑偏的可能。因为在将语言这一特殊认知现象介入到大化流转中去,在实现和进行流变中的认知"游戏"活动中,分析哲学会引导人们将语言本身就认作是认知活动本身,从而忽略了使语言介入到大化流转的流变中去的那些先验的存在"事和"——报身实相存在本身。就像一些足球爱好者,由于对足球运动的热爱,以至于将特定的"足球"和"球星"作为崇拜的对象,以此种方式来使自己参予到足球运动中去,使他们再也难以理性地区分开实现足球运动的工具和进行足球运动的球员本身的内在生命力的差别。这种痴迷现象,才使人们称其为"球迷"。人们对于科学本身的态度,对于科学理性的态度又何尝不是如此的无理性的呢?

2. 科学的生物性本质

其实,对于科学本身的态度,或者说对于科学形成一些无理性的看法,不仅取决于人们对于科学本身的功用的赞许,更取决于人们对于科学本身性质的了解。

首先,纯粹理论科学是建立在一种形而上学上面的,即建立在先期被确立的命题上面的,而不是建立在与哪一种存在者符合上面的。这是布伦塔诺"内在实在论"中对科学理论成立的简洁的认定。由此而确立了科学本身的起源:形而上学。这一立论在分析哲学家中一直受到批评。因为形而上学的东西自亚里士多德以来,一直就是个"不透明的语境"。如是来确定科学的形而上学本质,既难以说服人,也难以说明科学的发展性。尤其是当形而上学的公理命题本身就内涵着一种否定性判断时,被否定掉的存在实相本体就无法再进入科学的研究视域了。并且恰恰是,非形而上学的经验归纳判断中产生的可包含内在矛盾性的命题,正是对这种内涵矛盾性命题的理性化处理,才使科学获得了进展,而不仅仅是在对形而上学性的公理的演绎、说明,从而引导出更多的定理时才使科学获得了发展。

克里普克就此所作的分析,进一步确立了纯理论科学源起于形而上学的主张。他区分了先验的知识和必然的知识的不同存在性态和地位。先验的知识是认识论中的知识,而必然的知识是在形而上学知识论中确立的命题。先验的知识源于对于存在实相的逻辑事实的陈述,必然的知识是形而上学以命题方式对上述陈述中有关特定的逻辑事项的本质特征的抽象陈述,科学理论是建立在这种形而上学命题的论证和说明上的。只有这种理论既源于先验的陈述又经过形而上学的抽象的命题式陈述的必然知识,才是可分析的,可为逻辑理性所操作的。也就是说,科学发生本身,既是形而上学的,又是逻辑推理的,只有形而上学可以产生促使科学启动的命题,只有逻辑理性的逻辑论证作用,才使科学产生论证并说明其理的作用。这二者的认知过程性作用不同,但其形而上学的理性化的内在本质是同一的。

舍勒并不同意上述立论。他认为,科学的内在本质依据中,具有一种生命哲学的意义上的存在。

舍勒认为,人的存在,是一切存在中最能动的存在。这种最能动的存在,以生命的本来存在的最高存在方式表显出来。生命的存在方式在于人以两种基本方式显现:非理性的生命力冲动和情感的汇聚表达。在这两种生命力表显方式中,情感的东西是人性的最本真的表达,是对非理性冲动的超脱,在人的生命力表显中,处于优势地位。所以,舍勒的生命哲学,是以"在神的爱"之中涵育出人格的神哲学的延续。当人以神的爱涵育了自己的人格以后,人就会以这种神恩之爱去参予世界的存在与运动。显然,舍勒将人的存在区分为两种形式,一种是人的物欲冲动的存在方式;一种是有天主教情结的神格化的人格存在方式。这两种存在方式,使人在对待世界事物上,集取了不同的认知形式。获得人格存在的方式,仍然处在一种对神恩的"震动"的领悟中,以此来调整人的心灵——精神状态，从而获得了对"爱"的顿悟和领悟能力。而对于涉及非理性冲动的自然科学的现实世界的事实，从生命现象的本质之说，涉及人的肉体存在，即生物性存在的事实。舍勒在这里就汲取了一种非神爱的立场，即使人能够尽可能多地支配自然和控制自然，以满足和实现人的生物性存在。因此，舍勒把科学本身的知识，视为支配的知识或权力的知识。如是，生命哲学的知识在这里区分为实现生物本能的科学知识和涵育人格的神爱的精神知识。而舍勒认为，如果要实现人生的存在意义，就只能以情感为神恩涵育的"博爱"的知识来驾驭和运用科学知识。即以科学知识为实现在"神爱之中"的人格价值而努力。在这位天主教徒的哲学思想中，我们似乎又看到了新教伦理要求的代替上帝行"圣工"的基本理念。这里非常值得深思的一点是，舍勒认为，在关于自然科学、经验科学、哲学范围内，只要能够正确地运用逻辑理性进行推理演绎，即通过纯粹逻辑演算取得知识就足够了，并不需要深刻的内心震动。因为这种科学知识本身，只是实现人的生物性存在的知识，而无助于人理解"在神爱之中"的基本天主教教义。对于人格的价值判断、理解和内化，只有在纯情感的汇聚升华中获得神恩的震动中才是可能的，纯粹逻辑理性在这里是帮不上任何忙的。所以，科学理性从不知道生命价值的存在意义是什么。如是，舍勒认为，只知道有科学知识而不知有神爱的人格知识的人是一种"病态的动物"。当人作为一种生物为自己能制造工具，能劳动，能征服自然而骄傲时，是非常可笑的，因为这一切正好暴露了人在生物界是一种生物能力最弱的存在者。正因为人是最弱势的生物体，为了适应环境，为了满足自己生物本能需求而实现生存目的，才发明创造出了科学知识，以对抗自然界的压力。所以，在舍勒那里，科学本身，充其量不过是人的生物能力的一种延伸而已，最好的科学知识所能起到的功效,也不过是对自然界的一种生物本能的扩张行为,这不是人格实现的有效方式。我们说,舍勒的情感现象学——新神学,固然描述了人格的双重性问题,但是,也以一种极强化的方式揭示了科学本身的生物性本质,就此点理论来说,舍勒对科学本质的看法,比分析哲学要深刻得多。

哈特曼则从科学真理的有效性角度来考察科学本身的性质。其一,层次归属法则:在规定的层次以外,真理失效。即当法则对于处于存在者规定属性的物质存在方式以外的地方失效。其二,层次效力法则:真理造成的规定性,只是针对某一物自体处于某一状态层次上是有效的。科学真理只针对人的自然——生物状态上是有效的。其三,层次规定法则:物自体的存在状态处于某一特定存在方式中,科学真理才是有效的。当其存在状态超出了这一存在方式以后,真理则无效。说到底,科学真理,只当物自体处于自然状态中才是有效的。科学真理对于人来说,只是对于生物性的人,才发生效力。哈特曼认为,科学真理从根本上说,其有效性是一种机械性的。科学真理的发生、发现、证明、说明过程中可以充满了辩证性、思辨性,但就其功效来说,是机械性的符号性,因此,它不能解决涉及人的智性生命力的能动性问题。人,是一种生物,但绝不是一种被动的生物,而是一种"能思想的思想"的生命体,且有一种通过先天的智能而自觉地自组织自行调节的生物。当人意识到自己的存在状态处于生物弱势的时候,人会有意识从而有目的地对自己的能力作调整和整体的重新组合,如是,产生了科学,尤其是产生了认识人的生物性的相关自然科学,如医学、进化伦、遗传学。但是,这些自然科学知识的进步,仍然解决不了也解释不了关于人的存在意义和存在价值的问题,更解决不了人的存在方式问题。因为自然科学仍属于关于人个体的生物性存在领域内的科学，只能约化地解决人认识个体的生物性存在方式和生物性能力的不足的问题，而解决不了人作为一种灵智性生物的存在方式问题。解决的出路在于人格化人的存在方式的解释而不是神格化。如荀子就曾作过这方面的努力。他说："人之所以能群也"，能协作取利，能具有一种社会性的群体的人格，就在于人在体征上远远弱势于其他动物，因此，人才需要群体协作，由此而生出道德和伦理规范，产生人格。哈特曼同样也走出了神学意识形态领域，从而同样指出，科学本身，只能解决关于人的生物性存在问题，而无法解决人格化的人的历炼问题。因此，科学知识只对于个体的生物性存在方式的人——化身之人有效，而对于超出化身存在者层次的人本身问题，则无效。

斯尼德的结构主义理论本身，就指出科学本身的产生使人形成了一种信念：统治世界。自然科学的有效性在于制造和使用工具，以扩张人的生物能力，从而获得对世界的统治，而不服务于获得对人本身整体存在形式的认识，更不服务于对于世界整体性的终极存在认识，所以，科学可以等于文明，但科学绝不等于文化：人文之化。也正是在这种科学使人的生物能力日益扩张中，使人沉醉于这种日益强大的生物能力扩张之中，而放弃了对人本身和世界存在整体的关怀和追问，斯尼德就是这样来理解科学方式及其所追求到的目的的：用逻辑理性理论来阐述命题，将一切现实中的问题和转化的命题提出的矛盾和困难，通过量化的符号化的数理运算和逻辑演绎来消化，如是，存在的本体问题被分项地量化掉了："所有对于存在的体验，被以量化的方式机械地消化掉了。"所有的存在实相的区别都被转化为同一的量的关系而消化掉了。人性问题，人本身存在的追问，人的存在价值也在这种逻辑理性的量化处理过程中被消融掉了，剩下的，关于人的存在目的，人的存在价值就只有一个:运用科学知识,获得对世界的统治。社会达尔文主义也在科学本身的支持下产生,并且在科学不断进步的条件下,恣意地拓展自己的地盘,"上帝死了"以后,社会达尔文主义日益在人的意识形态中占据了统治地位。科学本身蓬勃于"上帝死了"以后,科学因而也就回报使上帝消亡的人类,支持人类以其生物本能的扩张来取代上帝的社会功能——社会达尔文主义式的统治世界。

综上所述,近代以西方为中心的科学发展,洞观到了个体人的本能——生物性本能,人是作为一种能动的理性化的生物存在,而且使人的天赋理性能力,在人的生物能力扩张、延展、强化方向上得到了极度的运用和夸张,从而强化和夸张了人的生物性的本能性的存在性质。在这种条件下,其人文理念的发展和人格行为,处于极其艰难的无源之水的混浊状态。使其人权理论,处于一种以生物生命为基本原理的社会生物关系准则之中:利益无条件冲突的一种被动妥协状态中,而不是人性与世界融合的状态中。即人权平等生成为生物性竞争要求之法则,而不是人与世界的主动融合的自我发现的内在升华之中。一句话,当西方文化语境中失去了外来的"神之爱"的恩宠力量支持以后,缺失了对人本能的人本性整合力量,缺失人的内在的人本性自觉能量,只有靠外在的妥协性关系性观念来整合。这就是其所谓的科学的人权理论。

为了更深地理解科学的这种生物性本质,在这里有必要谈几句中国传统文化自觉的内在力量。

中华传统文化是一种非外力神观念统治的文化整体,因此对于人的内在人性的认知是源远流长的。

《老子》对于人的本根智性能力的最高评价是人能知"非常道"。即人可以把握在西方神学文化中由神来把握的终极理念。

这种"非常道"是什么,在《老子》第二章中就明确地给出了:人具有一种将出世与入世的观照能力归一的智性:人既可以"常无,欲以观其妙",在"自性空"中去洞观一切存在实相之"理合"内涵的能力;又可以"常有,以观其徼",站在任何一种存在者的立场上,把握其存在性态,以制定出一整套相应的行为方案的能力。对人的这种大智慧能力的自觉和运用,就使人可以把握住一种"无为而无不为"和合的"非常道",以世界存在的必然之"徼",来实现世界存在的必然之"妙",从而使人以卓越的认知能力,与世界和谐平等地共处。实现了此种自觉的人,即可以摆脱人的生物本能的束缚,成为"为而不争"的圣人,升华出一种"遇事事和,遇理理合"的完人人格。也正因为中国传统文化有如此自觉的人文之化,才在佛学传入中国以后融汇贯通地形成了义理更加清晰,更具有可操作性的禅学,克服了佛学内涵的小乘凿空遁世的内在矛盾性,从而昌明辉煌地提出了大乘主旨:庄严国土,利乐有情。

中华儒学,对于人性与人格同自然的关系认识得很清楚。在人本身方面,一方面,人具有生物本能:"食、色,性也。"另一方面,人又具有一种人性内涵"仁、恕,道也。"人可以通过人生历炼行为而实现从本能到本性的人道的人格升华。因为人具有一种自觉的理性能力,可以"知天道以成人道",历炼中过渡为人格化的人。对于利益关系,也不是一种竞争中妥协地实现,"义者,利之交也",即利益的实现,是一种协作协同中协调的产物。这是从对生物性竞争弊大于利的体验中觉悟到的"交则两利,争则两害"。从而升华出"仁义"的人生信仰理念和行为准则。对于人与自然的关系,也是从世界存在实相整体的"事和"中把握到其"理合"内涵的"因四时之序,宜四时之长,获四时之利"。遵守这种存在本体的秩序之"妙",实施"与万物齐一"之"徼"的行为方案,从而形成了与自然和谐相处的世界观与人生观。最典型的论述即为张载的总结:"民吾同胞,物吾与也,存吾顺事,殁吾宁也。"从而摆脱一切苦烦困扰,获得大自在大安乐。即使是在不同地区生活的民众形成的不同民俗和文明行为方式,也无一不显示出这种与世界平等和谐共处的人格主义精神。如《礼记》中所说:"凡居民材,必因天地寒暖湿燥,广谷大川异制,民生其间异其俗,刚柔轻重迟速异齐,五味异和,器械异制,衣服异宜。修其教而不易其俗,齐其政而不易其宜。"因其自然之"妙"而成的人文之"徽"的人文之化,是一切理论成立和实施的基础。"因宜而立制",而不是"因利而立制",取其宜则自利而自立,管理者自可以"无为而治",取其利而他主,则政繁而法苛,亡国之兆立焉。取其宜,则有小政府,大社会;专其利,则大政府,小社会。这种人文主义的理路,绝不是什么西方的自由主义或保守主义"科学政治"的争论所能涵盖的。

承续佛陀所开示的"明见自家宝藏"的禅学,是融合了道家和儒家的学说,提出"明心见性"以"利乐有情"为人生目标。也就是善用人的生物性六根本能,以实现人生的存在价值。而不是以满足人的生物本能为目的,去对世界和他者进行扩张、统治、剥夺。在这种基本的人文信念指导下,对人的存在就有了非常明确的理性认识。生存,是实现人生历练修为的基本方式,而不是人本身存在的目的,只有达之人格完满,才是人生价值的实现,即实现人的终极本体存在的历世意义。因为,人的生存实现是永无止境的,水涨船高。而人格完满的实现却是有归宿的,见性成佛,即可利乐有情。因此,中华传统文化的精髓就在于提倡人生追求可以实现的人格目标,而不鼓励无穷无尽的生物需求和扩张的满足。如是,当科学的生物性本质无法走到对人生存在价值的满足时,禅学即为人生存在提出了一个可以满足实现的目标,明心见性,人格完满,

终极实现。如是,当后工业社会的人们无法建立、追求和实现一个
人生目标,从失乐园演化到失家园时,就只能"忘却责任"地鼓吹
"过程就是一切",人类文化陷入一种失根失本失目标的蜕化状
态,而中华传统文化就在此时显示出其内在根性的熠熠生辉的生
命力。何者是真正理性地对待人生,对待人本身,于此不就可以洞
明了吗?

从"人生平等"和"众生平等"这一基本平等的天赋原则的人
权主义立场上来看,科学的人权观与禅学的人权观依据是完全不
同的。

佛陀说众生平等。在这个意义上说人权平等,不是说人的生
存权力平等,物权平等,受教育、就业机会权力平等,而是说人人都
有"自家宝藏",在拥有同样的"自性空"的终极本体上的存在平
等,人觉悟达此,即获历炼的正觉之正智,不觉悟,则入"恶道轮
回"。这也正是从捻禅师所说的,狗虽有佛性之"性空",但无自性
空,所以狗不能自觉地明心见悟,因而不能跳出六道轮回而成正
果。人亦如是,如其不悟自家心性本自空,则不能觉悟自渡,因而
也就难获成就人格圆满的正果。如是,在佛学看来,平等,是人与
生俱来的终极本体自在性的存在性态,是人的慧根根器,是人之所
以为人的内在的自足的依据,无需外来的给予或恩赐,更无需与外
在世界和他人妥协获得权力的补足和承认,此其一。其二,平等,
是从人生历世的历炼上来说,平等即是人生历炼的基本自足的内
在基础条件,又是在社会实践中自我发现中完成的,是与天地齐
一,与万物同在的人生体验中,觉悟和把握那个"非常道"中获得
实现的,更是在利乐有情的善用六根的精进中去实现的。而不是
以权力让渡的方式被动地实现的。因此,平等是从自我的向内求
寻的自觉中开始实现,是从把握自己内在的终极依据基础上确立

的,具有非常明确的理性自觉的意义和和谐一切为本真的存在价值。

以法国大宪章和美国宪法为代表的西方人权平等理念:天赋人权观念,则是从人是宇宙主宰的立义上说起,而不是从人的内在自足依据上说起。人权平等是从外在的社会制度保障上得以确立,而不是从人的理性对人性的自觉上获得保障和实现。所以,人权平等,是后添的,外在的给予,是一种人存在权利被动地让渡和妥协的产物。因此,不是完整的存在权利的平等性的实现。进一步说,只是一种保障人的生物性生存的基本权利的平等,而不是实现人格主体化的人文平等。在这种平等观念的支配下,人的生物性同类间的竞争虽然得到了规范,但并没有涵育转化人性为人格的升华的力量,更没有涵育出与世界存在和谐相处人格主义精神,反而有趋势使涵育人格的条件和力量淡化乃至消泯的可能。因为这种人权观念只保障基本的生物性存在权力,根本不过问人性历炼与升华的内在依据和力量的涵育。即西方人权观的科学理性观念在人文之化方面告之缺失。

这两种人格,人权观念,实际上代表了人类文化的发展性生成过程。在人类文化不成熟期,将人的本性与人的本能对立起来,非此即彼,抑此则扬彼,形成一种此消彼涨的矛盾关系,即为一种受科学理性摆布的否定与肯定的因果关系,而不是一种因能而成性的善用六根的人格涵育关系。只有在人类文化发展成熟期,才会升成一种人性的自觉力量,协调、归一人的生物能力,以使之服务并促成人本性人格化的实现的理性能力。如是,才可能像竺道生那样提示出一种极端的人格历炼理论:"一阐提也能成佛"的正觉理念。尤其是其后民间俗谚演绎出来的一句口头禅,更形象地刻画了这种,一旦放弃生物竞争目的,即可走向人格平等实现的正途——"放下屠刀，立地成佛"。当代西方文化中人文主义的衰落，使人们日益清醒地看到人类彻底堕落的可能，因而，寻求东西方文化融合的思想潮流日益强大。其中，对于一味地扩张人的生物本能的科学本身的本质认识，就是这种反思的成果：科学本身拯救不了人本身。但是，由于仍然没有明心见性地认识到禅学大乘开示的"因能而成性"的善用六根之"人道"，所以，会产生一种反对科学本身的"回到原始状态"的思潮，谋求建立一种乌托邦的理念产生。其实，这仍然是人类文化处于不成熟期的一种表现，是科学理性的一种负面效应，说到底，是不知人本根本器的存在价值的不自觉的自在性的理性意识表达，仍处于所谓"存天理，灭人欲"的反人类的理学的余韵振荡之中，至多，是所谓新教伦理的翻版。

3. 科学的作用和局限性

禅学，追求的是人本身终极依据和由此而展示的人的智慧及其存在、运用的方式方法。

哲学，尤其是分析哲学，追求的是正确表达知识陈述基本命题的语言及概念，尤其是在经验范围内的人工语言符号的精确运用。

科学，则追寻有关个体事物的本质规定性及其普遍性的运行法则和运行规律，即真理。

因此，理论科学所使用的概念和经验科学具有的判断功能就在于，可以准确地单义地标识对象和说明事实。如是，在科学家们看来，科学理论固然需要概念，但是，这些概念即只是一种说明真值的工具、手段，概念本身再明确，如果不能准确地描述所阐述的存在事实，尤其是不能充分而简单地供可证实的存在事实和逻辑刚性的陈述所使用，则再精确的概念也是无意义的。所以，对于科学来说，只有对存在事实的充分而简约的陈述语句才具有真值意义，即使是这种陈述中使用了"非固定概念""非饱合的符号"，即

不准确的语言与符号。如,"宇宙大爆炸",如"波粒二象性",如
"弦"。

那么,科学地处理这些基本陈述的方法是什么? 维特根斯坦
对此有一个准确的分析,即科学使用一种辨别真伪的理性方式
"逻辑空间",来对基本陈述进行判断和内涵内容的拣选。从这一
立义上出发,有人说,维特根斯坦所说的不可言说的东西就是逻辑
形式,也有人说是形而上学的东西。其实不然。维特根斯坦是从
存在本体的逻辑事实中,首先抽取展示其存在的逻辑刚性的逻辑
形式的原生性态,从逻辑空间上来讨论二值逻辑和多值逻辑的存
在形式。如是,他所说的不可言说的东西,既不是对逻辑事实中的
逻辑刚性东西的形而上学言说的东西,也不是逻辑刚性表显出的
逻辑形式的不可言说理性,而恰恰相反,是从逻辑形式的先天存在
本体的逻辑事实中,内在的逻辑事项的普遍关系的"补偿"性存在
的逻辑刚性内涵的把握上,去言说逻辑形式。逻辑形式是对这种
存在的"理合"内涵的逻辑刚性的理性化陈述形式;逻辑空间则是
对存在本体的逻辑事实展示的诸逻辑事项的必然关联关系的整体
占位性的理性化的陈述形式。维特根斯坦的立论是这样的:对于
复杂事物的认识,是通过原生的,未经分辨的整体存在实相本体性
把握基础上,对其进行结构式的分析,在区分为各个独立的单项逻
辑事项上开始的。如何能进行分解存在实相为各个部分的认知行
为呢? 维特根斯坦对逻辑事实存在本体进行观照时发现,存在本
体,除了在其结构中存在几个相关的逻辑事项以外,还存在一种展
示各个逻辑事项关联关系,并将其表现为多个纬度的"逻辑空
间"。当人们把陈述句中的各个单独的逻辑事项列除以后,就剩
下了一个存在实相整体的逻辑关联关系的结构性架构空间,此即
"逻辑空间"。在这个逻辑空间中,拥有多个逻辑纬度,至少与其

拥有的逻辑事项一样多。这多个维度的逻辑架构，就是后人说的存在实相内涵的逻辑刚性。正是因为逻辑空间中展示的多维度的逻辑刚性展示的逻辑事项的有机关联性整体，才使理性有可能清晰地在每一个逻辑维度上去把握一个逻辑事项，从而可以简约地清晰地一义性地把握该逻辑事项的本质规定性。正是由于逻辑空间可以在无限多的维度上展现出无限的逻辑刚性，才能使每一维度的逻辑关联上显示一个逻辑事项。这就决定了，被多维逻辑维度展示出来的逻辑事项是彼此关联关系中独立的，在逻辑事实整体内部代表着不同的逻辑事态的存在性原因。因此，在一个维度上不能存在一个以上的逻辑事项。如是，逻辑推理就必定会有两值判断的尺度，承认一个逻辑事项是真，也就否定了在同一个逻辑维度上同时存在另一个逻辑事项。所以，肯定的同时即为否定的二值逻辑推理判断，实际上是描述一个逻辑维度与在这一逻辑维度中存在的逻辑事项在真值意义上是等值的。由于我们在一个逻辑维度上只能对一个逻辑事项的本质规定性及由其规定的运行法则进行抽取和说明，因此，逻辑推理的任务，首先是对存在于一个逻辑维度上的逻辑事项进行真伪判断，这也就是逻辑形式在逻辑推理中首先发挥的作用。如是，就像布劳所说的，在多维逻辑中，包含着的仍是二值逻辑，起决定性的判断作用的认识二值逻辑。虽然逻辑空间是无限的，逻辑的维数是无限的，可以包含和拣选的逻辑事项是无限的，但是，逻辑理性的作用始终是一致的，即进行对单个逻辑事项的真伪判断。如是，科学的首要作用，就是运用逻辑理性，分析存在实相整体，从中拣选单个逻辑事项，进行真伪判断。可以用促发维特根斯坦产生对逻辑事项存在实相本体进行哲学式观照的车祸为例说明之。车祸是一个存在实相整体。诱发其产生的原因可以是多维的逻辑事项。司机的技术状态，司机的疲劳状态,司机的心理情绪状态;汽车的功能状态,汽车的现有完好性状态;道路的条件状态;当时的气候气象条件状态等。在寻找发生车祸的原因时,如果从司机的单独逻辑事项上讲,司机的所有状态良好,汽车本身的功能和性能完好状态不佳,也可以为司机所克服和把握,那么,在司机状态这一维度上考虑,汽车逻辑事项这一不佳事实,就可以被证伪为车祸的原因。最终,气象气候条件导致的道路状态突然变差这两个维度的逻辑事项,就成为导致车祸的真值原因。再复杂一些,上述四个维度上的逻辑事项都有不佳的逻辑事态发生,每个单独的逻辑事项不佳的单独存在逻辑事态,都不足以导致车祸,但是,四个维度的不佳总汇起来构成一个"不佳"的逻辑刚性时,在逻辑空间中必然会呈现出车祸的存在实相整体逻辑事实。

　　如是,维特根斯坦认为,真正的科学理性的作用,不在于以命题来推论命题,而在于以新的,另一维的逻辑事项的拣选来解决理论推理中的悖论。科学理性的作用就在于此,而不在于仅仅论证一个命题内涵的东西是否具有内在的矛盾性,或一个命题内涵同时具有既肯定本身又否定本身的悖理性质。所以,维特根斯坦认为,从理论推理的悖论中解放出来的唯一办法,不是运用逻辑理性来解答这个问题,而是重新回到逻辑空间中去,在逻辑事实的存在实相中重新拣选相关联维度上的逻辑事项来重新进行论证。正缘于此,他才正确地指出:哲学的病根就在于对理论概念的固执的偏食病,不知返身观照存在的报身实相整体,重新把握未把握到的存在实相展示出的逻辑刚性整体信息,所以,哲学偏食病决定了解决不了旧理论体系中的悖论,也难使之产生新理论。维特根斯坦接受并进一步展开了的现象学的立论宗旨"回到存在中去"的分析哲学理路。就是禅学的宗旨:"于不住中生其心"的分析哲学式的再现,也就是惠能禅法"于念而无念,于相而离相""不著名相","不住法相"的分析哲学式的运用。正是在这一禅学化的立义上,维特根斯坦成功地将现象学的还原方法和分析哲学的逻辑理性结合起来,正确指出了科学研究本身在正觉认识历程中的作用,正确指出了科学理性必须突破纯理论推理的局限性而达之正觉认识的方便法门。

由于维特根斯坦对于存在实相——逻辑事实实现了这种多维的逻辑空间的"观照",所以,维特根斯坦才发现了一个科学理性的基本认知的品质:"理智的诚实"。理智之所以可以诚实地对待逻辑事实,不仅因为逻辑理性可以平面地浅显性地一义地发现一个逻辑事项的本质规定性,更在于逻辑理性可以一次又一次地分别处理几个维度上的几个逻辑事项,因此,就可以有几个理论不断产生出来,如是,就有了科学理论的进步和科学本身的发展,这种进步和发展并不是建立在原有的理论悖论和废墟上,而是建立在"一切不住"的禅观照中,从而可以在新的逻辑维度上拣选新的逻辑事项,供逻辑理性来建立新的理论。如是,理智完全可以在正觉的观照中坦诚地面对理论的兴衰,理论的创新与扬弃,而不必坚持旧理论或歪理邪说。

所以,从禅学的义理上来论,"破除法执"是"理智的诚实"的本质规定性,也是科学本身的本质规定性,科学理性的本质规定性促进科学本身的进步,就在证明这一本质规定性,如,量子力学与经典力学的关系,生物分子遗传学与生物进化论的关系。

上述科学哲学的禅学化的论证,说明了科学是在什么条件下产生,是在什么条件下发挥作用,又是如何在发挥作用,发挥着什么作用。亨培尔和奥本海姆在这方面的讨论有着发人深省的价值。

　　首先,科学理论的发生,是在前提条件被规定以后,才能合乎逻辑理性地被推导出来。所以,科学家们把"为什么会发生这一现象"的包含终极追问的提问方式,"理解为":"这些**现象**是根据什么条件并按那些规律才发生的"知识性追问。从而从存在实相本体存在原因的方向上去追问存在的终极本体,转向为在确立了存在实相本体的逻辑事实内在的"理合"逻辑刚性上,去进行真理的推理说明。在这一转向完成后,只当前提条件 A 是 B 被确立以后,才去确认 C 也是 A,从而推论出 B 就是 C。而在经验判断中产生的"几乎可以肯定 C 就是 A"的命题,在逻辑推理的场合是绝对不会出现的。因此,科学本身所起的作用,只是对一种有限的维度内的逻辑事项起作用,不可能超出这一范围去讨论真理问题和存在问题。

　　如是产生了一个问题,当经验归纳判断将悟性命名的基本陈述命题进行重构以后,是否就完全包含了产生科学真理所需的所有前件内涵。回答是不可能的,因为在科学理性操作的范围内,要求一维度的排中律成立,要求符合排中律的必要条件成立,即便是假设其成立。只有在这种单纯条件得到确认中进行的逻辑事项的拣选成立以后,逻辑推理才能展开。如是,这种理性推理要求本身,就会把基本陈述命题和有经验归纳命题中相当大的一部分逻辑事项和同一的逻辑关系排除在外,只撷取符合排中律要求的那些必要的前件内容,而将干扰乃至可以动摇这种说明的现象统统排斥在论证范围之外。这一方面保证了逻辑推理的单纯性,准确性,同时又使理论的产生被限定在一个极有限的范围内,从而使理论的普遍有效性发生变化。即一种科学真理,所能说明的存在实相是有限的,是逻辑事实中某一单独的逻辑事项的本质规定性的说明,而无法说明"事和"的存在整体的"理合"内涵。另一方面,任何科学研究工作都是有功利目的的,都期望取得的理论能够指导下一步的行动或者预示出一种未来的事件发生。但是,这一目的性研究本身就与逻辑推论中的因果律相悖。因为因果关系是一个过去的历程,在这个已发生的历程中,前因后果是一个存在整体,并不就是一个逻辑事项的平面浅显性的单一发展历程,而逻辑理性推论本身是排斥多维性的,有矛盾性逻辑事项的存在的。此其一。其二,因果律展示的并不是一个整体的因果整体,而是一个命题中可以推导出另一个命题,一个公理中可以推导出许多定理中的一个定理,因果关系在这里是完全的两个过程性,而不是一个因果整体,因此不可能完成因果多维逻辑关系的说明和预期。如是,排中律和矛盾律在因果关系整体逻辑事实的研究中起到决定性的破坏作用,就导致了所有单一的科学研究本身,难以完全满足科学研究目的的期望值。

科学研究本身这种功能性和功利性目的要求的内在矛盾性,使科学本身具有了不稳定性,理论在真理要想走到科学研究目的要求,不断需要获得补充和改动。同时,科学理论的局限性,使其应用中给世界带来更多的不稳定性,或只放大了原有存在世界中的不稳定性。因其把握的真理只是在一定逻辑事项中具有效力,而这种功效的发生,不是在整个存在实相中同步地产生和实现的变动,必然给其他未被理性以理论方式把握的存在逻辑事项带来冲击,打破原有的有机平衡关联关系。当下即说的排污污染河道导致的区域污染灾害甚于战争灾害,长期呈现的如地球变暖等全球危害问题。上述事实固然使科学本身具有了一种内在的动力:在进步要求的大旗下的科学本身不断扩张的要求;同时,也使科学本身的扩张,不可能在自身依据支持下来完成,而必须时时返回到非理性的存在中去,寻求新的逻辑事项和前件条件。因此,科学不论从理性依据和质料拣选上都不是自足的。即使有人说，数学的发展是自足的，数学是科学最基本的工作模式和逻辑性的内在核心形式，科学也不是自足的。因为，任何一位严肃的科学家都不会认为，数学本身可以取代和完成任何一项有意义的科学研究。更不用说，存在本体是不可能与数学模式完全符合的。再进一步说，逻辑理性之王的王冠上的数学明珠本身的每一道光辉的发现和把握行为本身，仅靠逻辑推理是完成不了的，知性和悟性在其中所起到的"偶然"的"瞬间"作用，是否认不了的。如是，我们可以说，科学本身具有不稳定性和非自足性，它不可能以自身内在依据为动力来实现其自身的发展，而必须起码以悟性和知性发生作用为基本的前提条件。如是，科学本身就向我们显示了其存在的局限性。

对于科学本身存在的局限性导致了科学理论功效的有限性问题，科学哲学家们对此是很清楚的。

首先，从科学真理的局限性上来说：其一，科学理性所把握的，只是一个个的逻辑事项，而不是存在实相的整体逻辑事实；其二，由此而得出的理论规则是受严格的、理想化的条件制约的，不是绝对有效的，不是不受条件制约的"放之四海而皆准"的。一旦前提条件发生变动，哪怕只是发生非典型的非理想化的条件变动，理论即可能失效或发生偏差，达不到预期的效果。其三，理论的单纯性是非常严密和严格的，受排中律的绝对制约，因此具有强烈的自行自我否定的约束性，即一种封闭性，一旦处于开放系统中，即会发生自行否定的结果。其四，任何科学真理，即便是以数学模式表达的真理，也受到语言条件的制约，不可能走到数学常规所表达的那种精确程度。例如，量子物理学的"波粒二象性"，就无法用数学工具来准确地表达，而只能用"形而上学"的喻意词"波"与"粒"来描述。海森堡的测不准定理，干脆以潜台词方式说明，数学模式完成不了基本粒子检测的描述任务。

雅斯贝斯进一步指出，任何科学理念，都只是一种把逻辑事实分解出的逻辑事项给以命名的"名相"式概念，它绝不就是存在本身，即使是单一的与逻辑事项相关的概念，亦如是。因此，科学研究，只是从某一确定的概念出发，来指出实现这一概念或理解这一概念所必须的不可缺少的相关的补充概念，即说明性概念。这种逻辑推理行为本身就说明了其所把握的，需要证明的理念本身不具有完整的真值意义，至少是没有完全包含了有决定意义的内在规定性的东西，起码是在相对于它的其他概念的联系之中，它才能成立或得到本身真值的说明。因此，科学本身并没有包含具有决定性的存在本体，起码没有包含可自明的真值定义。尤为值得注意的是，在不同语境导致的不同视域的科学研究中，对一个存在性理念的理解，即对其所作的补充概念的使用中，会引起对同一个理念真值内涵的不同说明和其理论功效性作用方式和范围的不同预设，这固然会促动科学理论发展，但也导致了"仁者见仁，智者见智"的争论和对真理的界定的模糊性。所以，任何科学理念，都只起一个单一的逻辑事项本身的孤立存在的界定作用。在这一界定完成以后，这一理念要发生真理功效，就必须以连续统一体的其他逻辑事项成立并发生作用时，才可能发生作用。如是，科学真理这个理念本身，就不具有完全自足的内涵，而只是一个抽象的标志词。因为我们无法指出哪一个科学真理可以独立地，不与具体情况连续统一体结合而起到"放之四海而皆准"的终极理论的作用。而一旦与具体的存在实相相结合时，不但会发生见仁见智的情况，而且会发生"各取所需"的变动，这时，原定义的科学真理，已然面目皆非了。因此，非常应该强调的是，当且仅当满足一个科学真理必须的语态化的必要的条件范围内，它才具有真理的地位和价值。

一旦脱离了这种理想化的理论座架条件体系，其真理的真值性就会打折扣，甚至完全扭曲失真。更应指出的是，这个前件本身，是处于一种连续统一体之中的，在这个连续统一体中，必然存在着与这个当下确指的理念相悖的存在体系之中。所以，科学真理的真理性，也必然处于一种相对正确的情态中。最典型的莫过于对金星的命名：晨星即为暮星。复杂一点的就是"几率"，在数学中可称为几率，在统计学中可称为"或然率"，在运筹学中则称为"概率"。因为这一数学定理，在不同的理论体系座架中，所表达的理论内涵是不同的，所指示的视域是不同的，所起到的预设的功效作用当然也就不同。在数学中，它表达的是在整体关系中显示的具体的域值分布；在统计学中，如恩格尔系数中，它表达的是事物出现的可能程度，而在运筹学中，它展示的是事物可能的发展方向、方位与动态的能量。如是，科学理性所要求的精确性、严密性一步步地模糊化了，这，对于数学理性来说，已然是悖论的了。更有甚者，禅学所说的"自性空"的存在命题"空无之妙有"，在二值逻辑看来，是一个悖论，比芝诺悖论还典型的悖论。但是，在科学理性看来是绝对的悖论的这一命题，却可以无比准确地陈述人的内在终极本体，并且难以用任何认知方式否认的终极存在实相。

哈特曼对于科学本身的作用有一个非常明确的阐述：把握经已知的认识领域和未知的认识领域的各种关系，使认识沿着这种关系摸索前进。如是，科学理性也就在超越已有的逻辑事项证明的界限的同时，超越着自己的二值论证界限；在这一过程中，已知的理论的合理性逐渐消失在非合理性的多维存在的逻辑事项及其关系中。这时科学本身便获得了取得进步的资源源泉和对认知理性超越推理过程的内在动力——悟性和知性作用力。因为，只有在这一包括了非理性认知行为的认知过程中，即在超出逻辑理性推理的过程中，才会发现，先验的知识和经验的知识及其本质的认识之间存在着严重的不一致。如是，科学理性所把握的真理标准的绝对地位就发生了动摇。因为科学本身的运动，真正要重复做的事，不是使已推理说明的真理可以重复地在实践中获得实现，而是不断地观照非理性的认知领域，从而不断地拣选、补充逻辑事项材料。如是，科学符合论的原理内涵，就不再是理论事物是否符合逻辑形式的规范程序和是否符合逻辑事项的单一存在结构，而是理论知识是否与先验知识相符合。如其不符合，就必须返回"还原"到先验的知识、基本陈述命题中去，以此存在为坐标，重新审视已有的理论知识的局限性及其带来的片面性。哈特曼对科学理论和真理标准的这种相对性、有限性的论证，源于他观照清楚了一点：我们的认识固然有许多源泉，但是，有一个起根本性作用的源头：人为地从各种超验起作用的图像结构中分离出一个个的环节。而这种超验的东西，在人的把握中，是来自于体验到的归一实相。从而形成这种先验知识的超验的东西，就是非理性的认知行为：直觉，即对化身们相映现出的报身实相的直觉，和与之相关的宏大的"性空"晕景构成的"语境"相关联为一体的直觉，由此而构成一种存在实相整体的，具有逻辑事实突出性的直觉。只有在这种超验的直觉中，才提供给科学进步以资源和启动的内在动力的生命力源泉。当且仅当科学理性不断超越已有的理论界限和逻辑推理界限，不断向着这些超越的、非理性的无限的存在领域过渡时，科学本身才有了价值，科学本身在存在意义上讲才有了进步意义。缘于此，科学本身不就是绝对专制的认知之王，逻辑理性也就不成其为绝对的认知王权的权杖：科学理性因而也就不应当成其为人类认知中的霸主，人类认知中的真正"枢机"是"无垢识"及其大用"观照"。禅观照才是人类的大智慧：般若智的根本运用和体现形式。

从卡尔纳普的理论中,我们从另一个角度看到了这样一种论证:科学本身为什么会处于"无限"的进步过程中?因为科学理论总是处于一种自我否定的运动态势之中。维也纳学派在对当代科学的发展观察中发现,科学引入的一些新的表达方式,如色荷、超验、自由市场经济等,当然总能确切地为其规定出为了使这些理念有效,必须满足什么样的条件,但是,这些条件却无法以直观的方法使人经验到,也就是难以有效地普遍在所有人中间重复地被经验到。所以,维也纳学派认为,只用纯粹的理性思考而没有可能在经验中为常人重复地被观察到的科学法则,难以成立。因其在实践上的可能性常常大打折扣。这一立论不是没有现实基础的。因为科学理论的发展,总是处于旧理论不断为新理论所否定的过程中而使科学方法得到改善。这一自行否定中的肯定过程,并不是由纯逻辑思维完成的,恰恰总是在经验性的观察和归纳中完成的。一旦科学理论与后来的经验性观察不符,那么,这一理论就得修改或放弃,也正是在这种不断返回到经验检验的过程中,新的逻辑事项的陈述显现出来,被拣选为新的课题,从而修改旧理论或建立新理论,科学理论才获得了发展。因此,卡尔纳普认为,将一个陈述证明为科学真理,不但要从逻辑论证中证明其为无矛盾的通则,而且必须经过经验性的重复观察与归纳判断,证明其为可行而可靠的。(这已经是一种潜语式的圆觉理论的"隐含知识",即无法为人在情理归一的升华中,无法为人性体验的理论,是不可靠的理论)正是这种非纯粹逻辑理性的知性认知能力发生作用,才使科学理论能够进入自我否定的发展更新程序。而知性所运用的经验归纳判断,首先并不是已有的知识判断,而是首先对已为悟性体验把握到的存在实相的再次直观性的观察及对观察结果的归纳判断。从知性把握的直观观察本身成立来说,也就是从经验本身的来源来说,不是源起于对化身幻相的直观,而是起源于对直觉归一的报身实相的"绵延"性存在实相的直观。直观观察的对象,已然不是物自体现象,而是那个"不动的飞矢"式的报身实相图像展示的所有信息维度;而经验到的存在逻辑事实内容,也不仅是幻生幻灭的物自体,而是在这幻生幻灭的流转中体验到的存在本体的实相存在方式:连续统一体。因此,科学理论的源头,即为经验归纳判断的对象,存在实相本体。正是在经验实证主义这里,展示了存在实相本体是科学本身活力源头,使其在不断的自我否定中获得进步。这大约就是维也纳学派的"现代经验实证哲学"对于人类认知过程的思考,提供的最好理路指引。

其后,冯·赖特则从科学传统——伽利略传统的角度出发,通过考察逻辑理性的作用,来认识到科学本身的局限性所导致的科学理论发生作用的有限性。科学所起的说明作用,是用一种在理性推理中普遍有效的模式来进行说明的,即从前提条件已确定的情况下,去论证陈述语句中提示出的公理法则的有效性。因此,逻辑理性是遵循法则发生作用的过去时的因果性来说明真理的。但是,这种逻辑推理的因果律的使用,只能说明单项逻辑事项在相关的必要条件下的存在法则,而说明不了在逻辑事实整体包含的多维的充分条件下有效,尤其说明不了在经验到的体验中仍然完全有效。因为经验是建立在充分的体验的再现上的,是一个开放的系统,包含多维度的参与因素,完全不同于只包括无矛盾的必要条件的纯理性思维的封闭系统,尤其是不适用于涉及人的这个开放系统。正如前文所叙述,人文的东西,不受科学说明这种"包摄模型"的逻辑理性单向制约。但是,科学本身,不论其发生、发展,还是其有效性指向的功利的目的性,却是与人本身息息相关的;并且科学本身也有相当的学科,是直接以人本身的存在为学科内容的。因此,以逻辑理性为中心的科学本身,面对人文问题,有着很大的局限性和功效的有限性;不仅仅是某个学科表现如此,而是整个自然科学表现如此。为什么会这样?

普特南有着他的解答。以自然科学为主体的科学,只能指向这样几种可能性,在逻辑上可能的东西,在物理上可能的东西和在技术上可能实现的东西很难独独没有在精神上可能实现的东西。但是,人,恰恰是这样一种存在实体,不独独是一种生物性存在者,更是一个精神现象上的存在实体。现有的科学本身,在这方面苍白无力。原因何在?就在于科学本身,无法找到一种关于人类功能组织整体存在的功能性说明,精神现象到底是哪一种官能的功能性产物。找不到这种功能官能源头,以解决人类生物能力不足的科学,就失去了解决问题的方向和对象。科学可以从人类各个器官的生理、心理、生物化学乃至分子遗传学水平上找到单项的涉入官能的逻辑事项的说明,但是找不到人类整体存在的本体依据,也就无法说明人类的精神现象得以产生的源头、活力和根本的功能,也就建立不起一套关于人本身整体存在及功能说明的理论系统,一种"包摄模型"。这就构成了科学本身对于人本身把握和理解的有限性。可以说这是互为因果的事态,当科学本身不能从科学理性的角度把握人的终极存在时,就无法说明人类的整体功能组织不仅仅是一种生物组织的整体存在性态;而当科学无法进行此种关于人的终极存在说明时,甚至无法提出人具有终极存在本体的内在依据问题,也就无从谈起把握和说明人类内在的终极存在的功能和作用及作用方式。如是,科学的局限性最终就表现在无法对人本身的整体存在实相作出说明,因而也就使科学本身功能的有限性最终表现在无法对人的整体存在功能发生说明、指导和实践的效用上。

如是，科学本身的发生和发展，是以人本身为源头和目的的，但是，科学本身的发展，至今也无法解决关于人的最基本的问题：人的终极存在本体及其功能的问题。甚至至今也没有正面正式地提出这个问题，而是听凭，甚至是主动地推诿给宗教去处理这些问题。

4. 科学与人文

在分析哲学家中，谈论起人文问题，谈语言的多，谈精神的少；谈道德与理论问题的多，谈人文之化源与流的少。冯·赖特是其中的一个翘楚。他认为，借助于自然科学的法则规定性：以科学法则说明事件，在人文学科的说明中是不适用的。因为人文之化的存在系统，是一个开放的系统，而不是一个仅用逻辑理性推理可以证明说明的封闭系统。哪怕这个系统是一个耗散结构系统，也是可以用有序结构来发现无序的耗散中的有序过程而达之新的秩序的相对封闭系统。如普列高津用来说明耗散结构的布鲁塞尔器本身，就是一个典型的封闭系统模型。因之，冯·赖特认为，自然法则在自然界中始终可以时时处处起作用，但是，一切科学化的人文理论则不是这样的。因为，关于人文的一切科学法则，也同自然科学法则一样，是在封闭性的系统内，在设定的"必要条件"下得到论证和说明的。这些必要的条件，在自然界中的存在性态是相对稳定的，甚至可以是恒定的，因此，自然法则可以处处始终起作用。用中国古哲的语来说就是"天不变，道亦不变"。但是，关于人文的科学法则所必须要求的必然条件，却是处于大化流转的不稳定的状态中的，甚至是处于突变的状态中。用赫拉克利特的话说："人不可能两次踏进同一条河流。"而人又不得不时时面对在"被抛掷"的状态中，必须时时思谋如何涉渡以达彼岸的问题。因此，关于人文的科学理论的有效性,是极其有限的。

赖特以经济学的法则为例。现代经济学的诸法则,首先要求的是完全的市场经济条件。这些条件中的必要条件诸如:私有财产神圣不可侵犯;公平的竞争原则;自由选择工作的原则;自由选择经济与自然环境的原则,自由进行加工和贸易的原则;国家保障和干预适度的原则等等。只有当上述条件具备时,经济法则才有效。当其中一项必要条件发生变化时,即会影响到整个市场经济运行的性态,从而使经济法则失效,成为不科学的。而当代社会人文状况的多元化是一个不争的事实。因此,经济法则并不能像自然法则那样处处有效,始终对多元化的文化实体同样有效。如是,人文科学所要求的就不是真理第一,而是条件第一,存在实相本体第一。要求的条件也就不是必要的条件必备,而是充分条件的合理结构重组。固然,科学法则可以人为地创造条件。但是,任何一种人文社会条件的创造,甚至仅仅是简单的改造,却不像自然科学的实验那样简单,而是牵一发则动全身,只有在整体社会结构发生变动时才有可能。这时,改变的就不是一种法则适用的问题,而是整个人文环境发生变动乃至巨变的问题。如是,这时所要求的改变,就不是仅靠逻辑理性所能起到的作用,也不是仅凭逻辑理性就能把握的,而是由多种逻辑方式加入进来,才可能进行论证的,尤其需要非逻辑理性的天赋能力加入进来才能起到作用,如直觉、悟性、知性和"止观双运"的观照加入进来。一旦这些非理性的因素加入到科学中来时,人们就会发现,人文社会发展方向和人文的可能发展实现方式,就不是一种科学真理所能规定和说明及指导的,条条大路不仅仅再是通向罗马,也可以通向北京,通向华盛顿,通向麦加,通向南美热带丛林和非洲干旱的草原。因之,不再是一种人文科学法则验示的一种方向和模式,而是有几种不同可能的发

展方向和发展模式。因此，人类社会就不是只有一个必然的发展
方向和性态，而是有着多元化的发展方向与性态，并且都具有逻辑
理性可以处理的特质。如是，科学法则只能适应这种多元化的
"充分条件"，去发展理论和实现支持制度的多元化，而不是要求
多元化的人文存在，都必须削足适履地符合科学真理的规定性。
当代最典型的例子就是就是印度的种姓制度和日本的神道伦理制
度，没有任何一种外来的理论、制度在不修改自体的情况下获得实
现。而印度和日本也在没有扬弃了上述人文东西的条件下获得了
接受"先进"的东西而获得了发展。

关于这种多元化的人文理念，中国先哲早已阐述得一清二楚
了。前引《礼记》中所述的"齐其政，修其教"，必须以不同地区的
不同人文存在的多元化状态为基础而"适其宜"，并不是一刀切地
适用一种法则模式。并且，中国先人，在社会实践中早已实现过这
种多元化的社会制度下的大一统多民族国家政体。如周武王统一
中国后，就对不同地区采取了不同的社会制度并承认其文化的多
元性存在。在夏商奴隶主势力聚集地区，仍保留奴隶制，在少数民
族聚集地区，仍保留原始部落制，只是在周部族故地和已基本进入
铁器文化时代的地区推行领主封建制。这已不是一国两制了，而
是一国多制了。孔夫子的"祖述周礼"，就是这种多元化的社会制
度和人文观念。只要能和谐共处，就承认多元化的人文存在；掉过
头来说，如若没有多元化的人文之化存在，从人文学理上讲，又何
必需要一个"和谐"为最高的人文理念呢？向来单一的纯粹的东
西是不需要和谐的，只需要服从法则规定就可以了。在社会意识
形态上和制度文化层面上，就是只需要专制就可以了。科学主义
的"合理性"，就建立在这种真理法则的单纯性和服从性上，所以，
科学主义易于导向专制。

科学哲学的发展,尤其是在经历了"解释学"的发生和发展以后,一些分析哲学家们最终认为:科学在自然方面是真理,而在人文方面只是有限的工具。这一工具地位的定义,可以从三个方面来理解:其一,科学对于人来说,只是改造自然的工具;其二,就美国当代达尔文主义者所确认的,人一出生就是弱体能的"早产生物"来说,科学是使其生物生存能力得到涵养和扩张的工具。使其从先天不足的弱势生物,扩张为超过其先天生物能力的强势生物。其三,科学理性是研究人的生物机能的机械性扩张的工具。如是,即使是科学之于人文之化的工具性地位本身,也要大打折扣,因其带有自然科学仅研究并服务于人的生物本能的极大局限性。即使是说明"内啡肽""脑啡肽"这类人类自分泌的激素可以影响人的情绪和精神状态的物质存在,也是一种生物性的后发的产物,是一种精神主体主动行为产生以后才会分泌的激素,而不是由于这些激素的产生,才使人发生了某种特定的精神——意识行为。如是,对于像人文关怀、终极追问这些对于人本身来说带有根本性的难题,就难以依靠纯粹的科学理性来解决。缘于此,无能为力的西方科学家和分析学家们只好将其归回到传统的神秘主义和宗教领域中去,而科学理性的作用,就沉沦到只能用逻辑理性去研究、论证已为现有的宗教和神秘主义提示出的陈述命题,尽力以"神恩之爱"和"对神的感应体验"之类"明显的胡说"方式,从中把握到合于科学理论的单一逻辑事项,从中发现哪怕是一点点的人生存在价值和存在意义可以指示出的人生目标。这就导致了西方科学,即使是有伽利略传统的科学理性的支撑,最终也难以摆脱阿奎那和奥古斯丁宗教理性传统的神哲学色彩。可以试想:向普列高津提问:您设计的那个布鲁塞尔器,如果不是由人来驱动,它应该如何运行呢? 普列高津如果很谦虚地不设立一个普列高津妖的话,那么他只能说:"那是麦克斯韦妖干的活儿。"这就使最现代的科学理论,在终极依据方面,最终还是走向神秘主义的神学解释。典型的就是在物理学中出现的"妖理论":拉普拉斯妖:可知宇宙存在的一切奥秘,并可以无限地计算出其结果,从而预言一切的那个神。麦克斯韦妖:一个能进行万事万物运行的第一推动力的发力者,并且不像耶和华那样只是一次性地完成创世纪地运用第一推动力,而是时时处处不断地使用这种第一推动力的神。

如是,科学本身的进步,在向人们展示了这样一些对于科学本身来说是悖论的现象:

其一,科学研究的对象的物质实在原理的破灭,当物质存在不再是以坚固的物自体独立而孤立方式存在,而是以"波粒二象性"方式,以虚化的"弦"的运行方式存在时,存在本体的规定性就不是的单一的逻辑事项的,而是一种自组织的连续统一体。这时,科学本身的物质实体的基石就开始碎裂了,心物二元论也开始泯灭了,科学研究若不超越物自体的理论阶段,若不介入非理性存在研究领域,科学就成为违反理性要求的,成为悖理的了。

其二,科学真理的必然性是在有条件相对确实存在时才确立的,而存在本体展示存在实相的偶然性却是无条件地绝对地发生着的存在。因此,科学真理的真值性所必需的绝对性存在地位就不再存在了。这使科学真理在存在本体这个整体范围内处于一种"悖论"的性态中。

这是一种多么奇怪的,令人惊讶不已,而又令人倍感振奋的有趣的事。尤其是当我们不再从意识形态,最好是不从有关信仰和政治的意识形态立场上去观察这一科学现象时,我们会从中得到一种使人兴奋的启发:科学与理性到底怎么了? 追问终极,不就应该从这个"怎么了"开始吗?

如是,在科学哲学的理性追问中,就有了这样几种追问:科学理性,哲学理性、宗教理性,而独缺乏一种源于中国人文传统的禅学理性的追问。禅学所强调的理性追问,是要人自觉地把握人的自本自根的"无垢识"发生的"止观双运"禅学法则,正是人类的"自性空"终极本体性存在,才使人能够有自足的内在依据去发动第九识阿摩罗识,去观照人的心路历程,认知人的认知历程和三觉的阶段性,从而发现,人具有一种认知理性而不同于万物,即人的"无垢心性"之慧根中,可发生一种悟性功能;人又具有一种逻辑理性而不同于万物,从而人能发明工具与技术和相应的理论,最终人是一种具有自行向内观照而明心见性的理性化自觉的终极本体于现存世界的存在性,使人能够在自行自我发现过程中自行进行终极存在实现。如是,在禅学这里,人,不仅是大自然的一个过程性存在者,也不仅仅是以过程性历世历练的存在方式,即人不仅仅是大化流转中的一种物自体,而是一种能在大化流转的流变中唯一能追寻终极,能实现终极,能在现实的在世的有限的生命"瞬间"中回归终极的存在者。这大约是理性追问的一个可能的自觉方向和方便法门,而且,不仅仅是理论的。

二、科学主义

1. 科学主义的"合理性"的依据:对逻辑理性的崇拜,导致了"得指忘月"的思想传统,使逻辑理性在演绎中的正确性无限地延伸,从而产生了"不合理性"。

一般说来,科学主义信仰起源于神学的原始状态。古代的信仰处于泛神的原始的自然主义状态。人们对于强大的自然界对人的命运的摆弄,既处于一种屈从的被动之中,又产生了强烈的把握

"天命"以掌握自己命运的主动愿望和潜在的主体意识，相信"天命"与自然界有规律的天体运行乃至四季交替的现象一样，是有一定的"定数"可以掌握的。中国先哲由此而形成了一套，以系统量的不同质的逻辑事项的演绎推理方式，来把握卜筮显示的命运运动的变数与可能结果的《周易》。古希腊先哲们则由此而努力寻求一些可以用数的逻辑关系来精确把握的"自然律"，以从中显示宇宙运行的必然规则和人可把握的知识，从此来掌握自己的命运。由此而产生了分学科追问各种自然规律的学问，即"科学"。缘于此，科学的产生，具有自然主义的本质规定性，并且帮助人们从生物性存在上扩张自己的能力，从屈从于自然界，向着统治自然界进军。而在这种寻求知识的科学发生和发展中，起决定作用的是与数量密切相关的逻辑理性能力。

　　具体来讲，在古希腊时代对控制丰收的酒神巴库斯的崇拜中，产生了影响颇广的奥尔弗斯教，盛行一种超越了物质存在的纯精神化的信仰形式，以精神中的沉醉取代了巴库斯节狂欢中的肉体沉醉，也就是当人在一种特定的精神状态在中体验到与神合一时而产生的纯粹的"无我"的沉醉状态，在这种天人合一的体验中，人可以把握到由一般的认知方式把握不到的一种神秘的知识。在对这种神秘的知识的追问中，中国产生了道家学派，印度产生了婆罗门教和佛教，古希腊则产生了哲学和毕达哥拉斯的数学信仰。也可以说，东方人在向这种体验中展现的知识是追问终极存在，而西方人在向这种体验中展示的知识追求可以逻辑推理以达到的真理知识。在哲学的形而上学追问中所达到的知识和毕达哥斯拉演绎的数学知识相比，数学的知识最为可靠、最贴近自然。这不但因为数学知识可以准确地运用于对现实世界的描述，而且由于数学知识可以在完全脱离感官的感觉和日常的直观观察，从而在纯粹的精神活动——纯粹理性思维中获得。即数学知识既最贴近于存在的世界，又超越了人的有限的生物感官能力。这一知识性特征，恰恰符合于与神合一时的体验和显示的神秘知识的特征，可以使人摆脱肉体与物质世界的干扰而达到一种理性自觉的状态。这种对数学认知活动中纯粹理性的神性性质的认知，是逻辑理性崇拜的源头，也是科学崇拜的源头，更是数学崇拜的源头。正是由于数学知识的产生和把握源于远离并高于感官活动中的纯粹精神活动——纯粹逻辑理性推理活动，就使以数学为核心工作方式的科学具有了一种超验地位，拥有了神赐的终极知识的地位，从而使科学从一开始就具有了超越人性的王者地位。

在对这种源于神性又喻于神学的纯粹精神活动体验的理性自觉过程中，展示了一个非常明确的信仰自为的形成过程：将启示的宗教，发展为一种科学的宗教、理性化的宗教。在这种发展过程中，起决定性作用的，已不是对沉醉的体验和对这种体验的感悟性把握，而是理性的数学——逻辑化运用，把在纯精神沉醉中体验到的"事实"，把握为精确的数量知识和数理逻辑关系，也就是将神秘的命运展现，转化为精确的，可把握的"定数"。在这种自觉的命运把握中，逻辑理性起到了唯一可靠的主体能动作用。这时，逻辑理性显示为人的唯一的，也是最根本的内在功能，它能够使人的纯精神活动中具有超验性态的产物表达为可以数量化把握的自然律。如是，逻辑理性的功能特点就是，根据自明的东西进行演绎推理，而不是根据可观察到的东西进行归纳判断。对于这种自明的先验的东西的存在，东方人则追问其产生的源头，即进行终极追问。在中国人那里，得出的结论是：源自于"非常道"。即通过立足于"非常道"的"无为"立场上，可以观照到存在世界的"妙"的"事和"存在，然后，站在"无不为"的"常有"立场上，可以运用

"易"的理性演绎方式来把握到其"理合"的"徽"之结构、本质规则和运行方案。在印度人那里,则最终得出结论"缘起性空",一切存在都会在"性空"那个终极本体里因缘相凑而生成;"性空缘起",而那个终极本体也恰恰因为"缘起"了报身实相而得以自行展现出来。用中国道家学派和《周易》演绎推理的话来说就是"无中生有,有中见无"。而把握住这一切的,世间只有人。因为人有那个万物没有的"自家宝藏":自性空。所以,乔达摩·悉达多认为,人只要把握住这个内在的终极本体,就把握住人本身与世界的终极存在依据和终极本体,也就把握住了人本身存在的原因和存在的价值,更把握住了自己的命运。人缘何由此便能把握自家命运,佛陀并没有一语道破。一千多年以后,由东土大唐的一位"目不识丁"的"无知识"的人参透了,即惠能在掉却桶底的顿悟中所言"自性偈"中的结论:"自性能生万法"。在这种打破沙锅问到底的终极追问中,是不可能形成理性崇拜和科学信仰的。因为"万法"知识,只是"利乐有情"的工具,为实现众生平等的化齐万物之用,而不是扩张人的生物能力统治天下之用。但在古希腊,情况向另一方向发展。当人们将自明的东西归之于在人神合一的体验中由神所赐的东西时,人们就不会追问自明的东西是怎么产生的,也不会去追问这种自明的东西是什么,而只是追问自明的东西与观察的东西和经验的关系,从而追问怎样将超验的自明的东西把握为"自然律",命定之数如何显现,怎样把握,这时,把握数理逻辑和逻辑理性作用就显现了出来,如是,在对知识的追问中,产生知识的就不是那个"缘起性空",而是逻辑理性,知识产生的源头也就不是"性空缘起"的"自性空"终极本体,呈现出来的就是逻辑理性。缘于此,西方人从中看到,科学知识之所以可以成立,固然有赖于在神秘的纯精神的体验中产生的自明的东西,但更重要的是,只当,并且仅当人类运用天赋理性对自明的东西进行逻辑推理演绎时,自然律——命运之数——才会以数学化的方式表达为精确的知识形式而呈现出来,即存在实相本体展示的逻辑事实,以数学化的方式展示为一种理论。如是,神谕的启示就转换成理论化的知识体系。逻辑理性在这种转换过程中起到关键的自觉作用的同时,也显示出,尤其是在数学知识成立的过程中显示,只有在逻辑理性的超验的纯粹思维精神活动中,人类才可能发现和运用自己的特有禀赋而战胜自然。如是,"认识你自己"的神谕,最终被归结到逻辑理性上来,缘于此,西方古代文化传统中,出于追求战胜自然的知识的期望,最终逐渐生成了一种对逻辑理性的崇拜,和以此为强有力的内在核心动力的科学的信仰。

　　一般的哲学史看法,将这种科学理性传统的成立,归于亚里士多德。其实,将其称为苏格拉底传统更适合一切。苏格拉底不仅在自己进行思考时,运用逻辑性的推理方式,而且在教学中,也以问答的讨论方式,引导学生进行这种逻辑化的思考。在日常情况下,人们由于受到诸多感官感受、欲望、偏见、习惯等外来因素的强大干扰,使自己对于已把握到的自明的东西缺乏坚定的确认和准确的判断,从而难以进行纯粹的理性思维活动。苏格拉底则在问答式的讨论中,引导学生自己去梳理现象,从中发现存在的逻辑事实及其中的逻辑事项,以一定的逻辑形式化的推理,排除一切化身幻想幻生幻灭的"无常"干扰,在把握到逻辑事实的"理合"内涵中,推理演绎出在逻辑上一贯的"定数规则——自然律"。这时,学生感知到的,并不是苏格拉底在传授什么知识,而是人们自己在发现存在于逻辑事实中的逻辑刚性,可以用逻辑形式化思维,论证为一种知识。即以逻辑理性的思维方式,理清思路,找出已然自明地存在于自己先验地把握到的存在实相中的知识。如是,苏格拉底的讨论式教学法,启发人不是自觉地向内寻找自明的东西及其源头,而是使人自觉地展示和运用自己天赋的理性能力,以逻辑推理的运用方式,从已体验性地把握到的自明的东西中论证出可以用来把握自己命运的知识,从而使人从无知走向有知,从自在走向自觉,完成人的存在本质的转换:从一个生物的人,转向一个崇拜理性、信仰科学的人。如是,在由启示的宗教转向理性的宗教的过程中,以逻辑理性崇拜为核心的科学主义信仰传统,在苏格拉底时代即已形成了,只不过在亚里士多德那里,条理化地形成了一种理性崇拜的人文意识形态传统而已。

当逻辑理性的基本品性显现出来以后,也就是,逻辑理性只有在纯思维的超验的纯粹精神活动中进行时,才能确保其逻辑一贯的形态,此其一。其二,逻辑理性在发生其演绎推理作用时,必须是一种排除一切非推理性的非观念性的存在的东西时,才可能进行的纯粹思维活动,从而要求一种"无物、无我"只有"观念"在其中的逻辑运行的"场",也就是维特根斯坦所说的"逻辑空间"时,才能进行逻辑思维。这时,科学主义传统,就必然要遇到,且时时遇到并要去解决这个"空无"的问题,即使科学主义者可以有意或无意地忽略这个问题,甚至干脆不去触及这个问题,它仍然是一个存在性的问题。这种问题的产生和解决,在人类认知的历史中,是以不同的追问方式完成的。老子以"非常道"的人类基本认知历程阶段化的区别方式予以解决:"常无,欲以观其妙;常有,欲以观其徼。"佛陀则以顿悟到自家宝藏自性空,把握到人类内在的终极本体的方式予以解决。这两种解决问题的理路,都相当彻底,并且具有很强的可操作性,具有直接体验和自觉把持的性质,而不需要任何演绎推理作为中介就可以当下即是地达之的认知性质。而对于崇拜逻辑理性的科学主义传统,对此问题的解释和解决,则间接的多,也曲折得多,从而始终也没有从根本上走到一种"终极知识"的把握,至多是承认一种物理唯名论的"绝对空间"概念而已。

最早讨论"虚空"实在性的留基波就曾很明确地说:"虚空是一种不存在,而存在的任何部分都不是不存在。"这种讨论十分吻合于逻辑理性演绎推理的过程性特点。首先把握住一个自明的事实,虚空描述的是一种在物自体存在方式上立义的不存在,也就是以存在者是否存在的立义上来讨论存在。这个没有存在者存在的存在就是存在的否定式:不存在。因此,虚空就是不存在的描述,所以,虚空,只是存在的一个否定表达方式,而且是一个绝对的否定式,即不包含肯定意义的否定。因此,就逻辑理性的推论来说,这个绝对的否定式是不可能具有肯定虚空也是一种存在方式的肯定内涵。如是,"空无"是一种"妙有"的命题在逻辑理性看来,是一个悖论,不成立。巴门尼德则从另一个角度来演绎:"你说有虚空,因此虚空就不是无物,因此它就不是虚空。"既然虚空不是无物的虚空,那么虚空这个立义就不是虚空的,因此,这个命题本身提出就是无意义的。可是巴门尼德是从关于存在的立义上来讨论虚空的,因此,问题并没有这么简单。实际上巴门尼德是从存在必定有存在的东西存在的立场上来看,虚空只是表达或显示存在的一个相对存在的条件性而存在,只要一涉及虚空,就必定是已涉及实有的存在时,才会有显示了实有的虚空的显现。所以,存在是绝对的、本体的,虚空是相对的,条件性的。因此,从存在论的立场上讲,不可能有绝对的虚空存在。如是,逻辑理性在这里,也是以一个自明的事态为前提,即以存在是绝对的自明的为前提,据此推论,不可能有绝对的非存在的虚空的存在。这就从本体论上根本否定了"空无之妙有"存在的可能。因为在逻辑理性看来,这个命题是无自明的内涵可言的,是一个无意义,不可能论证的,因此无法成立的命题。注意，这里的归宿仍然是一个无意义的命题，仍然不能证明存在本身是否可以具有"空无之妙有"性态。巴门尼德的存在本体论也就此走到了自己的相反方向上，只知道存在为存在本体，不知道存在的终极本体为何。

亚里士多德在讨论虚空时，则直接将其作为物理空间来看待："虚空存在的理论就包含着位置的存在。"因为任何一个人都可以把虚空理解为一个拿掉了物体以后显示出的那个物体所占据的空间位置。所以，他认为，虚空的空间并不是无物，而是一种容器性质的描述。这似乎接近了《老子》中所说的"空无"的立义。其实完全是风马牛不相及的。老子的"容器"只是对"空无"的"妙有"之用的一个比喻，指喻"空净"了心性，恢复了无垢识的自性空性态。而亚里士多德的定义，则将虚空完全确立为一种物理空间，这一定义与巴门尼德是相同的，即无物也就无虚空，容器具有虚空的性质，只是因为容器本身亦是一物，存在是本体，是绝对的，没有没有存在本体存在的虚空。虚空只是存在本体的一种相对性的存在模式，而不是一种离开了存在本体而可以自在地独立的绝对存在。也就是说，"空无之妙有"作为存在的绝对本体，在存在的意义上是不成立的，在现实生活中也是不存在的。到了近代，科学家和哲学家们从物理学、天文学等科学的立场上进一步考察，仍然不承认存在一个绝对的宇宙终极本体"虚空"。如牛顿认为：空间不是一个实存本体。笛卡尔则认为"空间只是一个伸展着的无限存在的形容词"。莱布尼茨干脆认为：空间不是一种存在本身，而只是展示种种逻辑事项的逻辑关系的体系性概念。这就已然接近维特根斯坦的定义：空间只是一个展示各种逻辑事项存在的形式：逻辑空间。如是，逻辑理性在几千年的发展中，最终将"虚空"把握为只是一种为了方便逻辑理性之用，即为了展示存在的逻辑事实内涵的逻辑刚性的一种必然的逻辑性直观的条件方式而已,而绝对不可能是所有存在的据以成立的终极本体性前提:空无之妙有。

为什么会这样?如此自明的对终极存在的体验,在老子,在乔达摩·悉达多那里都可以把握到的那个"自性空"的"自家宝藏",在西方哲思者那里会如此地费解,难以当下即是地确定把握到。难道真的是语言本身的问题引起的吗?可是,任何语言本身的产生和确切含义的认定,都是后添的,都是一种悟性和理性通同作用的结果。也都是悟性命名体验到的实相而后由理性推论说明的结果。问题就出在理性运用之中。用高尔吉亚的话来说就是:"他们相信具有一种逻辑的力量,使人们可以在无法说明的东西面前,躲避到理论的推理中去。"在推理演绎极为盛行的科学视域中,人们只能是时时刻刻准备着追寻一种逻辑理性的逻辑论证,去确认经过逻辑论证的东西,而对于一切为逻辑理性运用已有的逻辑形式无法论证的东西,给予绝对的否定。如是,面对对于"空无之妙有"这一终极本体的体验,科学主义这只鸵鸟,只有把自己的逻辑理性头脑钻进已有理论的沙堆中去:眼不见,心不烦。一句话,科学主义者能够直观空间中没有物自体的物理空间,却不能确认体验到的无存在图像和符号图形的存在本体空无。至于禅学者们体验和把握并由此而言说那个无所谓有,也无所谓无的自在的"性空"和自为的"自性空"时,这在逻辑理性看来,都是不可"理"解的,也是不可"理"喻的,即在理论上是不成立的,因为科学主义者始终从理论上把空无定义为一个物理空间,即存在者存在的形式空间,虚空作为存在的一种性态,之所以也具有存在者的含义,可以是一种"不存在的存在者",只是因其是任何物自体存在的一种特殊的存在形式化条件而已。这种存在者的特殊而又普遍的存在表达方式,既可以通过逻辑推理成立,又可以通过对物自体存在模式的直观经验观察中把握到。其特殊性就在于,其普遍性也在于此。仅此而已。所以,他们认为:空间只是被表象为描述无限这一概念而设置的一个可以量化的科学符号而已。现代天文学家和天体物理学家们甚至认为,虚空并非无限的,而只是一个像地球一样周而复始的球体运行形式而已,并非实存本体,霍金甚至用"果壳"来描述这个绝对直观的物理空间。但是,它现实不是"性空",不是终极本体的规定性和存在形式的统一体。也终究不是惠能所描述的那个"于相而离相,于念而无念"的"一切不住"的"无垢心性"。只是因为人类有了这一慧根,一切相,一切念,一切法才得以在归一中成立、显现,并被把握为知识性的真理。所以,惠能在其彻悟的自性偈中,最后一句道破了科学和理论的来源:"自性能生万法"。这一命题,逻辑理性固然可以在"能生"的过程性上予以推理说明。但是,都无法据此推论"自性"就是那个宇宙终极本体"性空"之于人的历世之用的存在方式。他们会问"自性空"的合"理"性在哪儿呀?

在逻辑理性障蔽了"自性空"作为人的终极本体的存在规定性以后,科学主义对于"自我——本我——我在"的理解,必然会出现极大的偏差。结果会导致科学本身的存在意义成问题,用专业一点的语言来说:科学存在意义的缺失。科学的存在与发展,到底是为了什么? 当科学本身迷失了存在意义时,对科学的迷信又是从何而来的呢? 为什么会产生对科学的盲目的追求呢? 这种思想的迷失,在雅斯贝斯那里表现的最为突出:在理性化的观念世界中,人不但不知道世界存在的原因,而且连人自身存在的原因也不知道。就是说,人本身在成为科学研究的对象时,也丧失了一切主体性和本体可能性,而变成一种任意由科学切割、解剖、分析、摆拼的个体对象。因此,在科学发生作用的地方,人们看不到存在主体,只有存在客体,更不用说发现存在本体了。一句话,从事科学研究的人,如果只崇奉逻辑理性,就在使科学异化于人本身的同时,将自己的存在本体也异化了,人被视同为同万物一样"无自性"的物自体,人从事科学研究似乎就只是为了科学的存在而研究科学。套用张祥龙教授对循环论证的比喻:小猫在玩捉自己尾巴的游戏,在这里就是,小猫为了实现"捉自己尾巴"的"捉"而在捉自己的尾巴。更像新教伦理形成的出发点:人只是为了代替上帝行圣工而存在的一种工具性载体。如是,人只是为了使科学研究能够进行而存在的一个科研对象和进行这种研究的工具性载体。

在这种科学对人的异化情况下,人本身受到科学本身巨大的压制、强迫和驱使。上帝死了以后,失乐园的人们,本以为在科学的世界中可以寻找到自己的终极家园。可是,对科学的这种信仰和追求,在科学将人的内在自性本体存在否定掉以后,人反而感到自己是一个更彻底的无法拯救的孤独者,处于一种更无法自我理解的状态中,甚至从工具载体的立义上来看,根本就是一个没必要提出要求进行自我理解的存在者。如是,人反而更加无法在科学主义的语境中把握自己的命运和生存意义了,如是,在科学的念河中求渡的人,只能向科学发问:人存在的最基本的依据是什么? 人有没有存在的价值依据? 科学给人的回答是洋洋得意的:人,之所以能生存于世,之所以能更好地生存于世,必须依靠科学的不断发展。人之所以能有这种生存的更好的前景,即人之所以只能更科学地生存,不是因为人是人,一种天生的早产的,病态的弱势生物,只是因为人具有一种内在的共性:理性和以逻辑形式运用理性的能力。在科学日益发展,并且日益扩大地满足人的生存欲望,改善人的生存条件,扩张人的病态的生物能力的语境中,人只有相信,是人具有理性能力,才使人日益摆脱了受存在世界的压迫、强制的境遇。而科学本身对于人的异化作用,也就因其具有这种使人可以超越自体自然存在样式从而超越存在环境这一功绩,而被默默地原谅了。如是,崇拜逻辑理性的人,也就不可能去追问人本身的存在本体依据和人生的存在终极价值。如是,科学主义者们必然会嘲笑那些一定要追的终极本体的人,是"非理性"的梦呓者,是神秘主义的追随者。因为,这些逻辑理性的崇拜者,早已无暇去追寻自己心灵的家园了,他们被科学发展本身压迫着,追赶这个知识大爆炸的科学大潮流还来不及呢,何以有暇去返身观照一下自家心性呢? 确实可怜,对科学主义者来说,对于心灵的孤独、寂寞的体验,是一种极为奢侈的事情,更何况寻找心灵的家园呢。但又使他们聊以自慰的是另一种满足:相信科学最终可以解决一切问题就行了,何必画蛇添足地去追问宇宙及人的终极存在呢? 他们甚至可以高高在上地具有道德批评家的地位,斥责这些反对科学主义信仰的人们:真是端起碗来吃肉,放下筷子骂娘,吃谁恨谁的忘恩负义者。人间世,人间事,就是这样地允许有人霸道地,痛快淋漓地拿着不是当理说的诡辩论大行其道。一句话,科学理论的有限的法则性,衍生出的无限的真理的专断性,使其可以具有这种专制的话语权力。但是,这,绝对是诡辩的、悖论的。因其以无限的专断性偷换了有限的理论功效性。明了此中的魔术戏法,就打开了弘扬真正科学精神的"破执"的方便法门。

在这种科学决定了一切,逻辑理性能够把握一切的科学主义大语境中,人类的智者们,并没有使他们的纯粹思维活动中止下来,他们依然在追问。只不过,这时,他们的追问,早已不是远古时代智者们的终极追问,而是在如何纯粹化科学命题的方向上去尽用人类的自家心性。库恩对此是有着深切的体验的:由于科学认识的进步,是以我们所知道的东西的"进化"代替了我们所知道的进化的东西。因此,科学只是一个对自然提供更详细的更精确知识的人类活动,而绝不是寻找到某种确定的终极目标的进化过程的活动。正是由于科学本身在追问终极存在意义上的失目的性,即科学存在意义的缺失,使科学没必要去追问一个人类认知的阿基米德点。而且,这种不追问终极本体的科学现象,又由于科学本身的理性逻辑化运用方式被加强了。因为,科学的进步,从现象上来看,不是从对直觉归一实相的观照中获得的。而是从已知的命题体系——概念的纯粹思维的推理中形成的,即是从命题到命题,从概念到概念,从范畴到范畴,从公理到定理的演绎论证中获得的,在直观到的这种科学认识过程中,哪里有什么"空无之妙有"中的阿基米德点存在的必要和存在的依据展现出来呢。如是,在科学家和哲学家的视域中,只有"常有欲以观其徼"的科学认识过程,根本没有前科学认知过程"常无欲以观其妙"的非理性观照活动。确实,对于一名身陷沼泽中的人来说,他努力对抗,应付包围着他的泥泞还来不及呢,哪里有闲暇去寻找一个在"性空"中虚拟存在的阿基米德点呢? 这时,对于他来说,抓住一个可以当下解决问题的科学工具是头等重要的。科学主义的悲剧也就由此而生:拒斥一切科学理性所不能处理的东西。对于西方人类说,非理性的东西还有神学关照着呢,不用操心,而对于从不相信上帝的东方人来说,情况就不那么简单了。我们需要一个上帝吗? 还是需要重新认识人本身,重新认识理性呢?

这里涉及了一个问题。科学只把逻辑理性当做在于人的唯一的存在依据,从而扬弃了人的一切其他物自体的属性,实现了对人的生物有限性的某种程度上的超越,这不正是禅学要求的"无我相"的最好的实践方式吗? 其实不然,这里有天壤之别。禅学要求达到的"无我相",是一种把握到自己内在终极本体自性空以后的一种最基本的"一切不住"的无所执著的"净土"立场。因为"离相无念"的最后一步净化就是无我相,即不把自身作为一个客体对待,也不把自身作为一个主宰世界的主体执著,而是把自己的存在作为宇宙终极本体"性空"的在世体现者来把握,即作为"空无之妙有"的"无垢识"能力实践者来把握。从而不是否定了人性,而是自觉到了人性。这里不仅扬弃了人的生物本能的冲动能动性,而且扬弃了人与世界对立的紧张性,这时,展现出来的就是"无我相"的人与存在世界的"天人合一"的"和谐"性。如是,人没有了任何物自体的个体立场,自然也就能立足于"常无"的阿基米德点上去洞观世事存在的"事和"之理,"欲以观其妙"了。科学本身对人本性的异化性否定,完全将人作为一种生物性客体对待,也就排斥了人本身这种人性化的终极本体性存在意义与自觉发现这种存在意义的存在价值,从而在淹没了人本性的同时,也淹没了人认知自我存在价值的可能途径。所以,禅学最终是要使人寻找到人本身内在的终极本体作为存在意义的自足依据,从而使人的存在有了"家园"的依托,人可以在"无垢识"的支持下,去"生万法"用万法,完成了人生历炼的任务,实现人存在的价值,而科学对人性的异化,虚化了人性,使人不仅是在哪一个方面,哪一个问题面前感到困惑,而是对人的整体存在意义感到困惑,人的存在本身失去了一切支撑点,即使是那个人类天生的理性能力,也不是为了实现人性而服务的,只是为了实现科学发展服务的。这时,在科学主义信仰的氛围中,人感到由衷的不安。丧失了本体性意义的人,只能受有限的科学知识的无尽的摆布,而得不到任何"家园净土"的庇护和归宿,就像一条永远无港口可停靠的航船,命运只有一个:"沉沦"。所以,海德格尔等西方学者,非常明确地指出,后工业社会的病体根源,就是科学主义作祟。科学信仰造成了当代社会中一幕幕悲剧,对逻辑理性的崇拜造成了后工业社会人失家园的悲剧性社会心理。科学造就的繁荣的盛宴过后,给人们带来的不再是巴库斯酒神节狂欢后的心灵满足和人性的涵养,而是一种曲终人散的无尽的空虚,不安和孤独的悲凉,以及这种心理促发的扭曲的暴力和烦躁不安的社会心理状态,反理性的社会事件和行为前所未有的增加。

不安、孤独,并不就是一种坏东西。它固然可以把人引向"颓落""绝望",但也可以促使人奋起,追问。但是在科学主义的人文环境中,这种奋起和追问,会导致什么呢?会导致人们"回头是岸"的返身观照自家心性吗?答案显然是否定的。因为身陷沼泽中的人,是不可能相信"性空"中有一个"自性空"的阿基米德点可以拯救他。对于科学造成的人间悲剧,只能是以子之矛,攻子之盾,以更发达的科学来应对,这无疑加重了科学信仰的人文氛围,就像身陷沼泽中的人,愈奋力挣扎,会陷得越深那样。如果他放弃一切科学努力,"无为"地投向"空无"一切中去,悬置一切知识,中止一切判断,"于念而无念"地无所抓取地仰天平躺在"性空"之中,反而会慢慢地从沼泽的泥泞中浮出式地拔出双脚而获救。可惜,很少有人懂得这个道理,人的生物本能又常常促使人去求助于可以帮助他延伸或强化其生物能力的科学方法。

海德格尔对于科学和哲学研究的这种客体性的逻辑理性根弊是十分清楚的。他说:"形而上学所研究的是存在者,此外,再也没有什么东西了。"人和其他物自体一样,也只是作为一个存在者进入逻辑理性论证的范围的。如是,作为一种生物客体,可以进入科学与哲学研究的理性推论范围,但是,作为"自性空"的终极本体的人,就无法进入到理性研究的存在视域而被把握了。因为在这种客体化的人那里，不产生要讨论"无"的意向性，所以，"空无"在这里是无法讨论的。再者，"无"在科学理性语境内，只是一个绝对的否定式，"无"的语态中不可能存在"有"的对应内涵，这也就决定了科学理性理解不了以"妙有"的存在方式呈现的"性空"之"无"。硬要求逻辑理性来讨论"再也没有什么东西存在的有"，就只能走向"凿空"的"断灭相"。海德格尔哲学的全部终极意义恰恰在这里显示了出来：科学与哲学所持的逻辑理性的局限性最终在这里充分显示出来，也就是没有办法在讨论"存在——存在者"的理论体系中去讨论"性空"存在的"无"的问题。如是，科学和哲学理性构造的这种理论座架体系，就这样割断了人们追问"性空"存在的可能，人被束缚在科学理论的座架上，而失去了与存在的血脉关联。

正是科学和哲学的这种逻辑理性的根性及其规范性要求，使其自为地拒斥着非理性的、非客观化、非客体化的存在，正如海德格尔所说的："科学与哲学认为，非理性的东西是片面地谈论着理性所看不见的东西。"如是，科学理性只将存在的报身实相本体，看做是可以直观观察到的幻生幻灭的化身幻相物自体的一个"不动飞矢"式的影像，从而只去研究作为物自体所展示的生物性，物质性及其流转的要求和条件性，从而对人产生了一种生物性存在的异化和湮灭。在科学家眼里，人，是能够说清楚其生物性，物理性和心理性，更多的人的存在现象，则是无法予以科学讨论的神秘主义的东西，留给宗教去关照吧。雅斯贝斯于此也有明确的立论。他认为，由于科学只以确凿的知识把握为目的，因此，科学所把握的只是不带个人色彩的关于物的共同本质属性的东西。结果就是，科学已不再能够理解自己本身活动的依据，既无法理解"在历史上只发生一次的境遇中"产生归一实相的自性空本体。卡尔纳普的论述也说清楚了这种科学主义的物理——生物客体论的基本立义:关于主观体验的东西,只有独立的意义,即对于说出这个命题的人才有意义,而对于别人则没有意义。因此,在科学讨论中,不容许这种命题有任何地位。尤其是心理体验,是完全不能用主体间的科学语言阐明的,因此是假命题。

禅学承认这种感悟——领悟的体验是真值命题,虽然具有分析哲学批判的这种个体体验特点"如人饮水,冷暖自知"。但是,这种个体体验终究具有人人饮水和人人自知的普遍性,并且具有"知"的价值和"冷、暖"的理性意义。但是,在科学主义看来,这种命题终究不能用准确的,可以数学公式说明的物理反应或其他有限界的明确的理论描述来表达。冷暖之知,终究还是以理性的词汇来陈述感性的感觉,够不上精确的理论意义。所以,以科学的理性把握尺度来看,必须放弃一切"心理"上的个人的东西,只有物理—数学模式为基础的可描述的东西,才适合于主体间的科学交流所必需的语言规范。如是,科学与哲学只能理性化地对人物理—生物性存在提供最大化的实现,即为人的生物能力的尽可能扩张而服务,而无法为人的人性化生活提供服务。这就使科学一方面将人本身作为存在着的生物本能绝对化和扩张化,另一方面也将科学的此种生物—物理工具功能绝对化,扩大化,提升到决定人的存在状态,存在地位和存在性质的崇拜地位。这种信仰的形成,不但淹没了"体验——顿悟——印心"的人性自觉以至觉他的认知本质过程,最终使人的生物本能处于可以无限扩张的心理期盼中,从而彻底淹没了人的自性空之本性。

科学主义信仰造成的对人的本身——人性的异化,在西方科学家和哲学家中是有着一种自为性质的不十分清晰的警觉的。康德曾就他的理性研究和悟性研究的起因作过一个明确的阐述:把每一个人当做本身即是目标来看待,而不是只将其作为一种能用理性能力实现自己生物存在的物体来看待。即将人作为人本身来研究,而不是将人作为物自体来研究,更不是仅将人作为一种生物来研究,这才是真正的科学研究,也才是真正的哲学研究,才能真正接近于人的理性能力真面目。雅斯贝斯则进一步指出,科学主义之所以达到今天关于人本身不可知论的地步,根源就在于,科学理性所把握的不是意识过程总体,因此,我们今天所能得到的一切科学知识所能达到的认识,并不是人的存在本身。当我们站在科学主义崇拜逻辑理性的立场上,试图把握我们自身或存在本体时,我们就将其作为一种理性推论的对象,把他当做一个可供科学理论摆布的客体,而不是人本身和存在本体。这时,科学不再指向人本身,而只是一种人人共有的,理性可把握层次上的东西,即物质层次上的东西,而这些东西,恰恰只体现人类表面的一般的东西,绝不是其内部的不可替换,也难以为理性分割分解为单项逻辑事项的东西。

哈特曼更进一步指出,造成对人本身异化的科学方法的根子,就在于逻辑理性的内在规定性:任何准确的科学理念、理论,都必须是无内在矛盾的,在逻辑法则上是一贯的。而"空无妙有"这个命题本身,就具有了在观念上的内在矛盾性。即使是分析哲学家们也承认,哈特曼在这里发现了一个隐藏在科学理论中无法根除的偏见:范畴一元论。但是,任何范畴都有一个科学迄今所无法解释的,在存在的本体中的起点。这个起点,在理论推理中是无法找到的,只能在有机体的范围内去追寻。可是,科学至今也无法理解作为个体的有机功能的整体组织,因而也就无法理解那些自明的公理是如何产生的。而科学主义信仰却一再迫使人们不能放弃海德格尔所说的"有限真理"的理论座架,只能去"按图索骥"。但是这个图,却是科学理性模式无法画出来的,因为科学只是"说明"图像,即以一种图形符号来再现存在实相的报身图像,却无能为力去创化出存在实相的全息图像来。如是,在库恩看来,科学主义信仰日益深重地造成这样一种局面:所有高度形式化了的真理理论,都带有上述固执的逻辑偏见,并且一再顽固地要通过逻辑理性这个有色眼镜来看待人类精神现象和理论的产生源头。这是一种人类文化衰落的征兆。他认为,这常常是科学本身陷入一种危机,并且一再受到各种置疑的逼迫时,才会产生这样一种要求:对一切命题都给以科学的人工的精确语言表达式。这使我想起了"巧夺天工"这样一句成语。当清代红木家具极尽其能事地进行雕琢时,明式家具的大气浑然的大方品象,已经荡然无存了。正像库恩所说的那样,在自然科学领域里,最高的科学能力的拓展与实现,是伴随着在终极领域里的无能的加添而生成的。科学主义者们恰恰不准备承认这种逻辑理性的无能,反而一再强化其王者的专制地位,使科学成了人文大化的君主,结果只能造成人文关怀能力的丧失和人们"失家园"的社会心理负担日益加重。

科学哲学家们对此的补救措施只有一点:并不追问和确定任何终极本体,而只是努力使任何陈述句中的真理真值陈述部分所使用的语言精确化、符号化,建立一种专门的构造精确的科学语言的科学方法,尤其是对付经验性陈述命题的科学语言方法。就像今天80后的小青年们用"N个多"来代替"好几个"那种陈述。因为分析哲学家们懂得,形而上学的东西和先验的东西本身,在符号化语言论证面前,完全有理由也有可能被直言宣判,他们的语言行为方式不是科学推理活动所需要的。这同时也就意味着,为一切科学所承认的概念和逻辑论证的原则,对于形而上的,尤其是先验结合陈述的基本命题的形成,是不适用的。"我们预先就知道的概念的清晰和论证的精确方面的一些要求，在形而上学上是不可能达到的"。否则，我们将永远拿不出可供科学理性研究操作的基本命题，即使这些命题在科学主义者看来在逻辑上是没有充分根据的。我记得一些科学家和哲学家们常说的一句口头禅就是："这起码在逻辑上讲不通。"这些科学主义鸵鸟们无异于是说："为了说清沙堆的结构，我们必须把脑袋钻进沙堆里去。"至于这些沙堆如何形成一种要说清的命题，那就不是科学和哲学的事了。显然，这种顾左右而言他的诡辩方法，解决不了科学主义面临的难题，也解救不了科学主义专制造成的人文之化的危局。

如是，科学主义所具有的最合理的内核，以逻辑理性单项地说明存在实相的理合内涵，以构建出一种有条件性限制的真理，就演变为，只有科学理性能把握住真理，服从真理是天经地义的事，服从科学的摆布就是服从真理。且不管最后科学主义的霸道做法为什么还要求助于"天经地义"的先验规定性。只因为科学真理有利于人扩张其生存能力和实现其生存条件，有利于人获得对世界的统治，即使是这种对世界的统治权力的巩固和扩张，只服从于人的生物性存在，而不服务于对世界的更本真的认知和对人性的提升与实现，也只能如此。缘于此，拖着先验规定性大尾巴的科学主义的合理性，就衍生出了一种对人性来说是"反理性"的存在性态：

2. 科学主义的"反理性"——一切以科学法则为准，一切经过科学理性推论；对于科学本身一时无法说明的，尤其是为逻辑理性当下把握的逻辑形式所无法论证的东西，一概予以拒斥。对于坚持"片面地"言说这些"非理性东西"的思想，一概扣上"伪科学"甚至"反科学"的帽子，押上科学主义的"宗教"裁判台，而对于由观察、经验、实验所一时无法验证的"科学"假设，则统统予以保留,置于"前科学"的百宝囊中。这种霸道的专制主义作风,好在并无像当年天主教政教合一的专制体制的保障,使科学本身内在的合理性闪耀出的科学精神,已在日益照亮这种专制作风"丑陋的屁股",使我们有可能不再走上类似中世纪天主教专制性宗教崇拜的不归路。归根结底,科学就是科学,不是宗教,尤其不要寻求政教合一霸权的宗教。

我们可以从胡塞尔研究现象学的理路中看到这种以逻辑理性为证真的唯一尺度的反理性行为带来的危害。胡塞尔是反对心理主义的。他认为,心理学是一种关于存在事实的主观性很强的经验科学。心理学中建立的法则,是以经验归纳方法得到的主观判断的法则。不是真实的自然法则,也不是准确的纯理论法则。只有通过逻辑理性推理论证建立的法则,才具有绝对化的准确性。为什么会有这些区别。胡塞尔认为,由于心理学与逻辑理性操作的对象不同。心理学所把握的是个别人的心理事实,受时间、空间等具体个别的环境和条件限制的特殊的东西,而逻辑理性的研究对象是不受这些个别的特殊条件限制的,阐述普遍性本质与关联关系的观念与命题。进一步说,由于心理活动存在着千人千面的个体差异性,使其把握到的经验法则只具有一种推测的"可能性"性质,不具有必然的规定性性质。逻辑理性把握的法则与理念,由于与心理事实完全不同,代表了一种恒定的逻辑关系,表达了逻辑事实中的逻辑刚性,所以,具有准确的规定性和普遍性。因之,与心理活动没有关系的逻辑理性把握的逻辑法则,才是可以证真的真理和法则。但是,问题也就来了。逻辑理性把握的观念、命题从何而来? 胡塞尔现象学认为,是从具有自明性的判断中来。这种判断依然是经验判断,但已不是一般的直观到的心理事实的归纳判断,既不是以心理感应,心理反应为依据的感觉判断,而是这样一种经验判断，即对一种体验的重复体验中升成的判断。在这种体验中具有那种自明为真的东西存在，它成为构成真值命题的基本依据。它之所以是自明的，一者是因为这种东西的存在是不可证伪的；二者因为这里出现东西与已被意念到的东西是一致的。即在这种经验性的重复体验中突兀出的已观念化的东西与原初先验的体验中自行显现的东西是一致的。也就是说，真理性的真值内涵，在这种体验——经验中展示为一种存在实相，在胡塞尔论证现象学这一基本立论时说：被体验到的东西就是真的，而真的东西不能同时又是假的，这在逻辑排中律原则上是成立的。我们看到，在这里又出现了逻辑理性易于衍生出诡辩论的特点：自明性地被把握到的东西是体验为真的东西，这个东西具有在观念上可以自明为真的东西，这个东西具有在观念上可以自明的特点，使这个被体验到的真的东西与经验中观念性把握到的东西一致，即被体验到的可以观念化的自明的东西是经验中已知的知识观念相一致，才成为自明的东西而具有了存在性，并且，当且仅当这种不可证伪的自明的存在的自明性必然是与已有的经验中观念的东西相一致时，才是不可证伪的存在，否则，仍不具有存在品性。显然，这仍然是一种循环论证：是以观念上自明的东西来论证自明性的东西所包含的观念的东西是自明的。即以自明的观念来论证观念的自明性，再以观念的自明性来确认可以观念化的自明的东西为存在的东西。就这样，胡塞尔本人的这种论证，也掺入了他所反对的唯名论式的循环论证中。不同的是，唯名论的循环论证，是以纯粹观念之间的论证为特征。而胡塞尔是以存在的可以观念化自明的东西与已经在经验中观念化的东西的自明性来互相论证，虽然没有跳出逻辑理性证真为唯一标准方法的旧臼，但终究为观念的东西找到了一个自明性的存在性，此其一。其二，胡塞尔反对心理学的主观判断证真可能,坚持逻辑理性是唯一证真的途径,但是,他又不想让证真的理性化过程掺入唯名论式的循环论证泥坑中,就努力寻找一个中止这种观念循环论的终点,以打破逻辑理性的推理容易陷入循环论证的命运之数,回归到存在本体上来。也可以说是努力将巴门尼德的存在论与苏格拉底的演绎论结合在一起。如是,他就找到一种完全不同于一般心理反应活动的,具有自明性存在品性的东西,这种东西也具有可以经验化地把握和判断的重复性,即体验和体验中的存在实相,作为自明的东西产生的源头和具有自明性的观念发生的源头。但是,胡塞尔在这种理性化的把握自明的东西中遇到的一个困难,他无法以科学和哲学的语言和理性思维模式来区分性地说明这种自明地存在的体验和生物性心理主观反应活动的区别,只好将直觉归一实相"事和"所具有的"理合"内涵的东西与可为逻辑理性推论证真的观念的东西"统一"起来,将其确立为一种特殊的,具有超心理现象时空限制性质的,有普遍观念性含义的自明的体验,确认为一种包含有某种观念内涵的自明性的"意向性"体验。说穿了,就是只有包含有可以为逻辑推理形式框套的真理性真值内涵的心理体验,就是自明性的体验。如是,把握真理的认知源头:存在现象,仍不是以存在实相的逻辑事实"事和"本身为依据,而是以逻辑理性可以用已知的逻辑形式把握的那种先验性存在为依据。这一理论,固然开始打破了逻辑理性会进入循环论证的怪圈,也突破了逻辑理性为唯一证真的科学思维模式的束缚,但是,他仍然在逻辑理性崇拜的科学主义信仰支配下,虽然再次以哲学现象学的方式发现和运用了"离相无念"的六祖禅法,最终仍没能"还原"到人类自在的终极依据上来,反而进一步以对理性可以对非理的存在现象进一步"还原"的方式,为逻辑理性崇拜张目。使现象学还原的最后结果,依旧导致了人类存在的本真素质不可靠。在胡塞尔看来，心理主义是一种特殊的相对主义，即人本主义的特殊形式。如果认为真理的存在与成立依赖于人类素质，那么，没有人类素质，就没有真理。但是，人类的素质又包含了不可靠的千人千面的心理现象，那么，由之产生的真理也就不可靠了。尤其是，从逻辑推理上来说，既不可能在将真理绝对化的同时又把产生真理的人类素质相对化，又不可能将人类的素质绝对化的同时把真理相对化。出路只有一条，将相对化的人类素质置于可以绝对化地把握真理的逻辑理性的控制下。这也正是胡塞尔与反对心理主义的经验归纳认知途径的缘由。他的现象学要求的，就是以逻辑理性专注地去追求符合逻辑诸形式要求的那种先验的意向性的体验，以此还原出真理产生的源头。如是，胡塞尔的现象学就导向了这样一种信仰的深化：真理的把握是为了人的存在，但是人的存在必须服从科学理性的控制，服从逻辑理性无条件的对其体验到的存在实相"事和"内涵的意向性拣选。科学对人的异化又在这种理性对非理性领域的"还原"性进入上，迈出了很重要的一步：科学对于人性的异化的这种反理性的行为是合理的，因为人的内在素质是可以心理化的，是不可靠的。因此，人类所有的非理性的体验中把握到的、认知到的东西，哪些是可以为人类确信为真理的东西，只有依赖于逻辑理性用逻辑法则观念的判断、拣选、认证。从而在现象学还原这一进步基础上，反而将人类的认知行为更牢固地锁死在海德格尔要求人类摆脱的理论理性的座架上。

　　从上述对于胡塞尔现象学还原问题的观照中可以看出，科学主义以逻辑理性推理为唯一合理的认知标准所产生的对人性异化的反理性行为，根源在于，自巴门尼德以来科学主义信仰从未真正搞清什么是存在本体和存在本体的产生的终极依据，也从未搞清存在实相与观念性的存在不同的表显方式和表达方式,从而仅沉溺于对一种观念存在对象和纯理性的纯观念的推理过程中,并且认为,只有这种观念化存在是真实的存在,而把在直觉归一中成立,并于悟性自为的体验中所把握的存在本体——报身实相,当做非理性的神秘主义的东西,与科学对立起来,并予以"无情"而"有理"的拒斥。例如,分析哲学家们常举的一个例子:球体的表面是无限的,又是有限的。但是,对于球体的表面到底是无限的还是有限的立论,在二值逻辑论证中,只有一个立论是真的,另一个立论是假的。然而,从欧几里得几何和黎曼几何的所有关于球体平面—表面的纯理论论证来看,没有一种理论能确认上述两个命题,哪一是真,哪一个是伪。如是,只有从论证其是有限的或是无限的立论立场出发去论证。也就是从其已确认的目标前提观念出发去论证真伪。这种做法本身就是循环论证。其实,这里的根子还在于,仅从"球体表面"这种观念设立出发来论证,是永远无法说清楚的。因为这种逻辑推理行为本身就脱离了"球体实在"的存在实相,仅从数量关系上来讨论有限与无限,是永远说不清的。因为,如果从"一尺之棰,日取其半,取之不尽"的数量关系上说,球体表面的纬度,永远是无限的。但从当下即是的"日取一半"上来说,则其纬度是有限的。只有将理论的论证置于当下即是的存在实相立场上来论证,即将理论置于其应发生作用的必要的条件下去对待充分存在条件的拣选时,才可能说明前提命题的立义是真理还是伪命题。这时就可看清,任何真理都是有限的真理,而不是在充分条件下的无限发生作用的真理。就像欧几里得几何和黎曼几何学,一旦脱离了其论证的必要条件就不称其为真理那样。搞清这一点,存在实相的存在本体性即浮出水面。存在本身是报身实相的"事和"整体,也可以称之为逻辑事实整体,论证的命题是对其内涵的"理合"内容的拣选,即对其中某一逻辑事项的本质规定性和关联关系的命名,当且仅当这种逻辑事项连带其逻辑刚性——关联关系,作为必要条件被从逻辑事实整体中拣选出来以后,才成为理论性命题。一旦对于问题的追问超出了这一维度的逻辑事项及其必要条件,重新进入到逻辑事实整体存在实相中去时,不仅是其论证后的真理,而且这一命题本身的有限性就表现出来,从而进入到另一种有限性范围中去,或进入到无限性的范围中去。这时,多维的逻辑事实整体存在实相,对于那种一维性的命题与理论,就显现为无限的了,而这种无限,已不是由必要条件和充分条件的区别而显示的。因为条件的必要性和充分性的区别仍然是逻辑推理中的区别。而是由存在实相本体在逻辑事项拣选中显示的逻辑刚性的无限性存在事实上显现出来的。即存在本体相对于理性推理的拣选来说,是无限多维的。所以,无限性是存在实相的本质规定性,而有限性是理性思维推理的本质规定性。

　　进一步深入讨论:存在实相是无限的存在,理论的真理永远是有限性的真理,所以,仅在科学观念推理中讨论的有限性和无限性,是不可能取得一种绝对真值的命题确认的。只有在面对存在实相的逻辑事项整体时,这种讨论才能成立,脱离了这种存在实相,也就无所谓有限性与无限性,至多是相对于必要条件和充分条件时,才能"说"有限性和无限性,而这时,其有限与无限的立论,也就变成相对条件而不是面对存在才成立的,使其具有了无法抹掉的相对性,由此而得出的真理结论,也就只能是相对真理,而不是绝对的,可以"放之四海而皆准"的真理。当逻辑推理失去了这一存在实相的本根本源时,怎么办。雅斯贝斯出了一个主意:在大多数数学和逻辑学领域中,并不存在一种一定能够用数学方法推论出来的,可以决定命题有效性的程序,而只存在一种可以用逻辑推理方法拣选和论证的命题。并且，即使是这种命题本身，也不就是单凭逻辑理性可以创造的。必须有一个非逻辑理性的"观察"中产生的"想像"的创造过程。这个建议对于科学研究来说，岂止是非理性的，简直就是天方夜谭式的东西了，其实，雅斯贝斯所说的这个非理性和创化过程，在禅学这里是很规范的清晰的：直觉归一和悟性体验并命名的创化过程。

但是，作为逻辑理性崇拜者的科学主义者，无论如何也难以承认这种体验把握到的就是"存在"，这不仅由于科学主义要求要把握，要信奉的是真理理念，更重要的是因为这种对直觉归一实相的体验与领悟，是逻辑理性无法确定其存在性态，也无法把握的认知方式。因为在他们看来，只有合于理性观念和逻辑论证形式的东西，才是具有自明性的存在。如是，科学主义者们提出了这样一种要求：作为存在者的人，对其体验到的超验的存在实相，是否能够提供一种理性化的保证，确保其体验中把握到的存在实相是惟一的存在本体，而不是某种错误的心理判断。为此，他们对体验作出了两种追问：其一，我们若承认体验，体验中告诉我们的东西只是一种类似密码的内容。而这种密码是不能被破译的，即使能够破译，也无法保证这种破译本身和破译后的内容就是完整地再现了存在事实本身。其二，因此，我们只能停留在对体验中提供的存在的东西的把握上，并满足于这种把握，而不认为其中内涵需要理性的推论和理论的说明。因为它是神秘主义的东西。其实，心明的读者立即会发现，科学主义者在这里又在使用诡辩术。他们实际上是把人类追问真理的正当性和追问真理源头的正当性对立起来。

事实上，在人类认知过程中，正是存在实相通过人的体验及对体验内涵的顿悟或领悟，向人们提供了一种具有"理合"内涵的

"密码"式的命题,如此,方才需要逻辑理性去予以论证。根本就不存在只要承认这种神秘性的密码就足够了的要求。否则,还要科学研究作什么用？进一步说,会产生科学研究的要求吗？同时,如果没有体验中对存在本体的实相性把握,并提供一种以"密码"方式自明的基本命题,科学研究又以什么为研究对象呢？科学主义者不是不清楚这里的区别。他们懂得,一切能够合理地讨论的问题,都存在于这种体验性认知中,即体验所把握到的存在实相中,科学的任务就是运用理性对"密码命题解读和推论"。但是,在这种受现象学逼迫的场合,他们又霸道地提出了另一种理由:将这种由体验而产生的陈述,看做是不能合理给予理解的神秘的语言。从非理性的体验中生成的命题是"不合理"的命题,从而将体验和陈述行为置于非理性的不合理的行为位置上予以否定。还是海德格尔以理性主义者的身份一语揭穿了这一骗局:非理性的陈述,只是片面地谈论理性还没有把握的存在,而不是非理性陈述的东西不能够或不应该为逻辑理性所把握和论证。显然,科学主义者的诡辩,已经深化发展到不仅是偷换概念或错置命题,而是十分明确地将人类认知中不同的认知阶段割裂开来,并将其对立性地并列起来,以逻辑理性所论证所要求的合理性对应非合理性体验认知活动中产生的不合理性,从而走到对非理性认知行为和过程及结果的否定。其实,正是由于在人类的非逻辑理性认知过程中形成的这种拣选了存在"事和"中"理合"内涵而形成的陈述语句,包含了尚未"合于"逻辑推理形式地论证过的真值内容,逻辑理性才得以有用武之地。在这里,我们看到了,是谁在"数典忘祖",是谁在"端起碗来吃肉,放下筷子骂娘。"

　　哈特曼对于此种混淆了认知过程阶段性,从而混淆存在实相与观念、范畴界线的科学主义反理性做法,有着明确的批评:科学主义者们犯了这样一个错误:把存在和某个特定的范畴等同地看待,即将存在也仅作为一个观念看待,而不是作为存在实相本体看待。在这种混淆中,所有的理性化的思想能力都不可能在严格的普遍性上去把握存在。存在本体实相从它应有的位置上被拉了下来,即将存在实相也拉入念河泥滩中,涂了一身的概念标识,使人再也看不到存在本体的实相面目了。如是,盲人摸象一样,大象不见了,只摸到一堵墙,一根柱子,一把扇子,一条鞭子。这时,人们还有可能理解存在本体吗? 由此可见,当逻辑理性衍化为诡辩论时,人类面临的是什么样的灾难。而诡辩论却恰恰是科学主义者常用的利器,并常常在"合理性"的大旗掩盖下肆意舞弄,并以"科学性"为其大行反理性之道的金字招牌。

哈特曼对于科学主义的逻辑理性崇拜导致的反理性的诡辩术的分析是较为透彻的。科学主义认为,从原则上说,科学的逻辑理性方法,是能够合理地,一步一步地,一部分一部分地掌握存在整体。具体的步骤,就是运用已知的真理知识,向未知的逻辑事实中的相关逻辑事项推进,也就是逐步扩大作为客观对象的可知的客观化界限,把握更多的客体部分,以至最后走到对整个世界的客观化把握,本章第四节中提到的 S. 温伯格就十分愉快而轻松地怀揣着,并试图论证这个科学主义理想——科学假设的正当性。如是,在这个可以为科学主义允许成立的,同样尚未经过逻辑理性合理的论证为真的,只能论证其具有正当性的假设面前,当然不可以存在任何非理性的东西。也就是说,如果存在着无法为科学理性所把握的东西和无法将其客观化的东西,那么,那个存在的彼岸就是不存在,那种非理性的东西就可以被宣判为不合理的东西,也就是不具有真理化的可能的东西。如是,对于非真理性的东西的否定和排斥,有什么不对的吗? 科学主义这一基本的理性理想化的立场,单从人类文化进步的观点来看,确实没有什么错误。但是,为什么会从中产生反理性的行为呢?哈特曼认为,关键在于,在认识和实在世界之间,插入了一个观念领域。用禅学的话来说,存在着一种执著名相,固执法相的"住念"行为。因为,科学的推理论证的一般程序是这样的,在逻辑理性面对"无知的知"的客观化对象领域,首先采用的是试错机制,即运用已知的关于存在者的存在原理——公理,去解释,去分析,去归纳,去演绎未知的客观化的东西。以"家族类似"的理喻方式,拣选相对适用的理论。也可以约而言之,用较低层次的因果律去论证当下被所客观化的东西。哈特曼举例说明,把简单的机械原理运用到有机物领域的研究;把关于有机物的原理运用到共同体和国家生活的研究;把有关心理心灵的精神结构运用到对宇宙终极本体的研究,并确认出一种宇宙绝对精神等等。也就是说,科学主义运用的逻辑推理的试错机制,本质上是观念与存在相符合的方法,最终必然导致,凡不符合一切已知观念的东西,都因其具有"不合理性"而被排斥,科学主义者们,并不是没有理智到这一点:凡是碰到理论所不能解释的存在与逻辑矛盾时,就去检查逻辑理性所运用的观念和范畴是否适用,是否已然偏离了存在实相的逻辑刚性。如果是,就选用适用的观念和范畴。当没有可用的范畴或观念时,就去创造新的范畴和观念。如几率中衍生出的或然率、概率。这种试错机制,从正觉的演绎过程阶段来看,是合理的,没有问题的。但是,问题也正出在这里。其一,当发生悖理的现象时,科学主义首先不是追问存在实相本身,不是追问悟性命名时是否具有对存在实相的片面性陈述,而是首先追问观念和范畴的适用性。这是典型的"住念"式的操作。尤其是在因果律追问中,命题不成立时。胡塞尔创立的现象学较之分析哲学高明之处也正在于此。当遇到这种非合理性问题产生

时,不是先去追问观念和范畴使用是否得当,而是要"中止判断";
一旦真正要中止一切理性判断行为,自然用不着拣选什么观念、范
畴了,这时必然发生"悬置观念"的认知行为。在这种"离相而无
念"的无垢心性中返身去观照存在命题的发生源头,即"还原"性
地重新把握存在本体。然后再重新"言说"出一个全面一些的先
验综合知识为内涵的陈述性基本命题。科学主义的试错机制却不
是这样的,也不承认这种先验还原的"观照"行为的合理性。他们
最终选用的就是纯思维的纯逻辑的纯数学方法。如果仍不能解决
问题,就宣判该命题是假命题了事。这就产生了第二个错误。对
非理性的陈述命题,最终依据的论证方式,就是纯逻辑思维的数学
方式。因为在数学本身的合理的不断发现和论证中,他们把握到
一条真理发生的纯逻辑思维的理路:理性能够在不依靠任何体验、
经验的条件下发现某种"无知的知",即不依靠对已知的存在本体
的观照,而只依靠纯逻辑思维方式,就可以解决范畴、公理不适用
的问题。显然,这种追问真理的科学模式,仍然扎根于对逻辑理性
的崇拜上,即只有依靠逻辑理性,才能证明和发现真理,不必依靠
非逻辑理性的认知理性——悟性体验、命名行为及其对其的禅观
照,就能解决一切问题。在这个基本的科学主义立场上,我们看
到,从巴门尼德到萨特的存在论,都没逃脱这一捕蝇瓶。完全处于
逻辑理性可把握可处理范围之外的存在领域,就是不存在。一旦
它产生了,就是不合理的东西,可以给予否定,认为是非科学的、伪
科学的,甚至是反科学的。正是在这种科学的理想化的假设中,科
学在逻辑理性崇拜的支配下,走出了工具的地位,登上了专制的宝
座。如是,"着法相"的思维方式本身,既在推动着科学论证,说明
非理性存在的方向上发展着,也同时使用这种有助于人生物本能
扩张的进步事实,不断在强化科学主义的专制地位。而这,恰恰是

反理性的，尤其是反认知理性—悟性的。因为，即使是纯逻辑思维中数学的合理发现，也不就是纯逻辑推理的结果，所有的数学"猜想"，都不是逻辑推理的结果，而是对一种体验的领悟，甚至是顿悟中生成的。

如是，在禅学化的观照中，我们看到了，科学主义的最根本的病态表现就是维特根斯坦所说的"偏食症"——著名相，住法相。如果仅就认知的演绎推理过程本身来看，这里有着充足的合理性和正当性。也就是说，任何科学真理性的观念、概念、范畴，都是经过逻辑理性论证过的，无内在矛盾的理论。它具有的要求的必然条件性使其具有普遍有效的必然性。但是，正是这个有限界的必然条件性使其普遍地具有必然性相对性化了。真理的正确性，并不仅仅取决于其论证的无矛盾性，而仅仅是因其合乎于逻辑事实内在的逻辑刚性的某一方面，并将其语言符号化了，逻辑形式化了，在这个有条件的范围内，存在与理论才获得了统一。如果脱离了存在实相的"事和"本体，这种"理合"内涵不但无法提取，而且毫无价值。举两个简单的例子。任何一名精通医学理论与技术的医生，也不可能仅将其伴侣看做是一堆生理器官的组织体，只当，也仅当归他将其看做是一个存在实相整体时，理想化的理性化的生活才会发生，肾上腺素或荷尔蒙才会大量分泌。但是，并不是因为他知道人会分泌出这些激素，理想化的生活才能发生。现代技术已然可以将很多信息数字化了，但只当将这些以数字方式传送的信息还原为一种报身实相整体时，数字技术理论才有了实现的意义和存在的价值。我们看电视，只能叫做看电视，即使是数字信息化处理的最高级的专家，也不会认为他是在看数字，道理很简单，还是禅学大德们说的：不能得指忘月。科学理性模式的作用，只是为了让人类从自在地体验存在实相，自为地把握存在实相，走向自觉地把握存在本体,从而进入到一种情理归一的人性化生活状态中去。而不是为了仅使人从自在地把握存在实相,走到自觉地把握一堆符号、观念的地步。也就是不能使人从"看山是山,看水是水",只走到"看山不是山,看水不是水",而只是一堆符号、数字的地步就止步不前了。而痴迷于"终极理论"的科学主义者,却要求人们满足于此。并且固执地认为,谁不承认这一点,谁就不信仰科学,不尊重理性,谁就是处于"原始状态",甚至是反科学的。根源在哪里。举一个简单的事实,科学主义者承认真空,承认物理空间,甚至承认相对论说明的时空曲率,但是,就是不承认"性空"才是存在的终极本体。不懂得,如果没有"自性空"的存在,人类是无法认知任何空间和时间的规定性及其时空四维一体的统一体。因为这些时空观念、概念、公理,都只能在"性空"中以"缘起"的方式显现,即在自性空中以物我归一的连续统一体的"事和"方式成立和展现。从而可以为人类的一系列悟性、知性、理性的慧根智性能力把握为理论体系。所以,任何人,在仅把握世界存在为观念存在时,即会发生"箸法相"的"偏食症",即会阻割他最终认知自家宝藏的自渡慈航,最终会像神秀那样走上不归路。

分析哲学的鼻祖式人物卡尔纳普,对于这种滥用逻辑理性的科学主义病根,是有着非常清醒的认识的。他完全承认,在科学理性发生作用之前,必然存在一种科学的"幸运"。即人类的逻辑理性总有一种直觉中归一的存在实相,并由悟性"幸运"地体验和把握命名为一种先验知识构成基本的陈述性命题,才使其可以发挥论证——说明真理的作用。但是,科学认识本身,却不可能取代这些发现和陈述基本命题的认知过程和作用,逻辑理性的学科性的科学推理作用,只是给这种"理合"命题中内涵的理论内容以一个准确的定义。因此,逻辑理性的科学性只在于,也仅在于给予这种先验知识以一个后验的理性分析和精确定义。为了能说明问题，也为了使其言论具有说服力，更为了确立分析哲学的经验实证主义立场，他为此明确区分了在经验—知性发挥作用的场合与逻辑理性—推理发挥作用的场合，人类必然集取两种不同的认知方式方法。在知性把握经验进行或然率的归纳判断的场合，只使用一般的归纳逻辑方法，进行现象上的归类判断，只有进入理性论证的场合，才有了更全面的逻辑形式的使用，进行命题之间，范畴之间，观念之间的纯思维的演绎逻辑发挥作用。也就是当科学家们开始就某一命题或某一假设进行论证时，对存在实相的归纳判断已然完成了，知性已将悟性陈述的基本命题转化成一种真值命题或命题性假设交给逻辑理性去处理了。缘于此，仅从认知的前承后继的关系上讲，科学主义的逻辑理性崇拜也是不成立的，更不用说对于非逻辑理性的认知行为的否定，对非理性认知把握行为的拒斥了。如是，卡尔纳普本人是十分清楚，科学主义的专制性本身，就是对人类认知行为和认知过程这种存在本体的一种悖理的反理性行为。

另一位著名的分析哲学家蒙塔古，在面对这种由自然语言陈述句表述的存在实相中内涵的"理合"时，采取了一种更令人惊讶的非理性的"合理性"说法。即在非纯数学方式思维哲学家的思维中，尤其是在对自然语言的思维中，存在着一种"内涵逻辑"。他认为，这种内涵逻辑在自然语言中的存在，使科学理性，可以一下将自然语言转化为人工的科学语言，而这种把握内涵逻辑的行为方式，完全不是逻辑理性的行为方式，而是逻辑学家们的一种前逻辑行为的直观能力，插入到自然语言和人工语言之间，启动了逻辑理性，用标准的人工语言来描述自然语言中所陈述的"理合"的内涵。不管蒙塔古如何强调这种逻辑学家是如何有着资深的资格,才能如何一下子符号化地把握住陈述语句中的"理合"内涵的"内在逻辑"内容,它仍是一种直观的前逻辑行为。因其发生符号化把握的过程中,不带有任何逻辑推理的特点,即不带有任何纯思维纯观念的演绎逻辑的认知特征,而是一种知性对经验内容进行当下即是的归纳判断的行为。甚至可以是一种当下即是的悟性命名体验内涵的指陈式语言行为方式。更为重要的一点是,蒙塔古甚至承认,在这种指陈式的人工语言内容中,不但可以包括后来为逻辑理性演绎推理中把握的"理合"的"意义"内涵,而且也可以并可能包含整个存在本体的逻辑事实构成的"语境"的"事和"背景,作为人工语言产生的条件性存在样态。也就是说,在这种直观中发生的指陈式人工语言中,显示出了一个陈述存在中的逻辑事项的特殊命题,正是它启动了演绎逻辑。

那么,在这种直观中发生的直陈式的人工语句中,是什么使基本陈述语句的自然语言转化成人工语句呢?蒙塔古认为,是由有资格的逻辑学家当下即是的插入了符号化语言,即把握住自然语言的"语气"符号而指示的"事和"中的"理合"内涵而进行的人工语言符号化标示,即将"事和"中的"语气"之情况指示的"理合"内涵把握住,从而用人工语言的理念符号取代自然语言中的情况性符号,从而将归一实相之存在"事和"把握为可供论证的"理合"性命题。也可以经由此路将一个悟性命名后形成的基本陈述命题转换成一个特殊命题。蒙塔古此论,是对语言的命题性转换和在这一转换过程中语言如何发生作用的"观照"结果。但是,问题并不在于此,而在于当他打开了禅观照这一方便法门之后,他把握到,是逻辑符号本身的前逻辑推理性的介入,才使自然语言转换成人工语言。当且仅当这种情况在无逻辑理性发生推理作用的条件下,自然语言才显示出了合理性和可操作性。如果没有这种认知理性的非演绎性的认知行为:悟性和知性之用,则自然语言中的逻辑事实之"事和"内涵无法展示为"合理的"命题。如是,科学主义所面对所有"幸运"的事情发生,都只有依靠认知理性的这种非逻辑推理的行为,才可能使科学成立。但是,这一立论的产生,却被误判为是逻辑理性的非逻辑演绎行为,并且由此而推论,一切不能为逻辑理性以这种非逻辑推理方式把握的自然语言语句,都将是不合理的予以拒斥。那么,人们据此就可以劈面直问:非逻辑推理的直陈式使用符号插入的行为,能称得上适合于逻辑推理要求的"合理性"的逻辑理性行为吗? 尤其是在科学主义对理性行为的纯思维、纯观念、纯演绎推理的严格限制之下,这种完全非推理的符号插入行为本身,不就是一种典型的非理性——非逻辑理性行为吗? 或者说,不正是一种典型的"悖理"的非理性的陈述行为吗?

如果承认这种直陈式的使用符号的认知行为,就是悟性的行为,那么,科学主义又坚持的到底是逻辑理性本身,还是最终要坚持只有符号才是科学真理本身呢? 如果是前者,那么,没有逻辑推理行为的逻辑理性之用是不成立的,因此,这就是一种典型的非逻辑理性的行为,坚持这种认知行为依然是逻辑理性的,显然是霸道。如果是后者,那么,更显示出科学主义的唯名论、唯理论的实质,即"箸法相"而"住名相"的教条主义宗教性实质。更是一种可以任意贴标签,发判决的专制。虽然科学主义者们承认,在这种认知行为中,会发生范畴偏离存在的情况,可以再更换合适的范畴,一些科学哲学家甚至为此发现了在科学研究中存在着一种必然性的机制:试错机制。并且认为,证明了一个科学假设无意义的贡献与证明了一个科学假设为有意义的贡献一样大。这固然是科学本身必然的后果性现象。但是,为什么能够以这种现象的"合理性"

存在来否定为试错机制和科学证明目前当无法完成的科学说明的存在是不合理的,非理性的而要给予拒斥呢? 为什么当已知的知识、认知方式方法尚不能给予说明的现象存在时,就要判决其为非科学的,甚至是反科学的呢? 在施太格缪勒批评库恩的科学是创生而不是衍生的理论时,就明显地显示出了科学主义的这种反理性的行为。

针对库恩所说的,非常规研究的自然科学家都有一种非理性的态度和行为。施太格缪勒就认为这种立论是不科学的。他认为,库恩所指认的所有非理性的创生行为,其实都是实实在在的理性认知行为。即在一种理论创新活动中的"还原"行为。也就是说,当一种理论不足以产生新理论,也就是不足以说明把握到的新的存在实相中的逻辑事项时,就可以通过以这种理论向另外一些理论甚至是学科的过渡性"还原",从而产生新的理论。所以,在这里,不存在什么非常规的自然科学发生和发现行为。并且,他认为,这种理论与理论之间的联系,"还原"行为仍然是一种逻辑理性的推理演绎行为。正是逻辑理性的演绎逻辑方式,确保了不同理论与学科间可以在同一理性思维方式基础上完成不同体系之间的交流、结合、新生。其实,施太格缪勒在这里使用的仍然是科学主义者们惯用的手法:诡辩。即将库恩所说的,抛弃一切理论座架的"常无观妙"的非理性的科学发现行为与他所说的,在"试错机制"中,将不断转换论证角度与理论的科学说明过程混为一谈。即将悟性命名的认知过程和理性证明的认知过程混为一谈。正是他自己就混淆了发现领域和证明领域包括发明领域的区别,从而以后者取代前者,甚至直接以后者遮蔽住前者。这不仅在理论上有害,更在实践上有害,在非自然科学的领域中,可以直接带来人祸。因为在发现领域中,悟性命名行为是由一种直觉中归一实相生成而促发的体验所启动的;悟性命名的陈述行为中陈述的是一种存在实相本体,而不是在陈述一种理论内容。所以,根本不存在上述的理论"还原"行为,在知性所作的经验性的归纳判断中把握的,也是在经验中当下即是地重新体验到的"绵延"性存在的归一实相,是在对这种归一实相的归纳判断,而不是在对一种理论经反复实验再现后的归纳判断。因此,在发现领域中进行的非常规的非逻辑理性的发现行为中,根本就不曾发生这种以演绎逻辑方式出现的逻辑推理的不同理论之间的"还原"型逻辑理性推理行为,至多是存在着那种蒙塔古所说的,对符号的直陈式的直观插入的"合理的"非推理的逻辑理性行为。在没有演绎推理的情况下,一种理论如何向另一种理论"还原"呢? 显然,科学主义的霸道是与其反理性的诡辩术统为一体的。不幸的是,人们常常为科学主义者振振有词地,甚至是故弄玄虚地说着张中行先生所批评的"不像话的话"的诡辩所迷惑。面对这种江郎才尽的色厉而内荏的"理直气壮",人们被"忽悠"了,或是被"拍唬"了,也就忘记了去追问存在本体到底是如何展示并如何为人所把握,被科学主义者推进了烂泥潭里代其受苦。

3. 科学主义者的核心信念:只有纯理论才是终极,人们只有信仰理念,而不能信任存在和对存在之体验的陈述。

围绕卡尔纳普的分析哲学理论,科学主义把持的逻辑理性作为其利器,显示出种种霸道:

其一,科学哲学承认,一切为科学可以接受的命题陈述必须是①从逻辑上能够得到论证的,②依据经验观察可以证明是可靠的,③为了达到上述两点,必须规定,使上述两点成立时应具备什么样的必要条件。问题就出在这三点上。科学推理要求,在所有的陈述命题及其条件论述中,都能够使用纯逻辑概念或纯数学形式给予论证,否则,必须从科学中排除出去。而知性把握的经验判断则要求,陈述的或假设的命题,最终应通过可经验性观察的证实。即在经验上是可检验的,否则,即使在逻辑上可以证真,也不能作为可靠的真理,而只能是假设。显然,经验实证主义对科学纯理性推理具有一定的包容性。即使还未能以知性经验归纳判断方式作出的检验证明的东西,依然可以继续存在和探讨。但科学主义则不然,即使是在经验检验中可以获证为真的东西,无法为科学承认为真理。只有当这些东西反复假设,反复论证,直到可以为纯理论符号的推论方式中获得无矛盾性论证时,才获得科学的承认。且不说在这种演绎活动中,多少存在实项被零割,悟性丧失了多少发挥作用的范围和机会,从而将自己圈进多么局限的范围。仅此一点,就足以使科学主义孤立并极化了自身,也极权化了自身:只有经过逻辑理性处理的命题,才具有了真理性,只有以纯符号化展示的结论,才可以成为信奉的理念。而其他一切对实相本体的非符号化把握,都不是真理。因其是不科学的非理性的观念,因而不可以成为被人信奉的真理,不论其具有多么真实的可体验性和现实的功效性。就像西医用西药治病,千人、万人都是这一个剂方,恒定不变,因其恒定不变,因而是科学的。中医用中药,千人千面,万人万面,药的剂方亦因人而异,有增有减,具有辨证施治的非恒定性,因而是不科学的。郑人买履这个悖论,在这里硬是活生生地成为了科学的标杆典型。

其二,科学主义的霸道,进一步表现在,承认科学理性所把握和操作的科学对象本身,不是从科学理性本身中来的,而是从经验命题,甚至是从直觉归一实相所产生的先验知识中来的。但是,科学主义只承认在纯思维的逻辑演绎中论证出来的东西才具有真理的真知性,而人类直觉归一能力和悟性认知及知性归纳判断能力所把握的东西，都不具有真理的真知性，因其尚未经，或不能经由逻辑理性论证具有纯思维纯符号化的真值性。在科学主义者们看来，无论在人类历史长河中，也无论在个体体验的经验积累中，产生了多少先验的结合知识，并经过多少经验科学的检验和实践证实，虽然具有发现甚至是发明的性质，它们仍然不是科学的理论性真理。因为所有这些先验知识和经验检验的结果，都不能通过成为一切科学家共同可以把握的惟一符号化标示的真值内容，因之不具有真理的这种终极的真值符号化形态，就不构成具有终极性的真理。即使这一真理所具有的功效，所能说明的事实范围再狭小，也是终极的真值确立。在禅学看来，这种固执，实在是十分幼稚。且不说物质本体的存在，在今天已然是一个科学不解之谜了，就是科学真理本身，也只能是一种"万法"式真理，而并不就是存在终极本身。因为终极本体是一种"性空"性态的"妙有"之在，而不是什么理论法则，以真理法则作为惟一的终极真理所在，这种行为本身，说明此种认知者只具有那种"王子"的骄横霸道的气质，而不具有王者有容乃大的贯通融汇一切的气象。

其三，科学主义只承认最简单、最抽象的人工符号语言所表达出来的东西才是真实存在的东西的真值真理。因为他们认为，人类间的共同的惟一可以在多维中毫无偏差地把握的东西，就是这种简单化的符号，并且只有这种符号公式显示出的存在的真值可以在人类之间"无阻碍、无歧义"地交流、传达和进行推论中成立。如是，从古希腊智者那里就一直提出的检验、确认真理的标准，就从如何证伪，达之如何证真，衍化为可否无阻碍地在人类间交流与传达了。即可以交流，传达的问题和推论才是真理，否则，就不是真理，且不管这种传达、交流的内容是假设还是具有存在实相内涵的东西。这就使科学主义者似乎找到了一个坚持纯理性思维的坚实的基础:只研究"可以说出的东西",且不管它是不是维特根斯坦所说的"明显的和不明显的胡说",只信奉可经逻辑理性言说的东西,而对于一切不可为其言说的东西,认为不可传达的非理性的东西给予拒绝。如是,科学主义者就把自己封闭在绝对符号概念体系建构的"捕蝇瓶"中了,自得其乐地于此"座架"中称王称霸。病根在哪里呢? 科学主义者否定掉了自己首先作为人存在的惟一本真基础:作为人存在的本真体验能力和在体验的事和中把握理合的途径以及最终将理与情归一为人格的内化素养能力。但是,在现实的社会生活中,绝大多数科学主义者,也都在违反这种纯理性化信仰:他们不可能将自己的血脉亲人符号化了,纯逻辑化了,才去承认他们是自己的亲人。即便是终生未婚而又成长于育婴室的科学家,也不可能将自己的一切现实生活和学术生活绝对符号化了。

其四,科学主义的霸道,最终使其在对纯理性的符号化的理念信奉上,走到了反人类的极端化道路上去。人不再成其为人,只是与万物一样的一个符号化的存在者。就像有些人常常故作洒脱地说的一句话:"姓名不过就是一个符号而已。"他们不是不知道,姓名中包含了多少亲人的祝福、期盼和美好的生活的预期,他们也许不知道,姓名中又沉淀了多少民族优秀文化传统和民族之魂的生命力的倾注,而不仅仅是什么五行运数或星座体系。如是,科学主义排除了人性的存在与升华,要达到的目的就是用最简单的单义符号,走到对世界的最明确的最单义的标记。这有什么用,或者说对什么人有最大的功用。说穿了,只对意图统治一切的专制者可以有最方便的工具摆弄之用。但是,这绝对不是生活本身,更不是人本身的发现和实现。用分析哲学家的话来说,即使是有朝一日科学达到了这一目的,所得到的也只是一些真理体系,而绝不是我们对世界、对存在、对终极本体，对人本身的最终认识。科学主义的这种坚持逻辑理性第一的立场，还不如说是坚持所有存在都工具性符号化为第一要义要务的极端主义反人类的立场。同时，我们更应该看到，也极为必须地看到，科学主义单义符号化地标记存在与生活，不但干瘪了人类的存在与发展，使很多信奉者对现实世界持一种悲观主义的态度或悲凉的现世生活观。缘于此，分析哲学家们观照到，在对科学的"主义"性质的追求中，科学主义者们，对于人类不熟悉的物理世界认知的愈来愈多，而对于人类最熟悉的东西——自我与其认知历程——认识得越来越少，越来越差，从而使科学本身在日益广泛地干预人的生活内容的同时都日愈走上了与人类本身异化的道路，作为人类改善自己弱体能弱势能存在状况的工具——科学，却走在日渐成为统治人类身心的霸主。正是在认识到人类是一种处于早产儿状态中的"病态生物"性态的西方，虽然科学发明最明显也最进步的地方，人们开始觉醒，了解科学而不再迷信科学。而在东方，尤其是在中国，有着几千年人文精神伟大传统的民族国度，在近百年中，都逐步被科学主义的迷雾笼罩，甚至出现了"科学宗教裁判所"的第一纸判决：中医是非科学的，赶出国家体制。幸亏执政的领导人是学科学，尤其是用科学的高手，才制止了这场闹剧于序幕。否则，不知要闹出多大的笑话，不但说今日之世界，还会让子孙后代嘲笑几多，就像人们嘲笑当年的"指鹿为马"的事例那样。在"五四"运动时代以后，建立起的科学救国曾是一个梦；在今天，一切通过科学理性模式的倡导，又何尝不是一个梦。尤其是在今天，当人们已然认识到，创新才是立国为民之本始，以逻辑理性为唯一依凭，以符号真值标记为惟一形式的科学主义语境中，能实现这个目标吗？没有非逻辑理性的认知过程，只凭只能"说明—论证"的科学理性模式，能实现创新吗？

　　库恩对科学本身的分析，对于我们认识科学理性本身"合理性"是十分有效益的。科学主义的所谓"合理性"，只是在说明命题的逻辑关系运用的逻辑形式中的合理性。不但命题被推论为真理时，经过这一逻辑理性推理证明为合理的，而且科学本身也只有在运用逻辑理性论证过程中，采纳了在先已然存在的逻辑事实中的逻辑事项及其关联的必要条件时才是合理的。一旦出现了对这种两值逻辑演绎形式不再适用的条件和多维的系统共同存在共同发生作用时，现有的科学模式就会变得不合理了。而人类认知过程本身，恰恰并不是这种逻辑理性单一起作用的过程。当科学主义用这把逻辑理性的"合理性"尺子去强行衡量正觉中演绎逻辑以外的认知过程，科学理性就成为一种野蛮的霸道的不讲理；一旦再进一步以此为据来确立一种"宗教裁判所"式的话语霸主地位，科学主义就不但成了一种宗教，而且成了新形式的政教合一的专制权力。这绝对是人类所不能再容忍的了。正是科学主义支配逻辑理性发展到霸道的地步，才使科学坚持的人类理性会最终掉进"反理性"的泥潭中去。所以，库恩才认为：只有在从一组命题可以推论出另一组命题时，科学理性才成立。而在一组陈述性的基本命题产生，成立的过程中，科学理性模式代表的常规研究方式是派不上用场的，不应盲目地运用逻辑理性去论证其产生与存在是否"合理"，即合于当下的理论及其演绎的方法。而应追问其存在的源头，产生存在的源头是什么？是否可以在当下即是在经验中重复地体验到并直观地观察到，这一切认知行为的存在和发生作用的重要性和重要地位，绝不比演绎的科学说明地位低，相反，从发现和创造的意义上说，反而更为重要。所以，在库恩那里，作为一名科学家，最重要的不是他的逻辑推理和选择逻辑形式的能力，

而是他的一种"技能":作为科学家对体验到的存在实相中的逻辑
事项的拣选"技能"和进行经验现象归纳判断所发现的判断"技
能"。也就是对存在"事和"中的"理合"逻辑事实的整体把握的
"技能"。用禅学的话来说,就是观照和体验到直觉归一实相已然
生成的能力。这其实就是禅学一再要求的"定中生慧"的能力的
发现和运用。所以,库恩才认为,常规科学家是一个没有批判能力
的人,是具有顽固的教条主义特征的,因而具有一种野蛮思想方式
的人。因此,库恩认为,打破科学主义这种野蛮霸道统治的惟一途
径,就是重视和相信并且能够深入地研究直觉。他才会说:非理性
的直觉过程,同一切理性的胡扯、拒斥、诬蔑都没有关系。因为直
觉的认知过程根本与理性的推理过程是两回事,是完全不同的两
种过程,具有与逻辑理性演绎推理完全不同的认知性质。从"五
四"运动至今,我们还没有看到任何一位中国科学家或哲学家的
论述中,有过如此明确而又肯定的对非理性认知过程的确论。问
题出在哪儿? 出在信仰,出在对于科学本身的盲目信仰。所以,库
恩才一针见血地指出,真正具有创造力的科学家,必定是改变了唯
科学理性的信念,才接受了取代科学理性这一独断者统治地位的
"中立观察",即"止观双运"的禅观照立场,如是,才可能发生创新
的"恍然大悟"的顿悟历程。而这一切,在进行任何学派间的激烈
争论"场"中是不可能产生的。即使是在自家进行的"头脑风暴"
中,也不可能产生这种顿悟。

克里普克是对科学主义发生的极端化倾向的比较温和的批评
者。他认为,科学主义纯理念信奉的毛病,出在人们对于陈述和描
述语句的性质区分不清上面。他以为,有四种"可以说"的方式常
常在人们的认知中出现:事物的模态语句,事实的模态语句,描述
的模态语句和人工的模态语句。这几种模态语句,在人类的认知

过程中,是不同的认知阶段中所使用的不同的模态语句。也就是陈述性的模态语句,一般是在认识论中运用的模态语句。即当人们陈述一些先验存在的归一实相时所使用的模态语句。如人们陈述一件事物的存在,或进一步陈述围绕这一事物形式的整体事实存在的模态语句。这时使用的语言形式,是用来陈述对先验的存在实相本体的把握。这里既可以有经验性的现象陈述,更可以有悟性对体验到的归一实相逻辑事实整体的陈述。当认识进入了知识论阶段时,将存在本体引入到人类已有的知识体系内进行分类的归纳判断时,则开始使用描述的语句形态。只有当认识进入到演绎逻辑发生作用的阶段时,为了论证其可抽象的逻辑内涵时,才使用人工符号的模态语句。他认为,只有那些陈述的模态语句中才提供偶然显现的真理真值内容。由之在知识论中,被描述的模态语句确指为一种必然的真值存在,可以赋予逻辑理性予以分析、论证,如是,先验的综合知识,才转化为必然的真理。科学理性的作用就在这里,从偶然的陈述先验知识中,推论出必然性的东西。没有偶然的存在陈述,就没有必然的理性科学。而科学主义的问题,就出在这里:只承认人工符号化语句是真理句,而其他认知过程中使用的语句不是真语句,从而导致了对符号化观念的固执和信奉。在克里普克看来,导致这种心理行为,不是科学本身发展的必然。大部分科学理性的信奉者,都可以心平气和地看到,并承认,人类认知具有一种从非理性认知到理性认知的过程性历程。尤其是当他们看到,不同的模态语句中"言说"的"理合"内涵是同一存在实相的逻辑实相的逻辑刚性的真值时,就不再固执地要求斩断科学的非理性的生命源头了。尤其是,当科学主义者们真正体验到,科学本身对人本身的机体和人的认知能力所了解的是如此之少时,他们过激的心理就会转向平和的心态了。一句话,科学主义者只有从"念河"中爬上岸以后,才有可能真正去把握自家心性去认知世界。

4. 科学主义的自我否定的内在假象与内在规定性。

罗素是西方分析哲学家中,对科学主义信仰的权威性,最早作出冷静观照的人。

罗素正确地指出:科学建立的权威,是依据于理性崇拜的威信,追求的是一切通过理性的理智的裁决,而完全排除一切感性的东西的把握和裁决力量,甚至不把感性中把握到的知觉的东西作为裁决的依据。这种作为,固然使人摆脱了神秘主义统治下的宿命论和宗教理性统治下的神本位对人的主体地位的剥夺。但是,同时也将与知觉密切相关的,与情感连通一体的人文的各科理论和实践问题也排除在科学视域之外了。进一步说,由于科学理论是按照一种盖然性、或然率来得出的,就使科学理性所能掌握的东西,在整个世界存在和人类认知过程中,只是极小一部分,只是演绎大海中的若干小岛。当科学试图以这些已知的知识来把握无边无际的大海时,必然力不从心,何止捉襟见肘。如是,当科学主义日益从理论化走向技术化时,对人本身及宇宙必然会产生致命的异化行为。

一方面,人本身从宗教权力的束缚中解放出来,获得了空前的自由,个人主义和主观主义泛滥性地发展,导致了人与社会,人与人之间关系无政府化、失原则化地发展。而科学,尤其是技术的发展,却需要极强的组织性、体系性带来的整体性。如是,科学理性的信仰,就在价值观念上造成了人格的分裂。一方面,谁充分运用了人性自由来促动的理性自由,掌握了知识、技术、资源,谁就掌握了统治他人的权力,造成了个体间全方位的竞争。另一方面,所有的社会单位,都要求单元的个人,完全服从科学体制性的单位价值目标。所以,现代社会就出现了如此的怪现象:一方面社会要求规范化行为,个人服从社会秩序的外在压力,企业要求个人服从企业价值行为准则和价值目标,强调团队精神至上。另一方面,社会风气又极力推崇个人的自我意识觉醒和自我价值目的的培养与实现能力的多元化、技术化扩张。如是,个体间与企业间竞争的价值观,就成为支配每个人行为准则的价值观。当代社会极大部分知识理论,都试图协调二者进行有机结合,以促动事态向正态方向发展。但是,这种外在的整体的体制要求和内在的个体的自我膨胀能量,从根本上都是无法协调统一的。因为,这二者都立足于一种在逻辑理性推理上可以成立的理论基础上。缘于此,自由主义和保守主义的争论与斗争,就不仅仅表现在经济领域之内,更表现在社会生活的各个领域中。如是,民主和科学,表面上看,是促进现代社会发展的两大理论动力。但是,在逻辑理性推理中却是互相背离的。民主纯粹是个体间、利益集团间权力让渡和利益分割的结果,没有什么科学合理、原理可言。而科学本身的发展,却在促进和实现在知识和技术领域内的统治权力与统治地位,根本容不下什么权利的让渡和利益的分割。一句话,民主要求的是人的权利平等关系的实现,人获得利益有对等的公平的机会的实现机制。科学技术要求的却是占尽先机者具有的绝对专制的统治权力和统治地位。从而使科学本身的发展,日益与人格统一和社会和谐的要求异化性发展。

至于科学本身的发展,使人类日益方便地对自然要求无限膨胀的统治权。而自然也就相应地从不断日益扩大的范围内整体地惩罚人类。凡是人类科学技术发展扩大到的自然领域内,这种异化和抗衡机制也就随之在其范围内产生,从一个行业内的人与自然的对抗,到一个领域内的人与自然对抗,扩展到全球范围内的人与自然的对抗。当人类在太空范围内与自然发生激烈对抗时,终将导致地球引力场和运行轨道的改变,那时,毁灭的宿命将是不可逆转的。每当人类以对自然扩张、统治为目的而掌握了自然的某种秘密时,自然也就在同等范围、层次内用科学尚未掌握的秘密来惩罚人类,且不说科学片面化发展本身就给人类带来了灾难性的惩罚,绝不仅仅是在自然环境变化方面的,更在心理、精神、意志、灵魂和体能等各方面在惩罚着人类,尤其是在人类日益丧失终极关怀能力方面在惩罚着人类。失乐园的人类,也正在逐步地失去家园。如是,罗素认为,科学主义信仰,日益驱使一部分人成为竞争——斗争的狂人,过渡到使整个人类从先天不足早产儿状态走向病狂的状态,从种族优越论和种族灭绝论走向人类整体的斗争狂:与天奋斗,其乐无穷;与地奋斗,其乐无穷;与人奋斗,其乐无穷。如是,作为天地间惟一具有归一万物以成人间佛国乐土能力的人,反而成为生物本能获得空前发展,以致可以毁灭我们大家园:地球的一种极端的物种。在科学使人的生物能力得到极端膨胀性发展的条件下,使人获得对自己生物有限性解放科学理性,最终会完成人对自己存在的彻底异化。佛陀在世时,就已十分敏锐地看到,人类技能的无限制,无原则的发展,最终会毁灭了人类。所以,佛学和禅学都极为慎重地对待技术知识,并且一再强调不要张扬什么"神通"之用。

所有的科学理论都源于偶然的、天才的、幸运的某种假设。但是,这种假设是如何产生的,科学没能力解说,即使是最注重直观观察的天体物理学亦如是。大量的经验科学也一直处于被纯理论科学被压迫到有口难辩的地步。最典型的莫过于中医学的辩证施治的理论。另一方面,最尖端最前沿的纯理论科学,不但自身在不断生成着悖论,而且也在不断制造着难以证实和难以以地球现存条件实现的理论。如高能物理和量子力学发展到今天，已经发现，集中地球上所有的能量资源，也制造不出一个高能源来证实宇宙大爆炸理论中一个最基本粒子的产生过程。而科学理性的核心要求就是实验的证据，在这个最基本的检验要求面前，逻辑理性一筹莫展。由它推演出来的纯理论的公式指示的最简单、最完美的东西，却是人类现存所有的已知条件无法对之进行证实的东西，更不用说对之社会实践了。幸亏如此！科学理性就这样把自己逼上了绝路——何处可以逢生呢？大家不约而同地把眼光放到了暗物质上。可是，这不又是一个假设吗？能依靠现有的关于光物质的一切理论来"过渡"地"还原"出来吗？显然不能。如是，很多已被否认抛弃的非理性课题又呈现在理性之光照耀不到的存在中来了。所以，科学主义使人完成自身异化，根子就在于科学本身并没有解决自己的生命力来源，科学理性模式解决不了科学真理的终极依据问题，也就解决不了所有科学理论的最终存在性证明问题，只能在符合——理论体系内进行循环性论证，如是，科学也就只能依靠可以转化为技术——强制性控制的那一部分理论知识来维持自己的发展，即科学本身就是一种病态的产物，或者说，千百年来，科学一直处于带病运转状态中。一种病态发展的科学，当然会给人类带来上述双重的异化性作用。

科学主义的病态性发展是由科学本身的病态发展决定了的。也就是说，科学主义的专制性是由科学本身的内在规定性决定的。近代科学与哲学追求的是知识和技能，而不是存在的本真性。追求的是单个逻辑事项的把握，而不是对存在实相整体逻辑事实的把握。而存在整体的内在规定性，正如阿那克西曼德表达的，是和谐。在人类社会是大同的整体，在个人生活是圆满的人格实现。而这种整体性的理想社会的实现，在目前充满外在压力强制下是不可能实现的，它只能立足于人的内在的终极本体的发现和自觉的情理归一状态中实现，即在每个人都寻找到了自己心灵——人格性家园的基础上，实现一个大同的家园。而追求严格的科学知识的人生，是无法完成这一任务的。起码，仅能处理二值平面逻辑的科学，是没有内在能力处理这种多维的多元的逻辑事实整体的。

在对于科学主义的病态及病根上，即便是当代科学哲学家们的认识，也有着极大的差别。施太格缪勒的看法与罗素就有着天壤之别。罗素看出了科学主义的病根是以知识论取代了本体论，而施氏则坚持以知识论的立场来对待本体论，即将其客观化的立场。他说："在本体论问题上持某种立场，是否符合于保持现代科学的整个内容，而不致使它毁掉或部分地遭破坏。"也就是对于本体论的讨论，必须从科学理论现有的知识体系内作为客观对象去讨论，而不能从存在为世界本体的立场上去讨论。我们在这里看到的是一位走出了棺材的，但绝不是复活了的耶稣而是买履的郑人。他宁肯相信自己已然把握了的鞋码的知识，而不相信自己活生生地，驮着他走到集市上的那双"存在"之脚。这说明，他实在是不知道，本体论讨论的是科学产生的源头，科学理性发生作用的前提，而不是科学理性研究过程本身，此其一。其二，他看来并不清楚，存在本体中显现的个体逻辑事项固然可以用科学推论来说明，但是本体的存在的发现和证明，却绝不是由逻辑推理演绎出来的，而是一种自明性的存在和非逻辑理性的认知把握。只有跳出逻辑推理说明的理论座架以外，才能在另一种理性认知——悟性认知的范围内去把握和说明这个自明存在的先验本体。

施太格缪勒在研究康德和布伦塔诺的先验综合知识时，正确地指出了二者的差别。他认识到，正是布伦塔诺将巴门尼德关于存在的理论向前推进了一步：存在的真值与科学的真理是两回事。

真理是经过严格的科学推理而形成的,而存在的真值都是先验自明的。但是,他在如何"确信"自明性这一点上,却又掉进了演绎逻辑的循环论证中去:当有人认为某种东西是完全自明的时候,展现在他面前的不是单纯的确信吗? 由于他完全混淆了确信存在与相信真理是完全不同的两个认识过程的事,就使他将确信与自明性存在混同起来看。因为确信,是一种切身的悟性体验的表达,是自明性是存在本体的品性,"相信"才是一种逻辑理性的使然态度——使其然其所以然,是其所以是。所以,对于确信本身和对于存在本体一样,施太格谬勒都要求具有一种仅在演绎逻辑中才存在,才运用的理论标准。所以,施氏以没有一个客观化标准为由,从否认确信开始,而达之否认存在本体:"我们是否有一个能把单纯的主观确信与真的自明性区分开的标准。如果我们没有这样一个标准,我们实际上就绝不能依赖自明性。"在只信奉逻辑理性为惟一的人类智性运用方式时,他确实找不到区分自明性与确信的标准。如果跳出这种理性唯一立场来看,就会发现,人类有一种智性的认知行为,即悟性被启动后产生的顿悟认知行为,可以把握到存在本体的自明性并建立对其的体验确信。也可以说是,人,一旦有了顿悟体验,就意味着把握到了存在实相真值的自明性显示和确信的成立。进一步要区分的话就是:存在实相的自明性存在启动了顿悟,顿悟的体验促生了确信。这样说,就再"客观"不过了。因为在顿悟中,既没有主观的意愿、意志在起作用,也没有后添的名相、观念、理论体系在束缚人的天赋认知能力。同时,在这种认知过程中,认知行为是非演绎推理的,而是以鲜明的当下即是的把握行为样态出现的,因此,不存在什么理论化的标准问题。如果一定要提出一个标准,那么只能提示一个典型性的行为方式:是否产生了顿悟或者是"领悟"的体验,而不是"理解"的自觉性的认知。

即是否产生了一种自为性的认知行为。如是,我们顺着分析哲学的理路说:还有什么认知内涵比"于念而无念,于相而离相"更加"客观"的标准吗?

施太格缪勒为什么会犯这种幼稚的郑人买履式的错误呢?根子就在于他所坚持的是典型的"箸法相"的科学主义立场。也就是他所说的,对于本体论——存在论的研究,进一步说,对于存在本体的确认,必须以不能破坏论有的科学理性模式为前提。不论怎样解释,解决存在本体问题,都不能导致整个科学基础理论必须重新解释,甚至动摇解决真理问题的科学理性模式的王者地位。其实,"于法而无法",就像明心见性一样,只有"非心非佛",即不以心、佛为终极目标,也不以心、佛为存在客体时,才可明证到"空无之妙有"的自家心性。只有"于法而无法",不求诸法相,不诉诸法相地观照存在本体,才具有了达之"自性生万法"的认知基础。就禅学本身来说,在惠能那里,就从没有要求人们放弃一切名相、法则去进行因明的渐修探讨,只不过是要求人们不要先入为主地固执一些概念、法则去框套存在实相,而是在首先把握住了存在真值——报身实相的"理合"内涵,即逻辑事实以后,才可启动知识系统去论证、说明。当已知的知识体系不能说明已把握的存在事项时,就有可能创造出新的知识和法则。而且,当这种"盲区"出现时,需要开启"观照"方便法门,重新发现新的,更全面一些的,存在于末那识——潜意识域中的报身实相的逻辑事实整体中相关逻辑事项,从而真正打开发展科学理论的源泉。也正是在这一点上,施太格缪勒并不了解现象学的最伟大的认知贡献:重新发现了"还原"的"禅观照"方法。所以,他对胡塞尔的研究、论述,远不如他对维特根斯坦和雅斯贝斯的论述深度。如果像他那样,将一切"还原"都限制在理论概念的还原上,只能陷入循环论证,人类的认知永远不会有发展。郑人买履，不就是不懂得要将"尺码"还原到自己的"脚掌"存在上吗！由于他是一位深知一旦陷入循环论证，会对科学主义理性崇拜造成致命伤害的学者，他也不得以不循着他所未真正理解的现象学——先验哲学的经验去发问：还原是否真的有先天综合判断的问题。可是，作为科学主义者对于神秘主义的畏惧，他不知道如是追问下去，水有多深，使他在这道禅化的方便法门前面，止住了理性追问的脚步。他没有佛陀那种精进的大无畏精神：我不入地狱谁入地狱。

胡塞尔发端的现象学"还原"方法，得益于这种大无畏的科学精神。对于一名惯于在概念、命题中操作的人来说，要放弃一切理论工具：不要任何前提地走向哲学，是需要彻底超越自我的大无畏精神掌控的。胡塞尔由此而期望的是，在不受任何理论和逻辑理性摆布束缚的"无垢识"中，直接接通其老师布伦塔诺所说的"自明性"的东西。他以为，以人的天赋理性能力打开神秘主义之门的最根本的方法，就是"先验还原"。这个先验还原时是在"悬置"一切理论，并不是扬弃一切理论，从而在"中止"一切为理论左右的"判断"以后，直指向顿悟中体验到的那个非我非他，非此非彼地把握到的那种对存在实相真值的体验。正缘于此，胡塞尔才观照到：自明性并不是与其他感官的感觉并列的一种成见，而是判断者当下即是地把握到他所判断的真值启动的体验内涵。这里，体验不是对象，真值内涵也不是客体，而是一种以体验方式展示出的存在实相的"理合"内涵，也可以套用康德的话来说，就是在先验综合判断中把握到的先验知识。只不过在这里，将这种对存在真值的体验性把握表述为一种对自明性的先验综合判断。被体验到的东西，就是存在的东西。这种存在实相本体具有自明性，因此，只要是存在，就是真的存在，不可能有假的存在。所以，自明性的显示本身就在展示存在本体的真值性实相。正是因为这种存在真值可以被现象学的"还原"性地观照到,才会产生出基本陈述命题和科学命题——科学假设。因此,胡塞尔断定:我们的理性认识,在任何时候,也不可能使我们的认识对象与我们的认识能力产生矛盾。之所以会发生理论性的悖论,只能说我们把自己束缚在理论座架束缚中"箸了名相",没有将我们的自家心性置于禅观照中去"还原"性地发现科学发生的认知源头,并没能重新去"发现"这一科学命题。进一步说,当我们将悖论归之于"悖理"的非理性认知行为时,产生了我们对于我们认知行为的理性与非理性的对立,并非是我们的认识对象引起了我们认知能力的矛盾,而只能说,是我们将自己压迫进科学理性模式的"捕蝇瓶"中,无法"还原"性地观照到启动科学理性模式的非理性认知途径了。可以说,胡塞尔在现象学研究中立此论断,为解决科学主义的病态,找到了一支现象学的"还原"解毒剂。虽然胡塞尔最终没有指出产生这种解毒剂药方的学问:禅学。

科学本身的发展,并非对自体的病态一无所知。而是有所作为的。并且这种作为,正是在对科学主义的逻辑理性崇拜的揭蔽中产生的。这种揭蔽行为,首先是在运用现象学还原方法中得以产生。最典型的事例就是对两值逻辑的片面性的揭示而产生多值逻辑认知——远远超出了演绎逻辑的论证范围,将逻辑推理项推进到对陈述命题内含的所有可能的维度上,以系统论和系统逻辑的方式去把握逻辑刚性中的多维性上去——中发生的,基于对基本陈述句命题的"本质还原",发现所有先验综合知识构成的基本陈述句中,所包含的逻辑维度,不仅只有"真、假"两个解,而是有非真亦非假的其他维度的逻辑涵项存在。在这种多维存在"理合"内涵的条件下,在逻辑形式上,就不可能仅以二值逻辑形式给予把握,而应采取发散的多维逻辑形式,才能在逻辑函项上正确描述陈述句展示的"理合"内涵,从而对存在事项的真值内容的判断、拣选、认知,具有了广阔的前景和打破在二值逻辑中形成的悖论的可能。这即使逻辑理性的运用范围得到了拓展,更使在二值逻辑演绎中,由于造成悖论推理而被否定的存在事项,得以在更高层次的维度上,表现为不悖理而合理地被认知。这时,人们对逻辑形式本身的理解、把握、运用,已超出了科学理性运用的目的和范围。逻辑形式的运用,已不再仅仅是为了论证和说明真理,而是以非演绎的方式,在逻辑形式上系统化地把握陈述性命题中展示的多维逻辑函项及其真值的内在关联。如是,逻辑理性就从科学推理演绎的平面因果律的束缚中走出来,而走向了系统多元化的非因果决定论的本体论存在论证的方向上去。这是一种对逻辑理性的"合理"运用的实质性变革,使逻辑理性真正展示出了自己的开放性品性,而不是据于封闭的二值演绎之中。也就是说,逻辑理性此时,立足于演绎推理范围之内,在演绎把握真值不足、不到位的情况下,将对逻辑函项的理性捕捉、延伸到非纯观念命题范围内去,不再仅仅等待悟性和知性呈递特殊命题,而是自行去追寻、完善不完善的、单函项的单值命题,使之成为多函项的多值命题,从而发现更加接近存在本体的真理体系。如量子力学中的测不准定理,就是在多值逻辑思维中,以把握非真非假的不确定性为演绎目标而产生的。又如"波粒二象性"和"弦"理论,也是在跳出二值演绎推理范围,才作出了物质的"能"存在性态和"能"式的运动状态说明,在这个理论中,说明真理的主要方式已然不是在精准的"能"的"量"上去打转转,而是在论证和说明"能"的存在性态和存在运动形态上去立论,使科学真理走出了只说明精确值而不讨论存在本体的封闭性系统,即从说明真值真理走向说明存在真知。

经验主义者奎因,在他对"逻辑为真"命题的还原观照中,进一步发现,逻辑形式和逻辑推理并不是求真的惟一途径,也不就是真理本身。

首先,人们一般谈论"逻辑是真"的实质内在理论是:"逻辑形式的真"。也就是说,在逻辑推理中,作为惟一的真理性存在的东西,绝对不可变的东西,不是逻辑推理所处理的逻辑事项内容,而是逻辑推理所使用的符号本身。奎因据此明确指出:这种以逻辑符号——逻辑形式为真的逻辑理性崇拜依据,仅仅基于逻辑符号本身对于逻辑形式具有意义。在这种立义上,没有逻辑事项内容可以为逻辑符号表达和展示其真值关系时,逻辑符号是空的。在空壳式的逻辑符号之间虽然可以进行纯逻辑演绎,但却无真理意义,因为除去逻辑学本身以外,任何科学命题都是以有内容的逻辑事项的明确规定性和关联性为内涵的,并且,这些存在性的真值在直觉中和观察中是等效存在的,只有此时,逻辑真命题才成立而不是逻辑形式才成立。所以,逻辑形式在存在意义上是不重要的,只有在有真值命题可以为逻辑推理所操作时,逻辑形式才变得重要起来。因此,逻辑形式只是一种认知性的理性化工具,而不是真理本身,更不是评判存在真值是否为真的标准。进一步说,逻辑形式本身并不指示着人的理性能力的惟一之用,甚至不能被认为是人的理性能力的根本之用。相反,将逻辑为真确指为是指逻辑形式,甚至是逻辑符号为真,可以用此符号一义性地标示出终极真理,是一种"得指忘月"式的教条主义,更像是"一叶障目"而不见泰山的那位仁兄,不但不觉悟自己的幼稚,反而直指一叶即为泰山。科学主义的病态的根本病理,就在于将工具理性的逻辑形式和符号语言错认为是唯一的科学的真理,从而将逻辑推理方法确认为是唯一正确的科学方法而唯一有效的推理存在是否为真的标准形式:

凡是不能为人工语言符号表述、说明、论证的东西即不是真理。那么，再简单不过地问一句：波、粒、弦，这些概念，都不是逻辑符号，却具有典型的存在性态的形象特征，也就是说都具有充分的日常语言特征，为什么可以成为科学真理的真值描述语言呢？

奎因在他的经验实证哲学研究中清楚地指出：一个有效的真命题，即将其作为可以推论演绎出其他命题的公理性命题，它的有选择性的成立，固然是在陈述句中出现的，但是，并不等于是陈述句的语句模态本身造就了其命题的真值内涵，而是在陈述句陈述之前，在规范的陈述模态语句使用之前，它就已然在体验——显现——观察中作为存在实相而存在为真了。陈述句只不过是运用了陈述句的非分析、非归纳、非判断的语句模态，将其存在的自明性言说出来而已。也就是说，对于任何一个逻辑为真的基本命题，必然首先具有了一个本体性的前件已然前提性地存在了。即真命题内涵的合理内容已然作为一种逻辑事项出现在逻辑理性可以操作的逻辑事实的约束变项之内，并且是作为可以由符号来表述的可约束性的真值方式出现了。所以，奎因才会说：我们并不要求对科学的这种理解比科学本身更优越。道理就在这里：陈述句模态语句之所以能够产生，就在于产生了要求陈述的逻辑事实；同理，逻辑形式和逻辑符号之所以能够产生，就在于在陈述句中显示的合理性内涵所具有的真值和逻辑事项所具有的单元真值，可以符号化地给予一义的展示和确指。即存在该项本体决定了陈述句语态和逻辑形式的发生，而不是后者决定了前者。一旦存在的"事和"的多维逻辑事实展示的多维真值，超出了现有的逻辑形式和逻辑符号的规约，人们就会创造出符合多维逻辑事实和逻辑事项的多值逻辑和逻辑符号来满足对合理真值内涵的论证要求。人们从中也可以看到，为什么科学主义能够容忍，甚至鼓励逻辑形式的多元化发展,却不能容忍人类理性功用的多元化展示,即对于理性作用的认定,只能在逻辑理性的名义下作出,而不允许对理性的作用作出非逻辑的"非理性"认定。我也只是为了迁就这种思维习惯,才将悟性之用作了一种理性化的陈述,即将悟性作用称为不同于逻辑理性的认知理性。把话说回来,纵观奎因的经验实证哲学,他认为,逻辑是真,是肯定作为逻辑事实的存在实相整体内涵的逻辑刚性,并且可以用一定的逻辑形式表达出来的存在实相真值,而不是指逻辑形式或逻辑符号本身就是绝对真理。逻辑形式是展示存在本体"理合"内涵的形式化工具,逻辑符号是标示逻辑事项展示的存在真值的载体工具,它们本身不就是逻辑刚性,也不就是存在真值。一旦科学主义理性崇拜剥离了存在实相的真值内涵,而片面地确认逻辑形式及符号为终极之真时,就陷入了对逻辑理性的盲目崇拜。这本身对于科学理性来说是反动的。因为没有了连续统一体展示的存在实相本体"事和"的逻辑事实的自组织真值内容,一切逻辑形式、逻辑符号、逻辑公式,都无真假可言,也无所谓确定性和不确定性可把握,更失去了科学研究的功效可以检验、可以判断。它只能是作为工具性学科的逻辑学范围内有意义,但只是作为演绎形式上的意义,而不是作为真理的意义。进一步说,科学真理知识,只是一种人类的认知工具,而逻辑学本身,更是科学论证、说明知识的工具。这种工具的工具地位,决定了逻辑学本身,不具有真理性,只具有工具形式性意义。奎因"分析"哲学的功绩正在于此,显示出了逻辑理性把握的是逻辑事实的存在真值"理合"内涵,而不是逻辑形式的符号化存在。

经验主义者奎因对于科学主义的逻辑是真命题的观照,扬弃了科学主义纯理论化的执箸,为理性之用在分析哲学领域中打开了"还原——经验——实相"的追问之门。揭示了,逻辑理性之用。只是人类认知整个历程中,在一个认知阶段上的智性之用的存在性态。因此,逻辑理性无权,也没有能力拒斥悟性和知性在人类认知的其他阶段上的存在性态和功用实绩。这也是奎因致力于在分析中向整体论——本体论过渡时产生的一种认知结果。而这种认知行为,恰恰是立足于一个为其他分析哲学家嘲笑的阿基米德点上:"所有那些认为可以从世界本身之外的某个阿基米德点上来观察的人。"科学主义者们认为,这种在观念和现存世界之外的"性空"之点,是不存在的。但是,我们从科学的逻辑理性推理过程也必须处在"无我相,无他相,无众生相"的"自性空"中进行来说,这一立论恰恰是正确的,可惜他们不是这样来认识的,而是认为,在科学逻辑理性把握的逻辑空形式以外,这种"性空"地位是不存在的。达到了"于相而离相"的纯思维地步以后,科学主义者反而箸了"法相",没有达到"于念而无念"的正觉地位,成了神秀一类的"死相",无怪乎连字也不会写的惠能可以嘲笑他们是"卧轮",有其形而无其用。他们只承认逻辑形式之"空",可以容纳各科逻辑事实之真值,完全不懂,只有在"自性空"中,逻辑理性才可能在"离相无念"的条件下,抽象出逻辑形式和逻辑符号及建构逻辑公式。并且,当且仅当进一步在"自性空"中悬置了二值演绎逻辑的一切内涵以后,才可能了无所碍地发展出其他逻辑形式和逻辑符号,科学主义者对奎因的嘲笑,正好指出了"无垢识"是一切科学实现的阿基米德点;也歪打正着地指出了"自性空"的存在和运用,才使奎因在对逻辑是真命题的"还原"性观照中,使张扬自己美丽羽毛的科学主义孔雀,露出了丑陋的屁股。

科学主义逻辑理性的崇拜的最后一张牌:科学对于理性的逻辑化运用,可以使科学本身自为地获得发展。因此,科学本身具有内在的自足的发展动力这张王牌,在斯尼德的结构主义分析和库恩的理论动力学说前，也彻底地输掉了。

在现代科学理论中，对于科学理论概念的特征描述为：科学理论概念，不可以用经验主义的观察语言对之进行表述，即不可还原为可观察的事物的语言，才可称为科学的理论概念。那么，这些概念是如何被证明、说明和使用的呢？科学的答复是，以一定的测定的量为准理论概念的准确内涵和检验手段。简单的表述就是：检验和运用一个理论概念的有效性的惟一方法，就是以该理论概念是否具有可测定的准确的量的标准，而要运用和检验一个有效的理论概念，是以该理论概念具有可测定的量为前提。如是，科学理论概念论证为真的证明过程，就完全陷入了一种量的循环测定论证过程。这不仅在实践上是行不通的，并且在逻辑推理中也是不允许的。哪怕是从一个公理概念的量规定来测定检验一个由之推论出来的定理的量规定，来说明公理正确因而定理正确的论证，也是行不通的。因为固然同一律实现了，但因果律和排中律不见了，只剩下了非质性的量的存在与循环论证了。一旦失去了基本的逻辑关联关系以后，逻辑推理当然也就不成立了，斯尼德认为：之所以科学主义的理论概念标准会造成这种最抽象的量的循环论证，是因其没有把握到，任何理论概念本身，不止有量的内涵，更具有一种不必，也不可以以逻辑量符号来表达的内涵。即逻辑演绎论证的命题真值，不仅有其"值"的量的规定性，更具有"真"的非量的事态结构——存在结构——存在系统：连续统一体规定性，此即可以直接运用到存在实相上的"谓词项"。即使这个谓词项再抽象，也是指存在实相的"理合"的"事和"性态的非量化值的谓词。在这种理论概念的结构内，核心内容就是这种既包含了可以为理论量测定值的谓词项，又可直接还原存在实相的逻辑事项的谓词项。只有在这种可还原为可观察的事项的条件下，该理论概念不但可以在实践上具有可还原性的有效性,而且可以跳出循环论证,因为它是可以为可测定的理论量论证、说明的,而它本身为真的存在性质又是可以还原为存在实相证明的。如是,所测定的理论量就只是表达这一存在实相的理论量,而不必再被同一个理论量标准或观念来论证其为真了。如是,科学主义理论概念的作用和论证,就还原到科学应有的地位和作用上来了;科学推理只是为了以精确的公式来说明存在实相的"理合"内涵,并以之作为再现、重构或创构一个存在实相本体的,具有普遍有效的工具。在这里,科学本身的存在与发展,就不再是以自身的逻辑理性为依据,而是以存在实相的产生和说明为依据。而这一切最终都可以还原到以人的内在终极本体智性慧根:自性空为依据。如是,我们可以看出,现象学"还原"式的禅法再发现,对于科学本身来说,是多么重要的方便法门。

科学主义面对现象学和经验实证主义的批评,提出了理论对于经验检验具有免疫力的论点:科学可以在理论预设的网络系统内,不断自行进行①补充、②修订、③改造,使之符合于理论本身的网络体系性和完整性,从而形成对于经验检验的免疫力。并且,科学主义认为,这一切都是可以在理论推理中达到和实现的。科学主义者举了一个极端的例子:对于天王星轨道的计算推理,虽然在一开始测算时,与实际观测结果不符。但是,这并不是理论推理与计算有错误,而是存在着一个当时人们尚未知的海王星的引力场。当人们根据实际观测到的数据计算出,存在着另一个行星引力场时,据此进行再测算,就不但发现了海王星的存在,而且证明了所有观测和预测的计算数据与推论是正确的。其实,举这个例子的科学哲学家自己没有觉察到,他在对此例的整个陈述中,就已然进入了经验实证主义的"还原"性的观照行为,即非理性推理行为中。即如果没有在实际的观测中发现原有的对天王星有关数据不符合实际存在事态实相，那么，就不会有后来的对理论数据的修订和新的理论内容的假设加入进来。正是将这种量化的推理行为还原到这种非推理的观测行为中去，即在对存在实相的还原性观照中，重新对存在实相中的逻辑事项进行拣选后，才产生了新的推理计算和理论假设。抽象地说，不将科学的逻辑推理行为还原到对存在实相的整体逻辑事实的观照中去，科学的逻辑推理什么也证明不了。并且，我们必须注意到，在科学主义的上述论述中，潜在地，悄悄拉进来一个好像是纯理论化地预设的理论的网络体系。其实，这也根本不是什么纯理论推理的结果，而是在科学研究中，对于不断被"还原"出现的，存在实相的逻辑事实整体的"理合"内涵的逻辑刚性，展示的多维逻辑事项、函项的存在性的理性化描述。理论体系的网络整体化的产生，从来都不是由纯逻辑理性推理演绎出来的，而只是逻辑理性以逻辑方式对存在实相"常有欲以观其徼"的描述结果。从最早的人类对于存在实相本体的系统关系的网络化描述的《周易》开始，到上个世纪前七十年代中发展起来的控制论和系统论的理论系统化体系化理论，无一不是在对存在实相逻辑事实整体的逐渐把握中生成的。如是，离开了这种存在实相本体，科学理性不可能凭空推理出任何真理，也不可能获得补充、假设、改造理论体系的存在本体原初实相。即使他们将这种所谓预设的理论体系化网络称为一种观念性存在的"快照"，它也绝不是无源之水，无本之本。因为进行这种"快照"行为本身，就已不是逻辑推理行为，而是一种非逻辑推理的当下即是的认知、体验或直觉归一物我的把握存在本体整体实相的行为。科学主义者们就是这样"日常地"，不自觉地，自为式地运用着非理性的认知行为来反驳他们拒斥的非理性的认知行为。如是，说到底，科学主义者们反复讨论科学理论与概念免疫力时,所依仗的最终依据和力量来源,早已不是科学推理的逻辑理性,依仗的是非逻辑理性的悟性和知性认知能力。问题出在哪儿? 就出在科学主义者们人为地把人的认知历程分割开来,并且只承认纯理论的发展才是科学的发展,而只有科学的发展才标志着人类的进步。如是,人类的悟性和知性中取得的促进人类发展、进步的一切成就,就可以被斥责为非理性的、非科学的,处于科学的统治之下,而科学却可以时时地从那些非理性的成就中任意夺取他们所需的"经验"、"事实",来充实自己的武库。在这一点上,科学主义者的社会存在性态与被科学技术武装起来的殖民主义者,何其相似也。

库恩的理论创新论,进一步廓清了科学主义这种持逻辑理性称霸的诡辩论的本来面目。

其一,科学主义者认为,逻辑理性是科学自身发展的惟一内在依据。其实不然。逻辑理性只是将命题与命题相联系起来。说穿了,就是演绎逻辑形式,将逻辑事项的逻辑关系描述出来,说明该逻辑事项的"理合"真值。仅此而已,并非能说明一切存在本体的把握。

其二,科学主义者认为,逻辑理性的存在基础是自明的,惟一无可置疑的,并以数学理论就是一种纯命题体系为例。其实,逻辑理性存在的基础,包括数学体系存在的基础,都不是自明的观念性存在,而是一种作为存在整体的实相——逻辑事实的存在。只有在这个存在实相被把握为一种自明的逻辑事实整体时,命题体系才可能产生和被证明。即仅当逻辑事实整体存在时,逻辑形式才可能为人的理性所把握和运用。试想,没有逻辑事实整体自明地呈现出其内涵的逻辑事项的多元性和逻辑关系的多维性构成的逻辑刚性,从何抽象出逻辑形式呢? 还是以《周易》为例。如果中国先民们没有产生天、地、人合一的存在实相整体的逻辑事实把握和体验，哪里会有《周易》的一系列演绎形式和推理符号呢？又哪来的《周易》的系统观念、辩证观念和创化观念呢？中国先哲们在这一点上，比当代的科学主义者们看的清楚的多："形而下之谓器，形而上之谓道"，器也好，道也罢，源头都在这个"形而在"的存在本体实相。区别仅在于"形而上"可以"观其妙"，"形而下"可以"观其徼"，但都建基于这个"止观双运"的"观照"存在实相本体的方便法门之中。还是那句老话：实事求是。没有实事存在，求不了是，也证不了非，只是无是无非，何来逻辑证是证非。因此，科学逻辑理性只是把握逻辑事实存在本体中逻辑刚性的一种工具，并不就是存在本体的终极依据。也不是真理得以产生的终极依据。

其三，科学主义者认为，常规科学家们所把握的科学理论的核心结构没有变化，只是科学理论在"自身"的自足性发展中，实现了对其的补充，修改和应用范围的拓展。我们且不说"量子理论"对"原子论"关于物质实体性说明的理论，已然彻底改变了物理物质学说的"核心理论"。我们仅就依照其所说的补充、修改、扩展理路来一一揭蔽。

（1）核心理论为什么要扩展，要补充。就是因其没有把握到多维的逻辑事实整体，所以其理论的核心性才是相对的，效力是有限的。这也正好说明逻辑理性不是把握绝对真理的惟一途径，也就产生了不可置疑的自明性。

（2）核心理论怎样补充或修订。就是要从非逻辑推理的经验证实观察和顿悟式的"快照"中重新摄取存在实相吗？这种观察和顿悟行为，还是精确的，不可置疑的数学命题体系中的推理行为吗？或者说，纯粹的逻辑——数学推理行为能满足这种要求吗？

（3）核心理论的补充、改造，绝不可能在二值逻辑中的推理过程中完成。因为重新补充、扩展逻辑函项事项,在二值逻辑推理领域内是不存在的。二值逻辑之所以能够进行"真、假"的推理论证,就在于它只讨论一个单纯的单独的逻辑函项事项。如果再加入一个另外的逻辑事项,二值逻辑就无法推论了。二值逻辑至多只能在推理中展示出理论的缺陷,不足甚至是悖论,从而显示出仅在讨论该逻辑事项时,尚有"不确定"的逻辑函项或事项未被把握,但在起作用。因而将人们的认知目光从逻辑推理的领域引导到非推理的认知领域中去,而不可能自行以逻辑推理的方式来解决这些悖论或存在问题。否则,就不应该产生悖论或假命题和不可解的无解猜想。

(4)对逻辑事实存在本体的网络化把握行为中,逻辑形式本身在不断变化,并且逻辑形式的作用也在随着发生变化,而且,这些变化并非是由逻辑理性的核心作用:演绎推理的有效性作出的有效推理导致的变化,而恰恰是在演绎推理失效时才导致的变化。也就是理性在适应着"特殊定律——补充内容"所指的"第三值——不确定性逻辑函项"出现时产生的变化。这时,就不仅是由矛盾律、因果律、同一律、排中律等逻辑法则支配的二值逻辑在起作用,而是由更多的逻辑形式在逻辑刚性中呈现出来,并起作用。仅以二值逻辑和三值逻辑来说,不仅逻辑形式不同了,所起的作用也不同了。二值逻辑所起的是论证性说明作用,而三值逻辑所起的是认知存在整体多维逻辑事项、函项的系统关系提示作用。一个是在说明真值的真理性,一个是在指明真值的多维性,在这种逻辑形式格局中,还能说只有逻辑理性推理作用是唯一不可置疑的科学性吗?分析哲学用多值逻辑内在地包含二值逻辑的立论来诡辩,只能说明科学主义者有意识地在混淆视听,破坏人们可以更清醒地觉悟到理性作用的可能性,这只能有害于科学本身的发展。

科学主义的诡辩术最终还是走向了反理性的道路上去。

　　我之所以要在这里谈科学主义问题，就在于"五四"以来产生的思想解放传统中，逐渐形成了非常不科学的科学主义信仰倾向，并且日益严重地毒害着发展中的中国。

　　其一，科学主义的理性崇拜，使人生的存在价值、人生的存在目标意义极为模糊起来，导致人性的迷失和对"家园"关注力的消退。仿佛只要生活在科学理性中，一切问题都解决了，或一切问题都自行消逝了。一时间，科学生活成了时尚。什么是科学生活？是一切都经过科学推理吗？一切都经过精确的量化的理论指导和检验吗？这可能吗？

　　其二，科学与哲学知识的进步，产生了大量的科学假设，并在这种假设的推论中，形成了科学理论和科学预测。当某种科学假设一旦为逻辑理性论证为科学的真理，而且是从未被经验观察和社会实践检验的真理时，就被硬性设立为一种科学生活的"理想"，付诸指导社会生活实践，结果如何呢？不谈社会问题，仅谈"人定胜天"，饿死了多少人?！因为在科学主义信仰控制下，就没有人出来说一句：这些"理想"即是一种假设，而且是在地球上难以检验的假设。这些假设唯一可能造成的后果，就是人的生物本能的极度扩张，会从各方面毁了人性本真。

　　其三，科学主义的逻辑理性崇拜过渡追求语言的人工化、公式化、程式化、概念化，不但导致了张中行先生所批评的文风"不像话"，而且导致了正常的人文理论的无法生存与发展，致使无法精确化、数学化的人文领域内的思想、情感混乱、变态、异化和恶化。社会达尔文主义、拜金主义、纵欲主义、过程就是一切的享乐主义等颓废之风日炽，在毒化着国人的灵魂的同时，焚毁着本来可以实现和谐的人格化社会的人性本体。甚至还有人津津乐道：科学使人性的伪装被彻底撕毁。

其四,当科学的进步解开的谜愈来愈多时,反而引发了更多的人类体验并经验到的谜。而人的慧根悟性又为极端化的科学主义打压时,人们就只能退回到神秘主义的原始崇拜和巫术迷信导致的盲动中去。这时,一方面是教育和教化极度的教条化,另一方面是人们的社会心理更加不科学化和社会行为更加不确定化,试看当今之世界,在有文字的记载历史中,有哪一个时代邪教如此盛行,恐怖主义如此猖獗。只当人们认清了在知识爆炸的今天,科学主义理性崇拜可以对人类造成和欧洲中世纪政教合一时代,宗教理性崇拜下对人性的摧残、压制和打击的同样严重的后果时,人们才会真正清醒地认清什么是科学,什么是科学真正的精神力量,科学对于人类的真实价值和意义。一句话,对科学主义理性崇拜的清理和终结的时代,应该到来了。起码在中国,当识此急务。

中国先哲认为,人与世界的存在性态,不是统治与被统治的专制关系,而是天人合一的和谐共在关系。

中华传统文化中天人合一的人文之化观念,是一种"形而上之谓道"的存在信仰,而不是一种简而约的真理信仰。这种形而上的人文信仰,由于长期以来处于一种缺乏可以使人人付诸实践操作的可行的方式方法,逐渐蜕变为一种只可言说的理念信仰。中唐时期,经过长时间的儒、释、道融合,生成了禅学,使这一理念信仰又恢复为存在信仰。祖师禅的出现,使天人合一,从理论上可以说明到实践中可以操作贯通为一体的一种生活方式。从禅学义理上说,天人合一,就是产生报身实相的过程和结果,也就是万物之佛性与人之自性归一的过程和结果,使人的终极内在本体与宇宙的终极本体归一,达之天人合一。而在实践中,遵循"离相无念"的"定中生慧"的行为原则,以求走到悟性自为启动的"顿悟"

体验,并在"参公案"的观照中,不断当下即是地体验大德先贤的
人生获正觉的心路历程,从而在不断累积的这种同一的情与理归
一的圆觉体验过程中,自行体验到一种人格圆满的境界生活内涵
和生活方式,因而从中把握到人生历世的意义和存在价值,也就实
现了人的终极本体的存在意义:把握人生的人格化生存和生活方
式。在这种"净土"式的境界化人性生活方式中,就可以自觉地运
用"止观双运"的禅观照方法,在两个方向上去追寻和实现人生价
值:"明心见性"和"自性生万法"。也就是说,在"止观双运"的禅
观照中,人,既可以寻找到自己心灵家园,也可以把握到发展科学
知识与技术的基本能力"无垢识"。当心与物不再局限于外在的
对立,分割状态而内在地融为一体时,理性和悟性即可在正觉中相
得益彰地使人可以"观妙"之道和"观徼"之法。此时,人还有什么
理由不去"无为而无不为"呢? 还有什么必要不践行"为而不争"
的天之大道呢? 尤其是在政教合一的封建专制时代一去不复返的
二十一世纪,我实在看不出来,人们有什么理由不去重新实践禅学
指引的慈航心路,因之,我才认为,重彰中华禅学,是对科学主义信
仰的一条有效解毒途径,也是对东方文化的生命力解蔽,更是东方
文化传统对人类而言存在价值和现实存在意义的体现。佛说方便
法门,惟其对所有人均可行同一方便时,即可以由之而实现众生平
等时,才是真方便。我对于西方哲学和科学的禅话,目的就是重新
开启中华禅学这一方便法门。"但开风气不为先",这是一句中国
古语,是我行此方便的写照。"不为先",乃是因为《老子》到《坛
经》,已有祖先先行开启方便法门了。而我,只是希望自己在有生
之年,能重振此种开方便法门之风气而已。作为一名二十世纪的
"未亡人"和走向二十一世纪的"向着死亡而生存的人",此责任自
认为是本分,不敢懈怠。不过又说回来,还是那句已说过的大话:

是耶,非耶,均当止于此而已。

三、科学精神

科学主义的逻辑理性崇拜,并不代表,也不能说明科学本身的内在精神实质。科学,有着自身合乎人性要求的真值内涵,更有着合乎人内在终极依据人格品性的精神本质。只当,也仅当我们真正认识并把握住这种科学精神时,我们才真懂得什么是科学,也才真正会运用科学,并且能够为科学合乎人性的发展,合乎天人合一要求的运用,尽作为一个人的所能。禅学的宗旨:庄严国土,利乐有情,便是对此大义的陈述。

较早从科学本身去把握科学精神的仍然是罗素。他讨论科学态度时认为:科学信仰的是真理,但是,并不因此就说明科学信仰的东西就是惟一正确的人生观。而恰恰相反,真正的科学精神指向,科学以什么理由来信仰真理,即以什么态度来对待真理,才说明科学本身是正确的,科学信仰的真理是真理。为此,罗素列举了两条理由:

其一,科学对待真理,或者一个理论概念,或者一个理论假设,不是根据权威性的意志,或者权威性的理论。即使是亘古以来人们相信是对的东西,也可能是错的。同时,科学也不相信仅凭感官把握到的直观的东西是真理,因为幻相和幻想,都不是真实存在的本体,更不是存在本体的必然"理合"内涵,既不是科学真理的必然表达。因此,科学对于观念世界的东西的把握,不应建立在对任何权威的信任和过于简单现象的把握上,而是建立在绝对性存在实相逻辑事实证据的把握上,即建立在对存在本体的把握上。这无疑体现了禅学方法的科学化掌握:在"离相而无念"的"一切不住"的观照中，才可能把握到报身存在实相，从而从中把握到"万法"真理，并回归到存在本体中去验证真理，以此来充实人性化的人格生活方式。

其二，科学本身因有此种"一切不住"的基本立场，就生成了一种大无畏的精神，一种彻底的开放的精神。即不仅直面人生的一切现实和困难，而且更勇于排除一切现有的理论化和感性化的"念识"的束缚，把握存在实相，把握非理性的"事和"，从而提取出真值命题，作出理性的论题假设，以便在"无念"的"无垢心性"中对其进行逻辑推理的论证。

这两条科学态度的总结，也正是对禅学"自性能生万法"基本精神的诠释。也可以说是对《老子》的基本"发现"思想的科学哲学的诠释：第一条理由强调了"常无欲以观其妙"，第二条理由诠释了"常有欲以观其徼"，二者合一，形成对人的认知历程的整体陈述，便能完成"无为而无不为"的科学发现。

从我们对罗素讨论的科学精神内涵的把握和向《老子》与《坛经》的还原中，我们看到，祖师禅法，实质上在说明科学精神的实质：在"一切不住"中，使"自性生万法"。这也正是《金刚经》的核心思想的体现："于不住中生其心"，即在"自性空"的立场中，才能具有"一切不住"的大无畏的科学开放精神品质，从而洞观实事，把握"万法"——真理。如是，真正的科学精神，本质上不是信仰真理，而是把握和持有、运用"正觉之正定"的禅三昧。

对于科学精神的这种"一切不住"的基本品性的认定，导引出了科学精神的一种基本的实践性态势，即罗素所说的：科学本身是"开放性"的。这种基本品性和态势，容易引导出相对主义并产生虚无主义：一切真理都是相对性正确和有条件性有效的。这对于追寻真理的人来说，是致命的，对于追寻终极家园的人来说是危险的。因为,绝对的东西不存在了,绝对的真理不存在了,人,何以从之。其实不然。科学的"开放性"和禅学要求的"一切不住",针对的是科学所说明的具体真理"万法"的合理性和有效性的条件及由此导致的其正确性的相对性。但恰恰是这种相对性,才使科学本身具有了开放性,正是在这种开放的态势中,不固执现有理论的绝对性,科学理论才有发展的可能,科学本身才会处于进步的状态中。这恰恰是科学本身的生命力所在和活力源泉。此其一。其二,相对性的真理性态,正是真理本身的内在规定性,说明任何真理都不可以滥用。否则,得其"放之四海而皆准"的一法是足矣,何来万法。正是真理的这种相对性,才引导人们在不同的逻辑事项中去把握到不同的真理法则,在不同的存在"江月"式的逻辑事实整体中,去把握不同的逻辑刚性及其运行规律,而不是故步自封地以一种真理横行天下。这才是真正的科学精神:不执箸某一理念、理论,而尊重存在本身。其三,相对性规约的是理论真理性法则,而不是存在的报身实相,更不是终极本体。正是报身实相中显示的逻辑事实本体具有真值"理合"内涵绝对存在,真理才可能为逻辑理性所把握,被发现;正是宇宙终极本体具有"性空"的品性,报身实相的存在才得以发展;正是人具有"自性空"的阿摩罗识,它"本来无一物","本来无一念"式的绝对"无垢"性存在,才能归一物我,顿悟实相,以生万法。也正是由于这个"空无之妙有"在人以"自性空"的方式绝对存在,一切报身实相才可能生成,一切法相才可能显示,一切名相才可能被赋予"万法"规则而被把握为真理。因此,对终极存在本体的把握具有绝对性和自主性,更具有惟一的根本自觉性。也正是有了这一对人来说终极本体存在,一切科学才可能发生。因此,科学精神及其科学态度和科学方法,是有着其坚定的绝对性存在基础的。如是,科学精神的本质,不是对理性的信仰,也不是对真理的信仰,而是对终极本体存在的信仰,是对"自性空"的人之存在本体的把握,勉强地说,是对"自性空"的信仰,简单地说,是存在信仰。

缘于此,我可以作如下判断:科学主义和科学精神的根本区别就在于两点:

其一,科学主义信仰理念,并追寻终极真理。科学精神则把握"一切不住"的认知本体,并确认这一认知本体为人的终极存在。

其二,科学主义崇拜逻辑理性,将其奉为把握真理的绝对标准,而科学精神持守"自性空",并自觉地在"止观双运"中时时运用。

真理和存在的关系,是近三百年来西方哲学界一直纠缠不清的问题。但是,在分析哲学的基本分析理路中,也可以发现他们"自为"地,而不是"自觉"地承认真理是相对正确的,而存在是绝对的本体。这种认知行为的"自为"性质,可以从两点上来谈论。

其一,分析哲学认为,当代科学的发展,使科学家们已经放弃了寻找一种最简单、最一般的概念就可以一劳永逸地解决对世界的理解和把握的任务。因为三百年来,现代科学发展史已证明,所有基础科学的基础概念不但必须重新解释,而且不得不放弃而重新确定。在科学基础论的发展中,人们所看到的,所把握的,惟一不变的,不是什么理念或理论体系,而是承载人生的存在本体。在这种"自为"性的判定中,引导人们去认知真理与存在的第二个规范性。

其二,存在是先验的本体,而理论是后添的构成。就像分析哲学家们所说的,古典的自在的柏拉图主义,不得不演化成一种"构成"的柏拉图主义。他们以纯思维的数学为例。较早的科学家们认为,"集合"是一种自身的自在,是纯思维的纯理念式的观念存在。但是,现代科学已然放弃了这种纯理性崇拜性的认定,认为,"集合"是一种存在逻辑事实的"理和"内涵的存在性态的观念性表达,而不是纯粹思维的产物,当然也例证不了纯粹思维的逻辑理性品性。人们之所以能够纯思维地推论证明这种"集合",从而产生数学的"集合论"理论,是因为人们若想要自觉地把握存在本体的这种逻辑刚性,这种逻辑事实"事和"的逻辑事项的存在性"集合"结构与关联关系,就必须有一种"结构"式的抽象观念,并且要有一种同样可以"结构"性地把握"理合"内涵结构的构成原则和方法,从而才后添地仿造和使用了可以把握先验存在"集合"结构的理论和概念,如是,才产生了数学的工具性理论"集合论"。也正是这个原因,随着对存在本体的多维和多层次的深化把握,集合论的后添的概念、理论也不断地被补充、修订、改造,而"集合"的存在本体,则始终如如不动地在那里"结构性"地召唤着人的智性。如是,存在实相的本体地位就被如此确立了,真理的相对性性态也就在这种理性"自为"的观照中展示出来。

当然,上述存在与真理的关系,也导致了心、物二元论和物质与精神分立孰为第一性的一元论。这种立论,不但曾经给哲学和科学造成了很大学理上的麻烦,同时,也在科学主义泛滥的时代,给社会实践带来很大的困扰和祸害。但是,当人们从科学和哲学的发展中不断更深入地讨论和追索什么是"存在"时,上述二元论和一元论的争论和问题的实在性,也就在禅学化的方便法门中冰消。因为心与物的分别已然不能再用原子论和灵魂论来解说了,存在的自性与佛性归一的品性,已然可以用一种科学哲学的语言,起码以经验实证主义或现象学的语言来解释了。测不准定理的成立,从一方面说明了物质本身,并非具有那种恒定的,可以纯客观化把握的性质,同时也说明了,精神观念的能力,也不可能在理性能力的推理应用范围内，可重复性地，可实践性地完全把握住客观对象："波粒二象性"理论在量子力学中的成立，不但将物质存在的实体性、客体实在性消融了，而且理论化地呈现了物自体存在者的化身式存在的幻生幻灭的本来面目，虽然这种幻相可以有规律可循，虽然化身永远在幻生幻灭着，但物自体本体已然不能作为世界存在的"第一"性永恒标志了。而报身存在所具有的实相性质，即非终极本体的存在本体性质，也开始在对于"黑洞"现象的探讨中逐渐显现：当具有光物质和能量的物自体，以极高的速度进入黑洞的那一瞬间，被压成极薄的一层膜态存在样态，但在这种样态中，瞬间凝聚了其存在性态的所有信息，并作为一幅图像而大放异彩地展现出来，即便是其后，所有的能量都消散在黑洞中，这一信息膜都保存下来，进入到类似佛教所说的人的"末那识"，即心理学所说的潜意识域一类的"黑洞"——"藏识"信息库中去。如是，芝诺悖论，就已然不是原来形而上学演绎推理中论定的悖论了。道理很简单，没有"不动的飞矢"这种直觉归一实相式的"快照"，把握了飞矢的一切存在信息，展示了飞矢的逻辑事实整体，人们从何去理性化地理解"飞行"的"矢"呢？人们只能从这种"不动的飞矢"的报身实相的存在图像中，并且是在飞矢瞬间已逝之后，不断当下即是地从已然体验和把握到"不动飞矢"的报身实相整体存在本体中，去把握、拣选有关"飞矢"的一切逻辑事项的"信息"，才能一步一步、一部分一部分地理解"飞矢"的所有"理合"内涵，从而去把握、制造、使用无数的存在者飞矢。只有人理解了"不可能两次踏进同一条河流"的河流的报身实相，人才可能把握与利用河流并享有河流，同时也可以更深一步地理解大化流转的最根本规定性；最大的现实性不是同一行为和事件的可重复性，而是推陈出新的可能性，是不固执一时、一事、一理、一念的"来去不留"中保持自家心性清净的可能性。所以老子才说:"上善若水",而不是"上善若山"。就因为,了无所住的"上善""无垢识",就像水流那样,并无一定的执守执箸,可以适应任何当下的存在实相,而显示出其所具有的逻辑事实整体的"集合"结构,并适应这些集合之用。

　　在开放性的科学精神中追问存在实相,引导西方哲学家们开始走出"捕蝇瓶",开始追问纯逻辑理性推理思维的非合理性,从而开始追问非理性思维的心路历程。布伦塔诺是这方面的一位先行者。他对理性推理所把握的真理,和先验综合判断中所把握的先验知识——存在真值,第一个作出了明确的区分。他的这种区分是在康德的先验综合判断的研究基础上作出的。康德在对纯粹理性的分析性还原中,只追溯到了悟性命名存在本体而产生的先验知识。还受逻辑理性演绎观测束缚,认为凡是无法为逻辑理性所操作的先验知识,都是难以接受的,因为难以归入实践理性的把握中。而布伦塔诺则认为,可以产生先验知识的先验认识中,包含了已有的理论、知识和逻辑理性方法无法论证的东西,但这并不等于先验认识不成立。原因不在于先验知识所陈述的存在实相不存在或者是非真理性的存在,而在于所有语言——现有的符合性理论知识的有限性和局限性,使其处于"不可言说"或"难以言说"的样态中。但是,这并不等于说这种先验知识不成立,更不等于说先验认识并未把握到真值存在实相。至多是"以非理性的片面方式"在陈述一种先验认识的体验。或者,反过来说,正因为逻辑理性推论出的已知的理论,远没有穷尽一切实相存在本体的"理合"内涵,更远没有穷尽悟性所体验到的一切存在报身实相,先验知识的存在才显示出其合理性,准确地说,先验认识和先验知识才显示出其正当性。如是,布伦塔诺将科学方法标准"开放性"地提升到

逻辑理性演绎推理领域以外的非理性认知领域,也可以说,放弃了
以逻辑理性为惟一判断真理的标准,而提出了"还原原则":只要
不能证明其不是存在的东西,即为不能证伪的东西,就应该承认其
存在。而放弃了那种,只要不能在逻辑理性推理中证真的东西,即
为假的那种理性至上的标准。也就是说,只要在认知过程中,不论
是心理的过程、经验的过程,还是演绎的过程中,具有自明性显现
的东西,都是存在本体真值,而不论这种真值是否可以在现阶段上
被推论说明为真理。在这里,"自明性"成了理性真值的存在唯一
尺度。为了使这种非理性推理的标准成立,布伦塔诺特别强调了
"自明性"所展示的存在真值与对真理的确信完全不同。因为"确
信",是在真理在有限条件下成立后的一种主观行为方式。确信
不但会随真理判断而发生失误,而且有着不同程度差别。但是,
"自明性"这种存在显现的标志性性态,则没有任何程度差别,而
且没有发生因判断失误而导致错误确信的可能。因为,在没有发
生自明性的地方,不会有确信与否的问题发生,即不会发生确信现
象。后来,很多分析哲学家用各种事例来抨击布伦塔诺的自明性:
"一个人断言明白了一件事,后来证明是错了,这样的事不是经常
发生的吗?"其实他们没弄清楚,他们在讨论的是"确信",而不是
"自明性"。"明白了一件事",是判断的结果,而不是对存在实相
真值的体验性的非推理的把握的结果。原因很简单,自明性发生
在对归一实相的体验中,而不表现在知性判断中或不首先展现在
逻辑推理中。所以,在没有产生直觉归一实相和悟性对其体验和
把握的地方,根本就没有存在实相真值显示的自明性,也就没有什
么对自明性的错误确认可以发生。发生错误的认识,只有两种可
能:一者,该命题表述的内容,不是存在实相而是化身幻相,因而没
有自明的真值。再者,逻辑理性推理所使用的知识、符号、理论体

系完全不适用于已有的陈述语句展示出的存在真值"理合"内涵。如对于"空无之妙有"这一终极本体的陈述命题,现有的逻辑形式和理论体系,就无法对其进行悖论的论证说明。而这两种错误认识,在存在实相展示的真值陈述中,都不会发生。所以,先验知识表达的存在真值是自明的,这与对真理的确信与否是两回事。所以,凡是确信发生错误的地方,都是在现有的知识、理论、观念介入的地方,而不会在悟性体验的确信中发生;进一步说,凡是确信会发生错误的地方,都是知性或理性判断介入的地方,而在悟性把握到存在实相触动的体验中,都不会发生。道理很简单,体验就是发生,没有不发生体验的确信;体验就是体验到报身实相的存在,没有不存在报身实相或真如实相的体验会发生,所以,对于体验的确信不会出错误,因为它存在了。正是在对理性真理和非理性存在真值的区别上,布伦塔诺使科学精神在科学主义信仰的逻辑理性崇拜氛围中突围而出:科学精神实质是把握存在,"信仰"存在,而不是信仰理念真理。也可以说,科学精神展示的科学本身的本质规定性,是使科学建立在对存在实相的体验性把握上,而不是建立在纯粹思维推理和纯粹符号化观念体系上,因此,科学既不属于物自体的世界,也不属于观念中的世界,而属于存在实相的本体世界。

　　舍勒创立的情感现象学的核心理论是人格理论,而恰恰是这个人格理论所称谓的、所确认的人格的东西,是一种非理性推理的,以先验知识方式存在的人的真值。从而在存在信仰这种科学精神的运用中,开辟了一条可以具体把握人性真值——人格的心路历程。舍勒认为:人格的本质是"行为和本质上的统一。"即人在对存在真值的当下即是的把握、确证、运用这三种悟、知、理性行为的统一,也就是人的人性天赋真值能力及其把握存在实相,与之从自在走向自觉的归一的人之能与用的统一。在禅学看来,就是获得圆觉中情理归一后形成的"善用六根"的境界性"心印",及其"利乐有情"地"随心所欲而不逾矩"的运用的统一。舍勒据此人性能与用的归一论建立他的人格理论时,明确地把握到了人性人格化存在实相展示出的自明的真值内涵:善与爱的价值真值。这种存在价值的体验、把握与运用,在逻辑推理中是无法成立的。因为在逻辑推理中,不可能承认这种价值判断为依据,而只承认逻辑符号及其间的关联关系和量的关系的演变,及其在排中律作用下展示出的因果关系。至于善是否有善报,恶是否有恶报,逻辑理性对此不作出裁决;进一步说,真爱是否就是善的,真恨是否就会导致必然的恶行,逻辑理性推论对此就更无法作出必然的判断;最后说到底,人格主义要求的人性本真实现,乃是施恩施善不图报,真爱大爱不求果,更违反了逻辑推理的因果律,而对这种人性本真的表显和实现,逻辑理性只好把头钻进沙堆中去:眼不见,心不烦。所以,面对人性存在真值的把握,只是在当下即是的归一体验中,瞬间就获得了理解和把握。如是,人格形成的存在实相的"理合"内涵:人性价值,不是在推理过程中产生的,也不是由演绎逻辑可以证真或证伪的理论性的东西,而是一种,在对人格的自明性真值于存在实相中展示出来的,存在本体性的东西的体验和把握到的东西。因此,舍勒的这种"行为的本质上的统一",就落实到人本身自性空对存在实相本真内涵的非理性把握上。这种人之"能"与"用"在行为的本质上的统一,不是动物生物之能与生存之欲在行为的本质上的统一,从而使人具有了超出环境决定生物本能之用的可能性,因而具有把握推理那个人性价值内涵"真、善、美"的统一人格形成的可能,使人可以,从生物的人升华为人格的人,从"被抛"的自在历世生存状态升华到自觉的历炼存在状态。所以,对人格的人性价值内涵的当下即是的把握是一回事,是否从理性上论证和自觉地遵从这种价值要求是另一回事。后者的认知过程成立与否,并不能决定前者是否存在。正缘于此种义理的解悟,竺道生才可能在未得到佛经理论证明以前,就自行了悟了"一阐提也能成佛"的人性价值义理。舍勒的此种立论,从学理上来讲,是继承和运用了"结构"的柏拉图主义关于存在认知的方法:价值性的人格内涵的存在与对这种存在的逻辑理性化认知是两回事,是一种存在实相的逻辑事实"理合"内涵的真值与被逻辑理性论证构建成理论体系的前承后继的存在关系,而不是后者用逻辑形式和理论论证可以否定前者的证真关系。即科学理性只不过可以用逻辑推理和符号语言说明或否认这种人格价值体系真值的合理性,但不能创造一种人格价值的人性真值内涵,也更不能发现这种人格价值的人性真值内涵,也更不能发现这种人格价值的理论内涵,更不可能否定这种人格价值体系的内在人性真值存在的正当性。例如,你可以批判孔夫子所说的"子为父讳"行为的不合理性,但你没有办法批评这种行为具有的人性真值内涵的正当性。对这种人格价值内涵的人性存在真值的发现行为,是在体验中——在意向性感受中——先验地,以自明性把握的方式,非理性化地完成的。

至此,开放的科学精神,不但将科学主义逻辑理性崇拜的"皇帝的新衣"剥掉了,而且将其从独据的"发现"创造性宝座上摔了下来,所谓的科学发现,就不再是科学理性模式的可能功能了,更不是逻辑理性所涉及的范围了。如果说"科学发现"这一命题还是正确的,那么,只能说,科学精神"一切不住"的大无畏的开放性精神之光,照耀在非理性的认知领域中,才使"发现"这一人类行为得以科学地被确认和确立。

　　在这种"存在——生成"的非理性思潮取代了"理念——推理"的理性思潮日益成为主流的时代,科学本身也日渐走出了逻辑理性崇拜的梦魇,人们依然公开讨论一种现代的非逻辑理性崇拜的哲学:存在哲学。并且明确地给予界定,其非理性就是指:既不必躲到宗教理性推论中去,也不必仅依赖为科学理性推理但无法得到实践验证的真理,人们就可以找到一条达到理解世界并把握存在实相的道路。在这里,引人注目的是"理解"。当人们受理性崇拜左右时,人们一直把理解确定在经过推论证明后的"说明"中,似乎没有经过逻辑论证的东西就不能算得上理解。而在"生成"的先验哲学和经验实证主义哲学那里,理解行为本身就具有了非推理的非理性身份,即理解行为本身就是一种先验的存在行为。它的先验性表达可以先于理性推理地把握体验到的存在实相而给予一个基本陈述的命名,它的存在性质就在于这种理解行为本身,就存在于先于理性推理行为而产生的"顿悟"的自性自为的体验行为方式之中;即理解行为本身就显示着存在实相的自明性和先验性。或者说,理解行为本身就是悟性存在的自明性和先验性的展示。如是,人的理解能力本身,不仅从逻辑理性必然要控制的推理的对象中解脱出来,无须论证其存在,而且也从人本身的存在者身份中解脱出来;人只有在"无我相"的最根本的"无念离相"的"无垢心性"中,悟性理解存在实相的自明的先验的认知行为性质才会展现出来,并发挥其先验的认知功能。此即海德格尔一生未能说明的一个著名命题的"理合"真值内涵:人存在不是作为存在者而存在的命题,"超出一切个别存在者的存在"。知佛知禅但不能言佛言禅的海德格尔就是以这样一个著名的"悖论"式的命题,来言说"无我相"的禅定,从而也就展现了现象学对科学主义理性崇拜"突围"时所秉承的大无畏的科学精神。言其大无畏,是因其敢于否定"我思故我在"的理性主义"箸我相"之根弊,而自觉走上"自我解脱"的道路。

在这种非理性思潮中,继起的雅思贝斯,以这种"一切不住"的科学精神,阐述了全新的有关科学理性的观念。

其一,理性是不受任何限制地听取着一切存在着的东西,对于"一切出自根源"的东西,都是公平的,以使它们发挥自己的作用。在这里,"不箸相"地洞观一切存在报身实相,"不住念"地观照一切存在的逻辑事实真值,只有理性能做到。这种理性,已然不是科学理性模式所崇奉的那个从事演绎推理的逻辑理性了。而是处于终极本体地位进行"因定生慧"观照的那个"自性空"了,即能够进行"常无观妙"的"自家宝藏"了。

其二,在这种禅观照中,理性的基本态度是无限开放的,它并不满足于使一般观念能够具有普遍有效的要求,而是要使人的认识的意识过程形成一个整体,从而使我们所天生的归一物我以展示在实相的连续统一体的能力,不但能够发挥作用,而且能够自觉地得到把握与运用。也就是说,雅思贝斯的理性,具有一种观照人的心路历程,从而自觉到"自性空"所具有的一种展示存在实相的能力,并把握这种自觉能力的能力,即明见归一物我能力的能力,而不仅仅是对人的逻辑理性理解的能力。在这种观照自性归一能力时,展示了人的自性之用的一种基本要求就是"不住于念",不满足于观念性意识的有效性和普遍性,而要"还原"性地追寻意识、观念产生的源头;归一物我的能力和先验存在的实在。当然,在这种追寻性的还原式观照中,最终得到展现的就是那个归一物我的"自性空"本体。

其三,雅思贝斯就给他所说的"理性"下了这样一个定义:"理性是我们内在的造成统一并力图把一切东西联系在一起的能力。"也就是既能归一物我以构成存在本体实相的连续统一体,亦能观照到,在这种归一过程中,人本身的所有官能力量也统一在一起,形成一种通官之通观的能力。如是,这里谈论的"理性",已然不是人的哪一种根性能力,而是将理性作为人的最终内在依据来确认。即人的内在终极本体来确认。如此泛言理性,早已超越了逻辑理性之用的领域,也超越了认知理性的作用范围,而只能是"一切不住"的"自性空"本体。

其四,雅思贝斯认为,他所言说的,这种具有人的内在的终极依据性地位的理性,在其发生作用时,具有一个自在的先决条件:"从一切变成有限的被决定的东西中解脱出来。"当且仅当人的一切"六根"处于"一切不住"的"性空"状态时,才能达到这种解脱境地;也只有当且仅当人的一切认知能力处于这种解脱境地时,人的一切能力"六根"才能归一为一种"慧根"能力而得到启动,也就是《金刚经》所说的:"于不住中生其心。"在这种使解脱的自家心性从自在行为状态达之自觉行为状态的历炼中时,"无垢识"终于可以在观照物我归一的自性自在之用的过程中,把握到,决定一切存在报身实相的,是那个自家心性"空无妙有"时,人的认知行为才达到了终点,阿摩罗识指引人们找到了自己存在的"家园",获得了大自觉中的大自在。也可以说,这种大自在的体验使"脑腓肽"分泌,人感到无比的愉悦。如是,理性的活动达到"当唯一的存在向它敞开时,它才得到最后的需要。"也可以说,当理性作为自性的一种运用方式,回归到"了无所用"的"自性空"中时,它回到了"家园",不再躁动,不再烦忧,人就可以心平气和地面对一切,"来去不留",并且是"来者不拒",性地把握一切存在,此时,"自性"当然可以"生万法"了。

其五,当雅思贝斯的终极理性获大自觉时,就能够发挥其"无垢识"的认知之用的一切方式:它是对一切存在体验的归纳判断者,即知性的运用方式;它是对一切观念、命题进行逻辑演绎论证者,一切科学与哲学思维的承担者,即逻辑理性之用的方式;它不是一切哲学逻辑论证的对象,即在正觉历程中,力求以逻辑形式的揭示方式追问人本身终极存在的自行觉悟者。如是,雅思贝斯对于"无垢识"在认知过程中的作用方式,进行了两种"参公案"式的展示:一者,作为正觉中哲学的逻辑推理,对存在实相真值命题进行演绎说明的认知活动,是与悟性在对存在实相的体验中给予陈述句的命名活动相对应。即无垢识在悟性命名中的非理性活动,是与逻辑理性对命题进行逻辑理性活动相对应,展示了这个终极理性"无垢识"在人类认知过程中的两种不同的运用形式:认知理性和逻辑理性。再者,在逻辑理性的演绎推理活动本身,进入到哲学的推理论证过程中时,理性的逻辑演绎行为本身,就成为理性认知自体的一个过程性展示行为,而不再仅仅是论证命题是真是伪的科学行为。正是在对"理性"的这种理性的逻辑推理行为的自行检视,使理性在向自觉的自我发现上迈出了关键性的一步。畅观中国禅学的一切"参公案"行为,都是在这种理性的对逻辑演绎行为的自行检视,都是从观照、理解公案逻辑关系的显示开始的,进而去把握非逻辑理性发挥作用的认知过程,从而把握原初那个"如如不动"的东西的存在、启动、适用。也可以说,一切"参公案"活动,都是从对公案的"缘起性空"的正觉推理行为的破解中开始的。正是在对于"理性"的这种"透参"中,雅思贝斯才领悟到"理性的基本态度是无限开放的"。这种无限的开放性,首先,也最终在于"敞开自我",从而超越"理性"存在的一切认知方式而达之最终的"自性空"的自觉。如是,雅思贝斯使用哲学语言"透参"到,达之"无我相"的第一步,就是自觉地"敞开自我"——"敞开理性"本身。即不拘泥于理性的各种形式之用而去追问理性的慧根之用:无垢心性之用。

其六,雅思贝斯最终把握到,所有的世界存在,最终只是以两种终极性存在:理性和实在。即"性空缘起"中的无自性存在者和可以把握这些无自性的存在者为存在实相的人之悟性。他描述这二者的关系:"实存是理性的推动力,理性是实存的唤醒者。"用禅学的话来说就是:万物之佛性映射照亮了自性空的家园,使物我得以归一;而悟性对报身实相的体验和把握,使世界的存在展示出其内在价值而变得具有了生存的意义和存在的价值。这正好重复了王阳明所说的:"我不见花时花寂寂,我见花时花艳艳。"这种物我归一的认知机理。

其七,雅思贝斯最终将理性置于包括人在内的所有存在素质的终极依据:把包括者的一切方式联结起来的纽带是理性,在雅思贝斯的存在哲学中,宇宙的终极本体就是那个"性空"性态的"大包",而能够展示并实现这个"大包"的终极本体存在的"纽带",就是人之理性。也可以说,人之理性就是宇宙终极本体"大包"以人之内在的本体性存在方式而展现。当人们难于理解这个"大包"与"理性"时,以禅学的名相重新说明之,就再清晰不过了。"大包"就是那个无所不包容的"空无之妙有"的宇宙终极本体"性空",而能展示它的最主动最积极的最终的东西,就是那个可以理性化自觉的,以"无垢识"方式运行的人的自家心性。

在雅思贝斯对"理性"的这种终极性认识中,我们看到了真正的科学精神的本质:"于不住中生其心。"科学精神正是生成于此种"一切不住"的"无垢心性"中,使其展示了在理性认知中的指导作用,并显示了禅学宗旨所具有的这种科学的大无畏的开放精神。非理性思潮中展示的这种自觉的非片面性的对认知整体过程的观照性陈述,不但解除了科学主义强加给理性本身的逻辑推理局限性的束缚,而且指引人们去认知和把握理性的本来面目、多元化的作用方式,和其"缘起"于"性空"的终极本体性质。当一些哲学家因无法理解雅思贝斯的"大包"和"理性"而轻视或漠视这一对非理性的东西的理性化研究成果时,他们也就失去了一次讨论存在与真理的方便法门的开启机会。这也正是为什么当代哲学不能为认知学的建立有所建树的一个根本原因:掉在哲学概念、体系的念河中不能自救,永远在"不能两次踏进"的那条知识的念河中苦苦挣扎,不断造出新观念、新概念来淹没自家心性。看起来,哲学家们确实应该认真的参究雅思贝斯的"大包—理性"公案,即便不是以禅学的方式而是以哲学的方式去参究,亦当大有裨益。当其能体验到那个"于不住中"而生的"心"时,当会豁然了悟。

批判的存在论者哈特曼,对于科学主义的哲学理性进行了清算。在这种清算中,"还原"了科学精神的本来生命力特征:敞开科学本身,去追寻和把握非理性存在,拒绝任何理性观念和真理的绝对化。因为正是这种真理信仰,使科学本身在滥用中受到破坏,使科学名誉受到败坏,使科学本身从工具变成了异化于人的"主义",从而使科学本身变成了一种具有专制意味的宗教式的信仰:即从一切经过神的裁判走到一切经过科学的理性检验。哪怕是这种经过科学论证的真理,从未在实验或实践中得到验证,并且在指导实践过程中不断强化天灾,制造人祸,也要奉之为"放之四海而皆准"的圭臬。

哈特曼认为:真正的科学的哲学认识,首先应该关心和探究的是存在的世界,发现现实世界存在的本体性,而不应仅仅注重于可以为理性把握的逻辑事项的单纯观察世界及其显示的单独的法则真理。他认为,在理性崇拜指引下的这种真理的探寻,必然会犯一系列致命的错误。首先是产生于真理一元论的理论理念的滥用,即把有限的,关于某一事物,某一事项甚至是某一领域中有效的真理运用到其他完全不同的领域中去。例如,将生物进化论假设性的达尔文主义原则运用到社会生活中去,形成社会达尔文主义及其极端化的衍生品种法西斯主义;再如,把人类特有的智化能力赋予整个宇宙存在,形成黑格尔的绝对客观精神,从而使终极存在本体异化于人压迫于人。之所以在社会实践中会产生这种滥用理论的错误,根源就在于崇拜理性的哲学本身,犯有致命的错误,由于对理性的崇拜而导致的对理论的绝对化认识和信仰。即产生了两种绝对化认识。第一种绝对化观念认为:物自体构成的世界是不可能被认识的,因之,对于客观世界的把握,只能靠绝对的宇宙精神的把握和实施来进行。在新教伦理精神中,只要人能把握这种"绝对客观精神",以代替上帝行"圣工",人就可以用人之理性来对无理性存在的世界进行任何"合理性"的"合理化"的控制、改造,以合于理性化的要求。因之,这种体现了"绝对客观精神"的真理,是纯思维的纯理论的,没有必要从存在中寻求其真值命题,而只需求助于理性运用逻辑方式对现象和存在进行分析和理论化把握。第二种绝对化观念认为:存在的世界可以一义性地为人的理性所把握和认知。当人一旦以逻辑理性的方式把握到存在世界以后,就意味着在整体上把握了世界本身。于是,凡是不符合于这种绝对真理和不能由逻辑推理说明的东西,即是不合理的非理性的存在,必须以绝对真理给予裁决、规范、改造,使之合乎绝对真理的要求。如是,这两种绝对化认识:不可知论和绝对真理论,都必然导致了理论观念的滥用。哈特曼认为,正是这种对理性作用的绝对化使人们在认识和运用理论知识的过程中,发生了一个致命的偏差:对存在的非整体性的把握导致的对真理的绝对化滥用。

事实上,哈特曼认为,人类科学与哲学理性只是部分地以概念的方式把握了世界的部分存在本体实相,而无限多维存在的"事和",因其非合理性,即因其无法为现有的有限的理论知识体系不能给予其把握时,使其显示为非理性的存在,而受到科学与哲学的逻辑性的排斥,并且其可以在科学本身的发展中可被认知的可能性完全被忽略时,科学与哲学才会产生故步自封的"主义"性变异。这种致命的错误导致的一最糟糕的结果是,否认和打击所指的非理性的"先验认识"的认知行为,有意无意地以中世纪宗教裁判所的姿态来处理一切非理性的认知的陈述和探讨。因为科学主义绝不承认有"无知的知"的实相存在。当科学理性模式自认可以把一切存在都纳入到可知的,可以用纯粹思维方式把握的时候,怎么还会有"无知的知"的领域呢? 科学已然织就了皇帝的新衣,因为它是由科学家——两个自称为编织高手的人——以逻辑推理论证的观念,向大臣们惟妙惟肖描述出来的皇帝的新衣。如是,你看不见这套新衣,只能说明你不科学,不懂科学,甚至是别有用心地反科学。屠龙之剑既然是为了屠龙而炼锻的,怎么可能没有龙存在呢? 又怎么可能有不可屠之龙呢? 这在科学主义者看来,是一个可笑的悖论。当看不见皇帝新衣的愚不可及的哈特曼指出,"皇帝的新衣"的边界在哪儿呢? 即他正确指出一切理性之用和一切理论知识都有其"客观界限"时,就使科学主义的唯理论暴露出其专制的性质了。克服的办法只有一条路可以走,即认知到,前述两种理性绝对论的基础,就是在认识和存在之间插入了一个无论如何在理性看来也是合理的观念的世界。当人们绝对化地确认这个观念世界本身是"合理"的,合乎于理性要求以后,就会产生上述的错误信仰。可是,皇帝的新衣,终究是一种存在着的东西,而不仅仅是一个观念的东西,皇帝不应该只穿着观念衣服出来面世。即当人们认识到,"皇帝的新衣"只是,也仅是一个有限的观念世界以后,人们才可能跳出这个观念的世界的束缚,开放性地去把握存在本体世界,人们没必要再去理会皇帝穿没穿新衣,并由此引导人们开放性地去把握人的认识能力和认识过程,这时,存在世界的非理性的实相整体,就会更加多维度地展示出来,人类认知世界的多元化的非理性化的认知阶段也会展现出来,如是,人类理性化认知世界的基础和启动过程也就会整体性地显现出来,人类才能真正了解,为什么人类有可能理性化地认知和把握世界。正是这种超越了理性——观念世界的开放性的科学精神,即对存在本体的禅观照,而不再拘泥于讨论关于皇帝的哪一件新衣命题,才使科学本身得到进一步的发展,也使科学主义得到了进一步的清算。

在对科学主义清算的基础上,哈特曼提出了基于开放性科学精神的科学态度和科学方法。他认为:一切客观化的精神产物,都是历史的、过程性的、有条件的、有局限性的"陈迹"。因其已形成一种理论化的观念体系,都会对现实的精神活动和生命力形成一种"念识"性的障碍,遮蔽人们的"无垢心性"。在人类的认知过程中,活生生的、鲜灵灵的"无垢心性",不会屈从于这些"陈迹念识",必然会对那些客观化精神观念发生"革命"行为。正是这种活生生的智化能力对僵硬化的观念成果的突破,才使科学有了进步,才使理性获得新的、广阔的用武之地,不再在科学主义的樊笼中暴躁不安,乱舞逻辑大棒子打杀非理性的存在。所以,开放的非理性的"无垢识",对于一切念识,陈迹的突破,不但解放了非理性认知能力本身,也解放了理性认知能力。正是在这一立义上,哈特曼对库恩的理论"革命",作出了正当性的解释。

但是,为什么在这种"革命性"的非理性认知活动中,会产生反理性的活动,从而不但混淆了人们的视听,而且也为科学主义攻击非理性认知行为制造了口实呢？原因就在于，在这种非理性的"活动精神"真正独立发生作用之前，即在人们自觉地把握和运用"无垢识"以前，人们不曾仔细地查看和分辨体验的东西。即人们不曾"因定生慧"地进行禅观照，从而不能把握到阿摩罗识大用，也就无法区别，哪些是"离相无念"中产生的对归一实相的体验，哪些是在"箸我相"中产生的物欲性的生物反应和冲动，正因为如此，我们才会在一切"革命"中看到鱼龙混杂，泥沙俱下的混乱现象。如是，我们看到，一位真正秉持开放性科学精神的智者，绝不是利令智昏的狂人，也不是惟利是图的庸人，而是一位可能的禅者。他们对于一切存在实相和观念事物的基本态度就是"中立观察"，既不为物欲法相所迷惑，也不为任何察觉的信念所左右，在这种"入定"式的科学态度中，不可能生出别的科学方法，只能是"常无观妙"的禅观照：于止中而观实。观照直觉的归一实相，观照这种存在实相触动悟性而发生的体验，观照这种体验所展示的逻辑事实整体的"理合"内涵——逻辑刚性，由此而达成"自性生万法"的"常有观徼"结论。正是在这种"止观双运"的观照中，自家的无垢心性展示着，并发挥着其"正觉之正智"的作用："于不住中生其心"。缘于此，我们就有机会说：科学精神的开放性所打开的，正是"因定生慧"这道方便法门。不管这道法门以什么方式、以什么名义被打开，都必然是在"一切不住"的敞开心性中，才能被打开。返回来说，这种"敞开自我"的开放精神性态，正是禅学"入定"所要达到的科学精神状态。

莱尼厄尔对于科学精神的本质理解，贯注于"批判"这一"观照"性行为中。批判，在西方哲学中，有几个含义：批评、分析、解释、悬置、反思等。究其实质，都源于在"无念"中对"我思"和"理念"的观照性追问。这正是科学精神的开放性本质的最基本的表

达方式。所以,与其说跟着西方哲学家们说:科学精神的本质是
"批判"地对待存在和观念及理性方法,还不如更确切地沿用禅学
的说法:"一切不住"地观照科学与认知行为本身。以此种方法来
发现科学理论的局限性和科学理性方法的有限性。正是在对这种
局限性和有限性的认定,才使"自家心性"能追溯到科学理论和理
性方法发生的原初源头。

　　莱尼厄尔坚持的"批判"立场,是一种不含任何成见的观照立
场,即实现一种"于念而无念"的反思行为。在这种观照中,他要
达到的目的,是发现科学行为本身忽略了什么。他如愿以偿了:
"在批判的自我思考中,科学从边缘角度所忽视的一切给定的事
物与自我的原联系显示了出来。"非理性的存在实相不但显示了
出来,而且构成这种报身实相的原初动力和显示这种报身实相的
"自我"——悟性体验也显示了出来。这种非理性的存在实相和
非理性的悟性自为之用产生的原始体验在"批判"中的显现,不但
指示着科学行为产生的源头,而且也展现出科学本身存在价值的
局限性和科学本身存在意义的有限性。如是,顺蔓摸瓜,莱尼厄尔
发现,科学本身只有一种追求"思维法则"的理性演绎方法,没有
一种追问存在本体以达之追问终极本体存在的"存在法则"的观
照方法。而恰恰是从追问"千江月"为什么"江江月不同"的报身
实相存在时,才能豁然洞见"万里无云万里空"的终极本体"性空"
的如如不动之同一,科学的逻辑理性思维法则,只能处理存在实相
的个体逻辑事项,即只能把握一个个的命题化之"有"的对象,而
无法把握那种整体的逻辑事实,更无法把握"无我、无念、无相"的
"性空"本体。之所以会如此,是由于科学理性的"思维法则"是具
有定律性、公理性法则组成的,如矛盾律、因果律、排中律等等。这
些思维法则,只能一次又一次地,一部分一部分地对逻辑事实整体

中的一个又一个逻辑事项进行处理,而无法一项性地,多维地处理存在实相的逻辑事实整体。虽然展示这种逻辑事实整体性存在的原初体验是启动科学理性模式的非理性源头。更不用说去处理不作为单个逻辑事项而存在的宇宙终极本体"性空"了。因为,"性空"中没有任何存在本体可以和这些"思维法则"中的定律相对应,反而以"空无妙有"方式存在的"性空"本体的存在方式存在,就违反了科学思维法则的一切定律,这是一种带有根本性的"悖论"存在方式的存在性态。科学理性对此的最无奈的最终表现,表达在其对"非理性"的拒绝和排斥上:"非理性的片面言论"。莱尼厄尔恰恰是从对科学本身及其"思维法则"的批判中观照到,正是这些非理性化的存在实相和非推理化的认知行为,悟性命名行为和理性演绎行为联通一体,构成正觉的整个认知过程和实现人本身的认知,使人的认知行为呈现为科学化。这在莱尼厄尔确立他的"理解"是"来自内心的体验"的立论中得到一种陈述认知实相方式的展现。

如果我们以禅话的方式来言说他的参悟就是:我们在对陌生的事物的物我归一的直觉中,发生了一种新的存在实相,并在原初体验的触动中把握其"理合"真值,而发现了新的命题。当我们以理性的思维方式去把握该命题的真值为理论时,就说明了一种真理。对这种真理的适用,使我们发明了新的技术与器械,从而在现实的存在着世界中去创化出更实在的生活世界。在对整个科学本身进行了这种观照以后,莱尼厄尔最终为科学确定的任务,也正是库恩理论"革命"的创新任务:认知事物是什么,而不是为这个事物应该是什么去确定一些法则。即科学的价值就在于说明存在实相是什么,而不在于制造一些什么人工语言的符号、范畴、概念等座架体系去剖割存在本体,认为它应该是什么。存在实相应该是什么,只能在"无念离相"的自性空中,非理性化的直觉归一中呈现,并且在同样非理性化的悟性体验中被"先验"地确认,而不是在逻辑理性演绎中被人工符号化地规约。如是,莱尼厄尔在科学精神的观照中,也可以说是在观照的科学精神指导下,明确地确立了科学本身的任务和科学理性化行为的作用界限。缘于此,科学本身和科学理性就不再是终极化的信仰本身和崇拜的对象了。科学理性的宗教性权威外衣——皇帝的新衣——终于被揭蔽了。

即使是最博学的科学哲学家,也承认这种科学的批判精神:开放的禅观照,虽然他们并没有自觉到这一点,而只是自为性地维护理性至尊的地位而言及此。如施太格缪勒就认为:"最后真理只在评判过去的全部真理,并且还决定构成世界各个不同领域的现实存在东西"时,才能成立。因为科学理性要求:"将一个领域内所有的陈述加以比较,并使之毫无矛盾地一致起来,才能找到真理。"之所以会如此严格地要求逻辑一贯性,就是因为科学真理正确、有效的相对性。"任何一种相对化只有从另外一种被高度提高了的思维出发点时才有可能。"显然,这个"高度提高了的出发点,"就是可以"无念"地对"所有陈述加以比较"的"无垢识"出发点,即那个为施太格缪勒嘲讽的"空无妙有"的"阿基米德点"。显然确立和运用这一"无垢识"的目的是为了"追寻最后真理",但这也恰恰说明了,科学理性在追寻真理的过程中,必须立足于"于念而无念"的自性本体中,才有可能运用逻辑理性。这就使科学本身的这种禅化本质要求展现出来;追求真理,必须悬置一切理论的绝对性。从浅层的自为的意义上讲,分析哲学就是如此科学地深入了"于念而无念"的方便法门。但是,他们就是如此地没有自觉到,这一方便法门已然不是科学理性化的思维原则了,而是先验哲学的存在原则在起根本作用。因为在这种高度上进行的认知行为,已然不是演绎推理行为,而是一种纯粹的"观照"行为了,即在这种高度提高了的"阿基米德点"上进行的思维,不是逻辑推理,而是以"无垢识"对所有陈述、命题、观念进行全无理念标准的"通观"。如是,这时施太格谬勒言说的认知行为方式和认知的出发点立场,即不再是逻辑理性的,而是认知理性的,并且是在正觉中对认知理性的运用。即正觉中的禅观照行为。缘于此,我才认为,分析哲学具有禅学化的内在本质,虽然没有一名分析哲学家自觉到他们在自为地实践禅学方式方法。也正缘于此,我们才能从科学与哲学本身的发展和认知中,观照到规定其科学精神的那个终极本体的存在,这才是科学和哲学赖以存在和发展的真正生命力所在。正是这种科学精神的作用,才使分析哲学并未完全掉入念河中不能自拔,而是自为地言说出,在正觉的认知历程中,不仅仅有逻辑演绎推理的认知行为,更有"于念而无念"的观照行为,即"止观双运"的禅学化认知行为在发生,并起着最高级的认知作用。虽然是自为的,但仍不失为卓越的认识。

先验存在论者海贝林,从科学本身的源起性发生学讨论中,阐述了一种真实的科学精神。

首先,科学认知存在,是从人的生物载体上认知的。因此,科学理性就有了一个起源性的规定性,决定了科学本身的有限性:科学服从的是一种生物性的目的性和物理性原则。这种原则使科学理论的适用性有了一种有限的规定性,而不是无限的适应性。所以,科学理论具有"万法"的局限性,而不能以一种理论体系表述一切存在的真理。尤其是这种生物的、机械的真理理论体系,不具备伦理、道德、人格的价值内涵和判断的标准性,因而,科学理论很难具备人文的判断力。

那么,科学真理的认知起点在哪里?是在直观把握的存在者或存在本体吗？不是。科学理性模式起作用的起点是经验。如是,科学理性启动的起点和科学认知的起点就不是一个起点。如果事情果真如此,那么,科学在认知起点上就存在双重性,会造成起源性的混乱,带来认知过程中认知对象的混淆,引起理论的混乱。但是,真正的科学研究本身并非如此。真正的科学研究并不是从物自体的把握开始的,而是从存在本体的把握开始的,因为这里的认知起点和研究起点是同一个经验。这个经验不是寻常意义上的知识框架构成的,而是由对于存在实相的体验的重复和积累形成的,即依赖于悟性先验地把握和确认的存在实相整体逻辑事实转化的陈述语句的命题构成的。科学认知和科学研究的起点即建立在此种存在实相而不是存在者之上。如是,科学理性的作用,就仅仅是对存在本体中的单一逻辑事项的拣选和其规定新的说明,并由之而显示出其与环境的共生共存的关联关系的一义规定性。由这两种规定性构成了一种"万法"式的,必须要遵守的秩序法则和无矛盾的因果关联的实现。一切概念、范畴,只能从对这种逻辑法则的抽象演绎中显现出来,即从这种单一逻辑事项的内在规定性与外在关联关系的系统关系中,以理念的方式"一义"地得到确定。如是,科学理念和理论的确定,只是为了说明这种先验存在实相的逻辑刚性,而不是为了说明科学理性自身的绝对性。缘于此,科学理念和理论本身,就只具有这种后添的工具性作用与地位,而不具有对终极本体的说明性理论地位。即科学理论只是"万法"法则,而不是终极本体"真如"理论,是工具理论而不是终极理论。

基于上述理由,海贝林为科学地位作了这样一种规定:"哲学任务终止的地方,就是科学任务开始的地方。"他之所以做如此判断,是因为他观照到,哲学所涉及的东西,是只可以先验地把握到的东西;哲学把握到的对象,是非理性的存在,而不是一个个具体的存在者。当且仅当哲学抽象地把握了存在实相的"理合"内涵以后,才构造出形而上的命题以供科学论证。这也可以说明,哲学在科学中的地位和哲学具有知性的功能表现。也可以说哲学的形而上学性质,本质上具有经验主义性质。正缘于此,科学理性是无力把握非理性的先验的东西。只能在这种先验的东西为哲学,或科学家以哲学的方式把握为一种形而上的命题以后,才可能运用逻辑理性对其进行论证和说明。为什么哲学和科学会有这种不同认知任务性的分界,换句话说,为什么哲学会表达知性之用,而科学只表现逻辑理性之用。在海贝林看来,原因很简单,因为人,不仅仅是作为存在者而存在,更是作为一种可以认知包括自体在内的存在者而存在。人具有一种"心性",可以先验地发生体验作用,从而先于推理行为地把握住规定存在者存在的内在规定性和"加入到世界秩序中去"的内在性质的运用,即存在者的存在法则和规律。而那些处于不具备阿摩罗识的,处于"性空"状态的,没有自家心性的其他物自体来说,没有归一物我以生成报身实相的能力,更关键的是没有体验存在实相以把握为基本陈述命题的能力,所以,也就不具备启动科学理性而产生科学知识的能力。因而,非人类的物自体,只能自在地生存,而不能自觉地存在,也就无法超越已有的物自体的物理和生理形态,即无法实现自我超越。人,正是具有这种阿摩罗识,作为终极本体的存在作用方式,才使人具有了先验的把握存在实相和自我的非理性能力,而不仅仅具有与万物不同的科学理性能力。因为,相当大一部分动物,在生物条件反射基础上,都具有后天生存习性积累下培养和"学习"的能力,从而具有不同程度的、能动的因果推理能力,并支配自己的行动。因此,人认知世界历程中不同认知阶段,以不同的认知方式划分,显示出人的无垢识"自为"和"自觉"的不同之用形式的同时,也显示了科学理性认知能力的有限制的运用程序和方式。

缘于此种对科学理性作用的有限的阶段性作用,海贝林明确提出了一种对科学本身的清晰的论断,从而展示出一种十分清晰的科学精神。国人自五四以来,追捧科学甚于追捧民主,可是始终没有注意到这种对科学本身的清醒的认知和清晰地表显的科学精神:科学真理不是绝对的,因为科学本身是一个持续不断的认知过程,决定了科学的无限开放性,和对于非理性认知能力的依赖性。反而在科学上采取了独断论的立场。这种行为本身,就是违反科学理性模式具有的逻辑文化原则的:准备放弃已有的理论和理念,重新认知存在本体和万法规则。这,才是真正的科学态度。在这里,必须说一句重话,才能说明对科学精神认知的重要性:追捧科学,承认科学知识对于人、民族、国家、政权、社会的重要性,并非始自于五四运动,就连慈禧太后,也接受"师夷长技以制夷"的科学观,但是,并不等于她就接受了,把握了科学精神。

从禅学的立场上看,对科学精神的准确清晰的把握,源于一个基本的事实认知:非人类的存在者本身处于"性空"状态中。并在"性空"中展现,但本身不具备"无垢心性",而是一种非自觉的自在性存在;只是人具有了"自性空"这种终极本体性的"自家宝藏",才使一切认知行为,可以以体验的方式从"自在"中走向"自为",具备了启动"自觉"的正觉过程的悟性灵智之用,才展示出了海贝林所把握到的哲学与科学的区分。如是,对这种区分的追问,不但可以发现"无垢识"之用的悟性、知性、理性的不同性态,而且可以引导到对人的存在本体中终极存在的追问——观照,从而发现终极本体之于现实世界存在的两种形式,并发现禅学,是真正显示人本身存在和认知行为的方便法门,科学精神可以从这一方便法门中溢出。

在那些以精确的人工语言研究为自己哲学研究惟一目的的分析哲学家那里,我们也可以从他们对科学认知活动本身的研究中,发现他们在身体力行的科学精神。

当分析哲学家要求,科学活动应该只限于对直接被给予者尽可能准确而又经济的描述时,那么,除了直观和形而上地被给予的要素以外,再也没有什么东西存在了,即外部世界的实在性或意识彼岸的事物存在等问题都消失了。石里克认为,这种观点是行不通的。他认为,科学必须承认,那些没有直观直接被给予的东西的存在,只有当被给予者被归一成为关联性的连续统一体"事和"存在实相时,才能呈现出规律性和规则性的逻辑刚性"理合"。如果不承认这种非物自体化被给予的东西的存在,科学本身就会终止,因其没有"事和"性展示的"理合"显示,不会产生对其把握的规律性和规则性的科学知识。这种开放的态度本身就承认,科学活动,不可能建立在对物自体孤立的逻辑事项要素的把握上,必须在对"未被物自体化给予"的逻辑事实整体中去把握多维的存在实相时,科学理性活动才可能产生。一句话,科学理论可以是关于某一逻辑事项的真值的把握,但科学活动本身和这种单一逻辑事项的拣选,都不是在直观把握化身物自体条件下产生的,而是在对存在实相整体的把握中产生的。最简单的例子:人们对海王星的运行轨道的把握,如果没有太阳系这个大语境,如果没有把握冥王星的相关存在,人们无法科学地计算出海王星的轨道,即使是计算出来了,也是错误的。所以,科学理性会出错。凡是科学理性出错的地方,都是脱离了存在整体实相的时候。

在这种立论条件下,石里克进一步指出:科学使用的理论概念,属于认识概念,他们完全不同于陈述对实相体验的概念。既不可以混淆二者的"作用"界限，也不可以滥用理论概念取代陈述的、体验的概念，更不可以据理论概念而拒斥陈述体验的概念。否则，不但会造成理论的滥用和理性推理的滥用，而且会给科学研究本身带来混乱。所以他说，要把陈述体验的"知道"行为和逻辑推理的"说明"行为严格区分开来。在对这种理性行为的反理性运用的批评中，石里克清楚地观照到了第三点：促发体验发生的归一物我行为，绝不是逻辑推理行为。在"认识"存在事项的推理行为中，展现的是清楚的主体和客体的外在的二项关系。说明不了使主体与客体归一的那个内在的第三项行为关系。在归一物我时和在体验到存在实相而把握到"理合"内涵中某种确定性的真值时，有一种非主非客的东西在起决定性作用。这个东西已绝非作为主体或客体的独立的物自体。这个东西是什么？石里克没有指出，但是他肯定，这个东西不是科学理性，因为促生归一过程和把握体验到的存在实相的认知过程，绝不是逻辑推理的认知过程，而是非理性化的认知过程。如是，石里克明确指出，科学理念和理论，虽然是完成科学认知过程的必要条件，但绝不是充分条件。他认为，即使我们可以用符号单义地把世界上存在的无限多的事实都表达出来，我们至多得到了一个真命题体系，但是绝对没有得到最终的认知结果。因为科学的目的只有一个：用最简单最少的概念，达到对世界的最单义的标记，而这离把握世界存在整体以达之存在本体的人类认知目的，还差得很远。科学的概念的功能仅在于：用清晰而精确的符号单义地标记存在世界。可是，如此清晰，如此单义的存在世界是不存在的，即使是对于我们最熟悉的自身，也难以用这种科学真理来描述，更不用说用这种科学真理来把握自身的指导其生活实践了。所以，科学理性所追求的终极理论，实质上是一种反科学反理性的科学幻想。如果说莱尼厄尔从科学主义的外部批评了科学主义,从而彰显了科学精神,那么,石里克则从科学理性崇拜的内部,坚持科学精神而批评了科学主义。

对科学主义反思中显示出的科学精神,日益成为科学发展的一个显性的动力现象,从而孕育了一种非逻辑理性推理的科学态度。这在以卡尔纳普的为代表的前期分析哲学的论述中有所表显。

首先,现代公理学,不是把合理性的基本命题的陈述看作是使用已有概念而作出的正确陈述,而是认为,在悟性体验把握到的体验的实相命名时,一些抽象的概念才产生,并被引入到理性认知行为中去。卡尔纳普列举了集合公理系统中的"点、线、面",并不是事先依然独立地存在这些概念,而后人们在陈述几何公理时加以使用,而是在使几何存在实相转化为公理概念,是我们在对存在实相的"理合"内涵体验性地把握中,在"自性空"的照亮中,把握到了这些可以展示为概念的真值涵项。如是,理论的理性概念,其实源出于非理性的体验,即源自于悟性的"顿悟"行为中。

其次,分析哲学认为,一种正确的公理性的基本命题的先验陈述,可以有不同的解释和说明。即可以使用基本陈述语句来说明,也可以用逻辑符号体系来说明。在后一种说明中使用了逻辑形式系统对其作出真值的判断推理而得出的理论体系,可以是满足这一公理的理性说明的模型。但也仅是模型,而仍不是公理所陈述的存在实相本体。所以,卡尔纳普才说:陈述公理的概念,可以,也应当是非固有的概念,因其还不就是逻辑符号所采用的固有概念和建构的理论体系模型。因此,任何理论概念,不论是非固有的还是固有的,都只是把握存在实相的一种工具性辅助手段,其作用只在于说明基本陈述命题是正确地陈述了存在实相的"理合"内涵。所以,分析哲学家们才认为,只有陈述句才具有真实的真值意义,而所有其他的表达方式,包括逻辑形式,不具有独立的真值意义。仅当其以非饱和的符号纳入到陈述句的理合内涵陈述时,变为饱和的语句时,才赋予其逻辑形式以真值的真实意义。

如是,分析哲学家们看到,对一个基本陈述句性的真值命题来说,其中有些陈述概念性谓词,可以转换为抽象的逻辑符号谓词。但是,仍然有一些难以用现有逻辑符号转换的陈述谓词,从而难以在逻辑理性推理范围内得到说明和论证。这时,就只能以知性的经验归纳判断为检验方式。如其包含了能在检验中——体验中显现的东西,则为真,否则即为伪。在这里尤应指出的是,这里所指示的经验性检验,仍然不是以已有的指示概念为依据的,而是以已经转换成经验的原初体验和不断可重复地当下即是的体验为依据的。原因有二:其一,如无原初体验,就不可能有任何非理论化的经验。其二,如无原初体验,也就不可能有可重复显现的报身实相,时时可以以当下即是的方式显现为经验,以供经验累积和作为存在实相来把握。我们可以用赫拉克利特的名言为据:作为直观中的化身幻相,人类不可能两次踏入同一条河流,即化身幻相无法在经验中作为存在实相来当下即是地再现。但是,作为万物皆处于流变之中这一报身实相的存在逻辑事实整体,即可以以"逝者如斯夫,不舍昼夜"的方式,在经验中事实当下即是地展现和被体验到。如是,对于基本命题的证实,在分析哲学看来,就有了两个标准。一个标准是,可以在逻辑推理中得到论证,即可理性化地证实;另一个标准是,可以在经验中显示,即可以在经验中得到再体验的当下即是的证实。如是,判断基本陈述句内涵"理合"真值内容,就有了两个标准方式:可证实性和可重复显现性,也可称为可再体验性。分析哲学对于基本陈述句构成的公理命题的检验与说明的理性分析,向我们说明了现象学"还原"理论的合理性:应当将一切理性结论本身,还原到基本陈述句中去,才能找到认知的一个过程性起源:悟性体验并命名存在实相的"先验综合判断"行为中去。这一立论,对于认识认知过程具有意义,并且对于检验理论真理性亦有意义。前者表明了,知性操作的经验归纳判断,具有进一步清晰化和条理化,即形而上地把握真值命题的作用,可以将逻辑理性无法处理,或一时还未能处理的陈述命题,转化为可以为其处理的抽象特称命题。后者则潜在地意味着,一切真理体系,最终都应该"还原"——升华为可体验的,至少是可以提升体验的东西,即可以由理而升华情以成为境界性的东西。如是,报身实相不再是一种辉煌的景象,而成为一种澄明的内在的生活情境和情趣,人的生存状态即由此种过渡过程中,完成了从生物人向人格人的转化。对真、善、美的存在,由外在的欣赏、追求,变成内在的统一体的持存和享有。这时,人就很难再为化身幻相所引诱,而性空地进入一种具有丰富内涵的境界性生活状态中。人格化的生活方式必然取代了物欲化的生活方式。如是,凡是不能促成或不能进入到这种情理归一的圆觉过程的理论和假设,就只能是一种理论或合理的假设,而无法付诸生活实践。因此,卡尔纳普最终说了一句耐人寻味的话:"科学,并不是惟一的精神活动。"这无疑给科学主义者又一记当头棒喝,也无疑显示了一种大无畏的科学精神。

这里顺便说一句,卡尔纳普认为,人类的精神活动,大体上可分为三类:科学的、宗教的、艺术的。形而上学则是这三种精神领域活动中的混合物。由于形而上学使用了科学语言来不恰当地表达他们原初体验到的存在本体,所以,形而上学关心的那些"永恒之谜",对于科学来说,是无法理解的,因而也是不存在的。这也就恰恰说明了,由于哲学本身无法用科学语言来正确陈述存在实相的终极依据,科学也就无法用理性来说明这种终极本体的真值性,因为"哲学任务完成之处,就是科学任务开始之处。"在禅学看来,哲学与科学在终极追问上陷入困境的原因很简单,其探讨和操作的,都是具体的对象,哪怕是再抽象的对象,也是一种有限的、有条件的、有界限的,能被展现为存在的对象,无论是名相、法相还是报身实相;但是,对于"无象之相",即无任何条件限制的,无时无处不在的法身实相,就无法把握了,更不用说对于无真值可确认的、无法精确地符号化陈述的"无垢识",就更难以对之作出科学的言说了。如是,科学理性也就只好将其作为形而上学的"不可以说的东西",或者作为神秘主义的东西拒绝给予言说。正是对这种所谓形而上的"永恒之谜"难以为科学理性把握,才使有些哲学家认为,维特根斯坦所说的"不可言说的东西",只是形而上学的命题,而不是那个终极本体。其实,以形而上的方式言说的,在逻辑理性看来是悖论的"空无之妙有",恰恰是指认那个存在的终极本体。正是执箸于形而上这种哲学言说方式,这些哲学家才掉进了维特根斯坦指认的"捕蝇瓶"中了。这里,既显示了理性的局限性,又显示了理性的有用性:可以在无形之大相中认知报身实相而说明万法,却不能把握终极存在的"性空"本体。即理性可以证真,却不能证"空"。

在这种科学精神的作用下,分析哲学家们日益深刻地认识到,科学本身的理性说明作用,从来也不可能仅仅凭借单纯的理论概念作出,也从来不可能仅仅借助于逻辑推理方法得出相关的理论。奥本海姆以复杂系统的自行调节功能为例,说明这一事实:功能性现象的存在,是不能用因果律或统计概率说明中的前提条件说明来解释的,同时也不可能用精确的逻辑论证来表达。因为我们不可能从一个有机系统可以有这种自我调节功能这样一个全称命题中,就推论出适合其发挥功能的必要条件。只有在整体上把握了其发挥作用的全部充分条件的同时,才可能论证其发挥功能的必要条件,这时,逻辑推理的运用才可能是正确的。然而,恰恰是逻辑推理只能把握住必要条件,因其排斥非必要的充分条件而无法把握充分的整体条件;因其演绎推论的只是单个的逻辑事项,而自行调节功能恰恰在逻辑事实整体的复杂系统中才可以显现;因此,仅凭逻辑理性的推论方式,永远也不可能证明这种自行调节功能。既然这种自行调节系统不是科学理性说明的结果,那么,人们是如何发现和把握它的呢?奥本海姆指出,在这种发现过程中,理性溢出了逻辑推理方式而获得了一个补充假设:某有机系统在一定限度内具有一个自我调节的自动功能系统。这种系统是一种功能,而不是一种物自体性的存在者模式,即不是一种物化的载体对象,要假设它的存在,靠直观和知识性经验是不行的。靠什么?奥本海姆没说。但从他举的例子来看,靠的是直觉归一实相促动的悟性体验,也可以说,靠的是一种非理性的"统觉"意识。如对蝴蝶翅上的图案的伪装功能的把握,白血球增减的调节与细菌入侵成正比的关系,尤其是对印第安人祈雨舞蹈的直觉体验——这些仪式不可能具有布云降雨的功能,但却有加强群体意识以战胜自然坚定信心的功能。显然,对这些存在实相"事和"性的逻辑刚性的把握,就不是科学概念和逻辑理性推理所能达到的了,而是非理性的认知行为,从对实相的体验中把握到的"理合"内涵并陈述之的认知行为。如是,奥本海姆认为,真正的科学精神是随时准备放弃一切已有的科学成果,而贴近实存本身,从而指导着科学的进步。缘于此,只有这种在"一切不住"的观照中闪耀的科学精神,才可能指引人们跳出科学主义的束缚、正确确认和把握非理性的存在本体实相并展示出其"理合"的内涵。奥本海姆以一名分析哲学家身份,对此作出的哲学分析,已显示出科学精神对于科学本身具有的思想自觉的功效,使他的认识已远远超出了经验实证主义的论证范围,深深地浸入到对直觉归一和悟性体验过程的认知中去,从而才产生了如此明朗的科学态度。如是,真正的科学态度,不应以科学理论体系和科学理性思维法则去硬性评判非理性存在的东西,而应当以"一切不住"的"无垢心性",去充分尊重和重视非理性存在的整体实相;更不应在科学理性尚不能对之把握时,给予拒绝甚至是压制。

维特根斯坦对于科学精神的把握,是从他反对逻辑理性专制的立场出发:要求"改变对于矛盾和一致性证明的态度"。在科学主义者看来,不能在一个命题体系内排除其矛盾关系,不能证明其理论中没有矛盾性东西存在,就不是真理,也不是可以放心使用的理论。在维特根斯坦看来,一个有内在矛盾因素和矛盾关系的理论,为什么就不能完成非常有用的任务呢? 关键在哪儿? 维特根斯坦认为,关键在于你自己的立场,是陷于矛盾着的关系中,还是处于"中立观察"的"无垢净土"中。如果是前者,你就理解不了矛盾存在的价值与意义,而是身陷其中不能自拔;如果是后者,你就会看到,各种对立的理论,实际上都只是在展示着一种理论的不足和局限性,需要另一种与之矛盾的理论来补足。在禅学观照的立场上看,更大的可能是,理论上的矛盾甚至对立,很可能是由于混淆了认知不同阶段而引起的。维特根斯坦在自己的理论探讨中,就一直在贯彻这种"中观之道"的立场,在这种立场上去"补足"任何一种理论的局限性。例如,当讲到直觉主义理论成立时,要多讲逻辑理性的用处和规范;当谈到古典数学理论时,要多讲存在实相整体的先验性和自明性;当结构主义理论冒出时,要追溯到科学所说的"发现"的源头,先验知识呈现时的陈述语态:"噢……我知道了……"的顿悟体验。如是,才可能使理性的思维方式,不至于陷入一叶障目而不见泰山的窘境,不至于使非理性的认知停留在自在的或自为的非思想自觉的阶段,而无法走到正觉的理性认知过程。这使我想起了惠能在教他的弟子们在使人们破除"念识"和"法相"执箸时的方法:对有讲无,对无谈有;当其无法执守有与无两个极端中任何一端时,才为其开示"中观之道"。也只有在把握这种"敞开性"的"一切来去不拒,一切来去不留"的"自性空"终极本体时,才能看清任何一种理论有效性的局限性和与之矛盾的理论体系具有的"补足性"。如是,才能看到科学本来的存在意义,而不是发现并执箸某种"放之四海而皆准"的真理,而是使人发现和运用自己天赋的大智慧:无上正等正觉的正智。科学精神正是从这种"一切不住"的"中观之道"中展现出来的,而科学精神的作用,也正是在不断的认知过程中去验证和培育、巩固这种人生正智的自觉与运用。如是,科学本身,在维特根斯坦那里,完全抛弃了其功利主义的工具性质。即科学理性的应用,不是为了扩张人弱势能的生物能力,不是为了满足人们生物性欲望的工具,更不是通向征服世界的道路,而是一种使人取得人生大智慧的认知方式方法,从而使人获得一种全新的,不同于生物人的生活方式。维特根斯坦这种论断,对于科学主义来说,已不是扬汤止沸,而是釜底抽薪。科学本身就是在矛盾着的逻辑事实整体中发展着;并且矛盾着的理论体系本身具有一种自为的互补性;理性崇拜追求的理论体系的无矛盾的一致性,仅仅是一种知识追求,而绝不是终极追求,更不是使人在思想自觉中获得人生的终极依据:正智。因此,仅奉逻辑理性为人之惟一本真的科学主义,实在不具有信仰的真值基础。因为真信仰必须以真实把握的终极本体存在为基础,而不是以理论或知识为基础。理论和知识只能起到对终极存在的说明作用,仅此而已,绝不就是终极存在本体。

更为有意思的是,维特根斯坦在讲这种一个矛盾的理论体系,为什么就不能完成非常有用的任务的观照中,看到了科学主义的病根:任何科学理论,都不能保证自身潜在的矛盾性不出现。也就是不能保证在新的领域或更广的范围内运用时,保存于末那识潜意识域中的存在实相整体被进一步体验和把握到时,不出现其矛盾性而导致的悖论。如是,科学逻辑理性所作的任何合乎逻辑形式的,经过演绎推理证明的理论,都无法从其合理性中彻底清除这些潜在的矛盾和可能的悖论;最简单的例子就是 $1+1=2$,这个命题,就潜在地存在着 $1+1\neq2$ 的矛盾性和可能性;科学理性也就无法清除科学主义者坚持某种"放之四海而皆准"的理论,有朝一日会被证伪的恐惧。这种恐惧使他们朝朝暮暮惴惴不安,时刻担心这种理论在实践中一旦失去效力,使其存在价值受到怀疑乃至被扬弃时,人类的科学理论大厦不就坍倒下来了吗?上帝死了以后,人类的唯一主体凭借:逻辑理性也就不成其为终极依据了吗?正是这种对于科学理论体系内潜在的危机的恐惧,才使科学主义者以千百倍的努力去维护其理论的权威地位和逻辑理性的王者专制性,并尽全力压制、打击一切可能对现有理论的非合理内涵的揭蔽。压制、打击一切可能修改甚至重构现有理论的非理性认知行为,从而使科学主义的理性崇拜走上了反理性的专制主义道路,维特根斯坦对于这种科学主义的恐惧,开了一个玩笑。他说,之所以科学理论大厦经历了风风雨雨没有倒塌下来,多亏了一位好天使。注意,这里的终极支撑力量,不是来自逻辑理性,而是一位好天使。这位好天使,不是撒旦的部下,也不是生物人的神格化,而是一位过着非生物化的人格生活的人。正是这位达之圆觉认知正果的好天使,引导人们立于"中观之道"的"自性空"中,去看待一切矛盾的存在,一切矛盾着的理论的存在:互补性,而不是在逻辑理性支配下去追求"一致性",才使人们不断地发现存在实相中新的逻辑事实涵项,以之不断修改或重建理论体系;并使人们观照到对立的理论体系的各自的局限性和由此局限性决定的互补性,从而使理论可以体系化的发展,并获得新的突破性飞跃。一句话,只是由于这位好天使立足于"一切不住"的中观之道中,对一切存在与真理的观照,发现了终极存在本体的根本大用:和谐一切,而不是生物性竞争,更不是生存性竞争地使真理与存在真值获得确认和实践,正是在这位"开放性"的好天使心性中,我们看到了禅学对人的根器性作用:和谐理顺。当科学主义者由于其反理性行为,心存恐惧地着眼于排除矛盾时,禅学的科学精神却着眼于阿那克西曼德所说的"统一性"的补偿关联关系的实现,以使在促进科学本身的发展中,人类真正获得"智慧的生活",而不是科学主义提倡的"理性的生活"。科学精神的"大无畏"的内涵,正是在这种了无畏的"中观之道"中生成的。如是,科学精神才展现为"来去不留"的彻底的敞开性。确实,当人们不怕失去什么,也不必固执什么,坦然而欣喜地拥抱每天都是新的太阳时,还有什么恐惧吗?

普特南运用这种大无畏的科学精神,使他对于人本身的非理性存在样式,有了一种理性化的了解,从而展示了科学精神不惟逻辑理性并不惟理论的实质。

普特南在研究中发现,非科学知识的产生,是科学知识的前提,他将其称为"隐含的知识",并阐述了其具有的三个特征:

其一,隐含的知识是一种难以详尽描述的背景知识。这种知识甚至不需要公共认可的已知的理性知识的介入,也可以存在于个人的知识体系中。其实,这就是康德所说的先验知识。它作为科学命题的源头性非合理性知识而显现于个人的体验中。不谈人文知识,以量子物理学的"波粒二象性"知识为例,可以说"波"这种归一实相中,即在物我归一的佛性与自性信息总的归一过程中,就已隐含了"粒"这种万法真知识的图像式内涵。即在佛性与自性归一的"波动"过程中,已然隐含了"粒"这种报身实相的构成性存在,并最终可以以"粒"的真值性为基础,构成"粒子"理论。这种陈述虽然生硬,但却是存在事实。并且,这种直觉归一的存在实相,是难以用科学实验手段和理论推理方式检验和论证的。因为直觉归一的实相,虽然是以"波动"的归一方式完成的,但最后得到的存在本体,却是非物质粒子的组合,是全息性的信息整体形式:报身实相,并且以整体信息形式"绵延"进入人的"自性空"之中,存储于"末那识",从而实实在在地存在普特南所说的那种人类独特的精神生活之中。人们尽管可以用声、光、电的方式再现"全息"的图像,但是,人们已知的科学手段,却无法在直觉归一过程中和过程结束后,来检验这一全息的报身实相的生成和形成,而只能凭个体体验和观照中的"通官"能力来检视之。并因此而被科学主义戴上神秘主义的帽子。

其二,面对这种难以用科学实验设备、方法来检验和测定的隐含知识,它是如何被把握的呢?普特南认为,是在我们将自己的整个官能组织统一作为测量仪器使用时才把握到的。这其实已然是在言说禅学所说的"悟性"的功能了。也可以说是在言说佛学所说的人的"神通":人在进入"性空"的禅学状态时,"通官"发生了一种"通观"的观照功能,可以自为地对直觉归一实相的"事和"中"理合"内涵给予"隐含知识"性的把握。

其三,隐含知识作为科学理论产生的大前提性的整体背景知识,是不可能以科学理论和逻辑符号化形式作出说明的,因其是一种无限多维的全息性的存在整体。但是,没有符号性形式化的知识,科学本身就是不可能发生和存在的。因此,在从隐含知识向理论知识的"真理"信息"传递"过程中,就有了逻辑理性的大用。但是,启动这个逻辑理性的前提,却是一种非理性化的认知行为:悟性对体验到的隐含知识的命名,和知性对经验到的体验的归纳判断而衍生出的特殊命题的认知过程。基于对隐含知识这一存在现象的观照性"先验还原",普特南发现了一个非常重要的存在实相:隐含的知识来源于我们的一种"先天技能"。这种技能太复杂了,以至于我们现有的所有涉及人和不涉及人但关联到能动能力的所有科学知识、理论、方法,都难以用来描述它。

在这里,普特南作了一个猜测,也许我们的大脑拥有一整套完整的分段认知知识的功能组织。可是,现有的科学和哲学理论体系中,找不到一种可以用来描述这种功能组织模型。他认为,人类这种认知性的功能组织很可能是这样一种情况:人类的理性理解能力,永远不能对它作出详细的说明。这并不说明人类永远无法认识我们自己,而只是我们在哲学——科学理性作用范围内,看不透我们自身内部存在的真如实相。普特南并没有由此而滑入不可知论的泥潭中,而是极为智慧地提出了这样一种认知途径:必须不以任何理论和科学假设为前提,也就是悬置一切理论和理性方法时,使心灵处于"性空"状态,我们才可能获得一条通往人类认知能力显现的道路。这就又回到了老子所说的"非常道":"常无欲以观其妙"。如是,他提示了一种认知人类认知能力的"多元化"的道路,即非理性化认知的道路。这种道路提示行为本身,就展示出人类认知能力和其能力的认知性应用方式本身,不是唯理性的,而是多元化的认知方式。此即禅学化的悟性、知性、理性的多元化认知能力及其应用导致的多元化认知过程和方式。重要的是,这一切认知行为,只能是在不固执科学理性和科学理论的"开放性"中产生和实现。发现并确认和运用这种"开放性"的多元化认知方式，正是科学精神的效用实质。如是，既非亚里士多德传统的哲学，亦非伽利略传统的科学的禅学方便法门，便在这种"大无畏"的"精进"中被打开了。如是，亦可以说，科学精神是开启禅学方便法门的钥匙。

在近百年来对非理性思潮的理性反思过程中，出现了一位对科学精神作出相当整体性把握的哲学家：理论动力论学者托马斯·库恩，他通过对科学理论的背景理论，对经验科学及方法，对科学家们的自为的非科学的态度考察，提出了新科学理论产生的"突变论"，和一种先验方式的"动力论"。在对这一切非理性认知行为的"合理性"考察和论述中，库恩系统地言说了科学精神的各个方面。

其一，科学精神造就的科学态度是"无须思考，还是观察吧"。既无须思考科学是什么，也无须思考科学需要什么条件才能说明真理，更无须思考科学依据的是什么理性，当然就无须思考必须采取什么样的演绎或归纳方式，只需在这种悬置一切念相的"性空"中，去观照存在实相本身和存在实相的生成过程。只有此种"一切不住"的科学态度，才可能"于不住中生其心"，使人的真实智性慧根"阿摩罗识"显现出来，并发挥其"止观双运"的认知作用。用哲学家形而上的语言来说，放弃思维原则，把握存在原则去认知，才是真实的科学态度。顺便说一句，当分析哲学认为，这种形而上的命题"存在原则"是不精确的，不可理解的，因之是难以实践的时候，我们用禅学的义理给予"文字般若"，不但可以理解了，而且也可以实现了。同时，现象学的"还原"方法，也就有了展现其真如实相本体根基的可能和流畅地运用，以"贴近地面"的方式参与实践。

其二，库恩通过他的研究说明，科学，尤其是自然科学，是以非合乎推理亦非归纳的方式开始的。因为在科学研究过程中,存在着两个完全不同的领域:发现领域和证明领域。发现领域的认知行为,完全是突变性的,非归纳非推理的非理性行为——非常规的研究行为。在这种非常规的研究行为中,人的认知,不是遵从逻辑推理规则的渐进行为,而是一种突出性的恍然大悟的顿悟行为。产生这种顿悟的非理性认知行为的一个绝对条件,就是"中立观察",即"一切不住"的"中观之道"。所以,在科学的"发现领域"中,人的认知行为,依据的不是理性,而是另一种认知能力:悟性。依据库恩的思想,他将其称为一种天赋的"理解力"。但是,人要启动这种天赋,必然处于"中立观察"的立场中。而把握这种"常无"的"性空"立场的惟一可能通道,就是彻底放弃科学主义信仰和理性崇拜。当人们的心性还处于"浮云满地无人扫"的理论遮蔽状态时,那个存在实相本体,当然是"云深之处不可找"的,如是,把握科学精神实质并应用之,首要的是,在认知过程中,也仍然是"无须思考"的"止观双运"之禅法的运用。非如此,不能"于不住中生其心",也就无法确认和把握存在实相,当然也就无法进入"欲以观其妙"的发现领域。不但创造力实现不了,无创新可言,就是科学理论本身,也会处于理论的循环论证中和名相的矛盾争执中而无法自拔,何来"闲暇"去作创新呢? 行文至此,我想起了季羡林先生一句大智慧的开示:"我从来不和人家争论。因为我不相信真理会愈辩愈明。"季老,终究是得到过佛学研究实惠的人。善于开启方便法门者,方能言及人所不能言。

其三,库恩因此而直言了一种科学精神的大无畏的科学态度:新的科学方案是与这种突变性飞跃认知的研究相吻合的。也就是说,只有能够"常无欲以观其妙"的人,才可能"常有欲以观其徼"地设定新的科学方案。但是,新的科学命题取代旧的科学命题,就像新物种取代旧物种那样,面对原有环境的不适应,其适应性比旧物种——旧理论更差,甚至是更糟。因此,新的理论的实验性尝试,总是伴随着无数次的失败,甚至是灭顶之灾的打击。在这种在偶然性顿悟方式中发现的命题的实验中,人们只能是碰碰运气,只是在幸运的条件下,才能获得有益的结果。就像居里和居里夫人发现镭元素,药学家发现青霉素那样,原本未曾在理论设计和实验设计中预先设计这种实验结果,而是在意外的幸运中发现了它们的存在和真值的理论意义。所以,库恩认为,以常规态度对待科学革命的科学家,是目光短浅的教条主义者,而充满科学精神的,具有真正研究非理性发现研究意识的科学家,则更像宗教狂热者,具有"无念、无相、无我"的大无畏精神。因为他们清楚地体验到,对直觉到的东西的言说,与对经验与理论的矛盾的胡扯——维特根斯坦批评的"明显的胡说",是完全不同的。因为直觉的认知行为,具有完全不同于理论的纯概念推论,和经验对已知现象的知识性归纳的认知行为不同性质的本质。因此,这些"突然发生"的命题,是不能按照已有的知识设立的检验条件和验证程序来检验的。这不但因为逻辑理性无法检验、推论和说明直觉及其促动的顿悟行为,更因为现有的理论与实验设施不符合于这种新的存在实相的逻辑事项的真值内涵。也正由于获得对直觉和顿悟行为把握的基本立场和方法不是逻辑推理的,而是中观之道的中立观察,所以,不可能以理论的逻辑设置和纯粹的无矛盾的理论标准来检验和说明。当人们总是把追问和探索的目标锁定在功利性的"知识"的把握上时,人们会追寻一种理论进步目标的实现,而不是在科学研究"自性生万法"的万法发生、发现过程中,去最终把握那个"无垢识"的大智慧,这时,人们就很难对科学研究本身作出正确的认识。所以,科学研究在追寻知识这条路上,只能在对存在的逻辑演绎中走到"法相因明"的过程中进行理念的还原。这也正是现象学发展到今天,为什么还没有走到佛陀所开示的正觉观照的原因——只为科学理论寻找源头和动力,而不是为人本身存在寻找终极存在依据和生命力存在本体。这又使西方对于存在的研究进入到观念循环论证死胡同中去。

缘于此,库恩所要求的对顿悟中突变的"中立观察",就不仅仅是一个科学研究的方法问题,也不是一种改变了的探究非理性存在的理性化思维的思路问题,而是一个从根本上改变对科学本身的态度问题。他直言不讳地改变了科学信仰:从对理性的崇拜而转向对非理性存在的确认和对非推理性研究方法的自觉。这是一种极重大的思想自觉。也正是在这一点上,科学主义者们攻击库恩,说他使科学研究的理性褪色,使科学研究本身成为彻头彻尾的非合理性的事情。这是诡辩,也是真正不懂科学。正如库恩所确指的,导致科学进步的,事实上都是非理性的"突变"中展示出了存在实相。非常规的科学研究方法的运用,才使科学理性的运用成为可能,即以逻辑形式方法去说明非理性存在的合理性的内涵,使之逻辑化地把握为真理。如是,从大化流转中报身实相与真如实相互动互显的关系上来看,这种科学主义的诡辩本身,就是科学主义对科学精神的一种反理性的异化行为:封闭科学精神的敞开性。更由于科学主义理性崇拜和理念至上的信仰,无法把握,也无力解释在"无垢识"中发生的直觉行为和顿悟中的体验性认知行为,促使科学主义对这种"无知之知"产生了一种恐惧,对这种非理性存在领域的认知之无能为力,感到更深的恐惧。于是,科学主义者就只能急切地将其归之于神秘主义的和极少发生的偶然性,以反理性反科学的污水来丑化非理性的存在与认知行为,从此来掩盖其无能与无知,从而科学主义专制性质对人本身的异化行为被消解性地伪装起来,终极关怀问题被悬置起来。其实,说到底,唯理念唯理性的科学主义,才真正违背了科学精神的本质要求。

这里还必须涉及另外一个科学主义强有力的自行辩护的话题:科学理论本身,具有一种免疫力,并由之证明科学本身也具有一种以逻辑理性为依据的自足的免疫力——逻辑理性的推理论证,排除理论内在的矛盾,而使理论本身具有了免疫力。而在库恩的理论动力学中,我们恰恰看到,正是科学精神的存在,才使科学本身具有了一定的免疫力,而不是科学理性和科学理论体系性的完整性。

其一,开放的科学精神,向来承认存在着科学理性未知的非理性存在领域,并且承认,这些非理性存在领域也是处于"性空"的开放状态中,以"弦"动的方式去引导科学理性不断进入其中索取"质料",把握为理论。所以,科学理论的实在性和稳定性,不来源于逻辑推理,而来源于科学本身承认对于"无知之知"的开放性,承认对于无知领域的可知性,而不是什么科学理论"核心层"的真理不会发生变化。试看科学对物质与精神的认知,在近一百年中,发生了多么大的翻天覆地的变化。所以科学精神的体现,不仅在于科学理性研究本身,更在于人们如何看待科学本身的生成与发展的"敞开性"机理。这种敞开性的核心表现,就在于承认,并积极地确认非理性存在本体和非理性认知行为的作用。

其二,开放的科学精神,承认任何理论体系——海德格尔所说的"座架",维特根斯坦喻指的"捕蝇瓶"——本身都是一个开放的体系,如是,才能实现科学本身的规定性:可发展性和必然处于发展状态中。保持这种"开放性"的标准,就是科学工作者,必须随时准备"悬置"一切科学理论体系,随时准备"中止"一切逻辑理性

"判断"方式方法,才能随时准备拥抱极为偶然出现的"顿悟"体验,从而"幸运"地把握住存在实相展现的那一瞬间,创造性地发现新的科学命题和理论。如是,科学的开放性才不至于被封闭,科学的生命力源泉才会汩汩地涌流。免疫力离开了这种除旧布新的新陈代谢过程,必然会枯竭,说到底,科学本身的免疫力不是来自于对核心理论的固执,而是来自于"于念而无念"的中观之道。

其三,科学理论和科学理性的免疫力在技术层面上,来自于一种非理性的区分能力:区分发现领域和证明领域。这种区分极为重要。它实质上区分了人类认知过程的不同认知阶段。一旦弄清了不同认知阶段的存在实相,就会理解在不同认知阶段,人类的自性空之用的方式不同,认知存在的方法也不同,认知的结果亦不同,其发生的连续性启动下一阶段的作用当然不同。如是,就不会发生强求逻辑理性一律的科学信仰现象。早在千年以前,青原惟信禅师就以"山水三重论"的喻说方式,区分了人类认知领域的不同作用方式。库恩认为,在上述两个领域中使用的语言分别是"观察语言"和"理论语言",二者既不可以偏废,更不可以混淆。偏废就易于导致理论的混乱和认知本身的混乱,并导致理论的尖锐对立,在社会实践中,会导致不同层次上不同程度的人祸。正是在这里,分析哲学显示了其不可磨灭的贡献,围绕着对形而上学、经验、存在问题的拷问,还原和探源中,发现了语句中陈述句、描述句、说明句的不同,分别显示着人类悟性、知性、理性之用的不同方式和作用。一旦科学哲学明确承认和正确区分了三种语句展示了人类认知历程中三个不同阶段时,就会自为地消解科学主义的霸道和诡辩论存在的基础。如是,科学精神中生发的免疫力,就可以治愈科学主义偏执狂的病态。

综上所述,我要说的是:库恩的研究本身在展示出科学精神的本质内涵:一、正确区分和把握人类不同性质的认知过程性阶段;二、科学本身不是人类认知目的,更非人类可以依据的信仰本体;三、科学研究是为人类进步服务的,不是为人类生物性本能扩张服务的,更不能认为人类进步本身是为证明科学理性崇拜的惟一性服务的,即不是"用我们所知道的东西的进化来代替我们所知道的进化的东西",即不能以"知识"的追寻来代替终极关怀。以达尔文的生物进化论来说,这种科学理论的精神实质,不是指引人们提倡"生存竞争"为科学目的,而是指明人类本身的存在实相,就是处于"进化——进步"的历炼中;人类获得进步的重要方式不是"生存竞争",而是寻求和谐共处之枢机的"适者生存"。在这种从生物竞争走向人格和谐的历炼过程中,科学只是有助于展示和实现这种"存吾顺事"进步历程的工具,而不是进步的目的本身,更非获得进步的终极信仰内涵。如是,科学本身的伟大之处就在于将悟性从宗教式的氛围中解放出来,使之处于"一切不住"的敞开氛围之中,以不同的理性认知方式去把握非理性化的存在实相,并将之把握为"非合理"的基本命题,使其可以展示出存在"事和"中的"理合"逻辑刚性,从而经逻辑推理而演绎出明确清晰的理论,以利于人生历炼和发展取向更为和谐顺畅。

所以,当代科学精神的实质内容就在于:承认非理性的存在,确认对其非理性化的认知和把握行为是一种创造性行为;确认理性的有效性在于其可以用逻辑形式去说明和论证,不同于已有理论的非合理性新命题具有的合理内涵和法则。一句话,在科学主义信仰的氛围中,尊重非理性存在为真,确认非理性的认知行为才是真正的创造性行为,这就是当代科学精神的本质规定性。

若如是,一种崭新的思维方式就开始显示出其原初形态:现象学、存在哲学、分析哲学以其各自的"存在原则"方式显现,并在一步一步的结合中,展现出一种源头在禅学,论争于哲学,显示于科学的发展性、过程性的新学问的发生倾向:认知学会由此应运而生。我以为,这大约就是 19 世纪至 20 世纪这二百年思想大潮中淘出的,留给 21 世纪处理的金沙。21 世纪人类最伟大,也会是最壮观的思想成就,很可能就是认知学的发生和建设。它本身不是禅学,不是哲学,也不是自然科学,而是由它们共同融合而孕育出一门全新的学问,并且具有极为鲜明亮丽的人文学色彩和光鲜。虽然这个孕育过程太痛苦也太漫长了一些,但是,它终将还是过程性地成熟到了可以临盆的那一瞬间,它真的就是那个在降生之际就向全世界宣称"天上地下,惟我独尊"的东西吗? 这一被后人指认为佛教教宗地将得以确立的,乔达摩·悉达多出生时的宣喻,其实只是一个有待人们破解的终极本体存在的公案吗? 诸位心路上的行者,答案当由您自己去参究。因为这个"至尊",不是对某个人的权威的确认,也不是对人类主体地位的喻指;而是对于每个人自家宝藏的开示。这种至尊的自觉,已远非戴菲勒神庙的那个主体化的"自己",而是每个人都有的自家心性的终极本体。可以说,正是西方文化源头这种"认识你自己"的"箸我相",使几千年来西方哲学始终无法破除之而达之对"自性空"的体验和认知。反而启动了非神学的近代哲学的"我思故我在"的信条,使哲学之思,无法思想自觉地破除"我在"的束缚而去理解"性空",反而在追随"我思"之故时,走上了科学主义理性崇拜的歧路,从而使哲学最终没有办法理解、论证和说明阿摩罗识的"空无之妙有"的存在性态。缘于此,我才产生了禅话西方哲学禅学化内涵的诉求,力图重新开启早已为全人类共有的自家心性这一方便法门。

四、一位科学家的哲学自白

——观照 S.温伯格的终极理论心愿

我年轻时,大约在 1974 年,曾以 50 元的巨资买了一套 20 卷本的《鲁迅全集》。在毛泽东主席"旗手"评价指引下,用半年的工余时间,狼吞虎咽地通读了,只记得先生的一句格言极好:"评时事不留情面,贬痼弊专取类型"。这大约就是先生治学的态度和方法。于今实践之。谈科学哲理,只在哲学理论和禅学义理中打转转,不是好汉,更有张祥龙教授嘲讽的"小猫玩捉自己尾巴的游戏"之嫌。如是,尽量在目力所及中汲取科学家们心路历程上的蛛丝缕缕,马迹斑斑。真是机关算尽,所得甚微。然,功夫不负苦心人,终于寻到一部经典之作。就是湖南科技出版社组织出版的《第一推动丛书》之一种,诺贝尔物理学奖得主,美国物理学家 S.温伯格的科学哲学(不是分析哲学意义上的科学哲学,而是科学家把握其本行学问中的哲思工作)著作《终极理论之梦》,满足了我观照科学家心路历程的欲求。这是一位志得意满的自然科学家,在功成名就的闲暇心态中,讲述其追寻终极理论的心路历程。在温伯格先生这种放松理性学派的心驰神往的求索意境中,我们可以更清晰地看到本章所述的有关科学三个问题的典型性论述,和方便法门施惠于他的"陈迹"种种。此书于本章的佐证作用,虽不可称之为"奇文共欣赏,疑义相与折"的范本,差之亦不远矣。故提此以为"公案",与诸公共参之。这也是科学研究的一个严格要求,凡析论说明,必附有若干可供查证的案例。如是,本节之于本章,不可视之为"狗尾",而是货真价实的"貂尾"。

总体来说,科学主义者追求的总是一种终极理论,而不是人本身终极存在,更不是人生智慧本真的正智根器。他们认为,当一种终极理念,一旦为理性推论证明以后,即可以成为人类信仰的归宿,且不论这种理论理念是否经过了可能的实验检验,是否可以付诸实践,是否可以指导人生历炼,是否彰明了人本身存在,只要信之并服膺之,并指导自己的思想实践——思想自觉行为就可以了。其实,这种对终极理念的追求和信其必然之有,是柏拉图哲学传统的延伸。大家久已熟知,大千世界,在柏拉图那里,被打为两截,即物自体世界和观念世界。物自体世界千变万化,是过眼的烟云,惟有观念的世界是永恒的、不变的。人们尽一生能力和内在理性所努力追求的和发现的,就是那个理念的世界,及其最根本的真理:终极理念。因为那个理念是一切理论、观念产生的前提、源头,又是不能为其他任何理论、观念予以定义的。所以,如何追问这一神秘的终极理念及理论,就成了一切追求知识的科学家和哲学家的非神学的终极追问,即使是对于存在的追问,亦如是。而不是像东方学者那样,在追问一切"缘起"中,去追问那个作为终极本体而存在的"性空"和人生存在的终极依据:大智慧。依据西方学者的思路和本章演绎的提问结构,我在这里,也按科学三问题的思路,去解读温伯格先生之"梦"。

1. 科学本身

"我们常常在不经意间,发现数学抽象、实验数据和物理直觉会在某个关于粒子、力和对称性的理论走到一起"。"发现优美的数学思想实际联系着真实的世界。在那写满数学公式的黑板背后隐藏着某个更深层的真理,一个让我们的思想显得那么美妙的终极真理。"一位著名的科学家,会说出如此非理性的感悟的直白吗?确实如此,温伯格说出来了,而且完全是以科学家式的直觉感悟的标准方式说出来:"不经意间"。在这里,对温伯格思想起决定作用的,完全不是逻辑推理和精确的演算,而是一系列的非理性的,自在的认知行为方式,不经意地,直觉地,走到一起,让……显现。正是在这种"不经意间"发生的直觉归一中,在对这种归一实相的悟性体验中,才发生了"发现"和"让……显现"的非理性认知过程。如果我们将上述科学概念和领悟方式内涵,转换成《周易正义》一类的陈述或《吕氏春秋》中相同的陈述,人们一定会斥之以非科学的神秘主义的东西。但当在这种认知方式和过程中引入的是科学概念时,为什么会变成了科学的呢?有意思,很耐人寻味。

人们也许会说,《周易》《吕览》追问到的是一种神秘的非理性存在,天人合一。而温伯格领悟到的却是一种理论的原型,一种先验的知识。确实如此,起码从温伯格的自白中看来是如此:"我们今天的理论只有有限的意义,是暂时的,不完备的。我们总会隐约看到在它们背后有一个终极理论的影子。""所有的理论都可以在原理的空间里得到它的解释,所有的理论都与他关联并相互关联着","那个能追溯到所有理论联系的起点,就是我所谓的终极理论。"(如果我在这里按《周易》《吕览》的主旨接着说:这个终极理论就是"天人合一",所有的理论都是从这里开始生发的。谁又能说这一立论不科学呢?)哈!多美妙的观照:一切理论的源头,原来仍是一种理论。怪不得理性要如此地被崇拜,因为只有理性能够在从理论到理论的这个论证过程中起决定性的认知作用。原来世界的终极不是别的,而只是一种终极理论,即使是最抽象的数学,也不过是这种终极理论让自己显现的一种完美的自足的理论工具而已。

如是,不管是非理性的认知还是理性的推理,抑或是二者共同发生作用时起到的"让……显现"的"科学发现"功能,最终使人能走到的,使人能获得终极把握的,只是一种知识,而不是存在的终极本体,更不是人本身自足的大智慧:般若。如是,温伯格就以科学主义信仰的代言人的身份明明白白地向人们宣喻:科学追寻的是终极理论;科学也只能追寻到一种关于终极的理论"知识",而不是终极本体存在。

终极理论的"显现",有什么意义? 或者说有什么用? 对于温伯格来说,用处太大了。

其一,终极理论的"显现",治愈了科学理论体系内在的一个痼疾:循环论证的无限推论。即终极理论的"显现",使科学理论推理终于找到了一个绝对理性化的,但又不是已经理性推理证明的,可又不是非理性认知的先验的源头:终极理论。于是,一切有限的理论,一切无限的对理论的循环论证,到此戛然中止。这种理论之所以可以被称为"终极",正是因为它终止了一切逻辑理性的推理活动,它的自明的显现,展示了理论具有一种绝对的,无须推理说明的,无须推理论证的,再解释的源头理论。如是,终极理论的"显现",治愈了,更准确地说,是揭蔽了科学理性的无限循环论证的痼疾,原来根本就不存在。因为一切理论的推论,最终都可以找到那个终极理论作为中止推论,中止逻辑理性发生作用的源头,任何逻辑理性,科学理性的功用,在这个终极理论"显现"以后,就都中止了。换句话说,这个终极理论的"显现",不是科学理性所可以再论证的,因为它是终极的;而一切科学理论的论证至此也就终止了,因为无须再推论了。如是,当科学理性最终在一种无须推论的理论面前被终止其作用时,科学追问的终极知识成立,科学理性无用性、失效性亦成立。如是,科学最终的成就是科学理性的失效,终极理论根本不需要,也不可能由科学理性来论证的科学理论,尤其是科学的终极理论,还是科学的吗? 科学的终极理论不需要,也不可能再由科学理性来论证,那么,科学主义的理性崇拜还是惟一的吗? 当然,我并不是说,我在揭蔽大科学家温伯格又"创造"了一个著名的科学悖论。

如是,问题"显现"出来了,不依靠科学理性推论,温伯格先生是如何发现了这个终极理论呢? 温伯格解释说:无限循环论证问题,成为引导他寻找终极理论的最好理由:世界上一定存在着一个可以不需要逻辑理性论证的,因而可以终止循环推论的终极理论。如是,温伯格发现,在相对论和量子力学的协调、融会中,发生了弦理论,弦理论成为终极理论的一部分。可是,仔细考察,弦理论真的就不是在推理中获得说明和论证的吗? 弦理论的产生真的就不会引起新一轮的无限循环的推论吗? 显然不对。我们且不谈温伯格在本书中,对一切理论进行的"引力论"的回归性论证,仅从弦理论产生的过程"让……成立"来说,实实在在仍然是在纯理论推理中"成立"的"事实",而不是非理性推理的"自行走到一起"来的那种"让……显现"的认知过程。因此,弦理论仍然不是不可再解释,不可再论证,不可推论说明的那种终极理论,哪怕只是其一部分。再者,温伯格终其全书,也没有搞清,且不强求他说清,他所说的那个在"不经意间"把握到的,使所有理论最终可以"自行走到一起"的"终极"是什么,为什么会"显现"。他只是毫无科学理性地确认了它就是"终极理论",而不是别的什么"终极……"。这,科学吗? 即使是"科学的猜测"。再深问一句:为什么科学的终极理论可以不依靠科学理性的论证就可以"成立",而成为科学的,其他对终极本体的认知,就必须通过科学理性的论证才能获得科学的承认? 这,科学吗?

其二,温伯格认为,终极理论的"显现",可以从根本上改变人们对世界的看法。即终极理论具有一种从理论上去把握终极的作用:世界终极存在不是神,也不是人的意志,而是一种再也无法解析、推论,再也没有内在矛盾需要解决的最完美的理论。温伯格在本书中,一再将不需要科学理论论证的终极的实证性定格在"美——完美——的体验"上。我们要说,我们完全承认并确认人类认知的终点在圆觉的情理归一胜境成立中。但是,这不是科学主义信仰的结果,也不是科学主义信仰者的信仰,而是人格主义的禅学信仰。作为科学主义者,温先生的此论,已经背离了他的信仰。但是,他就是这样悄悄地在禅学化的人格主义信仰的方便法门里串了个门,顺手抄走了一点点"完美"的东西,挂在科学主义信仰的大旗上,又开始了科学主义的贩卖。如是,温先生以为,人们再没有必要去追求什么终极关怀,只要去追寻,并掌握了这种关于终极的理论知识,就达之了终极。温先生这个使人可以摆脱一切矛盾的终极之梦的东西是什么? 他说:是科学。"科学家发现了很多奇怪的东西,而他们发现的最美妙最奇特的东西是科学模式本身。正是这个模式,使所有科学理论最终却惊人地聚会在一起。"如是,温伯格在终极理论的大旗下,"让……显现"出来的终极不是别的什么,就是科学模式本身。确实,科学的发展,使人们从根本上改变了对世界的看法。但是,科学——科学模式本身,也在制造出更多的悖理现实和悖论命题,而这一切,也是科学本身和科学模式始料所不及的。最典型的例子,就是人道主义科学家居里夫妇,在他们的科学之梦中,从来也没有出现过核武器、核污染、核竞争这种梦魇。温伯格面对现代社会人们对科学本身的置疑、批判,不可能再毫无顾忌地张扬科学主义信仰,如是,他就曲说,以追寻终极理论为名,再次祭起了科学主义信仰大旗,只不过上面挂上了从圆觉之境中串门时抄来的"完美"的商标。谁说科学家不会挂羊头卖狗肉? 温先生就是一位。温伯格此"奇文"的活眼,就在他的这第二章开场白的自白中"显现"。

其三,科学本身的发展,最根本地改变人的地方,就在于使人不再关注终极本体的存在性,不再关注人本身的自家宝藏:无垢识的般若正智,而仅仅追求科学知识,尽全力扩张人的生物性能力,使人本身沉浸——淹没在知识的沼泽中。温伯格提示的登上彼岸的惟一出路,就是追求和把握那个终极理论。而把握这个终极理论的惟一"定海神针",就是科学模式,排除一切逻辑形式中表现为悖论的科学模式。在他看来,符合这种将一切理论都合乎逻辑理性要求地统一到一个源头上的理论,就是产生于 1968 年到 1982 年间的弦理论。弦理论将粒子理论和引力理论统一起来,构成了一个引力发生的源头:宇宙间充满了无限多的一张一合振动的弦,这些弦以无限多的振动方式在永恒地无始无终地振动着,它们同一的振动方式使其振动中所发生的能量差距可以高达千亿亿亿伏特的普郎克尺度的能量,这使得引力变得与其他力的强度可以多元化多维性地一样大,从而构成了终极引力的约束性和自动力的根本样态。如是,这个弦理论就具有了终极理论的特征。但是,我们所看到的弦理论的产生,不是温先生在前文中所说的"不经意"的"直觉"中发生的,而是建立在对"对称性原理"新的逻辑论证上面的,并且是在以数学方式符合相对论和量子力学理论要求的基本条件、性质的纯粹推理方式中建立的。最终,这个弦理论由惠藤在 1982 年给予了正式的理论说明。我以一名被科普者的身份认识了这个一张一合地永不停止地振动着的万有引力之源的非物质形态的弦。我怀疑,它就是一些物理学家,尤其是可以接触到禅学和《新唯识论》的日裔物理学家们,对 1968 年维尼齐亚诺公式,以熊十力先生在《新唯识论》中提出的佛性"吸辟"理论演绎而来的东西。这些惊人的"家族类似"现象,在近百年来,不仅在自然科学界中发生着,更在哲学界多次获得大突破性进展中发生着。如胡塞尔的现象学方法惊人地相似于六祖禅法;维特根斯坦的分析哲学走的就是祖师禅"破执"的义理路数;海德格尔的存在与时间讨论,就是实践着"止观双运"的中观之道。而这一切的发生,与逻辑理性推理证明的科学模式,完全没有什么必然的联系,更不像温先生所强调的科学理性模式,反而在"不经意间"发生的。即便是温伯格在描述弦理论时,有意无意地掩盖了这个他在先已然承认的认识发生——发现的非理性化认知过程,它也仍然在时隐时现地向人们展示着这种认知发生的非理性化过程,这,才是真正的科学知识产生的终极源头。若从佛性的"波动"一吸一譬的义语上来解释弦理论,及其对其认知的"让……显现"非理性化过程,则更接近于理论的真实性和真值性。

其四,温伯格的自白,不经意间又透漏出一个观点,科学模式的理性化研究本身,有可能"溢出"这个科学模式以外,发生一种理性作用的历史中不会发生的理性突变。这个突变的界限是什么? 就是温先生认为的,直到今天我们还没有走到的理性资源的尽头。产生这个突变的终极依据是什么? 绝对不是理性,因为它已经被用尽了,其作用领域已被超越了。温伯格认为,就是我们至今还没有认知,把握到的,通过语言连接大脑的神奇能力。这又是什么? 绝不是语言,它只是工具:也不是大脑,它只是一种功能器官,况且这个功能器官的进化早已完成并且运行了几十万年了;那么,它只能是一个像弦那样以非物体方式存在的东西。以禅学的语来说,它只能是神通:通官的通观能力,不幸的是,温先生在本书中一再不承认这种"特异功能",并且直言不讳地说,研究这种神通的事,不是科学模式的任务,更准确地说,是已有的科学理论的逻辑理性所无力企及的。那么,有什么方法可能呢? 我们已然知道,在"一切不住"的"自性空"中,"让……显现"出来的,就只有那个可以进行"无念离相"地观照的"无垢识"了。追续分析哲学家的论断来说:在哲学任务终结之处,科学开始了;在科学推理言语道断之处,禅机"显现"了。正是在科学理性模式资源尽头之处,人类认知的禅观照方便法门打开了,"柳暗花明又一村"。有意思的是,作为一名真正的科学家,温伯格从来就没有否认过这种非理性的认知过程和认知可能,会在科学模式作用范围以外存在,并且时时可能会在科学理性研究工作过程中突然地、偶然性地"溢出"。这对于国内一些科学主义者,倒是一个很好的同行对照。如是,我们是不是可以将温先生称为"温和"的科学主义者呢? 在国人看来,恰好他可以姓"温"。

作为科学家的温伯格,在他的科学论证中"溢出"的那些"不经意间"涌流出来的意识流中,发生了什么事情,使人可以"发现"一些在直觉中即归一为理论的东西呢? 温先生以为是"美",是对美的直觉,或者说是非科学理性模式的美学的判断,给人们引导了研究方向,对于美的直觉体验,向人们提供了研究的课题。如是,温先生十分沉醉地说,科学研究之所以如此地诱人,绝不仅仅在于其成果的功利性质,而更多地在于他所操作的东西的美的展示;科学研究的很大一部分意向,就是要证明这种美是真实的存在,可以用最简单的科学的、逻辑的、数学的符号一义地规定出来。好一个科学巨匠,好一支科学大笔,虽然这支笔有些秃,枯燥地写不出任何色彩,但它仍是一种最简洁的美的造化者。他说,大部分科学家在松弛下本专业研究工作时会说,他们曾为一种美的体验——兴趣所感染,而投身到一种科学研究事业中来,并且在研究中和获取成果后,进一步体验到这种美。然而,就是这种"美",恰恰被维特根斯坦指认为非理性的言说,形而上学的东西,是一种"不明显的胡说"。这到底是怎么一回事？科学家心目中的美，和艺术家心灵中的美，哲学家言说的形而上学的美，是一回事吗？应该说，是一回事，都是直觉归一中成立的报身实相的辉煌的美。只要是人，对于归一实相的美的体验，都是同样的，不同的是，只是我们以不同的专业方式，不同的专业语言，不同的描绘方式，表达出不同的美的展示形式，否则，哪里来的"千江月"呢？

美是什么？"千江有水千江月"，江江月不同，各人言说月亦不同。但终究都是一种"江月"的体验。对于美的言说也不同。依我个人的体验而言，美是一种非物自体化的人的体验。人产生这种体验时，完全处于一种"无念亦无相"的"性空"心性中，尤其是在超越了"我相"的物自体存在性时，即在"物我两忘"时，才能发生这种体验，当人处于一种自在的"非我相，非众生相，非一切相"的"自性空"精神状态中，即能发生这种体验。必须说，这时的"定"中状态，不是自觉地禅定的状态，而纯粹是自性空的自在状态显现时，才能发生这种美的体验。因此，即使是不修禅，不自觉的"一阐提也能成佛"。道理就在这里，因其有自在的自性空心性，可以引导其体验到美，而追求真与美。那么，人对于美的体验，到底体验到了什么？一句话，体验到了一种存在于世间的至纯的和谐，一种达到至真至善的完满地步的和谐，使人全身心完全摆脱了生物本能而与天地合一，与万物归一的，毫无彼此界限，毫无矛盾对立的至真的和谐。这种和谐的至纯性展现了一种至真的至善，超越了一切观念和化身幻相，一览无余地显现出来。佛陀之所以将这种"离相而无念"的"自性空"界说为"自家宝藏"，就是因为"常无"的"性空"终极本体乃是老子判定的"众妙之门"。不入此方便法门，是无法达到"欲以观其妙"的人类认知目的的。以温伯格的科学家的体验来说，数学的优美，在于它可以以纯符号的方式"无相""无我"地联系起一切世界存在。终极理论之美，就在于它可以摆脱，可以超越一切理论体系的局限和界限，而展现为终极，它可以汇集所有理论展示出的"千江月"式的美，而显示出至纯的终极和谐之美的完美性。更为有意思的和更为重要的一点是，在温伯格看来，正是在这种终极理论之美的完美的和谐性，在向人们不经意间展示时，让一些理论的真值实相显示出来，当人们追寻和要把握这种终极之美的展现时，也就把握到了这种美的和谐的"事和"中的"理合"命题。这似乎有点"搂草打兔子"的味道了。其实，这不就是在诠释惠能在"自性偈"中，最后一句话说"自性能生万法"吗？也不正是在重复言说老子"无为而无不为"的认知法则"常有欲以观其徼"吗？

温伯格并不认为对终极理论的美的体验和把握就是科学模式的功效。相反，他认为，在科学家身上发生的这种美学判断，是直觉的非理性行为，是根本说不清的，由对美的体验引起的"趣入"而启动的非理性冲动导致的"发生"性的事情。他举例说，当年英国天文学家们相信爱因斯坦广义相对论，并不是认为它是一个绝对正确的理论，而是体验到这是一个合理的美妙的理论，让他们体验到了纯真的美，以至于他们愿意以毕生的研究来检验其正确性。如是，正是对美的体验才启动了他们追寻实验数据的兴趣和进行实验的冲动。这种非理性的对美的体验，不止一次地帮了理性思维的忙。温伯格在书中另一处说："为什么那个跟弱电理论相容的实验一出现，物理学家就相信理论是一定正确了呢？原因之一，当然是我们觉得轻松了，我们不会跟原始形式的弱电理论的任何不自然的'变种'打交道了。美学的自然性准则帮助物理学家在矛盾的实验数据间作出了抉择。"读者也许会说，这里的美学的自然"准则"不也是理论理性的吗？要注意的是，温伯格在这里讲的不是对美学的准则理论的运用,而是对存在实相"事和"的"理合"内涵的体验,对其自然准则美的体验,及其这种非理性体验所发生的功效。就像他在后文中说的,为什么有些实验尽管已然完成了对理论的验证,物理学家们还要反复去做。就是因为这些实验展示的现象太迷人了,它让科学家们感受到了美的体验,并且这种体验很可能指示着新的实验和发现。这种悄悄话式的体验之倾诉,出自一位著名的科学家,不能不让人对科学本身和科学模式的局限性发生疑问。同时也在向人们展示出一种存在实相:阿那克西曼德的"互相补偿"的"和谐",本质上是指非理性的认知行为和理性认知行为的互补,只有在这种互补过程中,和谐才能现实地在认知中发生和实现,科学本身,也只有在这种和谐的非理性与理性认知过程中互补而获得发展。这,已然远远超出了科学模式的理性论证说明范围,也远远超出了科学信仰对理性的诸种说明的范围了。

如上所述,人们会问,科学家所追求的美和艺术家追求的美,不就没有什么差别了吗?非也,差别太大了。虽然在打动人心的对美的原始体验上来说,是处于同一的直觉归一的自在的体验中,但是,对于美的追求和实现形式是极为不同的。艺术家是以去芜取精的方式,把握住最完美、最必要的多样性的元素,来展现美的整体胜境"事和"本身,即以丰富的必要因素来展示美的充足形式,科学家则追求,以最少的、最简单的"理合"的真值要素,运用最一义的逻辑符号,来展示"事和"之美的最单一的自组织结构,即将直觉归一的圆融实相复杂之美,抽象为最简单明了的结构之美。很多科学家都曾说过他们对理论之美和对美的体验及其从中获得类似禅悦的那种享受。但是,温伯格可以说,第一次清晰地陈述了这种美的体验和科学家追求美的"真值"形式:"大自然计较的不是粒子,而是原理,是拥有一组简单经济的原理来解释粒子为什么是那样的。这一原理描写了多少种粒子或力都无所谓,只要描写之美的,是简单的必然的结果,那就是简单性的美和必然性的美——完美的结构,一切都恰到好处地结合在一起,没有需要改变的东西。存在一种逻辑刚性,那就是简约和古典的美。""即使我们发现基本原理错了,但具有那种美的结构还可能存在。"正是这种对美的结构性存在的体验,指引着科学家追寻正确的,符合于美的真值理论,例如,狄拉克的电子理论发展为海森堡和泡利的量子场论。也就是说,科学家所追求的美,是一种最终可以实现为最简单的理论的完美。在这里,我们可以说,艺术家追求再现的,是一种圆融实相的辉煌的美,是美的存在的"肉"展示;科学家追求的是一种圆觉胜境中归一于情的理论之美,是澄明的宁静的美,是美的存在的"骨"的展示。所以,杰出的艺术作品可以使人感动涕零,卓越的科学理论却只能让人愈加心平气和地进入有品格的心境。这,大约也就是圆觉中体验到的境界和生活的境界与直觉中体验到的境界和生活的情境完全不同的原因吧。前者会愈益使人兴奋、冲动,后者则会使人愈益安宁、祥和、坦然。物我归一和情理归一终究是人生完全不同的经历和体验,也对人性的把握和提升起着完全不同的觉悟作用。终究因为这种理论的完美,来自于"事和"中"理合"内涵的优美,而不仅仅局限于"事和"本身的美妙。当且仅当,理论的完美以必要的一义的符号,把握了存在实相的优美因素,而重构成一种展示其逻辑刚性的和谐之完美时,科学理论才会以完美的形式来确认存在实相的逻辑真值与结构,即使是在逻辑理性推理中显示为正确的东西,未能达到,或未能展示这种逻辑刚性的完美表达要求时,理论也只能是观念上正确的,而不是存在意义上,思想自觉中完美的。这也说明了,理性思维模式的有限性,显示了理论推动认知结果内化为人的素质作用的局限性。对之进行补足的,或对之进行整体性检验的,已然不是理论设计和要求的实验检验,也不是理性把握的逻辑形式的论证通过,而是依然存在的那种美的结构本身及对它的体验能力,召唤着人们持续地对其进行更深入、更广泛的领域内的存在实相"事和"之"理合"内涵,进行更充分的探索,从而追寻到真正可以完整地表达真值美的理论方式。仅当理论的完善,足以表达那个已然体验到的"事和"之"理合"内涵美的真值结构时,完美的理论才成立,理性的优美体验才会产生。在这里,存在实相的"逻辑刚性",并不是仅仅由逻辑理性推理把握而导引出来的,而是由对于美的体验而把握到的。进一步说,"逻辑事实"之"事和"的内在"逻辑刚性",恰恰不是逻辑推理本身,而是"理合"的逻辑内涵关系的刚性表达彰显出的美,正是这种以美的形式展现出的"理合"逻辑刚性内涵,促动了人的悟性对其进行美的体验,指引着逻辑理性对其发生作用,论证其具有"真"的价值意义。如是,温伯格悄悄地,在他尊崇的科学理性模式中,如此"和谐"地展现和"溢出"了其中"绵延"而入的,持存于理性正觉中的对美的体验,和把握及演绎的非理性认知过程中把握到的逻辑刚性要素。非理性的认知行为,就这样"和谐"地统辖进理性的论证之中。其实,从本质上说,是非理性的认知行为就这样"绵延"地进入了理性认知过程之中,非理性的东西就这样在支配着理性的认知过程。如若不然,我们可以进一步观照温伯格对美的体验的"还原"。在由美的体验带给科学家的感悟中,温伯格把握到的存在实相的结构美,其实和艺术家体验到的结构美是同一个东西:对称性和破缺的对称性的共在展示的和谐的美。我们试看温伯格对他在此种体验中产生的顿悟内涵的描述:"正是对称性原理给我们带来了新完美的东西。难怪当60

年代初,基本粒子物理学开始思考自发对称性破缺时会多么激动,我豁然明白了,自然定律的对称性比我们从基本粒子的性质猜想的对称性多得多(自然的对称性的多元化存在方式恰恰包括了多维的对称性破缺),破缺的对称性是典型的柏拉图理念:我们在实验室里看到的实在性"对称性",不过是更深更完美的实在性(自发对称破缺)的不完全的反映"。我们看到,在艺术作品中,完整的对称性固然可以表达一种规范的艺术作品破缺的对称性,更具有一种震撼人灵魂的力量,凡·高的《向日葵》,正是由于极端化地展示了这种对称性的自在破缺,优雅体态的向日葵,变得如此挣扎的狰狞,不但在形式上而且在内涵上都是如此的"不优雅",才具有了对人的心灵的震撼力量。对于自然科学的探讨来说,正是存在实相美的结构内涵,具有这种多维的对称性及其破缺促动和谐互补的动力。

温伯格对美的体验和其对科学本身的非理性作用的描述,在向我们陈述着一个基本的科学认知的原本性过程:直觉归一的报身圆融实相的存在,展示出一种逻辑刚性的"理合"内涵,正是科学家对这种内涵显现出的美的结构体验中,形成了科学命题,引导着科学理性模式的启动和运行,并成为修正科学理论的依据。因此,科学发展的动力,不是来自于逻辑理性的规范,也不是来自于理论本身的结构体系性的规范性,亦不是来自于理论本身的结构体系性和内在矛盾性,而是来自于对非理性存在的实相的美的体验,逻辑刚性的真值,表现为人对其美的结构感受和把握。但是,话又说回来,科学家对于真值之美的体验,不是艺术家把握的多维的美的形式图像,而是一种结构性图形,如:自组织性、连续性、关联性、对称和非对称性等"理合"的简单性。正是对于真值美的这种不同把握,才使科学家认为,对存在实相图像形式之美的逻辑真值内涵的图形之美的把握:理论化、符号化,就是对世界本质之真的把握,从而使科学家自为地认为只要能达到对终极理论的把握,就完成了对人类终极的把握,而不必再升华到情理归一的圆觉中去。所以,科学家对终极的追问,不能达到思想自觉的"物我两忘"的圆觉境界,难以升华和体验到正觉认知阶段升华到圆觉的人格完满胜境成就,反而会促发出一种获胜者"箸我相"的"美滋滋"地陶醉于理论成就的体验。如是,在科学家中,会发生一些怪现象:科学的巨人,不一定就是人格的完人,反而会出现一些"科学怪人"式的人格破损的人,如果仅仅是脾气禀性怪异,个人权威感严重,倒无伤大雅。但是,极端化的发展,就会发生提着科学理性的大棒子,到处乱打的现象。中国有一句话,深刻地揭蔽了这种人格破损的极端现象:"数典忘祖"。只知道理论具有真值性、真理性,忘记了真值展现,真理发生的源头是非理性的存在,忘记了人的认知启动,是以非理性的认知行为开始的,忘记了人的一切认知行为,都是以人本身内在的终极本体"自性空"为自足的动力源。如是,科学之病态生成:拣起了知识,否弃了人生的智慧之本根。

对于艺术家来说,美是以一种连续统一体的方式来显现的。对于科学家来说,美是以一种具有自组织结构的对称性来显示的:一切美的真值都展现为一种自组织的结构中,一切理论的内涵都可以自行回溯到这个简单美的结构中去,并在这个结构美中得到解释性的显现,即对称性的最简单结构中。破缺的对称性正好突兀地衬托出这种对称性的真值之美,并最终也还原为最简单的对称性之美中去。那么,是什么东西可以使人完全把握这种对称性之美为理论之美,是什么方法可以使人以自觉的组织性来再现这种逻辑刚性蕴含的自组织之美,在温伯格看来,是科学的逻辑理性,是最纯粹的逻辑形式:数学,从而可以精确地把握和再现这种逻辑刚性中的结构之美。如是,科学本身的首要作用和首要的操作就是,把一切存在实相展示的"理合"的逻辑事实涵项,如硬度、密度、温度、速度,转化成为可以计算的数值真值,并以数学推理演算的方式,建立起展示其结构之美的运算公式。说到底,就是以逻辑推理的方式,以数学符号对存在实相进行单义的"解构",和公式符号化的建构。也就是以科学推理的方式,将存在实相的连续统一体解构、分割后,重构为最简单的合理理论模式。

那么,在一个完整的连续统一体报身实相面前,在一个完整的逻辑事实"理合"多维复杂的存在统一体面前,在这种可以体验到美的真值结构体面前,科学模式如何入手去把握到其中的真值命题,一次次,一层层,一个个地解构呢? 一句话,科学理性要解构存在实相整体,依凭什么来下手呢? 温伯格在他对科学史的讨论中,给我们做出了如下答复:特殊的洞察力。这种洞察力发生的作用是,对某种现象的把握和研究,比对别的现象把握和研究更容易产生结果。这种洞察力是什么? 在温伯格看来,就是"物理直觉",而不是逻辑理性。实际上,他讲的就是悟性把握直觉实相的认知行为。在介绍这种物理直觉时,温伯格引用了牛顿说的一段话:"最小的物质粒子被最强的吸引力粘在一起,组成效能较弱的大粒子,……最终形成化学作用和自然物体颜色所依赖的大粒子。而这些大粒子则再通过粘结形成可以感觉的实体。于是,在自然中存在一些原因,能通过强大的吸引力把物体的粒子粘结起来。实验的科学任务就是去发现它们。"在这种化学的过程中,引力起决定性作用而产生亲和性,造成化学现象以至于造成遗传现象的化学力假设,完全不是靠逻辑与数学的演绎推理和计算过程而得到描述的,靠的是对万有引力的直觉洞察而产生的。对于牛顿的顿悟行为和顿悟内容的描述,及其顿悟中形成的跨学科的命题的破解,费尽了科学家和科学史家们的精力,仍然迟迟得不到证明和说明,但是,科学家们并没有因其无法为已有的科学推理的数学方法所证明而放弃这个"美"的洞察结果,而是持续不断地去修正所运用的逻辑和数学方法,以期达到对牛顿洞察到的"化学力"陈述给予证明。其后,辐射理论诞生,氢质子光谱的发现,使化学力的猜想得到了原理性的说明;随后,波函数和几率数学理论方法的诞生,使人们能够以数学精确演算的方式展现出电子和原子核的相互作用。正是这种力的相互作用,产生了众多的化学现象:用量子力学方程来计算最简单的氢分子中两个氢原子的演算的成功,清楚地表明,正是物理学定律的作用,化学才显现出那样的运动与现象的显示方式。在这当中,科学本身进步的作用不可湮没,但是,是什么东西使人们坚持以最新的科学成果来论证牛顿在顿悟中洞察到的"化学力"命题呢? 是什么力量推动人们将风马牛不相及的,尤其是在相对论和量子力学已取代了牛顿力学的情况下,仍然要去验证牛顿"化学力"命题呢? 不是别的,是对那种洞察力——悟性体验能力的确信,对于非理性认知能力的确认和确信。不论理论框架、研究方法、推理形式发生了什么变化,对于存在实相的体验的真值性确信并没有改变。因为科学家们自为地把握到这样一个存在事实:"我们的美学判断,并不是发现了一种科学解释和判断其有效性的方法,而是对美的体验和由此种体验生成的判断使科学家们把握到一种存在:一切都恰到好处地组织在一起。"这就是存在着的实相本体。对于这种存在实相的命题性把握,构造出了科学研究的命题对象,即便是所有科学理论,科学方法都无法说明它、论证它,它也依然故我,温伯格才会说出那样令人吃惊的话:"即便是我们发现基本原理错了,但具有那种美的结构还是存在"。如是，真正推动了科学进步的，与其说是科学理性方式在起作用，还不如说是非理性的洞察力的直觉——顿悟式发生作用在起决定性作用。正是悟性对直觉归一实相的体验，产生出了新的命题，从而启动并引导着逻辑理性运行的方向和对理论的修改方式方向，并引导和推动者逻辑学和数学本身的发展和进步。这有点像经济学的供需理论，人类的直觉和悟性的非理性认知过程中，产生了对理论的和方法的需求，科学就在这种"市场"的指引下，生产出新的理论和方法。科学理性模式是为了实现非理性的需求而产生并存在和发展着。

那么，科学模式中的逻辑理性到底有没有功用，有没有意义呢？有！任何一位头脑清醒的人，都不会持非此即彼的极端立场，而会自为地站在中观之道的立场上。就是以顿悟立宗的惠能，也从未否定过讲求义理，进行逻辑推理的重要性，和渐修的重要性，即正觉认知过程的重要性，他反驳神秀偈和卧轮偈中，就正确地运用了逻辑理性的推理论证方式。后世出现的"妄禅""口头禅"，都只是一种固执一端的反理性行为表现，而绝不是祖师禅中观之道的思想实践者和思想自觉者。温伯格在他对科学理性作用的解说中，简明地说明了科学理性对存在实相的基本解构方式：条件化解构与界定，定量化解构与界定，定律化重构与界定。科学理性在论证说明一个命题时，怎样解构这一混沌的逻辑事项呢？首先，是理清这一逻辑事项存在的关系——条件，这既是它存在的条件，也是它产生的条件，更是它实现发展的条件。科学方法论将这些条件称为必要因素，即从存在实相逻辑事实整体的充分因素中，梳理出与此逻辑事项有关的必要因素。这些条件性因素和逻辑事项本身构成温伯格所说的存在本体中的逻辑刚性。之所以称之为"刚性"，是因其作为存在实性的东西是不会变的，可变的只是研究它的科学方法和论证说明它的科学理论。当条件被理清和界定清楚以后,即可对之进行第二步科学的确定,定量化的确定和界定。即在这些必要的条件系统中,逻辑事项会必然以什么样的密度、硬度、速度运行,并产生或需要什么样的温度。也可以说,逻辑事项以什么量的基本规模作何种性态的运动。当二者都得到了清晰精确的界定以后,即可以实施第三步,进行数学公理的推算,以获得一种定律性的简约的表达公式结果。反过来,再以最终获得的公式性定律,来测量相同的逻辑刚性的自在存在样态,看一看是否相符合。在这种测定、运算、验算无矛盾性地一致之后。就可以确认一个真理性的说明公式,以描述该逻辑事项的本质规定性和逻辑刚性的内涵规律性。如是,一种科学真理就产生了。当人们再以这种理论付之于普遍的社会实践和校正时,人们可以主体有意识地改变初始性存在的逻辑条件和逻辑事项的量性规模和运行态势,从而就可以发现利用这一科学真理,在什么样的条件下,可以走到人类的功利目的,从而可以"合理"地改变自然事物的自在状态,以使其向着符合人类需要的方向和形式变化和运动:或是满足人的某些生存需求,或者改善人的生存环境和条件,或者扩张人的生物能力,以在一定范围内一定程度上统制自然和社会。如是,技术发明生成了,科学转化成技术力量。整个这种科学理性的认知过程;或者说,科学理性的作用,最终并不是落实在发现真理上,而是落实在发明技术——扩张人的生物能力上,亦可以说是创造一种非自然的自在力量的过程。在这个意义上,科学才具有了创造的意义,而不是创造真理。科学理性所起的作用,就是在这一认知过程中,使人类的存在性态从自在的生物性态转向自为的生物性态。正缘于科学具有此种创造非自然力量的作用,才使人类追捧它、崇拜它,并且正确地认为一切力量的来源在于知识。但是同时也不正确地认为,一切知识来源于科学。同时,人们也正确地认为,知识、科学、力量并不构成人类的终极归宿,人类的人格完满的必要成就,因而,从来没有人说过,知识就是终极实现。

那么,非理性的体验与理性对体验内涵的解构中构建出命题的行为,是一种什么样的关系呢?温伯格的思路大体上是这样的:对于存在实相的美的体验,是历史上的,偶然"发生"和"发现"的。但不论怎样发生和被发现,都可以经过科学理性模式的处理而成为科学真理。也就是说,体验的发生是偶然的,发现体验到的存在实相的美的真值结构也是偶然的,但是,将其转化成知识,经过科学理性简单化的清晰,准确的论证却是必然的,如是,产生的真理是必然的。因此,体验——经验的东西的发生与发现是偶然的,理性的理论是必然的。这是从认知历程的发生性态上来讲。

从知识产生的过程上来讲,在偶然发生的体验中获取新的科学发现,而从中形成新的知识,是偶然的,而经过科学模式处理将偶然发现的知识论证为理论而转化为新的技术发明,都是必然的。如是,知识的发现是偶然的,而技术的发明是必然的。因此,知识的发现具有偶然性,而技术的发明具有必然性。

基于上述两点,就可以得出如下结论:非理性认知的认知过程的发生和非理性认知能力发生认知作用"纯属偶然",而理性认知过程的发生和理性认知能力发生作用则属必然。而在实际的社会实践层面上来看,对于人类生物性生存和发展的功用效能和功利目的来说,具有必然性的技术发明的知识,就比具有偶然性的基础理论知识,具有更为当下实现的价值和意义。如是,对于知识的技术性追求的意愿,就会日渐超过对基本理论追求的意愿,就像对理性必然性的追求早已超过对非理性偶然性的追求那样,成为科学化的当代社会的主要社会心理倾向。这不但由于人们更乐于掌握必然的知识和有规则可循的技术发明的理性方式,而不愿意像海德格尔那样,去静静地,"无为而无不为"地倾听早晚都会发生的偶然的"发现";更在于,人类存在的扩张,在可以实现的发明途径已然明确时,人们就不愿意加倍努力地去对偶然性发现的必然性进行探索。人类的生物本能在这里再一次起了决定性作用,既然可以"事半功倍"地走技术发明的道路,解决当下的生存改善问题,何必"事倍功半"地去追求什么认知本体一类的玄而又玄的问题呢? 如是,人类认知的过程性实现了颠倒,并且在这种颠倒中完成了科学对人性的异化:从追求终极本体转化到科学真理,从追求科学真理转移到追求技术发明所需的知识的方向上来。这也就是我们今天看到的科学本身存在的主体性态与三百年前完全不同,与三千年前更为不同的原因。科学从追问终极存在,"认识你自己,"走向了追问科学真理的性态,把握"绝对宇宙精神"和科学理性,发展到今天,科学竞赛的已不是基础理论与知识,而是技术发明先进了多少代多少年,落后了多少代多少年。我们看到,科学的发展,使科学本身,愈益远离了对于人本身终极存在的追问,而愈益向满足人的生存需要和延伸、扩张人的生物能力方向上发展。这个发展过程,固然使人类极化地开发了自己的慧根性智力资源,但同时也远离了自己的智力资源的认知,几乎没有什么人对于人生的正智感兴趣了,更少有人过问人生的归宿,人为什么活着。科学发展就在此种意义上异化着人本身。人本身日益变得枯燥,生活日渐苍白单调,人性更易于受科学的摆弄,人的不自由,从对自然界而言的不自由,转化为面对庞大的科学力量的不自由,专制主义的力量,从控制人本身的人身依附,转化成控制科学技术资源而控制人本身,从而专制的控制能力日益强化,并且可控制的区域也日益超出民族和国家地域,向星球和太空发展,在这种情况下,直接控制人本身，已无太大意义，因此，人权的提倡和松绑，当然可以成为一种政治时髦。因为前者的不自由，是一种和谐所需的代偿性补偿带来的不自由，后者的不自由则是一种使人的心智被控制的不自由，更难以摆脱的不自由。如是，人类依靠科学本身发展取得的对自然界的自由，是以人类的灵魂——心智的不自由为代价的。这时，如果再有从柏拉图洞穴中逃脱出来的囚徒，他很难再见到光明世界的真如实相了，因为他已被植入了几乎不透明的科学技术的眼镜。更为危险的是，如果突然摘取下这副眼镜，人可能受不了终极光明的照耀，而变成心灵的盲人。此言绝非危言耸听，我们在当今的世界，当今的中国，就在科学主义者中间，出现过这种可怜的心盲者。

这种几乎是不透明的科学眼镜的性态如何？温伯格的一段自白讲得比较清楚。我说他讲的比较清楚，包含了两层含义：其一，他比较清楚地讲清了这个科学模式的核心内涵是什么。其二，他也由此比较清楚地阐明了科学模式本身，完全拒绝了非理性的东西，"数学本身永远也不可能是任何事物的解释，它只是我们用其中一组事实解释另外一种事实的方法，是我们表达我们解释的一种语言。例如，混沌的现象的系统中产生的混沌的定律，可以从产生混沌系统的微观物理学定律，数学地推导出来，但是，我们不会留意一个不能用个体标本行为来解释的假设的自足的客观经济学定律，也不会留意某个不能用电子、光子和原子的性质来解释的关于超导电性的假设。""当心灵感应或占星术相信他们是一门独立自主的科学，有自己的基本定律，不需要物理学或别的东西来解释时，我们发现的科学解释图景的一大功绩是：它向我们证明了，没有那样的科学。"即不能由科学理性模式解释的东西即不是科学，非科学的东西是无法为科学接受的，因而，也无法为人所接受。温伯格就如此地"合理"地解释了理性模式赋予科学的专制权力。且不谈这种专制主义立场是否合乎人性之"情",它真的合乎科学本身生成、发展之路吗?

我从温伯格的自白中看到的情况,恰恰是另一幅"科学解释图景"。即使是以科学模式为自足性动力的科学本身,在他的解释中,也在向人们展示出非理性的禅学化认知方式。即在他追问终极理论的心路历程中,科学模式本身在"不经意间"打开与报身实相的种种相关性知识问题的同时,也开启了禅学的方便法门。

在这里进行对这种科学理性模式的禅话之前,我想引用温伯格的一段话,应该是比较有意思的:"维特根斯坦不相信一个事实能以任何其他事实为基础来解释。他警告说:'在整个现代世界观的基础,存在一种错觉,把所谓的自然定律作为自然现象的解释。'这句话令我沮丧。对于物理学家来说,自然定律不就是自然现象,就像我们告诉走近猎物的老虎,所有的肉都是草。我们的科学家不知道怎样才能以哲学家认同的方式来表达他们为寻找科学解释所做的事情,这是事实,但它并不意味着我们所做的事情是毫无意义的。"为此,温伯格指出了一条路:"科学解释正如爱和艺术,是给我们带来愉悦的事情。理解科学解释的最好办法,是切实地去经历一番。"不管温伯格是否真正读懂了维特根斯坦,但是,温伯格确实面对着这种情与理对立造成的科学派的痛苦,他也确实诚心实意地想填平这道鸿沟,并且最终不惜以非理性"体验"和"禅悦"为标准,来寻求这种尝试,并身体力行地作此跃过鸿沟的冒险一跳。但是,在他作此一跃的自白中,我始终未能在一种他可以说明的"终极理论"框架中,发现一种可以将所有科学解释熔铸一炉的方法和成果,在此点上,他始终是进行物理学的假设,即始终处在"一跃"的途中,就像芝诺的飞矢一样,始终处在"不动的一跃"中。缘于此，我才想以禅学的方式进行一种"经验学"的操作，或许可以在他期冀的万流归宗的路上迈开第一步：从"缘起性空"的过程中看"性空缘起"。

首先，物理学的基础研究，显示了一种存在的自在自发的自组织过程：能量的光跃迁过程。光子没有质量，但每个光子却有能量。原子有质量，但在静态中其能量处于最低状态。当原子或分子吸收了光，它将从一个低能量状态跃升到一个高能量状态，从而，吸收了光的原子或分子，可以从一个较低的轨道上跃迁到一个较高的能量轨道上运行。这其实可以用王阳明的"花寂寂"和"花艳艳"的心学理论来描述。万物的佛性映射，是光辐射，在没有为自性把握以前，光辐射处于寂寂状态，不起任何能量作用。一旦为自性空把握，归一成一个连续统一体以后，能量即起到力的作用，从寂寂的状态走向艳艳的状态，如是，存在者的存在性态改变了，从化身幻相转化成报身实相；自性空的存在性态也改变了，不再是在物我分立的"空无"低能量轨道上运行，而是跃迁到"妙有"的正智之用的高能量轨道上运行。如是，佛性映射和自性应合在物我归一的过程中，能量被聚集起来，物与我都不再是存在者意义上的存在样态了，而是产生了一种存在本体实相：逻辑事实整体。佛学义理因此把具有这种能动聚合能量的人本身区别于一般的存在者：化身，而称之为：应身。即具有能动地，自在地自发归一物我能量以成就报身实相的存在性态。他之所以不再是化身，就在于他不仅仅是不断地将自体展示为佛性映射之在的幻生幻灭之物，而是自在地具有一种恒定的把握万物化身映射能量——佛性映射的能力：归一物我的直觉能力，以实现存在者为存在实相的能力。如是，形象地称其为对能量——佛性映射具有应答——聚合的存在者：应身。

接下来,温伯格介绍了他认为21世纪物理学发展中,与黑洞的观测相关的引力与辐射的研究,将是很有前途的。这使我想起了与对黑洞观测相关的一种理论猜测的有意思的话题:当一切存在质量的物体,在进入黑洞的瞬间,即被强大的场引力压成一层极薄的膜式的图像,虽然是极平面极薄的膜图像,但是却是携带全部存在物体信息的全息图像。这里引起我注意的是,既然存在物体的所有质量都被吸进黑洞中,那么这种全息的图像是以什么量的方式存在的,以信息论的理论来说,是一种信息量。那么,不管光能量或非光能量,应该都无法改变这个信息量的存在。如是,直觉归一的报身实相义理,应当可以科学地成立。当物自体的全部信息量在瞬间进入一个强大的场域:自性当中时,就可以非质量化地形成一种"不动的飞矢"式的全息存在,并启动这个"无念无相"的场域跃迁到一个高能量——高信息量的运行轨道上去,悟性被启动了,或者说,"空无之妙有"的自家心性被从自在的"寂寂"状态启动,跃迁到"艳艳"的自为运行状态。这又引出了另外一个话题,一个仍然还没有为科学实验证实的话题:暗物质不仅存在于宇宙中,也存在于人体中,并且具有暗物质的基本性态:远强于光物质的能量。如是,暗物质在人体内亦起着光物质所无法起到的另一种作用。中医的诊断与治疗的理论"气脉说",很可能就与这种人体内的"黑洞场"存在有关。在这个"气脉场"中运行的东西,很可能就是一种暗物质体系。中医治疗,尤其是针灸疗法,应该说就是以一种信息量的输入和调整,来调节暗物质的运行,以此来改变光物质的聚集和疏导,从而达到治疗的效果,因此,不管是对中医诊治研究的突破,还是对宇宙黑洞研究的突破,都可能引发人们对终极本体认知和研究的一个巨大的变革。因而,在报身实相成立和启动悟性作用的过程,可以解释为一种信息能量的辐射与聚合转化的理论。那么,报身实相在光能量跃迁中产生,靠的是什么力的作用呢? 可以解释为信息能量的作用,更可以解释为一种弱核力的作用。

弱核力理论的第一个基本内容是:在原子核的链式反应里,起着根本作用的生成创化过程是衰变过程,原子核中的中子变成了质子,同时生成了一个电子另一种中粒子,反中微子。然后,它们从原子核中跑出来,形成一种新的粒子流,即可称之为存在实相整体流变图像信息流,产生这种新的存在样态的力量,不是原有的强力和电磁力,而是一种弱力。这种弱力可以被描述为物理学的弱核力,也可以被描述为"性空"终极之力。自性作为"性空"的一种能动存在形式,把握住这种信息流,冲击了自在场,跃迁为悟性之用。但是,恰恰是这个物我归一的创生创化过程,虽然可以为每个人都体验到,却无法以简单的数学公式表达出其产生的几率和产生的条件。人们可以说出直觉体验的瞬间相关的一切,但是却说不出这种直觉体验会在什么条件下发生,有多少机会出现。禅学则说:"定中生慧"。

弱力理论的第二个基本内容是:弱相互作用太随机,从而可以表现出各种不同的存在性态,正所谓"千江有水千江月"。同样在一种性善的上善之水中,可以有不同的报身实相"江月"出现,既可以是"碎撒一江",也可以是"与天上争辉"。尽管月相不同,但是构成全息整体的报身实相却是同态的,就像"一滴水亦可映射出太阳的光辉"那样。

弱力理论的第三个内容就出来了:粒子中的能量交换,产生了新的存在性态:能量束。在载有这种能量束的弱的中性流中,会聚集和发生一种全新的力量:弱核力。有意思的是,这种全新的粒子流,具有一种非此非彼、非我非物的存在性态:中性流的性态。物理学家将其称为"中性",是因为在这种流变而生的性态中,没有能与其他粒子间的电荷交换,是一种完全独立的,以新的中性方式存在的能量流。温伯格认为,正是这个能量流的"中性"性质,展示了逻辑刚性体现的理论的和谐性。真有意思,报身实相的全息能量流,是非我非物的、非此非彼的"中性"的,又是全息的,并且一经成立就可以独立地"绵延"存在下去,而不再受任何化身能量的"干扰",同时又体现了"和谐"的存在法则和理念。

弱力理论,最终达到的结论是:光子跃迁产生了新的弱中性流,在这种流中生成了弱核力,正是它进入到一个全新的促发生命产生的领域,引发了一系列化学分子的产生和生命形成的运动。若将其引入禅学的"缘起性空"义理,则是在"性空"中发生了归一物我的自在的应身运动,产生了非此非彼的全息的报身实相,这种存在性态具有一种新的力量,照亮了自家的心田,启动了悟性对其把握。禅学如此重视悟性与顿悟,就在于在这种瞬间,自家心性的生命力被唤醒了,"性空"在这种归一物我的"缘起"瞬间展现并运行起来,人类的认知过程,开始从自在状态走向了自觉的第一步:自为的顿悟状态。人类的终极本体——生命力被启动的瞬间同时开始自为地显现了:"众妙之门"开启了。此时的人类认知状态,佛门说是"性空缘起"。

根据弱力理论,我们看到,在量子力学中,科学把握的对象,其实不是独立的或孤立的粒子,而是一种粒子间能量运动产生的"力"。也可以说,粒子的基本存在方式是以"波"能量交换的方式存在的。因为所有粒子的能量只能实现于与其他粒子交换之中,如果没有这种交换,粒子本身的存在即不成立。所有粒子的实现方式是由其能量交换构成一种能量流:中性流,在这种中性流中生成一种由辐射波和引力波相互作用成立的一种可显现的力量,即弱核力的应力。这种应力本身的流向,在指示着一种发生和发展的方向,正是在这个意义上,粒子的波运动,才产生出一种方向性的启动力。若如是说,科学所把握的存在的东西,不但在人的精神现象中,具有归一性,就是在物体对象方面,也是一种归一的运动:粒子间能量的交换和归一。没有归一,就没有存在;没有归一,就没有聚集能量而产生的方向性的启动力,也就没有触动悟性启动和把握的一种具有"理合"内涵的"倾向性的意义意向性"显现。科学本身,就是在这种归一的存在启动悟性,使无垢识在新的轨道跃迁运动以后,才发生一种"解释"现象。所以,温伯格说,科学的"解释"与科学的推理不同,它带有明确的方向性,追随的是归一后"存在"的中性流所指引的"理合"的意义方向。

但是,在粒子能量交换的光子跃迁过程中,发生的弱力是在微小的不对称或称之为对称性破缺中进行的。在这种弱力作用条件下,粒子的新的存在实相的形成,具有了很大的随机性和随机性表现出来的偶然性。这种随机而随意的偶然性,可以直接带来两个结果:

其一,粒子能量交换产生的中性流,可以催生出新的存在实体——大分子。这种大分子不但可以衍生出许多新的物种,并由此应力引导,人们可以对这种存在实相的逻辑事实整体,进行多维的多元的意义和存在性价值给予把握。如化学的、分子生物学的、系统自组织和自反馈的系统控制论的,乃至天文学的。这种多元化的存在和多维的发散性的思维引导,不但说明了存在实相本体可以是多元的"千江月",而且对于"千江月"命题的展现和认知也可以是多维的"千江水"。如是,存在本身的归一展示出的偶然性的必然存在,就会导致多元化的多维思维内容和方式,分别以不同的逻辑事项的把握而产生不同的理论。这,也就决定了人类认知中的多元化和历炼性,并昭彰着,不可执其一端一理而意识全体,否则即成摸象之盲人。

其二,多元化的存在方式和多维性的发散思维本身,就会使一义地处理一种逻辑事项的科学理性模式产生的理论具有片面性和局限性。这一科学现象不但会使不同的理论之间会发生矛盾,而且会使单一的理论本身具有内在矛盾性而出错。这时,会出现两种态度:一种态度是固守一种理性命题,在理论得到充分论证后,不相信任何非一义的实验。如是,科学实验只服从于理论的要求,当且仅当实验能满足理论预设的一切必要条件而能一义地证明理论时,才承认其是科学实验,否则,只是非理性的经验累加。这当中有其在故之处,即通过不断反复进行的实验,不断修正和增加实验条件,最终搞清,一种逻辑事项的存在实现,需要哪些纯粹必要的条件,才能完成能量转换而形成一种存在本体。之所以这是正确的,就在于对实验不断修正和补充条件的过程中,未被提取的存在实相内涵要求,不断被提取出来,存在实相本体的全息性信息被不断地"返身观照",而获得展示。也正是在这里,逻辑理性崇拜的苗头产生了:存在的拣选,不是由于存在的全息整体性表显的内在的逻辑刚性与和谐的结构,而是由于逻辑理性的主动对信息的拣选,存在才展示出其中的合理内涵,而未被拣选的信息,则被表达为非理性的存在,可以抛弃。在科学研究中,这种态度的结果,会显示出,是理论指导着实验,而不是实验引导着理论的完善。另一种态度则认为,在理论与实验的关系中,是实验引导着理论。因为理论不过是一种假设,是对存在实相整体的逻辑事项的单义拣选,并不说明存在整体和其内在的逻辑刚性,而只是给人们认识这种逻辑刚性开启了一个引导方向。但实验不同,再简单,再不完善的实验,也是一种超过单项逻辑事项的逻辑联系中的能量——信息的交换方式,归一方式,因此,实验比理论本身,更多维地接近于存在实相,就因为实验比理论更多地包含了存在实相的多维性、整体性的信息组合。因此,面对实验,需要修改的是理论的预设内容,包括理论预设的条件因素和对逻辑事项的定量、定性测定。其实,这才是真正的科学态度,不会产生得指忘月,削足适履的科学主义专制现象,而是尊重存在本体的再现与对认知的指引。温伯格本人,在他的专业研究范围内,基本上是持此种科学态度的。因为他清楚地知道,对某一理论进行验证的科学实验的功效,绝不仅仅在于可以论证这一理论的正确性,更重要的是在实验过程中,在中性流的作用下,新的信息——能量的交换、归一中,很可能产生一种新的应力效应,促发一种全新的悟性启动过程,非理性的顿悟会再次偶然性地发生,从而展示出新的发现。他本人就是在这种尊重存在,尊重实验在正觉认知过程中,尊重非理性的认知过程和结果的认知行为中,获取了对 Z 粒子的发现成果。如是,真正的科学精神,不但认为实验和理论是互动的,是一种信息能量的交流、归一,而且认为,实验本身,不但可以修正理论,并且可以展示出新的发现和引导产生出新的理论。如是,我可以说:实验,再现了归一物我的情境和归一实相本体。事实上,是以一种科学实验的方式进行的对归一物我的历程和结果的观照。实验,不仅以证明理论为目的,而是以再现归一过程的观照为目的;在这种观照行为中,才可能理性化地重新审视归一行为和归一中形成的存在本体,从而获得新的发现。如是,创造力就在这种"不箸法相"的观照中,非理性地产生和并获得实现。如是,就可以说,在这种以实验为中心,再现存在本体的过程中,禅观照的方便法门被科学研究行为自为地开启了。

正是在这种不拘于只论证一种理论的实验——物理学式的禅

观照中,人们进一步发现了一种报身实相全息化的存在本体模式:场。可以说,相对论和量子力学不同于经典物理学的最大成果和最终理论归宿,就是场论的确立,就像说经典物理学的成就是引力论的确立。

场论的确立是源于这样一种存在实相的存在样态:在归一的能量聚集、转移、跃迁过程中,集聚的能量,不是以一种固态的物体形式出现的,而是以一种非此非彼的能量流的有方向性延展的力的功用形态出现的。在这种流变性的非物体态的力的生发状态中,力不再表现为一种作用体与被作用体的功用性态,而表现为一种单纯力的运行状态。由于其具有非此非彼的"中性"力自在运行性态,因此它是在一个可测定值的域中显示和发生作用,而不是在一个个独立的物自体形态上发生作用。如是,这各种各样的中性流的产生和发生弱力时,就不再表显为一个个的存在者,而表现为一个又一个不同波动的场。这时,人类的认知能力,就不再是与一个又一个的独立的物自体在打交道,而是与一个又一个的场域在打交道,用分析哲学家的话来说,是与一个又一个的语境在打交道。场论,在平常人看来,没有什么意义。但在物理学家和哲学家看来却是绝对有意义的。在牛顿那里,只有原子和引力存在是作为独立的物自体和其内在质量的摆动而发生的引力存在。因此,在经典物理学中,作为存在者的存在才是本体的基本存在形式。到了爱因斯坦相对论则不然了。物体的存在以两种方式呈现,一种是牛顿的物自体存在者的存在方式,另一种是以交换能量方式而活跃起来的"能量流束"的方式,表显为在一个远大于物自体范围以外的场中存在了。到了量子力学,则情况完全不同了,物体的存在,本质上不再是一种独立的物自体方式存在,而是以波能量的波动方式在一个值域中存在。每种物自体存在的方式不是一个有着固体的方式存在,而是一个发散着波动能量之力的场域,即物质的存在是以能量交换、聚集的"能量流束"方式存在,物体存在失去了自己独立的边界,而只剩下一个可以表显能量流束值的场域,不论是有质量的粒子还是无质量的粒子的存在,都不再以明确的或彼或此的孤立方式显现,而是以一种非此非彼的能量交换形式的归一波动流束的状态来显示其存在。尤其是海森堡测不准定理成立以后,人们才发现,人们所把握的存在,根本不是以物自体化身方式存在的,而是以一种可以持续地延展性地绵延存在的能量流的波动体。从此以后,在物理学家的物质物体秘方里,不再有物自体了,而只有几种基本的场了。如是,"性空"和"缘在"作为一个共同体,同时呈现为一种存在实相图象:报身实相。就这样,哲学家们争论了几千年的问题,存在到底是存在者的存在还是存在存在的问题,在这里有了一个基本的物理学结论:存在不是以存在者的独立的个体方式存在,因为这种存在是化身幻相的幻生幻灭式的存在,科学事实上没有办法测量和把握到它的整体的存在实相;存在是一种以能量的聚集归一的存在,以能量束的方式,以在场域中波动力的值的性态存在,只有这种归一的非此非彼的能量束可以被测定,也可以在一瞬间中呈显出存在场域的整体和存在整体所携带的全部能量信息。在禅学看来,这种在瞬间跃迁中成立并全息全域展现的存在整体的存在,就可以以恒定地,不断当下即是再现和当下即是地被再体验再观照,可以启动悟性的那个报身实相。这种报身实相以一种同周围光晕共在的所有信息能量的方式,以一种平面的,但却是多维的信息整体的方式,瞬间跃进到悟性的无相亦无念的无垢识场中,扰动了一切,产生了自为的认知行为。也正是因为报身实相将一切能量信息化地全息性展现了,才可能以波动的方式活生生地持存下来,而不是以物自体点的方式,可以被固化和湮灭。

如是,相对论和量子力学结合,人们对存在的实相有了一种全新的认识。粒子内在的弱力,通过光子跃迁形成的交换能量产生了一种新的存在方式:中性流的应力场,能量汇聚生成的光子跃迁使能量在场域中发生了一种有方向性的变动,形成了弱核力,它在定向中冲击了无垢心性,使其发生了自为的悟性方式的作用,被带进到在全新轨道上运行的一种全息性的能量运动,并展示为一种全息的存在图象:报身实相。这种存在实相的存在性态具有了化身性物自体不具备的几个稳定的特点:其一,它是稳定而相对恒定的,可重复展现和重复被体验,被观照,即便是产生它的原初粒子性的化身存在者已湮灭,报身实相依然以全息的方式存在和可再现。其二,它所具有的能量是一种整体性的能量束,它不再由于粒子化身质量的摆动而飘忽不定,而是一种可以一再地被以中性流的全能量性态以全息的方式而一再展现的多维的存在本体,而不再是化身幻相方式的片面信息发散。其三,它是可以绵延进入正觉认知领域的,可以测定的,可以用理念、符号值把握的一个逻辑事实整体的域场真值性存在,而不是化身幻相的测不准的存在者。由于它携带的信息不但多维完整,而且由于它可以不断地被重复观照、体验、把握,从而可以不断地从中提取必要的信息,以供理论和实验提取和抽象运用。

量子力学的场理论,是否在解决存在与存在者的理论上就此完成了其科学说明呢?还没有,相对论的创立者爱因斯坦和量子力学家们都注意到了一个问题,即使是自为地在不经意间注意到了一个问题:一个量子场——能量束的成立,需要一个基本的前提条件:物理学的空间。爱因斯坦创立狭义相对论时,需要在思想自觉中有一个物理学的虚空和空间,作为电磁力传播的场介质,没有这个"性空"的存在,电磁力的流变就无法实现。如是说,若无自性空的本体存在,就无法实现能量的归一和展现对其把握,报身实相既无从归一,也无从被体验和观照。当量子力学把波粒二象性归结于能量束的场域表显性态以后,也发现了实现,或曰展现这个能量流,需要一个存在性的前提,一种"性空"的场。由此而发展出来的弦理论也指向了这样一个实相显现:弦式的能量束的动态存在,是在一种时空合一的虚空中存在的,没有这种四维的虚空存在为前件,不但弦波动实现不了,也展现不出来。尤为值得注意的是,这二种理论都强调这个虚空的空间,是一种理论预设的空间,而不是实在的自然空间。即它是一种思想自觉的"无垢识"空间,它所具有的"空无"的"妙有"存在性态,完全不同于物理学意义上的真空,而是一种作为一切粒子基本存在的能量得以在其中归一和跃进,延续而绵延进入正觉认知领域的,"观其妙"的"妙有"存在方式的"空无"品性的存在本体。由于物理学只是在认知和把握存在实相的过程中自为地体验到它的前件性的先验存在,思想自觉中意识到了它的存在必然性,但是,物理学追寻的并不是它的存在,而是追寻一种存在量值的理论,所以,物理学至今并没有认真地过问它的存在问题。禅学回答了:它是宇宙终极本体的基本存在方式:"空无之妙有"的"性空"。正是在这个终极存在的"性空"中,能量的跃迁得到场域的实现条件,并且在这种无念亦无相的澄明中,显示出其具有的真值和能量束的品性:中性的流。这种量子力学最终把握的场的域值,如果理解不错的话,就是指在悟性的无垢识中,展现出的存在实相的"理合"内涵真值。禅学将这种认知过程的发生学原理称为"定中生慧",即在"无垢"的"自性空"中,光子跃迁产生了新的能量运动形式——全息的中性流,并同时在这种报身实相的域中显示出其真值,为悟性所体验和把握。

此即"自性能生万法"的创化创新过程。

实验不仅证明理论,而且实验在把握和展示存在实相整体时,实验本身就是在以实验行为在进行着对正觉思维的观照和还原,引导新的理论畅想产生。情况确实如此。爱因斯坦预言,一个量子——能量束,在一个足够大的宇宙场中,会发生运动性偏离,从而显示了存在本体并不是单纯以量子场的方式存在。当英国人对太阳能量场附近经过的光子流偏离弯曲的理论预设观察得到证实以后,从大尺度角度观照这一实验的物理学家们不禁又提出那个古老的问题:无穷大是否存在的问题。引力理论很难用应力——弱核力理论来对此作标准化说明的。这个无穷大的问题不仅在计算一个量子场的方程中遇到无穷的循环推论,而且在实验中也会遇到。在足够大的、地球上无法实现的能量场里面,粒子的场域值才能得到实验的验证,而且确实在宇宙天体现象中,也存在这种无穷大的能量场的范例,如黑洞。怎样去理解和把握这个无穷大的能量,物理学家至此就无能为力了。因为很明显,物理学是靠计算的方式来把握能量的,当这个能量已然无法用计算来把握,无法用合理的演算方程式来描述,尤其是达之一个计算的极点时,物理学就没有办法精确地说明它,更谈不上解释它了。于是,量子力学以后的物理学不再固执已有的数学和实验方法,而是明智地承认,这个无穷大的场确实存在,它才是宇宙的终极本体。量子力学的能量束、弦理论,都只不过对它的一种微观运行,显现存在的方式的一种有限的描述。进一步说,这些无数的弦的存在,不过是起一种展示无穷大的存在标识物的作用而已。用佛学话来说,报身实相的产生和存在的真实意义,就在于展示法身性空的真如实相及其无中生有的终极存在品性。非此,报身实相存在就不具有恒定的存在价值。温伯格确实是一位禀赋有科学精神的人,他不再顽固地拒绝非理性的存在终极本体。这不但由于他持握的科学本身就是流变中的一种产物，更在于他在自己对粒子的研究中，发现了那个不可用科学语言工具言说的无穷大的东西确实存在，虽然是无法理喻的，但它存在。在这种基本的非理性存在本体论的确认，而不是假设的条件下，科学理论产生的一个基本思路出现了：必须在真如实相的"性空"中，粒子的能量跃迁才能实现，报身实相的场域才可能展示出来，从而使悟性体验并把握到其中"理合"的真值内涵，进而形成理论的真值命题。如是，存在就在这个无穷大的"性空"中，才表显为存在实相本体，而不再是化身幻相的物自体，正是在这个意义上，经典物理学才走出了循环论证，产生了相对论和量子力学。并且也是在这个意义上，量子力学的运算方式，才没有必要再步入循环论证的泥潭中，而走向对"空无之妙有"的终极本体作非理性的问询。如是，在波粒二象性及弦理论的产生同时，性空的终极本体最终开始以一种非物理空间的"自性空"方式，开始非理性化地呈现并得到非数量化的确认了。当物理学家来到，并面对这个无穷大的存在本体面前时，一切物自体、存在本体，理论预设之间的矛盾、对立，都消失了。它们都只在这一无穷大的终极本体存在的前提下，才能成立，才能论证，才有了一切逻辑的对立与证明。当人们一旦发现并诚实面对这个无穷大的存在时，人们要观照的，依然不是什么理论中的逻辑推理和对立，一切粒子流束的引力场，在这种超对称——超理念——永恒存在的真如实相面前，都已然自行流逝。因为它们的局域性表显和对局域性存在的超越，都只是在这种无穷大的终极"性空"中，显示出的一种"生万法"的报身实相信息整体图像。缘于此，温伯格在对"无穷大"做了如是的"先验还原"的观照以后才提出，追问无穷大，就是对终极理论的追问。在禅学看来，正确的表述，应该是对理论的终极的追问。这里有意思的是,他还在追问理论。有道理的是,他必然要追问的理论,因为他不需要追问终极本体,终极本体已然作为一个先验的先天的无穷大而永恒地存在,温伯格以为没有必要对之进行存在的追问。剩下要做的是,以一种什么样的"无穷大"物理学理论来解释它。一旦说明了这个终极理论问题,终极问题就解决了。至于为什么终极本体是以"空无之妙有"的悖论方式存在,这就不是物理学家考虑的事了。至于如何把握这个"空无之妙有",这也不是理论家要考虑的事。多么合理而又幼稚的科学思路:可以在没有切实的实验——体验证明中,去追寻并论证一种终极本体的真值命题。有意思,这有点像佛学义理:只要说一句"缘起性空"就了事了。至于如何把握和运用这个"性空",那么是一个修行禅定的技术问题,不必过分为之操心。偏偏中华古哲要对此大操特操其"心"。

温伯格要从理论上去把握终极,或者说要用一组最简单的公式符号去说明和再现终极本体的基本立场和目标,是受科学本身的"可以言说的东西"方才可以言说的性质规定的。也就是说,科学离开了人工符合语言的标准,就再也不能言说什么了。因而对于无法言说的东西,就成为没有科学意义的东西,也就是无意义的追问。对此,科学起码可以不予理睬。对此,我们可以举两个例子来看一看科学模式本身的思维方式。

温伯格坚持的科学理论诉求的原则是:观测离不开理论。并引用了海森堡和爱因斯坦在1924年的对话。海森堡认为:观测并不能完全证实理论,凡是在观测中不能成立、不能证实的理论都不应该出现在理论中。爱因斯坦则认为,允许包含不可观测到的东西。如果只凭实验来检验理论,那么理论是不可能和谐地贯彻下去的。海森堡反驳说,我所讲的这一哲学原理是您的狭义相对论的哲学基础理论。爱因斯坦干脆回答说:我以前也使用过这个哲学原则,但它仍然是没意义的。如是,科学模式中产生的真理才是惟一的持守内容,凡与之不符合的任何观测、理解与把握的存在,都是没有意义的。科学模式就这样决定了理性理论的终极性和至尊地位,从而将科学理性模式及其真理钉死在认知终极本体的途中。

另一个例子是对宇宙大爆炸前的存在追问。科学家认为这种追问是没有意义的。就像人们问某城市的北方是有意义的,但是问北极的北方就没有意义。问零下几度是有意义的,但是问超过绝对零度是几度则是无意义的。因为在理论上已没有可能再言说超过北极的北方这个尺度,超过绝对零度这个标准的温度可以言说了。虽然仍有北斗七星的存在,虽然仍有更低的温度切实存在,但在科学模式固定的符合标准以外,它就无法言说了,虽然它存在,但它已然不具有科学可以言说的意义了,也就无法在纯思想上来把握,如是,该追问本身,就没有了科学意义。温伯格本人承认这一点:宇宙的年龄肯定是有限的,只是不能在纯思想基础上来说明。只要不能以科学理性以纯思想的方式来言说的东西,就不是科学追问的内容,当然也就是无意义的。"空无之妙有"是科学模式无法纯粹地言说的东西,因此,科学到此就自行止步了。仅到此止步是正常的。因为科学要言说的是万物之法相的万法真理,而不是终极本体实相之真如。不正常的是,科学不但宣称对于科学模式无法言说的东西是无意义的,而且将非科学模式非理性当下把握的存在拒斥为无意义的。由此而引导出科学主义的霸道和专制。

对此的解构也很简单。不能为当前科学理性和理论把握与言说的东西,并非不存在,也更非无意义。迁就一点的说法可以是,科学认为无意义的东西及其存在,并非在存在上是无意义的。如是,不能为科学模式把握的东西,并非不存在,也不是无意义。进一步说,科学模式并非存在终极,也并非人的认知终极依据,更非人的存在的内在终极本体。因此,温伯格"自白"所代表的自然科学试图以这种科学模式作为人的终极依据去达之对终极理论认知的目标,是不可能实现的。因为科学主义本身就认为终极存在本体的存在是无意义的,对其追问也是无意义的,因而,也就不可能有终极理论——对终极作理论追问无意义。

对终极本体存在作无科学意义的否认,并不妨碍科学家们所操作的科学本身,将科学研究从对人的异化的道路上拉回来。即便是从爱因斯坦的立论上来说:允许理论包含有不可观测到的东西,这种东西的存在就必须有内在于人的大雄之力作为存在依据,否则,无不可测定的理论命题先验地产生,也就没有不可测定的理论的言说。因此,科学本身就给人的回归,留下了必要的"言说"余地。量子力学的发展,正是在思想实践中,展现了人作为存在的终极性质的作用。我们在弦理论中,看到了对于"常无"的"零质量"存在的本体和能量的运动方式:真正基本的东西,是以一种"空无"的无限延展的振动方式存在,它可以感觉到其他的弱引力,在这种感应引力的状态中,它的振动能量可以获得交换而无限地扩大。其实,这不过就是对人的自性空大雄之力的自在运行方式的描述:零质量的存在一开一合地振动,一吸一譬地运动。它也可以是对佛性普在的自在运动方式的描述,当化身物自体中的弦自在运动时,处于闭合性的振动;当自性空无所住地运行时,也处于低能量的弱力的闭合式振动。一旦二者进行光子交换而发生跃迁时,大量的信息量汇聚在一起,就产生了大的能量束,形成弱核力,产生了报身实相,从而将存在者"花寂寂",跃迁为具有强大能量的,具有生命力的"花艳艳"的存在实相,归一过程即成立。正是这种归一的弦运动,给予了惠藤以巨大的心灵震撼,使他觉醒了生命存在的基本存在依据和运行方式。物理学家们从此知道,在佛性映射和自性应答这种自在的基本能量——信息量的交换中,可以产生千千万万个共形对称的存在形式"千江月"。但是,没有人能知道是什么东西使这个理论成立。然而,科学家们并没有在这个不可知的宿命面前止步。他们又设立了一个先验的存在为前提,作为使这一理论成立的依据:人择原理。至于问什么会有人择原理发生、发现和把握,科学家们没有作出一个标准的科学模式的回答和说明,反而使用了一系列非理性的非标准科学思维的回答:人择原理,说的是自然律应该允许向自然律发问的智慧生命存在。自然律惊人地适合于这种生命的存在。但是,为什么自然律允许智慧生命存在,为什么惊人地适合于这种生命的存在,这正是需要科学模式说明的地方,也是科学本身应该追问的真命题。但是,对不住,阙如。如果科学模式允许这种追问成立,如果科学模式将自己置入禅化的认知过程中去,那么,问题就可以解决了。即直觉归一论和悟性的引入,可以理性化地回答上述的问题。即便如此,科学本身对"理论——无法观测证明的理论"的背后力量的追问,终究还是打开了一道禅学化的方便法门:从科学上追问知识,过渡到一个新的追问方向上来,追问生命的最本质的存在方式——智慧,也就是人的最根本最本真的终极存在方式——慧根性。温伯格已然意识到这才是真正有意义的终极追问。但是,他认为现有的科学没有的能力去完成。

即使是从量子力学本身的发展中,我们也看到,科学本身开始打破黑格尔以来,不断愚弄人们的那个理性化的反理性的、异化于人本身的"绝对精神"。对于量子力学来说,人们在理性的实验直观中,只能观测和记录光的频谱、强度和跃迁,而没有路径。但是,这种光子跃迁却带来了能量转换和集聚效果,产生了新的存在本体和展现,从而使人们在非存在者的存在运动性态上,把握到波粒二象性所指示的弦运动。正是在这一系列的对存在实相的整体信息能量的把握中,展示了人的一种内在能力:悟性显示的大智慧的大雄之力的存在与运用。用温伯格的话来说就是"当我们请另一位观察者来观察"量子力学家的研究行为时,我们就可以看到人在科学中的位置与作用,是由人在自然界中的智慧生命位置决定的。因为只有人才能去观测、观察,也只有人才能去对观测者、观察者进行观照。所以,科学本身,并不像科学主义者讲的那样,在科学模式中没有人的位置。恰恰相反,一切科学模式、科学理性、科学理论,正是由于人的慧根作为终极依据,才可能产生和实现。如是,在量子力学的发展中,起码确定了人作为应身存在的本体地位。温伯格为了从科学模式上说明人存在的必然性,引入了爱因斯坦的宇宙常数理论。这个宇宙常数中允许存在扰动和引力场中的斥力存在,从而可以使空间卷曲为多维的,而不仅仅是三维的几何空间。正是在这种非逻辑推理可把握的多维空间中,可以出现一个适合于生命发生和发挥作用的狭小范围。也正是在这个狭小的非常规的多维空间中,终极本体以一种非常特殊的方式产生并以信息聚集的方式形成一种可以无限大的能量载体,人的生命及其终极性的存在方式——智慧生命。它的存在意义和存在价值就是解释宇宙,展现终极,温伯格追寻的终极理论,就是要能够说明,为什么一组常数可以描绘出生命,尤其是智慧生命得以存在。但是,即便他获得了这种成功说明的理论,仍然是科学万法知识,而不是终极本体的说明。因为它只说明了应身——报身存在,仍没有说明终极本体存在。

温伯格自己在终极理论追寻中，也是处于科学本身的内在矛盾的不断碰撞和紧张关系中的。他既希望于几乎在地球上无法制造的高能粒子加速器，又希望能跳出这个加速器的科学理性模式局限性而去发现一条新的认知人生智慧的道路；他既认为终极理论是一种绝对孤立的逻辑理论结果，又认识到这种理论的脆弱性和科学实验的难以证明性，想从另一种他称之为粗野的简单的非逻辑的认知路数上找到答案；他既希望能通过科学的数学模式归算出简单的精确的终极理论，又认为终极理论是没有数学推理在内的一种形而上学的逻辑孤立的理论，如是，只有一种先验的东西才能与发现终极理论的智慧生命相匹配，在这种困境中，温伯格对终极理论的科学性、科学理性的作用，也大大地打了折扣："终极理论的发现，至少会减少非理性想象的空间，而不是完全消融掉非理性的东西。"但是，我却想说，温伯格这个胆怯的企图，却在说一句精进的科学精神：随着科学本身的"一切不住"式的发展，非理性的东西会日益为理性所把握和说明。认知学的发展，将会将非理性的直觉和顿悟认知领域进一步理性化地说明。但是，这时理性本身已不再仅仅是以逻辑理性的方式运用数理模式来实现的那种科学模式的，而是一种"止观双运"的禅学化模式了。一句话，当代科学本身的发展，必须首先使理性突围，突出逻辑推理和数学方式的狭小思维座架，走出这个科学模式的捕蝇瓶，重新展现理性的多重运用方式和自由翱翔的风采。

总之，在温伯格的科学的哲学自白中，他始终力图将终极理论之根指向那个科学模式，但是，人们从中依然看出，科学模式所起到的只是"说明"存在实相中万法规则的作用，根本说明不了存在，甚至解释不了存在缘何会存在。所以，科学模式本身并不能代表存在本体，当然更不是把握终极存在本体的唯一有效工具。如是,科学模式就与数学模式一样,只是人类认知世界的一种理性化工具,而不就是人类的智性本身。在这个意义上可以说,温伯格的科学自白,无意间向人的开示,存在着一种科学模式无法言说的终极本体,之于人,就是人能够自足地存在和认知世界的根器:慧根,以之去发现和认知存在本体。在这种认知的智性化过程中,"蓦然回首",人就能够发现那个宇宙终极本体,并非是异化于人的绝对精神或绝对意志,而就在于人本身本性之中。老子说:"道不远人",它就在你的存在之中:自家宝藏。

2. 科学主义

温伯格是一位温和的科学主义者,这不但表现在他不会轻易地以非理性、反科学的大棒子滥打,更表现在他常常以批判者的身份来阐述一些科学主义观点。这很有意思,他明明是在批评一些观点,却又时时地强调这些观点的合理性和科学的必要性。这使人在与他的神交中不紧张,反而感到轻松,因为他滑稽。

首先在科学的人工语言问题中,温伯格认为,终极理论遇到的第一个障碍就是人工语言障碍。"在热力学、流体力学或各种生物学那里,科学家们在各自领域中使用着特殊的语言,他们谈熵、旋涡、生殖的适应性,而不是基本粒子的语言。""他们将继续谈论自己的语言,遵从自然的法则。"但是,他又指出:正如泡利所讲的那样:"从基本理论上说,化学没有那个部分不依赖于量子理论。"为什么会这样呢? 因为终极理论是一切科学解释的箭头式的发现理论。所以,分析哲学要求的统一的人工语言是难以实现的。但是,这种要求本身却是有着其内在的逻辑依据和逻辑刚性的。到底怎么说才好,温先生不言语了。即便是关系到人类意识这类问题,温伯格也是持此小骂大帮忙的科学主义立场:我们能够直接知道自己的意识活动,那么,如何把它带进物理学和化学的科学领域呢？我们可以在意识活动发生时发现头脑和身体里相关的物理和化学的变化，但是，这种变化本身并不就是意识，而是意识活动引起的生物性生理反应，因为我们并不能用脑电波或荷尔蒙来表述幸福或伤感的体验。就像我们可以说人产生禅悦可以寻找到脑腓肽的分泌，但是，并不是脑腓肽的分泌引导人入定，而是人进入禅定这种意识状态以后，大脑腺体才会分泌出脑腓肽。但是，温伯格认为，我们仍有理由假定这些意识活动中相关的客体化现象可以用科学理论来研究，从而可以用终极理论来解释。多么巧妙的命题置换的诡辩：只有解释了"现象"的科学理论根据就足够了，管他智能干什么？你冲动，你激动，你平静，你愉悦，都不过是一场脑电波显现，一种激素的分泌，有什么好奇怪的。除此之外，你还需要知道什么呢？——如是，科学主义彻底将人本身生物化了，非智能化了。

温伯格的小骂大帮忙，又表现在他对非理性存在的态度上。他一方面说："在科学主流的两岸，孤零零地散布着一些小池塘，我们大概可以说它们是'未来的科学'，如果其中哪样得到了证实，那将是世纪的大发现，比现今进行的任何一项物理学工作都重要，也更激动人心。但是，思想健全的公民该对此作出什么结论呢？找到了证据了吗？一般的答案是，对那些证据必须以开放的思维来把握、检验，而不能拿预先的理论概念来评判。"问题就出在这里。为什么对非理性的"前科学"的东西，就必须持一种"证据验证"论，而不是持一种爱因斯坦坚持的"有不可能被检测"的东西的立场呢？或者说持一种目前科学方式还不足以检测的东西是可以成立为理论的开放性态度呢？科学主义者对所谓的科学假设和非理性的经验说明，为什么要持两种不同的标准呢？这是不是专制的霸道。温先生很懂得这种霸道的极端化的科学主义惹人讨厌,他巧妙地换了一种说法:"我们并不是什么都懂了,但是我们懂得的东西,足以使我们相信,在我们的世界里没有心灵感应或占星术的落脚点。""我们发现的科学解释的图景的大功绩就在于它向我们证明了,没有那样自主的科学。"这种返回到捕蝇瓶中去说话,评判的办法看起来似乎很理智、很保险,其实是真荒唐。是一种典型的柏拉图式的自我解嘲:在我们的观念世界中不成立的东西,在现实的世界中也是无意义的,不成立的。也从另一个侧面为科学主义设立的双重标准辩护:部分没有经过实验检测证实的理论,终究有一部分是经过科学实验检测证实了的;而根本不能,或者说根本没有进行类似科学实验检测的东西,即使是经过无数经验检验和体验的观照的东西,当然就不能为科学王者所承认了。如果有一天,类似科学实验检测可以证实了他,再承认也来得及吗? 大凡专制的东西,似乎都爱搞这一套,死后再平反昭雪,既不让你活生生的实现,也不让你死后再使专制主义者背负骂名。温先生也如此,他连非理性存在的命题和现象都不承认,什么时候才能够到"科学"对其进行研究和检测呢? 就像一名青年,连入伍报名的资格都没取得,怎么就能断定,他是因为体检不合格才未被应召入伍呢? 温先生的诡辩术,可以说运用得炉火纯青了,以至于他可以这样批评众人:"谁说皇帝没穿新衣? 你们知道什么是皇帝的新衣吗? 告诉你们,听好了,皇帝的新衣就是理论上的理念的新衣。"温先生就是这样达到了可气得让人发笑的程度。真不知道他是幼稚到了让那两个骗子给骗了,还是本来他就是那两个骗子的后台老板。

现象学问世以后,科学主义者们在逻辑理性的运用中,似乎又把握到了一个有力的理性武器——还原论,以更精确的逻辑理性去追溯科学的源头。拓展逻辑理性运用的范围,将经验论、直觉论从非理性的领域中彻底排挤出去,实现科学理性的王权统驭一切。而物理学为代表的自然科学,就成了实现这一目标的最有权利的学科。因为"数学本身永远也不可能是任何事物的解释,而只是我们表达我们解释的一种语言。"只有物理学始终在坚持将存在的世界还原为最基本的存在性态,并可以演绎出一组最简单的普通定律。我们且不说胡塞尔创立的现象学还原方法本身,就排除了逻辑推理和一切观念形态的理论,而采取了"无念无相"的非逻辑理性的观照方法,而且舍勒的情感现象学也在努力寻找情与理归一的源头和方式。从哲学上说,还原论所运用和坚持的还原方法,根本不是这种"从一切理论还原到另一些理论,乃至还原到最基本、最深层的无需再说明"的理论方法,更不是情理对立,最终以冷冰冰的物质现象结构的理论,彻底排除人的情感和大智慧根器的理论,而是一种为科学和逻辑理性寻找人类慧根的理论,温伯格的物理学还原论恰恰是从根本上违背了这种哲学禅学化的还原原则,而是寻求一种异化于人本身的,冷漠人性的物理终极粒子——弦理论的还原论。为此,他明确地自白:"最极端的是那些头脑中灌满整体论的人,他们对还原论的反应是相信灵魂的能量和生命的力量。那是不可能用寻常的非生命的自然定律来描写的。而作为还原论者的世界观,的确是冷漠而没有人情味的。但事实上,我们必须接受它,不是因为我们喜欢它,而是因为世界本来就是那个样子的,作为自然秩序的描述的还原论者,我认为那当然是正确的。"温伯格可以承认,科学的表现动力之一,就是一种美的体验和美的召唤;他也可以脑电波和荷尔蒙的检测,固然可以说明人的情感发生的化学和物理过程,但仍然说明不了人的情感本身,更不用说以之解释人的意识行为发生的源头和动力;但是,他仍坚持,科学本身造就的观念——理论才能惟一正确地描述世界的本来面目,而这个本来面目是异化于人的,是完全排除了人的情感和人的智性本性存在的。就像买履的那位郑人,我只承认理论上确定的数据标准,至于我的脚长得什么样子,我是从何处才得到适合于我脚的数据标准,我就没必要去追问了。一句话,科学主义者对理性的崇拜和对理论的绝对化,是以其数典忘祖,也是对人性和人的智慧根器的否认为代价,才会使科学主义具有了一种专制的霸主地位,也才使科学本身的自然——生物形态,取得了一个必要的根据地——王位,从而将人文的问题,要么确认为是无意义的,要么排除在科学研究范围以外,任凭非理性的甚至是反理性的东西去愚弄。如是,在当今的社会中,就产生了这种怪现象,一方面是人类理性的充分逻辑化适用,有利于人的生物本能的迅速扩张和科学技术迅速发展带来新的专制方式发展;另一方面是人性的沦落和邪教的盛行。物质生活和条件日益充裕并改变着人类生活的形式,但在终极关怀上却日益凄凉和混乱,不但失去了乐园,而且失去了心灵的家园,人的生命在社会各个层面上愈来愈不受尊重,极端化的两级就是"人体炸弹"和"克隆人"的企图。究其根弊,就是科学主义以自然科学的理论体系,取代了对人本身的存在依据、价值和人生意义的关怀与追问。他们在滥用人类的智慧本根的同时,又在否认人的大智慧的终极存在形式:人性。而他们还力图装出一幅无辜者的样子:事实上我们必须接受它。这里的问题,已然不是腰斩人类的认知直觉、正觉与圆觉的有生命历程,而是在话语霸权上生成一种专制主义,一种最典型的反理性反人性的信仰。将一种理论体系或一种理念作为人的终极信仰,并且以其经过科学的理性论证来强化其权威的王者地位,从而排斥人的本身的内在终极依据及其人类认知的源头和能量的地位,从而以意识形态的既定方式实现对人的异化和统治。这,即是一切宗教的特点,也是任何形式的政教合一的特点。其后果,在历史中发生和在当代社会中存在的一切政教合一的统治,给人类带来的人祸,历历在目。科学主义大约就是这种政教合一的宗法式统治的最后形式,也很可能是会毁灭全人类的最极端的形式。温伯格的温和的科学主义,之所以敢于公然打出异化于人类的这面科学主义信仰大旗,公然宣称科学的终极理论是冷酷的,没有人性的,公然宣称其不承认人的生命力量及其存在价值与意义的反人类立场,足以说明,科学主义谋求的此种政教合一的专制局势,已发展到何种严重的程度。正是科学技术的霸权,才使当今世界上,若干个科技大国,拥有了霸主地位,强行推行不平等竞争的世界秩序及其社会达尔文主义的价值观体系。

如是,在温伯格的科学主义自白中,我们随处都可以找到科学主义反理性的东西与悖论。

例一,科学理性,只追问个体而不结合整体的存在,"当你走近复杂系统的各个局部时,整体就会消失得无影无踪,就像你走近集合的每一个人时,群体意识将不复存在。"科学的很多意想不到的后果,如奥本海默的忏悔,就是在这种科学的局限性下导致的。因为整体存在是一个基本的存在形态,群体的集合意识如果不存在,就不会有群体集合事实,你也没有可能走近集合的群体中一分子的机会与可能。即便是温伯格反复强调最基本的电子、夸克的存在意义,也只有通过对它们存在的场理论和加速器等更复杂的整体系统,才能真正弄清这些个体的存在性态,并且是为了通过理解这些个体而去更深入地理解存在整体,而不仅仅是为了弄懂某个夸克或电子就了事。如是,科学主义承认个体而湮灭整体的立论,不正好在他的结论中成为悖论吗?即便是从他的科学模式下的终极理论追问立场上来说,把握个体就以丧失整体为代价的科学模式性质,不也是悖理的吗?仅是个体的终极,而不能展现、实现为存在的终极理论,是真值的终极理论吗?因为终极终究不是无数个个体的拼凑。

例二,温伯格承认,科学理论就像数学演算一样,容易陷入以观念论证观念,以另一种观念再来论证这一观念的无穷尽的逻辑推论中去,从而使科学本身陷入观念的循环推论沼泽中去,找不到真理的源头,也达不到科学的绝对真理,更不用说最终把握到一个终极理论了。但是,温伯格还是不放弃这种科学模式的理性运用方法体系,他期望着一个科学神话能够出现:"我们需要那样一个量子力学模型,它的波函数不但能描述所研究的系统,而且能描述代表有意识的观察者的东西。经过观察者与各个系统的反复相互作用,联合系统的波函数一定会演化到一个最终的波函数,"从此构成一种终极理论。我们且不说他在这里又偷偷地塞进了一个非逻辑理性的关键性认知因素和认知行为:观照演算的观察者,如是,才能操作不系统的"联合"推理,就是他希望的那个终极"波函数"的产生,不也在循环论证中在玩小猫捉自己尾巴的游戏吗?他靠什么来发现终极理论?靠他所批评的那个"永远也解释不了任何事物的数学"吗?还是靠那个不以任何理论体系、波函数为绝对真理的观察者?前者只是一种科学理性逻辑化运用的实现工具,后者则是一位不以任何当前理论为终极理论的"于念而无念"的神秘的介入者。当且仅当这个神秘的观察者介入时,推理、联合才有了最终依据吗?既然不承认人类生命的力量,又不承认超出逻辑理性的其他悟性运用方式,更不承认禅学一类的认知方式为科学时,谁是这个神秘的观察者呢?——神秘主义就这样悄悄地回到了科学主义的心灵当中,而且决定性地介入到了终极真理的科学发现过程当中,难道温伯格也像维特根斯坦那样,需要一位好天使而不是撒旦吗?当且仅当一位不承认所有类型的波函数为终极真理的观察者存在时,波函数理论才可能统一联合为一种终极理论。这种绝对的非逻辑理性认知的介入,在科学主义者看来是可行的。禅学可以讲清这一义理:自性空的无垢识认知运行方式的介入。温伯格却说不清这一点。或者说是"打死也不说",因为这样一来,科学主义的王者地位就会消失得无影无踪。如是,科学主义就永远只能伴随着神秘主义一路走下去。不是吗?奥卡姆剃刀再锋利,最终也剃不掉什么麦克斯韦妖、拉普拉斯妖一类的科学幽灵。

例三,温伯格十分明白,科学主义掌握的克敌制胜的武器是逻辑推理。他也同样知道逻辑推理会引导科学论证和说明掉入循环论证与无穷推理的泥潭中。但是,他依然认为,跳出这个泥潭的惟一出路,不是寻找存在的本真源头,而是重组重构逻辑论证的理性运用方式,以一切科学学科的推理,却最终汇聚到物理学的理论体系中来,人为地主观规定物理学的理论体系指向终极理论,用绝对的物理学理论推论证明的理性思想,来给逻辑推理找到一个终结。在这个绝对意志的神话面前,逻辑理性的推理走到了尽头,而理性的惟一有用形式,逻辑理性也最终得到了实现。且不说这一立论本身就是循环论证,就是悖理的悖论,在这里,我们所看到的,追寻理论终极之梦的真实目标,并不是要建立一种"梦"中的终极理论,说实话,温伯格本人未必相信会产生这样一种终极理论,他无非要重新打起曾为所有科学主义者抛弃的"终极关怀"这面人文旗帜,在其装饰下,再度祭起科学主义理性崇拜的大旗。道路就在这里:逻辑理性的根弊——陷入循环论证是无可避免的,但是,梦想可以产生一种终极理论的先验预设,就可以非理性化地给逻辑理性循环性无穷推论设立一个戴上"科学"桂冠终结之极。你看,逻辑理性的科学推论是可以不进入无穷的循环论证死地的,它有一个推论的终点,那就是终极理论。谁说皇帝没穿新衣,只是你们都没看见皇帝那件由科学理论构造的新衣,而那是一件什么样的新衣呢?温伯格说,那是一件在我的"科学之梦"中才能看见的新衣。如是,温伯格的科学主义立场就清楚地展现出来了:逻辑理性是一切真理之源,以此为自足依据的科学模式才是宇宙间终极存在的依据。这就是温伯格假设的那个"尽管不是逻辑必然的,却是逻辑孤立的终极理论。它之所以是终极的,是因为每一个自然常数都可以根据它计算出来"。它之所以是理论的,就是因为它既逃脱了循环论证的逻辑必然,又坚守了逻辑理性的一切刚性的推论功用和论证的基本方法性。如是,这个唯一的逻辑孤立的理论,没有特定常数的逻辑刚性,就可以确解一切自然之谜,排除掉任何非理性的想象的空间,最终在逻辑理性的孤立的梦中,实现一个逻辑理性的世界。在这里,柏拉图最有资格从坟墓中说一句话:磨蹭了几千年,说了那么多绕圈子的话,不还是一个观念的世界吗?如是,温伯格就以这样一个没有任何常数可以操作的逻辑刚性,没有任何逻辑必然推论运行方式的逻辑理性,即不发生任何逻辑推理作用的"空形式",作为终极理论唯一自足的内在依据,推展在人们面前。如是,他就可以这样进一步说:谁说皇帝没穿新衣,不穿任何衣服的皇帝就是穿了最新的衣服。因为孤立的逻辑理性告诉我们:皇帝不可能不穿衣服,并且皇帝不能没有新衣服可穿,所以,不穿衣服的皇帝,才穿了一袭最新的,在所有把捉着任何形式衣服的人看来不是衣服的新衣。不用逻辑学家发问,任何一个人都可以发问:什么是不推理、不演算的孤立刚性逻辑呢?换句话也可以问:什么是不具备任何衣服形式和内容的衣服呢?于此,温伯格只好去求助什么妖吧。这时也可以说是一个孤立的逻辑妖——温伯格妖。于此,禅化的认知学可以说,逻辑刚性是存在的,那就是报身实相实在的"事和"逻辑事实整体内在的,"理合"真值的逻辑性关系结构,一种自组织的实体。但是,这绝不就是逻辑理性本身,也不就是逻辑孤立的观念,而是存在本体的万法实相,它不是什么终极理论观念,更非一种绝对精神或绝对意志。

如是,我们从温伯格的自白中,可以再次看到科学主义的一些基本特征:

其一,科学主义要取代上帝之手来统治一切,而不是与万物齐一的和谐共处:"假如我们真的能在自然里发现什么特别认识的上帝之手的东西,那么只能是自然的终极定律。知道了这些定律,我们手里就有了统治星体、石头和天下万物的法则。"

其二,科学本身,不仅仅是排斥了"一个有心劳作的上帝的影子"。而且,科学主义要使科学走向冷冰冰的没有人情味的自然定律。科学主义认为,尽管是人类发现了科学,发现了真理,但是,科学最终在异化于人的道路上,走到尽头时,彻底抛弃人——抛弃人性的东西。如是,人就从天生是神的奴仆的地位转向天生是为科学发生和实现而服务的奴仆,一种为实现科学终极理论而存在的实验品。如是,人还有必要去追问自己的人格并实现它吗? 人还有必要去追寻自己心灵的家园吗? 你不过是为了使科学作为终极实现的实验品,除了为此作出奉献以外,你还要求些什么呢? 在这里,我们又看到了新教伦理中"圣工"的影子,科学成了新的主宰一切的上帝。人,不过是代上帝进行劳作的一种可以随意生灭的生物而已。面对这位新上帝,除了代其行圣工,你还能要求什么呢?

其三,如是,人文的东西,包括终极关怀,在科学主义者看来,不但是无意义的,而且是荒谬的。因为终极问题,属于科学的理论问题,与人性又何干呢? 于此,温伯格明确地说:"尽管我们能在自然的终极理论里发现美,但是,我们却找不出生命或智慧的特殊位置,当然也就更不可能从中发现道德的标准和价值。我们可以在其他地方寻找这些东西,如宗教,但是不是在自然律里。""今天,真正的奥秘应该向宇宙和基本粒子物理学中去找寻,而宗教,差不多已完全从科学的领地退出来了。"如是,人文关怀,人格涵养等等道德与伦理问题,在科学看来,已不止是没意义了,而是不可以再追问的问题了。世界上只存在科学的自然律,根本就不存在道德和人性的人格化问题。绝对真理本身,是冷冰冰的,与人的性情完全无关的自然律。理性可以用来把握真理,其最终结果,是人的理性把人的人性彻底否定,扬弃,将人的存在价值彻底扬弃。这,就是科学主义关于人学的最终理性结论。

其四,那么,人的天生智慧是怎么一回事? 这种智慧生命存在难道就真的没有本体意义和存在价值值得关怀吗? 温伯格列举了一位科学主义者的解释:"在惠勒看来,一定的智慧生命的需要,是为了确定量子力学的意义。他由此提出,智慧的生命不但必然出现,而其会渗透宇宙的每一个角落,为的是宇宙的任何一个物理状态的每一点信息最终都能被观测到。"如是,这里也成立了一种历炼论。人的智性之所以存在,人之所以是智性的生命形式,不是别的,就是为了向人们,而不是向宇宙揭示出宇宙存在的量子力学定律,仅在于向他自己揭示出一个量子力学的终极理论。试问,这种人生历炼,有什么意义呢? 如果对宇宙有意义,宇宙需要这种终极理论吗? 如果是对人有意义,人的存在本身就是为了揭示这一理论,如果一旦揭示了这种理论,就完成了人生存在的意义,那么,人揭示这种量子力学理论的目的就是人生存在的目的吗? 显然,这里又陷入了一种循环论证,并且是一种悖论式的循环论证,人生

存在的目的、价值与意义与人本身的存在无关。温伯格明白，这种
实证论的科学主义过于牵强，他就采取了一种从柏拉图到黑格尔
完成的古典哲学的客观唯心主义立场："我们考虑既能描写光子
和分子，同时也能描写实验室和观测者的波函数。而统治波函数
定律与是否存在观测者，没有一点实在关系。随着我们发现的物
理学原理越来越基本，它们与我们的关系也越来越遥远。"一句
话，以量子力学定律方式成立的终极理论，就是那个宇宙绝对精
神——宇宙绝对意志的自然律的表达。对于它的存在和揭示，与
人的智性本体一点关系也没有。即使是没有人，没有这种智慧生
命形式，这种终极理论也存在着，也被揭示着，也在向"人"或其他
什么智慧生命昭示着其统治地位和主宰的权力。在这里，我似乎
又听到了一位伟大的科学家在接受宗教裁判所判决时嘟囔的一句
话："地球是世界的中心，但是一刻也没有停止围绕太阳在旋转。"
的当代回音。只不过这种回音变了味道；虽然人类这种智慧生命
形式可以揭示量子力学定律的终极理论，但是这种终极理论与人
一点关系也没有，与人的智慧生命能量一点关系也没有。科学主
义者为什么最终要将科学本身最终定义在对人本身的扬弃上，在
这里似乎找到了答案：如果不放弃对人的智性生命的终极追问，科
学主义追寻的终极理论就不具有终极性质，因其不能说明智慧生
命的终极存在本体，科学也就不成其为统治人类灵魂的终极力量，
科学主义的王者地位也就得不到承认并实施对人类的专制统治。
因为，人还要追问人生的终极存在依据，如是，科学本身的非终极
依据的工具性质就会暴露出来。

　　缘于此，科学主义者宁肯牺牲人本身的存在价值和存在依据，
也要树立起科学主义的理性权威，为科学技术大国对世界的霸权
地位建立一种新的统治性质和意识形态理论。这既是反理性——

反人类的,也是反人性,反真实的终极存在本体的。这也是科学主义信仰在全人类中愈来愈声名狼藉的一个根本原因。

温伯格毫不掩饰他的科学主义信仰具有的中世纪政教合一的特征。他引用了《英吉利教会史》中讲述在政教合一体制下关于人的一段论述:"人,就像一只在冬日中飞到暖和的宫殿里的麻雀,从一道门飞进来,暖和一会以后,又从另一道门飞出去。人来到世间如此,稍纵即逝,在这之前和以后发生的事情,我们一概不知。"如是,我们又为什么要去关心这种来去匆匆的过客呢? 在这种政教合一的专制体制支配下,当然就没有必要去关心人类命运问题:"我死之后,哪怕洪水滔天。"不同的是,科学主义者对人类多了一重"教化",他们要人们明白:我们每一个人,都必须学会在成长中抵制对寻常事物的妄想,都必须明白,人类并不是什么宇宙大战里的明星主角,人类的存在与人性实现与否,与宇宙终极理论的发现与实现根本没有关系。科学主义就是这样从心灵上打击和摧毁人类的本体意识和价值观念,使其就范于科学主义的专制统治。但是,人类的智性化能力却使我们日益清醒地认识到,人类存在是有意义的,人类的智性根器存在是有价值的,人类的人性实现就是宇宙终极本体和谐规则的最高实现,即使是有一天,天体物理学最终证明,人类存在是宇宙中的一个仅有的罕见的例外。因为人类拥有宇宙终极本体的存在品性:自性空。因此,人类可以以无垢识的终极智慧能力把握和实现自己和宇宙存在的意义:圆融一切。在这一点上,中国的老子早已给出了明确的答案:无为而无不为,是人之终极品性。只当我们能够"常无欲以观其妙"时,我们才能把握人的终极慧根大智慧,去"常有欲以观其徼",从而发现一切宇宙存在的奥秘,进而把握到实现一切存在者和谐的万法式真理,去协调和谐,实现和谐,并享有和谐。为了达到这一人生的人性品格的实现,就首先要进入"常无"的"无为"这个"众妙之门",放弃一切理论,包括"终极理论"的束缚,才能洞观一切真理之"徼"。如是,才能真正恰如其分地运用科学模式这种工具,"无不为"地实现世界的和谐归一。一切不能行此"非常道"的理性行为,最终都会走到"无可为""无能为"的无所为的穷途末路上去,以至于最终不得不将自己——专制的理论信仰也扬弃掉,于此,我们很难理解,具有"认识你自己"文化传统的人类理性崇拜者们,怎么会发展出最终要将人本身否定掉这样怪物。它真的是撒旦的再次乔装打扮吗?

3. 科学精神

思想的传承,是人类智性生命存在的标志之一,在这种文化传统的传承中,一种真实的"精神"性的东西的传承,是其智能生命力生生不息的核心表显形式,科学本身也不例外,就是在温伯格这一类科学主义者的自白中,我们也时时刻刻可以看到真正的科学精神的传承和作用。非此,不足以支撑起整个科学大厦,也不足以使科学本身具有一定的科学品性。虽然这些科学品性被扭曲了,就像禅学后来发生了一些致命的流弊:狂禅、妄禅、口头禅。但是,这些流弊本身不足以遮弊禅学的人性光辉和其般若正智的根性那样,科学主义信仰本身,也无法掩盖科学精神的存在和作用。这不是哪个人的绝对意志所能左右的,是科学本身固有的科学精神在于人的理性认知中必然要显现和发生的作用。如是,我们仍然从温伯格的自白中,发现科学精神时时处处,实实在在地支撑着他的认知行为。同时,我们也可以看到,当他一旦进入到对科学主义的悖理性的论证中,这种科学精神就荡然不见了。

首先,温伯格承认,存在本身,是一种我们不能以我们的直观观察和可能达到的想象的努力所能控制的东西。"当我们说一样东西是实在的,那不过是表达了某种尊重。意思是说,那样的东西必须认真对待,因为它可能以我们不能控制的方式影响我们。如果不付出超乎想象的努力,我们不可能认识它。""我说自然定律也是实在的,仅当某个自然定律不是我想象的那样时,这种说法更有力量。"这里流露出温氏的科学精神质朴原形态:对于不可控制的东西的尊重,正是对这种不可控制的非理性的存在的确认,才启动了超乎想象努力的科学探究和论证,才使理论本身具有了超乎非理性命题的力量,科学理论才具有了存在价值。正是在如此的科学精神推动下,温伯格虽然不情愿,但终究还是承认了,在当代科学主流的两岸,孤零零地存在着一些小池塘,并且认为,大概可以说它们是"未来的科学"的地下洪流在地表的涌现。地下汇聚的水源和水流,要比地表的主流大的多了。进一步说,一旦地表涌现出一些"小池塘",很可能就预示着一条巨大的地下资源的存在和显现。科学主义者可以用极端的占卜巫术为例子来讽刺非理性的存在,但是,他们也绝不敢小瞧这些小池塘,因为他们知道,心灵感应、特异功能、星相术等等东西,只是非理性存在的一些最直观、最肤浅的东西,而真正的非理性的东西,绝不是这些鸡毛蒜皮所能代表的,一位具有科学精神的科学家,即便是不情愿,也不容许自己盲目地用这些鸡零狗碎的东西去否定一切非理性的存在实相。因为那样做,无异于彻底切断了一切科学理论的来源,也使科学理性失去了可能的操作对象和否定掉一切科学发展产生的机遇。这对科学家来讲,是一个常识,愈是常见的特异功能和占星相术,愈不能代表偶然发生的非理性认知行为和认知内容。因为前者只是物自体化身生成的一些幻相,而后者才显现存在本身的报身实相。也正缘于此,佛教有一个传统,不管是显宗也好,密宗也罢,都不主张提倡什么特异功能的神道和灵迹,而主张人们努力去打通自己的心灵障碍,贯通自己的官能功能,从而明见自己的无垢心性。佛教为了杜绝对非理性存在实相的曲解,甚至在最基本的戒律"五戒"中,都包括了"不得妄语"的戒条。这里不仅仅是指不得说谎,更包含了不得提倡、张扬什么"神通""灵迹"。这也正表现了佛学的科学性之一,不从生物的感官和生物能力的延伸上引导人们去追求"特异功能"和生发出宗教迷信。小乘之小和大乘之大的区别也在这里。小乘只提倡人们获得神通和禅悦,追求个人生物性的解脱;而大乘却提倡人们明心见性,利乐有情,以真正实现人性的人格化圆满和社会实践中的无量功德。所以,承认非理性存在本体和反对追求灵迹和卜巫是两回事。可惜,温伯格常常将其混为一谈。这固然与其奉行一种诡辩术有关,更多的是与他对科学理性的认知与把握方式方法有关。

温伯格的科学精神还表现在他承认,除了逻辑理性作为科学研究的基本功力以外,排除了其他功利动机与目的之外,真正启动起科学研究行为的内在动力,是一种对存在实相真值之美的体验和对于实现这种美的理论追求。也就是禅学讲的,人类认知存在的三个方便法门"理入、行入、趣入"的"趣入"。并且,他认为,真正的科学行为的内在动力,绝非功利主义和理想主义的,而是这种先验的体验促发的"趣入"。他明确地陈述了这一事实:"做科学研究有许多动机,如技术的应用,国家的威望,数学的美妙,理解奇妙现象的快乐,这些动机处处即体现在科学与研究中。""物理学家一次次地靠美的感觉来发展新理论,也一次次靠美的感觉来判决那些新理论,仿佛我们一直在学习如何在最基本的水平上期待自然的美。我们确实以那样的方式走向终极理论。"为此,温伯格特地分析了这种"趣入"的体验,如何在广义相对论,量子电动力学和弱相互作用理论的发生、论证和实验中起到的关键作用。物理学,从研究方式上一般称为理论物理学和实验物理学。温伯格在回顾上个世纪物理学三种突破性的理论进展中,"趣入"的审美体验,都起到了启动突破性研究的内在动力作用。例如,他在谈到爱因斯坦提出广义相对论命题时,尚未经过任何逻辑演算和推理,但是,有一种东西使他确立了一种对这一基本命题的"初始信心"。这种信心并不是靠科学模式建立起来的,而是靠一种"对理论本身的魅力"的体验建立起来的,即靠在这种"事和"存在实相中展示的"理合"内涵所具有的"魅力"的体验和把握建立起来的。而对其进行逻辑理性的论证和精确的数学演算证明,则是一个后天的长期艰苦的过程。当他相信这个思想值得认真追求下去时,甚至会放弃其他彻头彻尾的纯观念性的理论工作。由此可见,这种"趣入"的体验和对科学研究的指引,才是真正的科学研究的内在动力。而这一切,恰恰都是不科学的领域中发生的事。温伯格在他的自白中,讨论了不少的相关的理论的语境问题,但是,在谈及建立对一个命题的初始信心时,靠的完全不是理论性的理性座架的运用。因为既然是全新的基本命题,就不可能是对已有的理论的延伸和仿构,而是一种"物理直觉",即对存在实相的"趣入"体验,在理论的物理学的新命题发现过程中,非理性的对存在实相的体验是如此地据有先验的启动地位,在实验物理学这一更加理性化、理论化的学科中,启动其运行的"第一推动力",竟然也不是逻辑理性的作用,也是一种直觉体验中产生的"趣入"的内在推动力:"在那百年里,正如我们在广义相对论和弱电理论的情形所看到的,往往在理论的实验数据令人相信以前,人们就根据美学的判断喜欢了某个物理学理论,"从而愿意花大力气,组织大量的社会资源,对此进行实验检测。温伯格在进行这种论述时,完全没有了其对科学主义信仰阐述时的紧张和用词布句时的谨慎,而是处于一种十分愉悦,十分流畅的人性回归状态中,完全放弃了他那个科学理性模式,沉浸在一种他称之为"科学的艺术"的非理性非推理的描述中,并且说出了一句令人难以置信的彻头彻尾的非理性的论断:"至于科学家如何工作或应该如何工作,那样的法则是确立不起来的。"这是多么自由自在的心灵表白,这种"无念"的心态中讲出来的才是他的真心话,大实话,大白话。也正是这种发自无垢心性体验的言说,才为科学研究中的科学精神本真品性作了一次自在而又自为的陈述。

我们讲其是"自为"的,是因为,温伯格这时讲的是对存在实相的体验,是对科学本身的理性认知行为和非理性认知行为的统一性体验的直白陈述。这时,不但没有什么科学理性模式的霸者地位和控制性专制力量在起作用,他甚至连想也没想科学模式的存在性和必要性,就直陈胸臆地一语道出。这并不是说温伯格这时否认了科学模式的存在功用,而只说明,他十分清楚科学模式在人类的认知过程中,尤其是在科学研究过程中应占的认知阶段性位置和认知过程中应起的"说明"而不是发现和确信的初始地位。所以,承认"趣入"对于认知的发生和理合的发现,比"理入"更具有先验的在先地位和不可为科学模式取代或湮灭的启动认知的地位。

温伯格不但能承认这种非理性认知行为及其重要性,而且能够如此认真并热烈地称颂他,直至否认了科学家进行研究工作是必须固守一种什么样的科学模式法则。从现象上看,这似乎是一种自我矛盾的自白,但实质上,正在反映了一位真正的科学工作者的内在的科学精神动力。也可以说,科学本身的内在的这种"一切不住"的科学精神使其然也。科学到底是科学,科学家到底是科学家,不论观念和逻辑理性崇拜会引导他们走向哪一个世俗的极端，但终究不可能改变科学本身内在的这种敞开性的科学精神大放光彩。这里就用得上我在张中行先生往生时写的一句赞词："理人行人不及趣人。"任何一种真正的科学研究，莫不以这种非理性的"趣人"为认知之始，任何真正的科学研究历程，莫不拥有这种贯穿始终的"趣人"的内在动力。

为了详尽地阐述这种"趣人"的非理性体验在科学研究中，自始至终所起的作用，温伯格在该书中，专门写了一章《美的理论》。他从美的真实性，存在性态和"理合"内涵等七个方面，去论述了美的"趣人"体验的"理合"内涵，及其对逻辑刚性的外显性表现功用等等内容后，得出了一个结论："我们在自然中发现的美，反映了终极的精神之美。"谈到他的这句由衷的感叹式的结论，我真不知道，这是一位诺贝尔物理学奖得主在谈科学呢？还是一位美国基督教奋兴会的牧师在布道。以至于他在这一章最后的结束语中下了如此的论断："虽然我们还不能确切地知道我们的工作在哪些地方需要依靠美的感觉，不过，基本粒子物理学中的美学判断似乎表现得越来越好。我想这是我们朝着正确的方向前进的证明，离我们的目标也许不远了。"显然，这已远远超出了科学模式的推理认知过程了，温伯格已在自为地而不是自觉地企望着一种情理归一的圆觉的体验了。无怪乎他在这一章的开头，引用了狄拉克在哈佛大学对研究生进行讲话时的"开示"："只需要关注量子电动力学的方程的美，而不要去管那些方程是什么意思。"确实，历史中真正掌握了人本身大智慧的完人智者，都不会用科学模式和枯燥的理论对人进行灌输，而是以其达之的圆觉胜境中的真、善、美合一的体验，来启发人们的自家心性，以一种高雅澄清的"趣人"，打开人们认知世界的方便法门。

读温伯格此书，我真切地体验到，科学主义信仰，会给人带来多么沉重的人格分裂的包袱和理性与非理性的紧张对立；而科学主义的理论理性的专制，又是如何不可能扼杀人类的自性之自在自由，从而科学精神又是如此地具有大雄之力，使所有的人，不论是一阐提也好，科学主义者也罢，都不可能不从中吸取精进的内在能量与动力。所以，温伯格十分中肯地说："寻找物理学的美，始终贯穿着整个物理学的历史。"如是，可以说，科学精神本身，就贯穿着一种人文内涵的"美"，贯穿者以科学方法去把握、证明、体验这种人文之"美"的"真"的存在性质和和谐的"善"的品质。它之所以是人文的真、善、美，不用谈太多的道理，用庄子的一则寓言就足以说明了：人类公认的美人儿，站在河边，也同样会把河里的水族吓跑。因为，这里的"美"，是人类体验到的美，而不是动物体验到的美。所以，说到底，是人类把握的科学，而不是宇宙把握到的科学，因此，科学，终究是报身实相的理合之法相，而仍然不是宇宙终极本体存在的真如实相。正缘于此，科学精神的主要标志之一，就是承认科学理论，只是一种对终极本体的坐标式的映衬显现，至多是一种很好的"近似"，仍然不是终极存在本体，即使是发现了一种终极理论。温伯格对这一点是十分清楚的，所以他明确地说：即便有一天他的梦想成真，发现了终极理论，但也不等于发现和说明了宇宙及人的终极本体，就像量子力学理论，虽然在物理学中获得了非凡的成功，但终究只是终极真理的一个很好的近似，并不就是终极真理。所以，温伯格十分强调一种科学态度：不要为了迎合某些理论的要求而随意调整实验，更不要以实验的结果来随意调整理论。因为，理论家可能在不知道是否通得过实验的检验时提出基本命题，但是，实验科学家在实验以前，都已经知道那个结论了。这里面体现的是一种"一切不住"的开放性，即反对以任何理论体系为座架来先期确认或否定一种悟性命名产生的先验命题，或者为了证明这种已有的理论座架体系的权威性来操纵实验,以证明其科学性。而要以存在实相的本真理合内涵的再现,实事求是的实验为准,来确认或修订、或发现新的理论。如是,他说出了真正具有科学精神的科学实验指导原则性的话:"实验家并不总能得到他们期待的结果,这恰好成为他们品格力量的证明。"这种人格主义立论,完全抛弃了唯理论唯理性至上的科学主义信仰,也给出了维特根斯坦所说的哲学科学偏食病的一剂药方:尊重存在本身,才能发现真理,而不是固执某种理念,以削足适履。

温伯格在表示自己自为的科学精神品质时,最终将其落实到反对任何唯意志论的唯理论的决定论上来。这就为消除科学主义的极端化发展的"宗教性质",确立了一个科学基础,他是从混沌系统的研究历程中看到这一点的。宇宙演化的开始是混沌。也可以说混沌是一切理论得以产生的先验的前件存在实相:初始条件。这些混沌状态存在的"事和"性初始条件,可以在片刻以后引发出完全不同的多元化的多维存在的逻辑事实结果。正是这些报身实相方式存在的逻辑事实,可以使人们从中人为地选择出若干逻辑事项给予逻辑理性的分析和用数学模型演算的逻辑刚性,使人们可以部分地把握存在的混沌现象为有序的理解现象。但是,整个宇宙发生的历史和发生的初始条件及存在实相的混沌状态,却绝不是逻辑理性能充分完全地计算出来的。"说得更准确一点,对于混沌出现的发现意味着,不论以多大的精度来计算决定初始条件,我们最终还是会失去预言系统行为的能力。"这就宣告了唯理论为内涵的唯意志决定的不可能。即使是面对微观粒子世界的混沌现象,海森堡的测不准理论也警告我们,不可能同时精确测量粒子的位置和速度,更不用说大尺度的宇宙发生时的混沌现象的理论化理性把握了。如是,从柏拉图以来的只承认观念世界为真的绝对精神——绝对思想的科学主义信仰的哲学基础就完全不成立了。存在本体实相的把握和控制,绝不是理性决定的,更不是唯理论的唯意志论说能决定的。只有回到重新观照那个"不确定"的混沌中的报身实相存在本体时,认知才可能发生,也才可能近似地接近和把握存在本体。如是,这不但打破了唯理论的科学主义宗教性质,而且指出了科学本身的有限性和科学必须保持承认非理性化的不确定初始条件为存在本真的开放态度,即"于念而无念"的禅学态度。如是,科学精神的这种"一切不住"的禅学内涵,就确立了一个基本的科学态度,不再将科学模式作为唯一的理性存在和运用的方式,也不再将逻辑理性作为唯一的科学模式的内在依据来坚持,而只是作为人类认知行为的一种正觉中运用理性的工具方式来把握,作为理性运用的一种有限的样式来研究和把握。

如是,真正的科学观,应该是,以悟性的非理性的体验存在实相的方式,去把握存在实相逻辑刚性的和谐的内在真值理合结构,从而从"事和"的混沌不确定性中,把握到可控制的确定性的逻辑事实本体,才可能发现其中的真理内涵。这在温伯格本人的自白中是不曾明确地,哪怕是自为式地说出的,但是,却自在地显示出了其必然的理路性的心路历程。缘于此,作为科学主义者的温伯格才言说他的体验之"真":"科学家有科学家的科学理论的亲身经历,尽管渴望的目标还难以把握,他们还是相信那些理论的实在性。"正是这些认知历程中的那些理性的与非理性的统一形成的"亲身经历",使他相信,尽管终极理论是冷冰冰的,无人性的,无人情味的,但是,科学除了邪恶的运用,也应该有仁慈的运用:解放人类精神。注意,这里的精神解放,不是要人们摆脱什么占星术的纠缠而掉进终极理论的"捕蝇瓶"中去,恰恰是在提醒人们,物理学的终极理论是没有人性的,没有人情味的冷冰冰的,就像脑电波和脑激素可以解释人的情感运动,但绝不就是人的情感本身,更不是人的情感发生的源头,当然也不是人的意识本身,就更不是人的认知行为本身和认知发生的源头所在。

如是,温伯格最终把握到的科学精神的辉煌内涵,用《金刚经》里的话来说,就是一种"于不住中生其心"的人文觉醒,一种人性的本真呈现,一种不欲将科学极端生物化使用为"杀人工具"的人文精神。应该说,这才是温伯格真实的终极理论之梦的真魂实魄。虽然他还远没有自觉地把握到他的这一"自家宝藏"。科学,科学家,终究对于宗教有一种不肖的心理,妨碍了他们认真去了解其中的"真三昧"。其实,不将宗教当做权威来看,就像不将科学当作惟一理性晶华来看时,我们是不是可以看得更清楚一些呢?

第二章 法相圆明:存在

　　戴菲勒神谕:认识你自己。表达了西方文化传统的本质源头。其中包含了两层意思和一个中心。两层意思包括认知存在与认知真理;一个中心,就是以人为主体中心。这与中华传统文化对于世界的天、地及人合一整体的认知追求是完全不同的。在以人为存在主体中心的认知目标推动下,西方科学和哲学的认知行为,具有一种极大的单一性。从亚里士多德以后的思想发展中,确立了以认知于人有益的真理追问的主题。自巴门尼德以来的,认知存在的思想倾向,在认知真理的漫漫长河中渐被淹没。尤其是经中世纪经院哲学和黑格尔哲学以后,终极追问钉死在"宇宙绝对精神"的标本之上,存在追问日渐销声匿迹。只是在进入后现代社会以后,西方人在科学对于人的异化势力已成气候而产生的压力之下,体验到了科学真理因其固有的相对性和片面性给人类带来了更为巨大的不自由和空前的灾难,才萌发了对于真理产生的源头的追问,以此重新审视科学真理到底是一位好天使,还是撒旦的帮凶,从而重新展开了对存在本体的追问,兴起了现象学、解释学、存在哲学、科学哲学。但是,这种对存在的追问,始终没有摆脱对真理归真追问的诉求,即追问存在,并非追问存在的终极本体,而只是追问的真理归真的存在源头和追问存在与真理关系中发生的证真与证伪的问题。这种形式的存在追问,虽然导致了当代哲学的非理性思潮涌起和对于非理性存在诸问题的理性化研究,从而导致了西方哲学自为地形成禅学化的思想实践方式,但是,总是处于"在途中"的思维状态中,无法也无力深入到对终极本体存在的追问中去。在禅学这一方便法门前,处于一脚门里一脚门外的别别扭扭的不自在状态中。对此种现象作壁上观时,既觉得很有意思,又觉得心里很是不舒服,真替他们感到难受。如是,立此一章,不敢妄图以济西方哲学之急,起码要以此来消本人心中块垒。

为了方便说明问题,在本章中,将首先禅话西方哲学追问存在的心路历程,然后再对其进行与中国禅学认知存在上的差别的阐述。

一、存在问题诸说

最能集中表现后现代社会西方哲学对科学真理的困惑和由之滋生出对存在追问倾向的,是罗素。他认为,当代哲学研究的目的,不应再仅仅追问什么形而上的真理或形而上的科学方法,而要追问介于哲学和科学之间,那些迄今为人类的确切知识所不能肯定的事物。虽然这种"事物"是应该诉诸理性来追问的,但却又恰恰是科学理性所无法回答的,而且是"心灵"最感兴趣的问题,即追问那个理性所不及的,但又非宗教所能回答的"存在"。这种追问的起因,罗素讲得很清楚:源于对于科学——哲学真理的怀疑。究竟有没有自然律? 还是我们信仰的自然律仅仅是出于我们爱好秩序的结果呢? 如是,追问存在问题,直接的原因,就是为自然律等真理寻找发生的源头;间接的原因,就是人文关怀,人为什么要追求真理,尤其是追求自然真理。这里潜在的追问就是,自然科学所具有的人文基础在哪里,是什么,为什么会这样。对科学真理的追问,就这样如实地被还原到对存在,核心是对人的认知行为的存在的追问上来。因为任何对真理的认知、说明，最终都能，也只能还原到人的存在上来。对存在本身的追问亦如是。所以，现象学对存在的追问，最终还原、发展到海德格尔的"倾听"上来，但一切倾听，终究是人本身对存在的倾听。存在哲学对存在的追问，最终发展到荣格心理学认定的神秘本体，但一切神秘的本体，最终都指向人本身存在的终极依据的神秘性。缘于此，对真理的存在性和存在根据的追问，最终发展到对存在本体的追问，实质只是对人的存在性态的追问。这就又回归到戴菲勒神谕的追问宗旨上来。看起来，西方哲学，几千年来，始终没有解决对人本身的认知。为什么会这样？我们最好还是从最早谈存在问题的巴门尼德那里说起。

巴门尼德的著名论点就是"当下即存在"。赫拉克利特认为万物都是处于流变之中的。巴门尼德则认为，没有处于变化中的存在，存在就是存在，没有不存在。也就是说，从现象上看，一切处于流变中的事物，首要的规定性是当下即是的存在着，然后才是存在状态中运动着。存在是事物的第一规定性，流变是其第二规定性。没有存在，也就没有流变；流变只是存在的一种表显形式，在流变中，当下即是地显现的只是存在，也只能是存在，永远是存在着的事物在流变，而不是流变在存在。这一立论后来引生了芝诺的悖论命题"飞矢不动"，即流变中当下即是显现的是存在本体，正是这个"不动的飞矢"构成存在实相——圆融的报身实相图像，集聚了"飞矢"的所有信息，并显示出其存在的两个规定性：存在的当下即是的性态和存在于流变中运动的样态。巴门尼德的存在论和芝诺的存在图像性命题，之所以为后来人称为悖论，原因很简单，没有区分开化身物自体存在者的幻相存在性态和圆融归一的报身实相的存在性态。赫拉克利特讲的是物自体的化身幻相存在性态,巴门尼德和芝诺讲的是报身实相的存在性态。前者是存在者永远处于幻生幻灭的流变中,后者讲的是"绵延"永驻的存在实相。讨论的命题内涵不同和含混,使之发生了学派性的分歧和争论。只是到了康德哲学提出了"物自体"这一概念以后,西方哲学才开始认知存在和存在者是两回事,而不仅仅是两个概念。作为存在者,大到宇宙天体,小到细胞分子,都具有幻生幻灭的生生死死、川流不息的流变性。但是作为存在的报身实相,都具有恒定的存在性。用信息论的观点来讲,就是事物本身可以生生灭灭,但事物所具有和映射出的信息整体,都可以以全息的方式,恒定地持存,成为人类认知的真值依据。当我们了解到,信息论的产生源头,在于工程控制论时,我们就可以进一步认识到,西方哲学追问存在,目的在于追问可以控制自然的那种知识的源头,而不是追问终极本体;即使是由此而追问人是怎样获得这些知识的,也只是在追问人的控制力的存在,而不是追问人存在本身的终极依据。即便如此,我们仍然由此可以发现,人们认知——控制自然界——控制物自体,是从把握存在实相——全息的报身实相图像开始的。

如是,芝诺的存在图像命题虽未重新得到认识,但巴门尼德的存在论却复活了,并且成为当代西方哲学的一个先验的合理性定义而被广泛地采用:当下即存在。且成为不能证伪即为真的证伪逻辑的合理性前提:"你不知道什么是不存在,因为那是不可能的。不存在是不能被知道的,你说不出来它。"道理就这么简单而清晰:人们不可能陈述不存在,因为不存在的东西无法启动人的认知能力,人们不可能对于不存在的东西中产生意识,哪怕是产生下意识,从而也就无法对其言说和讨论,更不可能对之进行逻辑理性的证伪证真的推理和说明。因此,对于存在问题,在逻辑上只能证真,而无法证伪。对其无法证明的不存在的东西即为不能进行证伪,在逻辑推理法则的规定性上讲,不能证伪的东西即为真,排中律就是这样要求的,所以,存在就是存在,而不可能是不存在。如是,证伪逻辑的使用,就被排除在存在问题讨论的领域以外,而只限于对于由存在实相转化成的命题的真理性论证领域之内。如是,存在问题的讨论,第一次在哲学范围内,给科学主义逻辑理性的王权划定了一个权力限制,不要介入关于存在问题的讨论。因为存在是无法证伪的。对于只能证真的问题,因其本身就是真,因其无可怀疑性,也就无须逻辑性对之进行证明和推论。另一方面,就逻辑理性的功用本身来说,就在于去伪以存真。反过来说,无伪可去时,也就无真可证,逻辑理性也就失去了用武之地,即其功效的存在成了无意义的。逻辑理性的逻辑证真证伪功效当然不是无意义的,因此,在无须证伪的地方,就不会启动逻辑理性,也就不需要逻辑理性介入。皇帝在存在问题讨论的领域中无衣可穿,不管是新衣还是旧衣,皇帝当然也就没有必要在这里出现了。再进一步说,逻辑理性证真,只能对存在实相中某一逻辑事项构成的命题进行证真,而不可能对存在整体的多维实项证真,即不能对存在实相整体证真。就像面对"少女的微笑",你可以论证她是妓女的微笑,也可以论证她是一名处女的微笑,但你却不能论证这里不存在少女的微笑,因为少女的微笑已然全息性地作为存在实相图像命题而存在了。同时,逻辑法则的证伪功能的基本规定是:不能证伪即为真。当逻辑推理和证明不能证明其为伪命题,但一时也无法证明其为真命题时,就只能予以"保留意见"。就像人们对"蒙娜丽莎的微笑",既不能证明其为妓女的微笑,也不能证明其为少女的微笑时,就只能对之予以保留,依然混沌地承认其是独特的,"蒙娜丽莎的微笑"的整体存在。如是,从以上三点理性思维的结合来说,逻辑理性是无法介入关于存在问题的讨论的。那么,人类的理性认知能力真的就不能介入存在之所以存在的追问之中了吗？当科学主义仅将逻辑理性奉为理性惟一之用时，可以这样理解。但是，理性存在的性态却绝非如此。因此，理性研究完全可以以另一种功用方式介入存在的研究。

我个人认为，对于"存在"理论的有着创新性认识的，不是海德格尔，也不是萨特，是柏格森。他真正发现了存在为什么是存在：具有绵延持存的规定性。存在以何种特性使其区别于存在者：可以绵延而入正觉的理性认知领域之中。正是柏格森的绵延理论，理性化地，以哲学的方式言说了报身实相为什么是存在本体，芝诺悖论为什么不是悖论。

柏格森是一位直觉论者，起码在西方哲学家们看来是这样的。在我看来，柏格森是一位对直觉现象进行观照的智者。他正是从对正觉演绎的命题对象的探源性追问中，把握到了一种存在实相，并且敏锐地看到，这种存在实相并不产生于正觉认知过程中，而是产生于非理性化的直觉认知过程中，从而稳定地"绵延"进入了理性演绎的认知过程中，使逻辑理性获得了有用的机会和显示功效的可能。他为自己的这种观照成果激动，从而深入地研究了存在实相在人的"心理"中的存在形式和存在内容。首先，他发现，存在实相的存在形式为"记忆"，在对记忆的观照中，他又发现，记忆，绝不是简单的一种人类心理活动，也不仅仅是人的一种智性功能的运用。记忆实质上是精神与物质的交叉结合统一的结晶，是一种既非精神亦非物质的存在的东西。也可以说，记忆是精神对物质信息化的把握形式。因此，记忆本身，就既非物质的也非精神的，而是归一物我的存在实相之所以存在的一种统称。从原则上说，不是具有中枢神经系统的高级生命形式具有了记忆功能，才有了存在实相，毋宁说，正是人具有了归一物我以生成存在实相的直觉归一能力,记忆这种高级生命形式才具有了之于人的非凡的智性功能。如是,他找到了存在实相"绵延"持存的生命体存在形式:记忆。可以说,柏格森对于记忆的观照和陈述,在哲学界和心理学界都是独步的。那么,存在实相是以什么东西持存于记忆中并绵延入正觉认识过程中,可以时时当下即是地提取呢?柏格森同样使用了一个哲学和心理学共同的概念:心象。但是,他所意指的"心象",又不是心理学意义上的条件反射的心象和哲学意义上的主观印象,而是一种既非纯精神的印象,也非纯心理臆象的心象,是一种独立于精神与物质的东西,一种绵延而存在的"事和"的全息性的"集团"。也可以说,在他看来,是一种作为精神实体对于外物的觉知性的产物,而不仅仅是反映性的影像。在哲学上和心理学中,这种理论很难讲得通。但在禅学看来,这就是自性与佛性归一中产生的报身实相,并且这种圆融实相是在无我相的无意识的"无垢心性"中生成的,也只能在这种并未意识到精神实体和物质自体分别的情况下,才可能产生的。一句话,在自性空中的直觉中产生的,如是,存在实相在他那里即为"心象"。这种心象具有存在的全息性和稳定性,正缘于此,才可能成为有存在形式——记忆的东西,而构成绵延持存的内容,没有这种存在实相的圆融图像,则没有智性的绵延作用发生的可能。就这样,柏格森发现了存在实相的基本特性:绵延。在发现绵延是存在的特殊规定性的过程中,他发现了存在实相的存在形式:记忆,和存在实相的存在内容:圆融图像。如是,记忆与心象构成了存在本体,并由之而显示了存在实相的规定性:绵延。正是绵延这一特有的内在规定性,使存在的报身实相从根本上区别于化身幻相物自体,从而可以非心非物地稳定地进入到人的正觉认识过程中去,使科学理性模式有了可操作性的对象。亦正缘于此,科学理性才得以在运用中显现和成立。在这一观照过程结束时,柏格森对于存在有了一种思想自觉,存在既非精神现象,亦非存在着物体,即非外在的物自体,亦非内在的脑物质,而是一种关联性的归一存在。所以,存在实相是一种独立于主、客体的,独立于精神与物质的本质的东西,是具有稳定性的绵延规定性的存在本体。

柏格森的非理性直觉论思想家的地位,是以这存在本体"绵延"而"现象"化地显示的理论而为西方哲学界确认的。他的思考不是通过纯粹性推论证明进行的,而是通过"视觉优势"进行的。即通过对"心象"进行观照进行的。因之,西方哲学界对于柏格森的理论,很不以为然地归入非理性的思潮中去。在禅学看来,其实不然,正是柏格森以正觉中的禅观照方式,自觉地突破了哲学对于在正觉中的理性自觉运用是其惟一标准化形式的局限性,将理性认知的能力,开发到了一个应有的正觉中认知的高度:在正觉的理性运用中,不仅有逻辑推理之用,更有禅化观照之用。正是后者的非逻辑化运用,可以使逻辑推理走出在观念中循环论证的怪圈,使理论无法解决的问题,找到新的突破方向和内容。从而使人类自觉的思想实践,提升到一个全新的高度,也就是禅学常说的"止观双运"的思想实践高度。事实上,所有理论的突破,都不是在正觉的逻辑理性推论中发生的,虽然是在这一过程中获得理论实现的,但却是在正觉认知过程的观照中发生的。当现有理论推理处于困境中而无法进行时,思想自觉,会使我们重新进入思想实践的过程,重新审视我们所把握到的命题,冷眼静观地运用"视觉优势",寻找到了产生这一命题的存在实相,发现新的,解决当下问题的逻辑事项和系统关系,补充原有的命题或提出全新的命题,从而实现理论的突破。也可以说,逻辑理性在这里至多是起到了证伪存真的认识作用,而真正发挥出去伪存真作用的理性运用,是禅观照。

只不过,逻辑理性崇拜使从事哲学研究和科学研究的人,从没有自觉到,这才是人类理性的生长点和生命力的所在。柏格森正是发现了这种根本性的正觉方式方法,"通过视觉优势才把握思维",即通过观照进行正觉中的自觉性认识,从而在提升思想实践的历炼中提升了人类思想自觉的水平。分析哲学家们用非逻辑理性的"视觉优势"一词来贬抑柏格森,殊不知,正觉中的禅观照,恰恰就是"定中生慧"的思想实践过程,恰恰是人类理性创造性功能的最高级的运用方式。用库恩的言说方式来说,不具备"视觉优势"的科学家,是平庸的科学家,不具备创造能力,是"匠"而不是"师"。

柏格森并没有将自己的理性自觉运用终止在对绵延的把握上。他的思想自觉更进一步表现在发挥他的"视觉优势",对自己发现存在具备绵延规定性的心路历程进行观照的思想实践中。从而他能够发现,真正把握存在实相的努力方向,不是对物自体存在者发出无穷无尽的追问和论证,而是向内观照,在末那识——潜意识域中,去追问存在实相全息性整体,从中他发现,要想真正发掘人的创造性智性能力,又不仅仅在于启动正觉中的"视觉优势"去观照存在实相绵延的本体,更在于发现和运用一种纯粹非理性的人类的"无意识"的能力:直觉能力,因为非主非客,非精神非物质的存在实相本体,是在"非理性""无意识"的直觉中生成的。如是,柏格森给人类的创造力作出了一个本真的基本规定性表述:向内转向自身。这个自身,已不是物自体的自身,也不是主体观念理论化的自身,而是人本身内在的一种天然存在的本体:直觉能力和观照能力。这两种"慧根"性的人之存在的根器性表现,恰恰就是禅学所讲的"定慧等"的人类思想自觉的思想实践方式。如是,柏格森的"视觉优势",也就不是拼力睁大眼睛向外看的生理视觉,而是运用"无垢心性"向内观照的能力和发现归一实相的直觉与悟性连动的能力。如是,分析哲学家歪打正着地评价柏格森的这种非理性化的思维方式:视觉优势,并非简单的生理视觉,而是自性空的观照优势,正确地把握和运用这种禅观照能力,才会构成不同凡响的,超越生理官能的"定中生慧"的"视觉优势"。缘于此种思想实践,柏格森为存在发现性地找到了人本身内在的自足依据:自家心性。它既非脑组织与功能,也不是心脏器官与功能,而是人类的一种天赋本体的能力性能量聚集以把握存在实相信息聚合的能力:智性能力。

就这样,存在实相本体,在柏格森那里,具有了完全不同于物自体和心理精神活动中规定性和存在方式的自足依据。存在实相的"绵延"规定性,使存在本体不同于存在者的幻生幻灭,有了其可以"当下即是"的稳定性和实在性。而存在实相的这种规定性有其人类自足的内在依据:智性。正是人类的这一存在本体自性,使人可以在"无意识"中归一物我以成圆融实相,并可以有意识地自为地把握存在实相和自觉地观照存在实相。十分可惜的是,当代西方哲学受科学理性思维模式的思想束缚,始终未能正面承认和运用柏格森的直觉与观照理论。否则,西方哲学不会有今天这种"彼此无法沟通"的局面。

柏格森在他的观照中发现,直觉中生成的绵延存在实相,乃是一切理论的真值来源。这一立论打破了科学理性模式符合论的传统思维方式,即科学真理是定理符合于公理的立论。可惜,这一认识论的创新成就,一直未引起西方哲学界的重现。直到莱尼厄尔,才提出一种新的符合论,理性思维原则,不是与意识观念中的世界法则相符合,而是思维原则与存在原则相符合,只有在存在实相本体的范围内,才能发生理性原则要求的观念符合现象,进一步说,逻辑思维原则,只是在逻辑事实的存在实相本体中,才能得到符合性的论证与说明。真理法则只有在存在实相的"理合"内涵中，才能得到证明。也就是说，要求理论的科学性——符合性，不应在已有的观念与观念的符合中去寻找大前提性命题或先验的公理性命题中去寻找观念上的符合，而应当在已有把握的归一实相中去寻找，就是在存在实相本体中去寻找真实存在的根据，并在存在实相中去寻找理论逻辑论证的正当性。这一立论的高明之处，不仅仅在于论证科学真理本身的符合性是非观念性的，从而使逻辑推理从一开始就摆脱循环论证的背运，更在于它可以说明，要想证明思维原则的正当性，不能从纯逻辑思维方式，如纯数学推理中去寻找，而要从存在实相本体内的逻辑事实本身的内在逻辑关联性中去寻找，也就是要从温伯格所说的存在本体内在的逻辑刚性中去寻找。因为，逻辑形式——思维原则，只是理性对存在实相中内在逻辑刚性的把握中才生成的一种抽象的思维方式，即将一切存在实相的内在的逻辑关系，把握为一种认知其存在逻辑事实的思维方法。因此，认知和区分二者的地位与作用是很重要的。

　　存在实相是一切思维方法的出处、来源，一切思维方法只是清晰地展示存在实相内在的理合内涵的工具而已。不能区分这二者的体与用的关系，就会闹出罗素批评柏格森的笑话。当柏格森用"数的集团"来描述存在实相时，罗素却说他讲的数是不精确的，只是一个抽象的概念，而不是数的抽象值本身。其实，若没有数这种集团性显现的存在实相，何来数学推理中的数的抽象值本身呢？柏格森讲的是数的存在实相，而罗素讲的是处理这一存在实相的数的工具性知识，二者谈的根本不是一个问题，即柏格森在讲数的存在原则，罗素讲的是数的思维应用原则。西方哲学各流派中无穷无尽的许多争论，很多即是在这种混淆了存在本体与思维方法的混乱中形成的。继承了柏格森直觉论理论观点的梅洛·庞蒂对此作出了明确的区分:"承认含混的意识形态"是进行理性思维的前提,否则,理性思维无用,也无法显示出其独到的必然性和功效性。他特别强调,要想从有知走向无知,再从无知走向有知,就不应该急急忙忙地去批判,用已知的知识和逻辑理性思维方式去批判、推论,而要去保持一种心灵的宁静,只是具有了这种"无垢"心静以后,才能在"止观双运"的"止","入定"中,去"悬置一切"而"中止判断",从而才能看清"含混的意识形态"里展示的存在实相及其理合内涵的逻辑事实,也才能看清思维原则为什么应当符合存在原则,而不是思维原则为什么应该符合存在原则,更不是思维原则符合逻辑原则。也只有如此,人类才能真正发现人的存在本体,人的内在的自足依据。起码,会发现理性的真正自觉的用途与用法及用处,从而认知人本身存在的价值和生命的生存意义。

对存在原则和思维原则的区分这一认知过程,可以说,是贯穿于存在问题讨论中的一条思想实践,大一点说,也可以说是贯穿于20世纪西方当代哲学史中的一条思想主线,因为追问存在,不是为了存在而追问存在,而是为了追问真理的非理性源头而追问存在。最早对存在与真理的关系发生兴趣的是布伦塔诺。可以说是他的自明性的先验哲学,启动了对存在的追问和把握存在的思维方式的追问。

布伦塔诺在讨论了"公理"的自明性及先验性之后,明确指出,公理所具有的逻辑特征是:内涵地具有内在的否定式,而展示出公理的先验的内觉知的"内判断"则不具有这种内在的否定式。为什么同样处于非理性认知过程中,内觉知判断所作出的陈述存在实相的基本命题和由经验判断产生的公理命题有如此不同的逻辑规定性呢? 布伦塔诺认为,情况的发生是由于内觉知判断和公理所言说的东西不同。内觉知判断,是由悟性体验而命名的,所把握到的确然性的存在实相决定的,是对存在实相确定性确认判断把握。也就是判断一个事实是存在还是不存在。由于人们不可能去体验、言说一个不存在的实相,因此,凡是言说体验到的存在的东西,都是在言说存在实相,而不是言说一种肯定是不存在的实相。所以,内觉知判断都是肯定判断,是存在判断,因此是真判断。即便是这种真判断错了,也是真错了,而不是假错了。并且,这种错了,不是讲存在实相错了,是假存在,而是讲进行判断的主体错了。在这种真判断中确认的只是"事和"的存在本体,而不是其内涵的逻辑某一事项之"理合"内涵。因此,存在实相本体内在的逻辑事项是否具有矛盾性,在内判断中是不涉及的,悟性命名涉及的只是把握到的存在实相"事和"本体的确然性存在,所以,在真判断的陈述句中,不具有否定式的内涵。如是,对于存在实相本身,没留下可以证伪的余地。公理则不然。

公理命题的自明性来源于对存在实相的确认;公理命题的先验性也源于存在本体就是存在而不是不存在,所以,公理是自明的先验的,严格的陈述是:公理的存在性的自明性是先验的。但是,公理是经由经验归纳判断而对悟性命名的陈述句的知性拣选的结果。在这种后添的拣选行为中,拣选出的已不是整个存在"事和"的逻辑事实整体,而是其中某一逻辑事项构成的命题。因此,公理命题本身具有一种对非此项逻辑事项的逻辑事项和关系的否定性,不允许进入该公理陈述的逻辑刚性内涵之中。如此而形成了公理具有绝对的肯定性和这一肯定性表达出的否定性:既是 A,就绝非 B,说到底,公理受排中律制约,而表达出矛盾律的先验性。因此,公理本身是受逻辑法则支配的,是人类自性自觉地运用的初级形式:知性运用的产物。而真判断是不受逻辑法则约束的,是人类自性自为地运用形式,悟性运用的产物。为此,布伦塔诺举了一个抽象的认知例子。真判断:任何三角形的内角和等于180°。这里只有肯定判断,没有否定判断。除非所陈述的存在实相图象不是三角形。如若所言说的不是三角形,也就不会有这种对三角形"事和"的存在整体的"理合"内涵的陈述。所以,真判断没有否定的内涵,也就不具有可以言说的,可以求证的内在矛盾性导致的证伪问题。而公理表述则是另外一回事。这里我们看到知性如何引导已有的理论知识介入归纳判断中来:"任何三角形的内角之和等于两个直角之和。"很显然,这里的陈述已不是布伦塔诺的"数的集团",而是加入了罗素所说的抽象的数的精确值的"知识"内涵:三角形的一个标准范式:直角,并以此来规范任何三角形"理合"的内涵及真理合的逻辑事项的拣选标准。也就是说,不论三角形的内角之和的"数的集团"是否等于180°,只要三角形的内角之和不等于两个直角之和,就不是三角形。真判断是说什么是三角形,公理是说什么不是三角形。说"是什么,"只要确认就可以了,说"什么是……"就必须加入一种理性知识座架系统进来。注意,这里已有后添的观念推理介入进来,如是,逻辑法则也就介入进来了,矛盾律和排中律也就开始发挥作用。当且仅当此时,逻辑理性的演绎论证作用才被启动,认知行为才从非理性的认知阶段推进到理性认知阶段。在这一转换过程中,发生了一个根本性的转变,即人的认知能力把握的对象,已从把握和陈述存在实相之"事和"本体,转入到把握为观念性的逻辑事项的观念与理念的符合。从上述例子来看,已从把握三角形这一"集合数"报身实相的含混的意识形态——逻辑事实的存在本体,过渡到从理论知识上把握三角形逻辑事项的证真——证伪的逻辑标准规则上来,也就是从把握存在实相的逻辑事项过渡到把握必须遵守的逻辑法则观念规则上来。

　　为什么真判断把握的存在实相本体不具有否定性、矛盾性呢？布伦塔诺没有从先验的自明性中再向前行而观照。禅观照可以对之说明。其一，如果没有直觉中归一的存在实相图像的生成，触动不了悟性发生体验和顿悟中对体验到的存在实相整体性"事和"的命名，也就不可能有布伦塔诺所说的"内觉知判断"发生。所以，内觉知判断内容中不具有排中律的否定性，只具有单一的确认肯定性。因此不受矛盾律的支配，也就不受逻辑推理法则的支配。其二，在直觉中归一的是非此非彼的报身圆融实相。这种独立的既非精神亦非物质的连续统一体本身，是非主观亦非客观的东西，没有非此即彼的排它性，因而也就不存在非 A 即 B 的逻辑证明余地。它是一种归一物我的"事和"实相，也就没有了排中律的介入余地，如是，在存在本体的确认过程中，不需要，也不可能有逻辑推理过程的介入。所以，存在判断，就是体验判断，直言判断，即"内觉知判断"，非理性悟性命名的"先验综合判断"。在这种真判断的直言判断中，不包含假言判断，也没有选言判断，所以，它才是先验的，综合的判断。对于这种非理性的体验判断，逻辑理性无需介入，也无法介入。

　　它之所以是非理性的，而不是反理性的或者是无理性的，只是因为，第一，在这种判断中，不需要逻辑推理，直言陈述即可成立；第二，逻辑理性无法介入到其判断过程中去影响其判断成立与否，因为决定其判断是否成立的力量是体验；第三，这种判断认可的"事和"存在实相本体，是一种归一物我的连续统一体，必定内在地固有其逻辑性的关联性质和关联关系，因此，具有其"理合"的内涵，从而不是无理性和反理性的。其三，上述观照到的存在实相的"理合"性内涵的生成演示出的存在，是真实的存在而不是不存在，所以，无需逻辑理性予以证伪；因其是真非假，逻辑理性亦无须予以证真,基于上述三点,它才构成了所谓的非理性的悟性的"内觉知判断"。非理性的东西,即存在的东西才能因之堂而皇之地成立。为此,布伦塔诺作了如下的陈述:"一切专门科学都努力追求真理的存在。因此,必须首先寻找到真理的存在。在这一过程中,有一点是确定无疑的,'真'或'假'这类谓词,不能用在存在事实上。物体或事实,只可能是实存的,而没有真或假的区别。这一立论,明确界定了一个理论基础:说存在实相的存在是真是假的推理是不成立的,只有观念性的东西才有真与假的区分,逻辑事实的存在实相,没有真与假的区分,只有真存在与真不存在的真值区分。

毋庸赘言,布伦塔诺的这一区分,不但为认知存在与真理的认知方式划清了界限,而且确认了非理性认知过程的"合理性"和正当性的地位;不但为逻辑理性的使用确定了其有限的认知领域,而且为真理的发生源头找到了一个非逻辑理性的源头,从而为后来的哲学家正确区分不同的认知过程,理性化的存在原则和思维原则的存在、功能、适用范围的区分,打下了一个理性化的先验自明的基础。一言以蔽之,非理性认知行为自此以后大放异彩。康德以毕生的精力来阐述的悟性认知过程和认知行为性质,在这里得到了理性化的正当性阐述和合理性的澄清,问题是:后来的哲学家们,却局限在对悟性命名的结果——先验的陈述性命题的形而上学的性质的确认和批判上,未曾对于这种非理性认知过程性表显出的正当性,合理性的存在性的把握上,由此,才引发了对存在的条件"观念"性的争论,而不是对存在实相本体的理性化研究。由此而失去了因追问"为什么会有存在"而引导入追问"为什么'无存在'会存在?"的终极追问的机会,从而也就失去了最终打开追问真如实相方便法门的机会。

现象学的创始者胡塞尔,力图从现象存在为本的存在实相上说起,论证逻辑原则是先验的存在本真,与心理学掌握的下意识的心理现象没有关系。心理学把握的东西,是对幻生幻灭的化身现象直观的经验归纳判断,而逻辑学把握的逻辑"空形式"才是真正的理性终极存在。因此,布伦塔诺把握的存在,可以说是报身实相的存在样态,胡塞尔把握的则是存在观念本身的一种先验存在样态,这种先验的观念存在就是逻辑法则。但是,他没有像后来的维特根斯坦那样区分开逻辑性的事实整体存在,与逻辑法则理论的区别。因而,就为逻辑理性崇拜创设了一个新的理论基础。如是,存在哲学和分析哲学都从他的现象学中找到了生长点。究其原因,胡塞尔对禅学的思想实践,最终还未达之对禅学的思想自觉,从而并没有解决存在本身问题,反而给哲学界的"观念性"论争带来了更多的"不确定性"变数。人类的思想实践一旦开启了禅学化这道方便法门,如果不能追问终极本体,达不到佛陀的正觉,必然会使思辨性的歧义突然繁盛起来。看一看中唐以后的禅宗发展史,就会充分理解这一点。

首先,胡塞尔认为,心理学研究的是下意识的心理现象这一事实,而逻辑学研究的则是有意识的观念之间的关系。因此,逻辑法则不是心理学的心理反应规则,而是一种客体完全客观化的存在的先验法则。所以,逻辑法则是一种恒定的东西,它与幻生幻灭的、缺少自足依据的心理现象没有关系。他在此中的更深一层的立论是:逻辑法则是关于使观念绝对化、精神化的法则,而不涉及包括心理现象在内的存在事实本身的存在与否。因为他以为,存在,从本质上说,是一种观念的存在,而不是心理现象的存在,显然,在这里,胡塞尔没有区分开悟性命名的陈述命题与存在实相的逻辑事实本体。他也没有完全理解柏格森所说的"绵延"进入正觉认知阶段的是存在实相本体,而误以为进入正觉认知阶段的只是那个恒定的陈述性的观念化命题。所以,他最终以为,逻辑法则的独立性表现在,它可以不顾及所论证的科学命题的内容,而只讨论和寻求存在实相本体的最一般的逻辑关系形式本身,这才是最客观化的东西,也才是理性所能达到的最终成果。最后,他以为,逻辑法则的自明性,是通过悟性体验和把握到存在实相的"理合"内涵的自明性,从而发生了先验综合判断以后,才显现出来的。也就是说,逻辑法则的自明性的显现,不是在"事和"展示的存在实相内在的逻辑刚性中显现,而是在存在实相发生的"意向"与"观念"发生关系以后,才显现出来的,所以对逻辑法则的讨论,不必讨论自明性的问题,而是在存在实相观念自明地显示以后,即客体的客观化转化为主体观念的客观化以后,才发生自明性的显现,即逻辑法则先验性的自明性是在其自行运用运行中显现的。因之,对于以其用彰其体的这种先验的东西,没必要去讨论其自明性。故而,胡塞尔认为,逻辑法则是纯观念的先验法则,而不是关于存在实相存在的法则。正是如此,逻辑法则才是可以脱离存在实相而先验地存在的,可以进行纯观念性推论、证明、说明的思维法则。若其不然,它与观念一同自明性地客观化地产生,就不可能从另一个高度上对观念进行绝对精确化的操作。

因此,在胡塞尔那里,逻辑法则这种观念,具有一种终极的先验存在性,或者说,是存在本体的本真实相,他为了论证这种本真实相的纯观念性,非常明确地指出:与之相符合的自明的真理理念的存在性显现,足以证明逻辑观念的先验存在。因为,如果不是存在实相中先天地具有这种逻辑法则纯观念,最一般地存在着,一切实相的理合内涵就不可能纯理念化地展示为真理。显然,温伯格比他要更清楚地认识到,逻辑刚性与逻辑法则是两回事。胡塞尔的这种认识方式,在中国唐宋时代的文字禅中已有先例。例如认为,如果没有"江月"这种观念先期存在,就不可能有"千江有水千江月"这种先验的陈述性命题的产生和描述,也就没有"水"与"月"的逻辑真理可以把握,而文字禅的弊端,恰恰就发生以"江月"这一"陈迹"性的观念,取代或遮蔽了表显"性空"本体之"水"可以"印月"的这一存在实相,从而阻隔了人们进一步追问"性空"的终极本体心路。

胡塞尔为了进一步展开他的终极存在是观念,而不是存在实体的立论,区分了意义意向和意义两种认知行为。当人们把握到具体的存在报身实相时,人们把握到的是存在实相的自明性,也就是把握到了存在实相之"事和"指示的一种"理合"的内涵。这时生成的只是观念,而不是绝对精确化的理念和理论。仅当人们以逻辑法则给予其绝对精确的观念充实以后,理论才建立起来,从而意义的意向才得到逻辑法则的规范性充实,而成为有意义的真理理念。所以,意义意向的意指行为——悟性命名体验实相行为和意义的充实行为——逻辑法则的推理论证行为,虽然都是使存在实相达之观念的客观化的认知行为,却是完全不同的认知行为。根本区别是,当逻辑法则先天地,自明地发生作用而显现时,逻辑法则以真理的标准性,取代了意义意向意指的存在标准,成为惟一的终极存在。从逻辑法则是将观念转化为理念这一作用意义上来说,认为逻辑法则是真理成立的理性标准来说,胡塞尔这一立论是正当的。但是,将其取代存在标准,则是不正当的。因为它直接导致了可以以纯观念的真理来取代存在,进而导致了可以以真理来证伪的结论。其后果,就是以理性思维来排斥和否认非理性的认知方式和非合理性的存在实相。这无疑割断了真理与其发生之源的血脉关联关系。无怪乎海德格尔将其指责为"座架"。

但是,胡塞尔的逻辑法则先验性研究,仍有他的光辉之处,就在于他指出,正是在这种纯理性纯逻辑的认知行为之中,人类的思想实践发生了质的飞跃,对真理的确认取代了对存在的确认,意义才真正被充实为理念而得以精确地确立。真理,不是别的什么东西,就是被逻辑法则充实起来的观念性的意义意向——被意念的东西与被给予的东西,即客体客观化的东西和主体主观观念化的东西,在逻辑法则中符合性地统一起来,存在实相的被给予的东西,与存在实相中自明地展现而被意念到的东西,在先验的终极性的逻辑法则中相遇而合,存在实相的"事和"的东西,为逻辑法则以"理合"的观念性给予充实,被体验到的存在实相的"理合"内涵,由逻辑法则抽象,突显为逻辑论证后的真理。

当胡塞尔立足于先验的存在观念:逻辑法则这一立场上理清了正觉演绎过程中,存在实相如何被逻辑法则给予了"意义"充实以后,他就开始了对这一"生万法"过程的禅化处理,即进行对逻辑法则先验性存在的论证性展示。他由之指出:是存在报身实相的"事和"自明性展现,使被给予的东西(客体客观化的东西)充实了被意向意指的意义的东西(主体主观化观念的东西)这一认识过程中,本质上展示的是具体的存在实相的逻辑刚性的"理合"内涵,充实了无任何科学内容的逻辑法则——逻辑空形式,就像具体的可数的、可规算的事物充实了数学的空形式那样。当且仅当存在的空形式——逻辑法则,可以被存在实相"事和"填充,逻辑法则空形式可以无限地容纳存在实相时,真理才会从报身实相的不精确的含混的意识形态"事和"上,转化为"理合"的理念意义。存在转化为真理。因之,存在实相内涵的"理合"内容,只表显出存在的真值内容,而不表现出存在的理念性本质。存在的理念性本质是逻辑法则,它才是一切真理的终极性存在依据;逻辑空形式。

所以,存在的逻辑法则纯观念,才是真理的终极依据。但是,应该指出的是,胡塞尔是一位极为严肃的哲学家,他并没有就此而将逻辑法则认定为是存在的终极本体,而只是将其认定为是一切观念存在的终极存在形式,是一切真理得以"意义"地客观化的最终依据,而不是存在实相得以成立和被确认的终极依据。这一点极为重要,但一直为哲学界所忽略,从而生出逻辑理性崇拜者对非理性存在和认知行为的拒斥和压制的科学主义专制行为。

胡塞尔对于逻辑法则这一先验性存在的"空形式"的把握,是由于他对之进行了现象学的"还原"。他认为,为了把握存在事实,不必进行心理学的自明性的存在还原,而要进行存在实相"理合"的本质还原。即承认存在的超验性的事实并直接去把握这种超验性。其一,存在实相"事和"是超验的,因其可以超越心理经验而体验;同样,存在实相的"理合"内涵,也是超验的存在实相。即合于逻辑法则的逻辑事实本真之值,是超验的"事和"的本质内容。正是存在实相具有了这种逻辑性内涵的超验性,存在"事和"才具有了非心理幻相的存在现象的实相性,才可以被把握为存在现象,存在现象才具有了超验性,即具有了超验的存在意义。其二,在对存在实相本质还原时,把握到其超验的"理合"内涵,并非仅仅因其具有本质自明性才被把握,而是因为存在本身的超验性具有一种先验存在的"纯观念",存在实相的"理合"内涵才会被把握为超验的。那么,在对这种本质内容的进一步还原中,就看到了先于一切存在本质而存在的一种"纯观念"的东西先验地存在着,即逻辑法则的先验存在。如是,在对存在实相的"理合"本质的进一步还原中,发生了一种把握先验性的存在性的还原,即"先验还原"。在这种先验还原中,最终把握到的,就是一切观念存在的终极存在性态,逻辑法则———一切存在本质赖以先验存在和理念化实现的"空形式"。如是,在先验还原中,对一切观念、理念、事和、理合的"悬置",对一切心理判断"中止"以后,观照到的惟一先验性,惟一表显先验性,惟一以先验的方式存在的,就是逻辑法则空形式。如是,逻辑法则不但具有超验的存在本质的根本规定性:超验性,而且逻辑法则是逻辑事实存在的逻辑本体的观念性体现的先验存在形式,先验存在的根本依据。缘于此,存在本体,在胡塞尔那里就是逻辑法则。严谨一些地说,存在,不是本体意义上的存在,而是纯观念意义上的存在。这个纯观念意义上的存在的最超验的现象,就是逻辑现象,一切合理的"真"存在,就是合于逻辑法则的存在。最基本的先验的存在观念形式,就是逻辑形式。正是从这种"先验还原"的推论中,后来者才引申出了一切"非合理"的,即不合乎逻辑法则的存在实相,是非理性的,是假存在。证伪逻辑就这样"合理"地介入到了对存在问题的讨论中去了。后来的思想实践证明,此论为害非浅。

胡塞尔现象学的基本理路,是这样表明存在的。各种科学现象多样化地"充实"在理性意识中,逻辑法则以绝对精确化的观念"充实"科学现象的事实关系,构成真理。所以,各种科学现象被"本质还原"为真理观念时,最终自明地显示的是一种逻辑结构上的同一性。只有在本质还原后"剩余"的"质料",在逻辑法则中表显为逻辑观念时,才构成了"先验的知识"。最终,在这种先验还原中,显现的就是充实了存在实相的,显示了和把握了存在本质的自明性的那个逻辑形式——空形式。如是,胡塞尔的现象学还原,在一切观念的终极上,为我们显示的先验性存在观念,就是逻辑原则。如若从禅观照的立场上来看,从逻辑原则的在先存在的存在性态和存在样态上来讲,构不成逻辑理性崇拜的终极依据。恰恰相反,现象学还原证明的是另外一回事:只当存在实相之"事和"

的"理合"内涵充实了逻辑法则的空形式时，逻辑法则才显现并且有了存在价值，因之，逻辑法则不具有自足的自明性和自在的存在性及其恒定不变的恒定性。它只是在存在实相的逻辑刚性内涵的呈现和把握中，才得以被呈现，被抽象，被构建，被运用。也正是因为存在实相先验地具有这种"理合"内涵，可以被逻辑化地把握，才使得逻辑法则得以作为最一般的观念而生成。说到底，先验存在的不是逻辑法则这种观念，而是存在实相这种具有逻辑刚性的逻辑事实本体之"事和"。只当这种存在本体的超验性使其自明地呈显时，逻辑法则才有了给予其以观念性充实的依据，同时逻辑法则空形式也才得以被存在实相本质规定性内容充实，才得以显现为思维法则，而不是无须任何存在报身实相本体，即可先验地显示的终极本体，更不是可以在"定中"为人体验到的那个"自性空"的自家宝藏。即便逻辑法则可以后添地为现象学把握为一种存在观念，它也不就是存在本体实相，存在实相本体，仍然是那个报身实相展示的圆融全息的逻辑事实图像，而不是观念，以温伯格的言说方式来说，在逻辑论上来看，存在实相本体的先验的"理合"内涵是逻辑刚性，而不是逻辑法则空形式，更不是逻辑原则观念。它只是思维的后添的有效法则。

海德格尔讨论存在，不再从观念的超验性上来讨论存在的先验性质，也不是从存在者存在为出发点来讨论存在者存在的内在或外在的依据，而是从存在本体怎样发生——显现的观照中讨论存在问题。追根溯源，他实质上是从人与存在的关系上把握人的存在为依据来讨论存在问题。因此，西方哲学界认为，海德格尔的"让……存在"，从"无中生有"的发生现象中来讨论存在的研究，实质上是将真理的发生、发现从逻辑推理判断领域，移回到存在实相实存发生的非理性认知领域。原因就在于，海德格尔认为，以往的哲学家们都是从所具有的"观念"中去看待存在,因此都使自家心灵处于一定的理论"座架"体系之中,观念性逻辑化地孤立地讨论存在问题。这种观念性地"看",其实首先就源于人本身已然先验地存在于非理性化的非真理观念的"在世界之中"。如是,要真正理解这种逻辑化的存在观念,就必须先理解这个"在……之中"的非理性的"让……存在"的世界是如何发生的。这样,追问"在……之中",就首先必须追问"让……存在"的发生现象"在无之中"是如何发生的。

海德格尔认为,"不安"这种根本的人生体验,构成了人"在世界之中"基本的非理性存在体验。只有理解了人何以"不安"地存在着这种非理性体验的由来,即是什么"让"人生存于"不安"的体验"之中",才能够理解存在实相何以能够于"无中生有"地发生的现象时,找到了一种基本的人本身存在状态和人之存在的必然归宿样态。那就是,人孤立地"被抛掷"到世界中来和最终要存在于"必死"之中的存在性态。这种最基本的人之存在现象,"让"人处于非理性的"不安"体验"之中"。人之孤立地"被抛掷"到"在世界之中",使人无依无靠,感觉到人生的"不安"。而被抛掷的结局,是"终须一个土馒头"的必然性,被抛掷的人必然"在死亡之中"生存,使人体验到死亡的归宿时时存在,又不知何时突然降临,从而使人的存在样态永远处于"让"人在死亡之中"存在"的"在不安之中"。因此,理解人的"不安"存在体验,就必须充分把握人的非理性"在世界之中"存在样态、实质上是处于理性的"让人在死亡之中存在"的存在性态。当人一旦看清楚了人的非理性的"在世界之中"存在,实质上是"让人在死亡之中存在"的本质规定性以后,人就可以找到人生一世的"不安"体验的存在实相源头。人即可走向自觉:当且仅当人能自觉地"向着死亡"地观照人的"不安"体验发生时,才能够坦然地面对被抛掷的"在世界之中"的存在状态,从而在思想自觉中达到抛弃一切"在世界之中"的存在者"无人相,无我相,无众生相"的禅学观照状态,超越人的无助的被抛掷性的"让存在"规定性,从而超越"不安"的人生体验。当人自觉地将本身作为"必死亡之人"而"让自体存在"时,这时,人已然不是"在死亡之中",而是"在必死之中",甚至是"在已死亡之中",抛弃了一切恐惧。已死之人,必死之人,何来不安。海德格尔的这种理性化的讨论人之存在的"让……存在"立论,实质上是佛教"苦集灭道"四谛的哲学解释说翻版,他最终达到的就是一种超越生死大限的"涅槃净土"境界,即在圆觉性境中了然达之圆寂之人,已是大自在大自由之人。进入这种圆觉之涅槃净土境界的人,已然泯灭了存在者之人的化身自在,人已"无我",即可以"离相而无念"地观照大千世界中存在的发生。海德格尔的这种对存在的"让……存在"的注视和全新的"无我相"的情理归一性的圆觉体验,使他可以在"空无之妙有"的终极本体"净土"场域中,去体验到"让……存在"的"无中生有"的"无化"理合内涵,而不是去体验到一种存在者的存在。这其实和王阳明的"心学"立场是一致的,不要去观照是什么东西存在,不要去倾听什么声音的音响,而是观照那种不是什么东西的心性之在和心性的"大言"之无声的泛音。一句话,直接入手去把握那个"本来无一物,何处染尘埃"的"让……存在"的终极本体。

如是,海德格尔追求的"理解存在","认知现存在"的"让……存在"的终极依据,就是从理解观念的存在追寻到"在自身存在中把存在揭示出来,"或者说,"在存在之中"把"让……存在"的存在本身揭示出来。在这种完全非理性的"在……之中"现象的观照中,他发现:

1."现存在"的"存在",是一种观念性存在,也就是处于一种理论座架体系中的存在:"在……之中",而不是存在本体"在无之中"显示的存在。也就是说,以往哲学讨论的存在,并非是存在实相本体的存在,而是某一种观念如何在某一种理论"座架"体系中"合理"地存在。在这种讨论本身,就是在观念与观念之间的循环论证,也就是张祥龙教授所说的,一只小猫,在玩捉自己尾巴的游戏,实质上是在"观念"中捉耗子,在观念的捕食中打转转,丝毫也未触及真实存在。因此,讨论存在,首先要进入到存在之中去,即首先要进入到那个"让……存在"的存在本体中去,才能"从存在自身中把存在揭示出来。"那么,"在世界之中"的所有存在,就是人本身的存在。所以,追问人本身的基本存在样态与基本存在性态,就可以揭示出存在本身之所以存在,之所以"是"存在而不是不存在。由此对人本身的存在追问使他发现,人确实是存在的,但是人首先不是"在真理之中"存在的,而是一种"向着死亡"的"被抛掷"的"在无之中"的存在。因此,哲学所解释的"在世界之中"的人之存在,和由此构成的"在真理之中"的理论座架体系的存在论,就是非真实的。因为人的存在是孤立的,必死的,"在无之中"的存在,是"赤条条来去无牵挂"的存在,而不是"在真理之中"的,可以依据某种信念、理念而不死的存在。

2. 如是,"在世界之中"的存在,可以为哲学和科学多样化地理解和规定,但终究都是一种"在真理之中"的理论座架的观念判断,而不是从"让……存在"的存在自身的存在中去理解和把握存在。即不是从"在无之中"来理解和把握存在的发生样态和存在的绵延性态。所以,要真实地理解存在,就必须摆脱理论观念座架,而进入到存在本体的本真实相的"事和"事态发生与持存中去理解。即进入到"在无之中"的非理性的"无中生有"的过程中去理解。如是，理解存在即过渡到追问存在，而不再是追问真理，不是理解关于存在的知识，而是追问存在实相的发生，由此过渡到追问是什么东西"让……存在"。从而可以对于存在这种"在无之中"发生和存在的圆融实相本体，进行非理性的存在陈述。说到底，就是对存在的这种"在无之中"发生的自明性，进行非理论座架体系要求的非理性陈述。

3. 海德格尔对存在的最基本样态"在无之中"的揭示，将存在论，从哲学理论存在论研究中，推进到存在本体的基础条件研究中，因而他最终实际上得到这样一个存在本体论结论：存在"是""在无之中"的存在，而不是"在世界之中"的存在，也不是"在真理之中"的存在。也就是说，最为基本的存在本体是"没有什么东西"的存在，即"在无之中"的存在，是存在本体的存在性态。只有首先自明地展现了终极本体的这种"在无之中"的"空无妙有"式的存在，是一切存在者存在的根本的"让……存在"的根据时，一切物自体的化身存在样态和一切存在实相的报身圆融图像的存在性态才可能生成、存在、显示。

4. 如何把握这种非理性的非观念的本体存在。海德格尔认为，只有摆脱了"不安"心理纠缠的人，即不再"对自己的存在处于困惑"中的人，才能看清"存在"的"在无之中"的本体性态。也就是说，只有在思想实践——历炼中摆脱了由"被抛掷"状态引起的"不安、颓废"的心境，而成为思想自觉者，"坦然走向死亡"，"提前进入死亡"的"没有存在者"在场的条件下的"无化"之中，才能发生"无中生有"的存在实相本体。这其实就是佛学的，经历了"苦集灭道"思想实践历炼决定的，走向正觉体悟的理路：超越了生死大限的人，才能真正理解和把握存在本体，而不是拘泥于某种理论座架体系框架的"在……之中"，去理解某种存在者。绝对化地说,只有将"在无之中"的理论理解和运用都抛弃了的人,才能真正理解和把握存在,从而成为"不死之人"。

5. 缘于此,海德格尔最终才会得到一个禅学化的正果:追问终极本体的存在,摆脱一切"在世界之中"的化身存在者围困,摆脱一切"在真理之中个"的观念理论的纠缠,去倾听那个存在本体的"倾诉",也就是去倾听——观照那个"在无之中"的"无化"存在本体的"倾诉"。如是,海德格尔存在哲学研究的目的,就不再是要去把握真理——知识的终极存在依据,不是去把握胡塞尔"还原"后"剩余"的逻辑空形式——逻辑法则,而是把握、倾听——观照由"无我相"——"离相而无念"之人而来的存在本体之存在。所以,西方哲学界才会认为,海德格尔哲学是真正的非理性、非观念化的思想实践的范本。

海德格尔虽然深通佛理,亦知《老子》,但是,他终究有着西方哲学的理论底蕴和天主教文化的语境。所以,他虽然已然从理路上理解了"在无之中"的存在本体,也懂得了"提前走向死亡"的"无我相"之人,才能通达存在本体,但是,他终究未能顿悟到这个"空无之妙有"的存在本体,就是人类的自家宝藏:无垢心性。反而要去虔诚地"倾听"那个"让……存在"的"无化"的外在的存在本体的倾诉。可以说,他不但没有达到"非心非佛"的圆觉,连"即心即佛"的正觉理路也没有最终把握到。最终,他仍未能逃脱"在……之中"的形而上学座架的束缚。也正缘于此,他仍然是一位哲学家,虽然是一位已然不同凡响的哲学家,然不是一位禅学大德。祖师禅的正觉者王阳明,就曾明确批评了这种对"存在"或"存在本体"仍有所执著的学者,因其有所执著而最终不能获得正觉之正智的现象:"只在有见有闻上驰骛,不在不见不闻上着实用功夫。""盖不见不闻,实良知本体,岂以在外者之闻见为累哉?"智哉! 海德格尔;诚哉! 海德格尔;愚哉! 海德格尔。

二、存在与证伪

自海德格尔存在哲学"在无之中"立论以降,西方哲学界再讨论存在问题,便无人能超此"无化"关津一步了。为什么会这样?换句话说,为什么西方智者中不能继神秀之后出一个惠能? 我以为,这与西方哲学传统有关。西方文化传统之所以始终注重哲学的研究,就在于,哲学可以在诸科学学科以外来讨论科学真理问题,使哲学从诞生的那天起,就被局限在追求知识——真理的目标上。即便是追问,理解人本身,也是在努力扩张人的生物性存在与能力上用功,有些类似中国的道教,追求用知识和技术来克服"必死之人"的生物局限性,而不是从人存在的问题的自足的终极依据寻求上用功。因此,对于知识、理论、真理、理念的证真与证伪理论的研究和运用,就成了哲学的宿命。存在问题的讨论亦如是。自文艺复兴以来,科学再度兴起,"上帝死了"的非理性思潮涌动,激发了理性研究的深入发展,最终,智者们都纷纷将对真理的探源,指向了存在本身。因之,所有讨论存在的学科、学派,无一不在围绕着关于存在与真理的关系及存在论真理的证真与证伪的理论和方法上周旋。这也使关于存在的证真与证伪讨论热闹非凡;不但对存在的"证"问题讨论得热闹可观,而且也使"证伪"的理论与方法的讨论也热闹的可观。为了更好地理解存在问题的争论和阐述,在这里,不妨就逻辑上证真与证伪的问题,作一点讨论。

不拒座架,将存在的非理性研究与存在的理论理性研究打通了来讨论的哲学家,当首推雅斯贝斯。即人类认知存在本体,人类对世界存在现实的理性追问,人类从中获取一种普遍有效的知识

的过程,绝不仅仅是那种"合理"的科学理性认知过程,而是一种
"总体的意识过程"。在这个过程中,不仅有理性的逻辑论证过
程,即证明过程,而且有非理性的发现过程。也就是说,科学的探
索,只是这个总体认知过程的一部分;或者说,科学的理性研究依
赖于这个总体的意识过程。因此,作为观念、理念的科学真理,只
是作为整体认知过程中把握的"真理现象"——"事和"中的"理
合"——的极有限的一部分。正是在区分"真理理论"与"真理现
象"方面,雅斯贝斯为讨论证真与证伪问题,打开了非理性研究的
方便法门。而打开这一方便法门的行为,是在他对"意识的总体
过程"存在——发生的探讨中发生的。雅斯贝斯对于人类认知过
程的非理性化观照中发现,使意识总体过程得以发生的是一种终
极存在:"大包"。仅当这个大包具有了不同于一切可以客观化的
存在者的存在样态和性态,才使人类的一切认知——意识行为可
以发生。所以,大包具有一种"包罗一切的整体的非独立状态"的
存在样态。这一发现的首要重点,还不在于"包罗一切",而在于
那个"非独立状态",即这个大包的存在样态,不是一种具有本体
特有的本质性质规定性和外在边界的独立的存在者,而是一种无
本质规定性之外在边界的存在本体——存在的终极本体形式。从
而使其具有了一种无物无我区分,也就是具有一种非彼非此的无
差别无区别的存在样态,正是这种"无存在者"性质的存在样态,
使大包具有了一种非客观化,亦非可以客观化的存在性态。它既
可以是客观化的"性空"终极本体,也可以是非客观的主体内在的
"自性空"终极本体,说到底,它就是那个无所不在的,如如不动的
真如实相本体。正是这种终极存在性态,才使一切存在者都可以
作为客体存在而被客观化地显现出来,也可以使存在者作为主体
的客观化而被主观地观念化把握到。如是,一切作为客体存在的

被主体观念性地客观化的东西,才可能为科学理性证真;又使一切作为主体客观化存在的主观意识和观念,可以在其展现中被证伪。被证真的东西,就是存在实相"事和"的"理合"内涵,即为真理,为知识;被证伪的东西,就是作为客观化而产生的主观意识中的非真理性观念。如是,证真的逻辑论证,只指向真理理论的确证;证伪的逻辑推理,只指向主体主观意识中客观化观念的辨析。在这里,不论是证真亦或是证伪,都不指向存在实相本体,更不指向终极存在的"大包",因其是"非独立"的,无法客观化,无法观念化的。如是,不论证真还是证伪,都只是逻辑理性在存在实相于大包中生成,显现以后的正觉演绎中的有限的人类认知行为,它不关涉,也不可能涉及无法客观化、观念化的"大包"存在和存在的报身实相于其中的生成和显示的发生过程。

并且,雅斯贝斯在这种观照中发现,证真与证伪的逻辑理性运用,有了一种"副作用",即具有了一种对客观化的存在实相样态与性态的识别作用。证真,指向的是存在实相展示出的"理合"内涵,即其逻辑刚性的客观显现;而证伪指向的是已被人类认知行为客观化展示的主观观念意识。即存在实相的内在逻辑刚性是存在,只能被证真为真理,而不能被证伪为不存在。可以被证伪的,只是客观化了的人类主观的观念。如是,这里就隐含性地彰显了这样一个发现:存在实相展示的"真理现象",是不可以被证伪的,因其是被主观意识客体客观化的存在实相的存在,是存在,就不可能被证伪。而真理理论,属于人的主体认知行为产生的主观意识观念被客观化的内容,只包含了一部分"真理现象"的"合理"内容,具有非客观化的"失真"的内容包含在内的可能,才是可以被证伪的。归约之,存在不可以被证伪。人类只有发动自己的一切内在智慧能力,对之逐步地证真。真理则是可以被证伪的,除去上述原因以外,更重要的一点是,人类所把握的真理理论,只能包含"真理现象"的一部分存在实相,所以,对于"无知"的存在实相,既无法判定准确的陈述,也无法确证其是未知的存在实相真理。所以,真理可以被证伪。也正是缘于此,真理的证伪,给人的理性论证自觉地留下了一个余地,对于无法以没有理论知识和理性方法证伪的东西,但又同样无法证真的东西,给予保留,以备将来的知识发展之源和以新的理性方法论证。这就有了逻辑理性对于观念性命题最大的宽容规则:不能证伪,则暂且认之为真。基于此,雅斯贝斯就在对存在终极本体认定的基础上,找到了人类"获取普遍有效认识的那种意识总体过程",从而发现了,在人类认知真理的主、客体客观化过程中,逻辑理性作用的客观化对象不同,因之所发挥的证真与证伪的功能不同,从而展示出逻辑理性证真与证伪作用的范围也不同。

如是,雅斯贝斯在讨论存在与真理的关系时,观照到了人类认识的理性与非理性认知总体作用的不同功用和范围,确实,人们在讨论逻辑理性证真与证伪时,总是在论证真理的方向上去着眼,即在对于观念的真理性、正当性、合理性的论证上去着眼,很少,或者说根本不理会存在的实相性质和只可证真的性质。其实,真正的证真逻辑推理的关键作用,并不是在论证真理,而是在论证存在实相本体展示的"理合"内涵。而真正的证伪逻辑论证,不是用在存在实相是否真存在,而是用在已被主体主观意识观念客观化了的"真理现象"构成的真值命题是否伪命题,或是否具有伪命题因素方面。如在人民公社化和工商社会主义改造时期,有一个著名的"真理"命题:"大河有水小河满。"就是一个在真理现象上可以被明确判定为假命题的观念,更是一个在逻辑推理上可以被证伪的假命题。因为存在实相"理合"的逻辑刚性现象是:小河无水大河干,小河有水大河流,小河水满大河涨。缘于此,可以得出的科学理性的结论就是:存在是只可证真的,无可证伪的。真理是可以从证伪以达之证真的。若细心一点去观察,就可以看出,在这里,起着基础性决定作用的,已不是主体与客体的区分,也不是主观和客观的区分,更不说唯物与唯心的区分,而是"客观化"。而能够生成,显现、展示这种客观化的东西,就是那个"包罗一切存在的整体的非独立状态"的"大包"。用禅学的义理来陈述:在"空无妙有"的"自性空"中。能使一切存在者客观化,能使一切主观意识观念客观化,从而接受逻辑理性的论证,以产生出真理性的"万法"规则。即祖师禅的真知命题:"自性能生万法"。这就是雅斯贝斯的"第三哲学"的基本内容:人类认知的不是世界,而是"客观化"了的存在"真理现象"。

对于存在实相本体的客观化进行了更深刻的涉入论述的,是莱尼厄而。他正是在一种"自省"性的"自足"的观照中,发现了证伪逻辑法则,对于"客观化"了的存在本体的存在性来说,是无意义的。因之,哲学强调的逻辑理性推理的证伪作用,对于客观化的存在本体无效。如是,非理性研究,在莱尼厄尔这里达到了一个高峰:一切世界的存在,最基本最直接最简明的存在,就是人本身的存在;人本身的存在,无论从客体性之人的客观化,还是从主体性之人的主观意识观念性客观化上来讲,无可否认地存在本体的"客观化"显现方式,只有一种:体验,而且是非理性的"原初体验"。这种原初体验,是一切客体,包括人本身作为客体而客观化的最本真的存在形式。而对原初体验的"再体验"和"理解",则是人本身主体主观意识观念客观化的最基本形式。在这种对客观化的非理性存在性态的理性确认基础上,莱尼厄尔确认了逻辑理性的作用范围。

莱尼厄尔的真理论，是非常简单而又有趣的。真理，就是陈述与事态一致。以雅斯贝斯的"客观化"理论来理解，可以这样阐述：真理之证真，就是客观化的存在与客观化的观念一致。真理的存在，表述真理的意义可以是多义的，如亚里士多德的存在意义不同于伽利略的存在意义。这种真理的多义性表述，指明的是对于存在实相的不同的观念性客观化，即不同的科学学科，对同一种"真理现象"，可以有不同的真理意义。也就是，存在实相的"理合"内涵，一方面可以多维地单事项地表述为"万法"性真理；另一方面，同一个逻辑事项的陈述，由于可以用与逻辑事实整体不同的存在关联关系来陈述，使真理可以具有多元化的内涵来表述不同的客观化的存在事态。这里不但表述了真理本身以存在实相的客观化为先决条件，而且表述了真理本身观念性客观化的相对性，是以存在实相的客观化绝对性为前提的。例如，"云想衣裳花想容"和"感时花溅泪"的对花的不同观念性客观化，都是以王阳明所说的"花艳艳"的客观化为前件的。如若没有这种人本身与花归一的客观化发生，花儿仍然处于"寂寂"物自体自在状态，则无容可想，也无泪可溅。

那么，这个绝对存在实相的客观化的人类认知过程中，以何种方式表显为存在呢？莱尼厄尔认为，以体验为最基本的客观化形式，即对于存在实相的陈述内容，就是其客观化的体验内容。不管"花寂寂"还是"花艳艳"，不论是"花想容"还是"花溅泪"，都是对花儿客观化的一种体验的陈述。这，就是莱尼厄尔的存在即体验的理论：非理性的存在之所以是非理性的，是它不以理论的表述内容，也不以逻辑理性为真实存在的证明标准，而以体验为其基本的存在表显的性态。这是一种自足的存在方式。其自足性质，不是别的，就是人对于在离相无念的直觉中归一物我而生成的圆融实相的体验。正是体验,将客体客观化和主体意识客观化统一了起来,或者说,体验当中既包含了客体客观化的"事和"图像,也包含了主体意识客观化的"事和"图像,更包含了主体意识客观化的"理合"内涵。正缘于此,只有体验和对体验的顿悟及其陈述,才可能产生有真值在内的有意义的基本存在陈述命题。所以,莱尼厄尔认为,将客体客观化的主体意识与被客观化的客体存在结合在一起而展示为连续统一体的存在实相的东西,就是原初体验。

　　这种原初体验之所以是无可怀疑的,不但因其是对归一物我的无分别的报身实相的直接体验性的把握,更因其不具有可以被怀疑为伪的主体意识客观化的客体的生生灭灭的化身样态。所以,对于人的认识历程和认知行为及认知目的来说,原初体验就是非理性的存在本体。如是,体验论所把握的存在,就具有了两重"理合"内涵。存在的第一层意义为:无可怀疑的原初体验,是非理性存在的实相本体性态;第二层意义为:不含任何成见,不以任何主观意识客观化观念加入进来的,对原初体验进行"理解"的"再体验",使存在成为理性的第一存在样态。正是在这种理性化的对原初体验的解释的"理解"中,存在实相本体被理性化地描述,从而成为可以"道说"的"理论",即真理。如是,我们看到,在存在与真理的发生性关联关系中,"理解",成了一个关键环节,一个主观意识被客观化,主观观念被存在实相"充实"而客观化的关键转换环节。缘于此,莱尼厄尔在这里停了下来,作了另一种深入的观照理性化阐述。即在存在转化为理论观念的过程中,也可以说,存在实相转化为理论观念的过程中,人类的认知行为经历了一个非同凡响的自觉的认知过程,即对存在实相本体的"再体验"过程,也可以说,这种"再体验"过程是对非理性的原初体验的理性化审视过程。正是在这种对原初体验的"观照"性的理性化认知过程中,发生了对存在实相的理性化把握的认知行为:"理解"。也正是在这种理解过程中,逻辑理性派上了用场。而在这种"理解"中,理解行为的本真内涵即为:在陌生的东西中重新找到与自我相一致的东西。这种一致的程度愈高,达到的对存在实相的理解就愈深愈透,所获得的真理观念就愈明晰愈简单、理性的满意程度也就愈高。其实,这里的"理解",就是一种主体主观意识的观念性客观化的过程。在这一过程中,客观化不但表现在主观意识符合客观化的存在实相而获得了客观化的最高表显方式:真理;更在于主观意识观念本身,不再是一种纯观念的"空形式"性的东西,而是为客观化的存在实相"充实"了,变为客观化存在实相逻辑刚性显现的观念化的东西。被存在实相"事和"内容充实了主观意识客观化以后,就成为艺术;被存在实相"理合"内涵充实的主观意识观念客观化的结果就是理论。正是在这个"理解"的意义上,主体的主观意识观念才真正完成了客观化,也正是在这种客观化理性化完成的地方,非理性的存在实相才转化为理想理念,非理性的原初体验才转化为艺术作品。

当莱尼厄尔完成了他对存在与真理的关联关系的这种客观化的观照以后,他才明确地下了一个论断:在原始体验展示的存在实相的存在的客观化领域内,即在为直觉归一实相触动而发生顿悟的体验性认知过程中,逻辑理性若要对其进行真伪的论证区别,是无的放矢的。因为,原初体验若不发生,就没有存在可言,讲得确切一些,就没有主体之人去言说存在,亦无可证真。因为在没有主体主观意识观念性地客观化发生的前件存在条件下,逻辑理性当然派不上用场,因其无基本陈述命题可以操作。而当原始体验一旦发生时,存在实相的客观化过程已然完成,存在即为存在。不但在直觉归一分立的物我已然圆融为连续统一体报身实相,而且对其存在的客观化体验亦已完成。更为重要的一点是,正是这种原初体验完整,甚至是"放大"地传送了一种存在实相的"绵延"力量,可以不断促动人的自性自觉地当下即是地对其进行"再体验"的观照和把握,所以,在逻辑理性尚未被启动以前,其证真与证伪的作用,不可能干涉其体验的原初性和当下即是的"再体验"观照性认知行为。反过来说,逻辑理性本身的启动,从根本上是依赖于这种体验和体验中传送的"绵延"存在实相的能动力量。

那么,逻辑理性的功用价值及存在意义又何在呢?莱尼厄尔说,在"理解"中。一方面,逻辑理性要去处理体验中把握的对存在实相的陈述,从而从中证真地发现符合于"我们最熟悉的自己的东西",即符合逻辑理性要求的"理合"真值为理论真理;另一方面,又要求主体的主观意识观念,对已客观化的存在实相的陈述相符合程度的论证,作为主观观念意识,是否符合已客观化的存在本体"事和"样态。也就是对将要客观化的主观意识观念的证伪论证。或者说是对将要介入、充实客观化的存在实相的主观观念,是否符合要充实、介入的客观化存在实相的逻辑事实整体理论化阐述的要求进行论证。符合,则说主观观念具有真值性,不符合,则是一种假命题。当然,这并不就是说主观意识中运用的观念本身是假的,而是说对当下即是的再体验到的存在实相是不适合的,不适用的,只是说在主观意识观念的客观化过程中,陈述也好,论证也罢,不具备充实说存在实相的真值意义。就上文举例来说,大河、小河,这些主观意识观念并非是假的,而是,以其喻义充实公私利益关联关系的存在实相,是否适用,是否合适。如不合适,那么对于大河、小河单独逻辑事项之间的"水"的逻辑关系陈述是假的。因之,大河有水小河满的命题是伪命题。当这一证伪的理性逻辑推论完成以后,才能找到存在实相展示的客观化的"理合"真值关系:小河有水大河流,小河水满大河涨。因此,莱尼厄尔的体验哲学,最终也对逻辑功能及其作用范围给出了一个确切的界限:对于存在实相的最基本显示形式——体验来说,逻辑法则不具有证伪的功能和干预的能力。逻辑法则所能处理的,也是必然要证真伪的,只是人类主体的主观意识观念的客观化过程,并且是这种主观观念客观化的必由之路:论证观念的真值内涵以成真理。所以,莱尼厄尔的体验哲学,比雅斯贝斯的第三哲学更深化了一步:揭示了"客观化"的认知过程中,首先是体验行为把握和展示了"真理现象",逻辑理性对此只能证真,无从证伪。并且其证真作用,也只是对其中展示的"理合"内涵进行主观意识观念介入的符合性进行证真,而不是对"真理现象"的真值进行证真。

其实,关于存在与真理关系的讨论,即使是分析哲学的大家们,也在逐步地对认知过程的观照中,发现了逻辑理性证真与证伪的有限范围和可操作对象的有限性,从而确认,不可泛用逻辑法则,更不可滥用逻辑理性的证伪功能,跨越学科界限,轻易地用不适合的理念,观念去框套多维的、复杂的圆融实相。否则,不止会出笑话,更会酿成人祸。别的不说,海德格尔一生的际遇,就是一个典型的例子。

我们先来看一看维也纳学派和卡尔纳普对此中三昧的论证。

在分析哲学家们看来,当人们提出一个问题时,就是在陈述一个命题,并且同时提出一个任务,去论证这一命题的真伪。但是,他们强调了一点,提出这个问题可以和存在实相有关,可是提出这一命题时必定要使用的概念,并不一定就与存在实相本体有关,尤其是当该命题经过知性的经验判断归纳转化为特殊命题时,就是与观念有关了。这里判定这一命题的关键就是说命题是否具有关键的连接词,如形式词:"和",及其表述这种形式关系的连接词。

如"与",如"让……"等等。例如,在逻辑理性判断一个命题的逻辑化表达式时,就包括了判断其是否具有"证明规则"和"推理规则"。只有这两种规则由"和"连接在一起时,一个逻辑表达式才是完整的,从而是真的逻辑表达式,而不是假的表达式。如 A=B,B=C 和 A=C。如是,论证为真的命题同时要具有两种为真的真值存在,即论证存在实相内涵的真值存在和论证时使用的概念的理论真值的存在,当且仅当这两个真值以"和"的形式链接为一体时,即证明规则和推理规则"正确"地存在并一体性发挥作用时,一个命题才为真。这是从命题的可析取性上来说。但是在逻辑演绎过程中,这两个真值,有一个真值确认为真时,另一个真值亦可确立为真。即命题使用的一个具有真值的概念可以为逻辑证明规则证明为真时。它当然也应当可为逻辑推理规则论证为真。如果不能被推理证明为真时,这只能证明逻辑表述方式适用不当,可以启用其他的逻辑法则,直至论证为真。模糊逻辑和多值逻辑这时候可派上用场。相反的情况亦如是,当一个命题陈述的逻辑实项真值可以为逻辑推理法则论证为真时,当然也可以为证明法则证明为真,如其不能用直接证明的方法证明为真,就可以启用间接证明的方法证明为真。如前文所述的"大河水,小河水"命题对公私利益关系的间接证明。因此,逻辑思维法则严格要求,当且仅当连接词或表述连接关系的语态两边表述的真值都被逻辑法则证明和推理为假时,该命题才可以被证伪。

如是,我们看到了一个微妙的现象:逻辑思维法则的主要功能是证真而不是证伪。这一思维现象的产生,不是无理由的。原因就在于,逻辑法则面对的是观念性的主观意识客观化的命题,而不是存在实相;对于这种命题把握的目的是论证出真理,并且证明其是具有真值内涵的真理。所以,逻辑法则必然集中一切努力去演绎该真值观念是真不假，而不是努力证明该观念是假不真。如是，哲学和逻辑学讨论逻辑法则证真功能时，首要的就是集中精力讨论证真的方法问题，肯定中包含着否定，证伪也就在其中了。这时，逻辑法则的证伪功能在观念证伪上，不是其直接作用的主要方面，而是指在"真理现象"中和基本命题中所包含的不符合已证真观念真值内涵的东西即为伪。这就是排中律的作用，非 A 即 B，非 B 即 A，而既非 A 亦非 B 的东西，就是伪。如果既非 A 亦非 B 的 C 不伪，那么，只能通过推理 C 或可等于 B，或可等于 A，或者以同一律证明 C 等同于 A 或 B 来证其真时，它才不是伪的。缘于此，逻辑理性思维法则，在其运用之时，必然在先地确立了观念是真的真理标准，而非观念化的，即非主观意识客观化的东西，天生就具有被怀疑为伪的成见，因其无法进入逻辑证真同时亦证伪的证明程序之内，为逻辑论证所把握。所以，自明性的先验性，就成了当代哲学界争论不休的一个话题。卡尔纳普的突破点，恰恰就在这一点上：逻辑思维法则把握的真命题，源于经验——体验到的存在实相"理合"真值内涵的陈述。即只有那些包含了在经验上可陈述的体验性的东西，才是具有可证伪真的命题意义。因为，在所有特殊命题中使用的观念性概念，只是在为这些存在实理真值内涵充实以后，才能被引入到命题之中，才具有了真值意义。也就是说，主观意识观念的客观化，只是在客体存在被客观化为存在实相的条件下，充实了这种主观观念，主体主观意识观念的客观化过程才完成，观念才有了真实的意义。用经验实证主义的语言来说，理论系统的基础，就是使已经定义的基本概念与能直接显示的东西相关联，即与经验判断中把握到的先验的自明的东西相关联，理论概念才有了意义，才可能被证真。而直接给予经验的东西，或者说明经验中被给予的东西，就是人本身直接体验到的东西，即于再体验

中展示的自明的原初体验到的先验的东西。如是,卡尔纳普实际
上为逻辑思维法则本身存在的意义揭示出了一个存在标准:逻辑
思维法则本身,只有在论证由原初体验构成的命题时,即为存在实
相充实了的主观意识观念完成其客观化过程并转化为命题时,才
具有了存在的意义。如是,在分析哲学那里,存在法则就成为逻辑
法则作为真法则而存在的先验的基础。缘于此,逻辑法则才受存
在法则的存在性制约,理性思维受非理性认知行为的先验为真知
的制约,即理性思维的正当性源于非理性认知行为的自明的正当
性。非理性存在实相的存在性,就不应当受"合理性"判定,而首
先受正当判定。用禅学的语来说,即受直觉是否发生性判定。在
"离相无念"的意识形态中产生的"客观化"——报身实相是正当
的,而在六根欲动中产生的现象,只是幻相、念识而已。如是,存在
可以是不合理的,但是是真实的。因此,逻辑思维法则不可能对于
存在法则发生证伪作用,而只对其发生证真作用。即便是对观念
的真理性证真作用,也只是对存在实相的真理化——主观意识观
念的客观化发生证真作用,并且这种证真也只是论证观念的客观
化是否符合存在实相的"理合"真值内涵,而不是论证存在实相是
否具有逻辑刚性。

如是,逻辑法则证伪的功能,只能对主观意识观念发生作用,
而不是对存在实相是否存在发生作用。所以,分析哲学始终用功
的地方只在于,一个命题的陈述,所使用的语言是否精确——所使
用的主观意识观念是否符合存在实相"理合"内涵的真值精确性。
如是,他们才提出了用人工的科学的精确的符号语言来代替含混
不清的日常语言,以避免因语言的使用不到位而发生对命题内涵
真值的证伪性的误判。如是,分析哲学操心的是主观意识观念的
客观化问题,而不是对非理性的存在实相的证伪问题。阐明并申

明这一点很重要,它不但决定了我们对逻辑思维法则证伪功能作用的界限判定,而且也影响着我们对逻辑理性泛用、滥用的态度。恰恰是在这一点的混淆上,易于发生科学主义专制作风和逻辑理性的滥用。他指出,语言的直接源头就是直觉和直观,二者都可以产生自然语言。但其是否能够被确认是符合存在实相的主观观念,即在直观中形成的自然语言是否能够"拿来"用于陈述直觉中给予的存在实相之体验,要靠逻辑法则的论证来确定。因为直观与直觉都是非理性的行为,体验和感觉也都是非理性的经验源头,它们是无法自行显示出其正当性的。所以,禅学才要求了"入定",要求"观照",以解决化身幻相混同于报身实相的问题。而正觉中的逻辑理性作用,就是对在直观中产生的自然语言,辨真去伪地把握到可以被证真的主观意识观念,即为存在实相充实的,完成了其客观化的过程的主观意识观念,使之构成科学的"精确规则",从而将这些精确的规则,确立为科学真理,以知识的方式充实到经验积累中去,以确保客观化的存在实相能顺畅的为主体意识观念客观化的显示。

所以,"还原"分析哲学——科学哲学所瞩重的逻辑思维法则研究的本来面目,对于从事理性研究的科学工作者来说是极为重要的。人们切不可将源自于对化身幻相直观而来的假的主观意识观念客观化,更不可将其推衍到存在实相本体的存在合理性说明中去。切记,逻辑思维法则只能论证命题中客观化的观念之伪,而不能论证存在实相之伪。存在实相本身就是存在,没有存在实相,就没有体验发生,也就没有问题的提出,更没有命题的构成,当然也就提不出对命题的真伪论证任务。不承认这一认识论的内在逻辑刚性,还谈什么逻辑理性呢? 还谈什么理性对非理性的"精确"研究呢?

那么,逻辑思维法则要论证的命题本身,除去由于日常语言的含混性造成命题使用的观念可证伪以外，还存在着整个命题的真值内涵都是不可证真的问题。这种不可证真的伪性是虚假的不可证真的伪性。其基本的原因有两种。一种是已知的科学符号语言无法证明和推论用日常语言陈述的真值内涵，所以，只能置于假命题范围。这是一种虚假的证伪。这里存之不论。另一种原因在于，该命题陈述的真值内涵是由简单的直观所把握的化身幻相反映的念识构成的。这种命题的证伪，就直接牵扯到对命题的成因的证伪，即如果该命题被证伪，那么产生这个命题的存在现象本身，也是假的存在。假相、幻相、幻想、臆想等等。如是，存在本身的可证伪性就显现出来了。逻辑思维法则于此就可以对存在法则发出约束的指令信号了。沿着这一理路，逻辑理性之用，也就有理由延展到对存在实相证伪中来了。情况真的是这样吗？库恩的理性研究指出这种对存在实相证伪的可能性是不存在的。他确认，逻辑理性的证伪逻辑法则，不可能涉入对存在实相的悟性命名过程中去，只能在经验判断和理性演绎中起作用。

　　库恩的理论突变论，是建立在这样一种直觉体验基础上的：在"中立观察"的无垢心性中，去把握那个促动了"恍然大悟"的非理性顿悟认知行为中把握到的"偶然发生"的客体之客观化的东西，从而启动了对非常规事物的理性研究，推动了科学的发展。也就是说，只有这种在悟性被启动之后产生的对存在实相客观化构成的命题，才是真正的存在性命题，才是真正的存在法则决定的真值性命题体现。凡是不具备这种悟性命名的认知性的命题，都具有非存在实相的非真值性，方才可以置于被证伪的地位。那么，一切假相、幻相、幻想、臆想的幻象，如何被排除呢？被经验排除。从学理上说，经验中包含两种东西。一种是由已知的知识构成的经验知识，可称为间接经验。一种是由直觉归一实相促生的体验和对这种体验的再体验而构成的经验,可称为直接经验。当某种主观意识观念开始客观化时,它可以经过这两种经验的检验性归纳判断。经过知性经验把握的经验知识判断,可以剔除假象;经过直接经验对原初体验的再体验审视,可以剔除幻想和臆想的东西。如是,通过经验的审视,可以将主观意识观念在客观化过程中,掺入虚假的命题内涵剔除。那么,这一立论,不恰恰违反了库恩的理论突变论了吗?尤其是间接经验,不是早已为海德格尔斥为割断人与存在实相的本体关联的"座架"了吗?为维特根斯坦称之为"捕蝇瓶"了吗?库恩要做的工作恰好就在于此。他认为,间接经验固然可以排除制造假命题的直观念识因素,但同时也会排斥形成真命题的直觉归一实相。因此他认为,进行经验判断,不可以只依靠间接经验:知识,必须依靠直接经验:体验。凡是不具有原初体验性的东西,都可以由间接经验来排除;凡是具有原初体验的东西,都不可以由间接经验予以判断,而必须给予当下即是的确认和把握,科学理性研究才能把握住真命题而获得新的真理。如是,库恩的理论研究,实际上为我们揭示了一个在逻辑思维法则发生作用,或被启动之前,排除由假相构成假命题的知性作用领域:凡是直观中把握到的东西,应由间接经验来检验,不可通过者,均可确认为假象,予以排除,不予理睬。这,其实就是深化地揭示了康德哲学中提示出的知性的作用。我们还是以少女的微笑为例。一名妓女的微笑和一名处女的微笑,虽然都是微笑,但其表达的"爱慕"之情却有真假之别的。一名有经验的男子,很容易从直接经验出发,分别出其中的真伪。即使是一名没有情爱经历的少年,也能从中体验到不同的"心动"区别。妓女挑逗性的微笑,激起的只是人的性欲冲动的"心动",而处女的微笑,激起的是对其全身心的倾慕之情的"心动"。这两种不同的体验,可以直接告诉这位少年,哪位女子是值得其倾心真爱的对象,哪位是你为之献出"男宝",而仅能换回初次性经历的异性。故作姿态和真情流露的体验,少年在孩童时代就已积累了由体验构成的直接经验了。因为父母在他儿时,就会有故作生气、欢喜和真的在生气与高兴的体验给予他了。只要这位少年是心智健全的人,他就不难区分出"少女的微笑"的真值内涵是什么。所以,从理性研究的"中立观察"立场上看,命题的假象因素的排除,在悟性和知性发生作用的非理性认知场合,就已然做到了。因此,逻辑法则就无从深入到对存在实相的证伪中来。大凡确立了一种有假相构成命题的场合,都是由于缺乏经验,尤其是缺乏间接经验——知识的缺乏场合中产生的。正缘于此,在近二百年中,理性思潮再度涌起时,经验的研究,才成为新的理性研究中的一个很重要的领域,分析哲学因此才在开始产生时,有了这样一个名称:经验实证哲学。因此,证伪逻辑的功用,只是对"观念—真理"产生作用,而不可能对存在实相本体发生作用。即证伪逻辑只对"小猫玩捉自己尾巴的游戏"的场合发生作用,而不会在猫捉老鼠的场合发生作用,哪怕是在瞎猫碰到死耗子的场合,也是在展现猫捉老鼠的真值实相的展现。

所以,无论是现象学,存在哲学、解释学、分析哲学的理性对非理性存在的研究,只要不是处于诡辩状态,都是在指向一个逻辑真理:逻辑思维法则的证伪功能,只可能用于对观念—真理的论证中,而不可能发生于对存在实相的证伪中,尤其是不应当将其滥用于对直觉归一实相的体验的判断与确认中。

三、从禅学的立场来看存在追问

在中华传统文化中,人性存在具有两种方式:道与器。《周易》中第一次给予了这种规定性区分:"形而上之谓道,形而下之谓器。"宇宙中的所有存在,都不外乎采取了这两种形式存在。而对存在的追问,也不外乎是对这两种存在的追问,从当代科学——哲学的存在追问来看,也不外乎这两种追问,即追问宇宙间的终极存在和追问所有存在事物的规定性。但是,中华传统文化中对存在的追问和西方哲学——科学对存在追问,有一个重大区别。中华传统文化中,追问存在时,追问道与器的不同存在方式,并不是仅仅要追问不同的存在方式,而是要在追问不同的存在方式中,两种不同的存在方式的内在必然关联关系。即天地间万物,万事、万法的源头和发生,运行的规定性和关联关系,也可以说是"体"与"用"的关系。所以,就有了《老子》明确的回答:"道生一,一生二,二生三,三生万物。"治而思之,思而虑之,就有了后来禅学的"自性能生万法"的基本理路。但是,西方当代理论则不同,只将追问的目的设立在"器"的存在追问上,尤其是科学哲学,只将存在追问设立在万事之万法的追问上,以求由此而获得一系列的真理。也可以说,当代西方的科学与哲学,已经远离了古希腊传统的对"第一原理"的追问,而只追问科学真理的源头:存在。并且承认,对于古希腊人提出的追问存在的目的,在于达到"认识你自己"的终极追问,日渐疏远,并且日渐陌生。同时,对于这种"超言绝象"的终极存在的追问,排除在科学理性研究范围以外,留给宗教去讨论。分析哲学兴起以后,对于讨论超乎经验之外,之上的形而上学的命题,更是给予了完全不信任,非理性的批评,拒绝给予理性的承认和讨论。偶有涉及者,如海德格尔,也只是将其作为外在于人本身的存在终极,人,只能被动地渴求予以倾听。早期的维特根斯坦则干脆将其悬置起来,既不予言说,也无屑于去倾听。

这种科学主义的对待存在追问的态度,使当代西方学界对于存在的追问方式,基本集聚在一个方向上:追问真理的源头,而不追问人本身存在的内在的自足依据。从现象学上来说,是要界定,存在的先验性和命题的后续性,最终给出的是逻辑法则的先验性存在,决定了世界上一切存在者的本质规定性,即可以为人类的逻辑理性把握为一种观念或真理。从科学哲学的立场上来说,存在本体的经验性陈述是不精确的,造成了科学理论的混乱和科学研究中产生悖论和悖理现象。因此,解决存在本体的真实性问题,只有在语言问题上下工夫,力求以最精确的科学符合人工语言实现对存在真值的描述,解决真理的归真问题。事情的发展,并没有"天随人愿",反而使西方哲学和科学理论的探讨,陷入了更深的观念—理念的循环论证中去,陷入更繁杂的逻辑形式、方法、规则的严谨性和运用方式的讨论中去,以至于使学科、学派之间的话语隔膜日益增大,甚至达到完全不理解其他学派在讨论什么问题的地步。

总观古往今来,中西对存在问题的追问,不外乎沿着两种思想实践的方式性方法道路上行进。当然,就其自觉性来讲,是这样的。但在其自为的心路历程上来看,这两种思想实践方式方法,时时在中西方思想者的思想实践中交叉地,融通地使用,因为这是人类认知行为的必然性使之然也。也正是因为其自为地而不是自觉地运用这里种思想实践方法,造成了很多不必要的混乱和争执。其实,这两种追问存在的基本方式性方法,是与追问存在的两种基本存在形式相关联的。追问"道",用观照的方法——对于体验发生的瞬间进行观照,并可以由之引导入对于发生体验的瞬间进行观照,不但发现存在实相形式的机制,而且可以进一步发现存在实相生成的原因、过程和自足的终极依据。第二种方法,是追问"器"的存在方法。用反思中的理性思辨的方法,即逻辑法则证真的方法,力求用最精确的语言,表达和把握住主观意识观念客观化的真值性,以此来把握存在的本真实义。这里就产生了一种更有趣的现象:当西方思想者,将存在追问的目的规约在把握科学真理的方向上时,突出了逻辑理性的作用,使其形成了逻辑理性崇拜。如是,他们也将对于存在本体的存在性追问,也局限在思辨性上。结果,不但导致了理论上对存在"说不清",而且也导致了因逻辑论证对存在"说不清",从而放弃了对存在的终极品性的理论研究和论述:"不去言说那种无法言说的东西。"使得科学和哲学最终放弃了对存在终极上"道"的言说,也就放弃了对终极存在的追问。使追求科学真理的西方科学理性,最终放弃了对终极存在的真理追问。这不是很有意思的吗?在中国,却大不一样。中国人自古就相信"天下一致而百虑,殊途而同归",任何多元化的多样的人类思想实践心路历程,最终都会指归到对终极存在的追问上来。不但从先秦,人们就不曾放弃对那个"非常道"的"非常名"的终极存在的理性研究和言说,而且历经几千年,都始终不渝地追求着对终极存在的追问。要说中国人务实,不信上帝,勤奋,这大约就是其思想传承的动力根源吧。以王阳明的"心学"来说,他就指出:格物以致知,把握知识的目的,不仅仅在于要控制世界万物万事,更在于通过"天道"之"器"于人的"良知"之用,透过观照这个格物致知的认识历程,去把握到那个存在于人本身的终极本体:自家心性以"正心",并把握住追问这个终极本体的最基本最核心的方式性方法:"诚意"。即保持"离相而无念"的"无垢心性"之用的正当性。这种观照式的"心灯"薪火传承,一直未曾泯灭,后来就有了熊十力先生的《新唯识论》,金岳霖先生的《知识论》和太虚大师的《人间佛学》。直到今天我仍是这条心路历程上的"行者"。

从西方人和中国人对于存在的不同追问的心路历程上来看,

显示出的是哲学和禅学对于存在的不同的理性研究方式方法。一种思路是追问存在自体，哲学沿着这一方向前行。将存在自体，分为两种方式追问，其一，存在客体：存在者，物自体，客观世界；其二，存在自体：存在事实，逻辑事实，真理现象。另一种思路是追问存在本体的自足依据。道家学派和禅学沿着这条思路前行；追问"非常道"，性空、自性空、无垢识。认为，在观照中看清并讨论清楚此问题，其他问题就有了合理解决的正当途径和方法。这两种学理的追问方式方法不同，导致了不同的认识结果。我们可以举两个例子来说明。

其一，在禅学的义理中，以形而上的方式来言说终极本体："空无之妙有"。这在科学逻辑理性来看，是一个悖论。因为"无"不是"有"，即"无"乃是"非有"、"不有"。"有"不能作为词义和理论定义来肯定"无"的存在。矛盾律、排中律、同一律都不允许逻辑理性承认这一命题为真。但在禅学看来，这里不存在内在的矛盾性，也不违反排中律。因为"空无"，陈述的是终极本体实现的性态，"妙有"陈述的是终极本体存在的样态。综合起来，这一命题陈述的是终极本体以"空无"的性态表显为一种独特的"妙有"的存在样态。而不是讲"无"以一种"有"的方式存在，更不是讲"无"的存在形式与"有"的存在形式同为一体。《老子》中讲"无"为"有"之用，从体与用的关系上讲"非常道"的终极存在，亦是此种理义。也就是说，即便是从科学的机械论的逻辑法则上来讲，这也是一个真命题。当然，这一真命题描述的存在实相本体，只能从对禅观照的体验中得到验证，而无法从存在者或者是科学的物理空间的有无形式上得到验证，虽然《老子》倾向于从物理空间的喻说上给予解释。从而，使这一命题具有了非客体客观化的特征，因而也就不是主体意识观念的客观化产物，它才是对终极本体真如实相的理性化陈述,也才具有了呈现终极本体实相的品性。

其二,在分析哲学的诸多论述中表明,一些分析哲学家,区分不了"存在真值的自明性"所表显的存在实相的存在品性,和悟性启动之后,于顿悟中把握到的对存在实相的体验而生成的"确信",也就是区分不了客体存在者客观化为存在图象和主体主观意识观念客观化的认知性区别。也就是区分不开直觉归一的自在性认知过程和悟性体验、把握、命名存在实相的自为性认知过程,及在这种同为非理性认知过程中二者互相充实的认知过程。这进一步说明,他们不懂得自觉运用禅观照的认知方式,也就弄不清区分开存在实相本体产生、体验、显现、把握及陈述这一存在实相本体的自性空的区别与作用关系,即弄不清报身实相与无垢识真如实相的区别及关系,所以,只能在存在与存在者,主体与客体,世界与真理的观念性论证之间打转转,只能在语言的人工化和日常化之间绕来绕去,寻不到一个出路,找不到一个终极源头,觅不到一个归宿,哪怕是观念上的、理论上的归宿。

所以,哲学只注重讨论存在与存在者的区别,只追问存在与真理的关系,而不去讨论终极本体之间:存在为什么存在,为什么"是"存在。哲学本来是可以追问此问题,也应当追问此问题,上古时代亦曾追问过此问题的。因此,讨论不清此种问题,也就解决不了讨论存在问题的目标:真理归真问题。所以,讨论存在问题,应当讨论存在的终极依据问题,更应当讨论这种终极依据的自足性存在问题。存在,若是简单的存在者在人心理反映中的影像,那是对化身直观而生成的幻相。存在,是存在者在终极本体中归为连续统一体的实相。即存在者转化为存在,客体的客观化生成为全息的报身实相,是自性空归一物我的自在之用的结果。自性空才是存在的终极依据,而且是自足的终极依据,并且正因其是自足的,才有资格成为对于一切存在实相认知的终极依据。如是,缘于此种禅学义理,不但可以说清什么"是"存在,而且可以说清存在为什么"会"存在,而不是"让"存在,从而说清存在的终极依据;并且据此,可以说清这一终极依据的自足性;因而可以在解决存在诸问题时,同时解决终极追问问题,即解决人类的终极关怀问题。如是,科学、哲学、宗教、艺术、伦理、道德、信仰等等相关的基本问题和基础理论问题及理论基础问题,都有了生成的出处,生成的依据,生成的方式的理解和把握。正缘于此,才显示了禅学所具有的,了解人类认知历程和形态的方便法门品性。

按照这一学理来讨论存在问题,必然会引出一个更深刻的问题:存在的依据和存在的发生的关系问题。在西方哲学界,这里的问题是难以区分的,或者说,是没有给予过认真的关注和讨论的问题。但在中国人看来,这却是个毫不可含糊的两个问题,并且是内在关联性极强的问题。即儒家所说的"道"与"器"的关系问题,道家所主张的"妙"与"徼"的存在方式关系问题,佛家所审视的"空"与"色"的生成与显示关系问题,而绝不仅仅是一个机械性的对于宇宙本体的单纯认识论问题。

在中国人看来,存在的依据是存在的自在性,即西方哲学界讲的自明的先验性,存在之所以具有这种先验而自明的自在性,是因为存在具有一个先天自足而自在的终极依据。即儒家讲的"道",道家讲的"常无",佛家讲的"性空"。如是,存在的发生,是存在本体具有一种自足性,即存在依据本体的内在的自性空而发生为存在。在儒家讲的是"无中生有",在道家讲的是"道生一……"在佛家讲的是"自性能生万法"。而西方哲学,将上述问题,不给予自在性和自足性的区分和认定,只是统统看作是一个主体主观意识观念客观化的问题,是一个客体客观化充实了先验的逻辑空形式的问题,也就只是一个在宇宙本体论讨论中的认识论问题。禅学也将其看成是一个问题,但绝不仅仅是一个关于本体论的认识论问题,而是一个终极本体的存在性态因其用而显其体的对存在性态体验和觉悟的问题,即在体验合一处把握"自家宝藏"的获正觉之正智的问题。也就是参究佛陀获正觉之义理和重走佛陀获正觉的思想实践之路的问题。不能观照到终极本体作为存在依据的自在性与自足性,也就认识不到终极本体具有的体用归一品性,从而使哲学的科学理性讨论发生了很多歧义与误辨和误断。也由于哲学只讨论存在的自足性——万法真理的生成,不讨论存在的自在性——终极本体之在,所以,哲学只以追寻真理性的万法为目标,因而只重视和尊崇人类的理性认知能力。因其不追问终极存在本体的自在性,就导致哲学不重视甚至排斥人类非逻辑理性的认知能力:悟性;至多,将其看作是一种人类无法把握的偶然性认知现象,予以接受性的搁置。

　　其实,存在的依据和存在的生成及其关系问题,在中国唐代以前,也是一个未能最终解决的问题。只是禅学,融会了道家、儒家和佛学、玄学的一切思想自觉的成果,给予了一个基础性的解答:"性空",是存在的自在的终极本体;"自性空"是"性空"于人之在的自觉之用的自足的终极本体。也可以说,是终极本体以自在的方式自足性运用的显现。例如"道生一……",讲的是存在的自在性;"常无欲以观其妙,常有欲以观其徼",讲的是自性空自足地把握自在的存在及其显示的法则的终极本体的自足性存在。"空不异色,色不异空",讲的是终极本体自足地与存在实相相互充实、显现的自在性。但是,在祖师禅产生以前,于此种终极本体的自在与自足性,并没有明确的区分和阐述,形成了混乱,以至于人们讲不清融合了儒、道、禅的"玄学"——"心学",到底是个什么东西,只是在祖师禅产生并形成了禅学以后，明确的提出了"自性能生万法"的体用归一命题以后，才使问题的解决有了方便法门：只有人类的内在自性空，可以自足地提供"离相无念"的认知净土，使万物内在的万法得以以自在的方式显现和展示成为存在的报身实相，并全息式地显示为"事和"与"理合"的统一体。而仅局限在"道生一……""无中生有"的形而上命题陈述中，必然会发生"有"与"无"的争论，何以"无为"何以"有为"的辨析，甚至据"空"为本体，而生无用的"断灭相"，指"有"为本体，则着世间相而失去终极归宿。并且易于混淆自在与自足对于终极本体体用之别的义理觉悟。而禅学在自性空的终极本体自足性态上讲报身实相的生成，则不会有上述"有、无"之争的体用混淆，使"性空"之"无"，真正显示了终极本体自在的"妙有"存在意义。理性化地解释了"无中生有""无为而无不为"，是指在"自性空"中"常无欲以观其妙"时，才能归一物我以生成圆融存在实相之有，才得以进一步在正觉观照中"常有欲以观其徼"地把握和认知万事万物的法则知识。当且仅当人们以此祖师禅的义理去理解、把握《老子》所讲的人类认知行为总体规则"无为而无不为"时，才能领悟"自性能生万法"的"玄机"。如是，既不会流于小乘断灭相去"凿空"，也不会妄断无为为之所作为的"死相"，成了一名守株待兔者。如是，人类的主体性本体终极依据也就显示出来，人之所以可以"成人"，人之所以可以"为人"，即人生的积极性、正当性，人生历炼的意义及其归宿问题，也就可以在此种正觉顿悟的一瞬间获得解决，而不必壮着胆子，甚至瘦驴拉硬屎般地去"提前进入死亡"，以求倾听终极的召唤。

如是禅话存在问题，并不能满足哲学家的偏食胃口。为此，我们还得进一步讨论与存在有关的价值判断和真理归真问题。

价值判断,乍看起来,是一个纯观念问题,也可以说是一个对存在实相的"理合"内涵的多维性的多元化把握问题,即中国人常说的仁者见仁,智者见智的问题。实质上,这是一个对于存在本体的存在理由和存在作用的确认问题。最极端的看法,在西方哲学界,有两个学说,一者是黑格尔的"存在即合理",一者是马克思的命题"存在即不合理"。并且,这两种极端的价值判断,都是出自于辩证的逻辑推理法则的论证。其实,这两种对存在的价值判断,是针对不同的对存在实相的把握行为而言的。就原初体验到的存在实相来说,其存在的生成,即为归一物我的报身实相。不论它展示的是何种存在本体的全息图景,其所展示的存在的整体逻辑事实汇总包含多少矛盾着的质料事项,它作为归一的连续统一体,都包含了存在实相整体所有的"理合"内涵。也可以说,其"事和"中显示的所有存在信息,都具有一体的逻辑关联性关系,因而都可以反映存在实相具有一种可以充实主观意识观念的逻辑刚性内涵,可以为逻辑发展予以把握和抽象为真理理念。故而,从其存在的理由上看,即从其存在的产生和存在的"理合"内涵上说,具有符号逻辑理性操作的性态。如是,存在是合理的。但是,从存在实相可以和如何被逻辑理性把握为何种真理这一多元化认知角度上说,存在即为不合理。原因有二:其一,存在实相的内在逻辑事实整体,是具有多维性的一个"事和"的整体。只从一个一个单独逻辑事项为主体来看,即将一个单独事项作为命题的先验性客观化主体来看,相当多的与之关联的逻辑事项是与之有矛盾的,甚至是处于对立的关联关系中的,具有此消彼长、彼消此长的逻辑因果链性的关系。因此,以此次逻辑事项为命题真值,则彼之存在即为不合理;以彼为命题的客观化主体,此则为不合理的存在。在此种逻辑因果律的推理过程中,显示的是一种相生而相克的矛盾现象。

如是，要把握的真理，而消灭或消融掉与之对立的逻辑事项。这是马克思哲学导致斯大林主义的内在逻辑理路。其二，科学也好，哲学也罢，追求的都是真理知识，而这些真理知识的产生本身，都是处于有限的，因而是相对正确的逻辑演绎之中。他们既不是关于存在实相整体的知识，也不是关于存在实相所有维度的关联关系整合的知识，因之，逻辑理性把握的只是座架体系，就不可能将所有的逻辑事项搞清楚，不可能一次性地把握到逻辑事实多维的逻辑事项所指示的多元的真值取向，更不可能一学科地穷尽所有的多元化的知识内涵。如是，不同学科，不同认知角度，不同的体验，就有了不同的合理和不合理的价值判断。而哲学家追求真理时，将自觉不仅仅盯在对合理部分的证明上，更是力图在推论其不合理部分的矛盾性及其克服上，找到可以有益于人的真理知识，最好是有益于全人类的真理知识。所以，存在即为不合理。即便是一位高明的医生，既可以把自己的亲人把握为一个生物生理乃至病理的客观化对象，又同时可以把自己的亲人把握为与自己心心相印，生死相依的"另一半"，但是却难于在社会成员和国家机器的一部分上来把握自己与亲人存在的伦理价值。就像孔子所举的"攘羊"例子那样，只好取其此，而舍弃对于社会和国家法权的"伦理"——法律的价值判断，只把握君子之"仁"的对父亲的"孝道"，而舍弃对于社会伦理之"义"的价值尺度。

在这里，我们且不谈禅学要求的达之情理归一的"完人"的"成人"生活状态中，如何去看待这些价值判断问题，我们只从禅学要求的现实的存在目的的存在合理性上来看待这一问题。那就是，价值判断，实质上是一个人类了悟自己存在的慧根以后，如何以般若正智，圆融一切，使之达之和谐同一的"致中和"的存在性态问题。我们依然以孔子所列举的"攘羊"一事为例。从"为亲者讳",是为了尽就人类而言的大道"孝道"而立论的价值判断上讲，面对其父"攘羊"这一存在事项，为亲者讳的价值判断是合理的。但是这又违反了社会伦理和法律底线的"义"的要求。从这种伦理和法律的底线上来看，其父"攘羊"的存在实相，是不合理的。在这种"道"与"义"价值判断决然冲突面前，哲学也好，科学也罢，都处于一种顾此即失彼的无能为力状态中。因为"尽孝道"和"大义灭亲"的君子道德标准，都是不可违反的人类社会的根本性理念。在禅学看来，情况并没有那么不可解或无解。因为禅学的价值判断标准不是机械性的"道"与"无道"的逻辑理性标准，而是"庄严国土，利乐有情"的，一切以人的人格化成立和实现的标准。即一切"合理"性的价值判断都是人为中心，以人格化的"成人"历炼目标实现为中心。那么，人格化的人伦大道要求，就成了一切存在实相"事和"之"理合"内涵的价值判断核心理念。在这种人格圆满的人伦大道标准前，"为亲者讳"和"大义灭亲"，就都不是绝对真理，不是无条件的价值判断准则，而是以人格圆满的人伦大道为判断标准。作为人子时，只要其父的行为没有超越人伦大道，没有作出灭绝人性的行为，就应以"孝"为价值判读标准。作为社会伦理正义要求的一方，则要坚持法律的底线，只有违反"义"而取利，甚至在伤及他人利益关系的条件下，就要坚持扶正为"义"的价值判断理念。还是从亲情血缘关系上来讲，对于"大义灭亲"的价值判断不是无原则地无条件地拒斥，而是有条件的奉行。即当其亲人的行为违反了人伦大道，甚至达到灭绝人性的地步时，就已不是"攘羊"一类的小义失违的问题，而是从根本上损害了"利乐有情"的人格要求的大义沦丧，就必须大义灭亲了。因其已然不具有作为人的存在资格。从社会行为准则上来讲，亦同样。社会正义的伦理要求，违反了这些价值准则，也必须予以否定。这就形成了中华传统文化中特有的伦理价值判断命题："王子犯法，与民同罪""桀纣之君，人人得而诛之"。如是，才真正体验了"正心"为"诚意"，"诚意"为了实践"至中和"的社会实践目标和人格主义价值理念的理性要求。缘于此，人伦大道，就成了中华传统文化中价值判断的一个核心理念。而其可操作的信仰理念，则是一切行为都有益于"致中和"的和谐社会的实现，以使人间成为乐土。这时，一切真理都不再具有绝对化的地位和无限有效的功能，而必须服从于"致中和"的人伦正道的价值判断。在佛学，就是以"利乐有情"为价值判断的理性化标准。

通过上述比较讨论，我们就不难看出，任何科学真理，由于都源于人本身的认识，终于于人有益的目标，所以，就只能是一种有益于人生人格完满实现的"万法"式知识，是对一定条件下的存在的单独逻辑事项的真值确认的真理，不是无限有效和可以滥用的真理。追求从整体上去把握存在实相逻辑内涵"理合"的禅学，则不具有这种局限性，其追求认知的是无矛盾存在的终极本体，是在这种终极本体中把握和谐一切的人伦大道。因之，就具有了洞观一切存在与真理的条件性和应用性的真实的存在本体终极依据和可操作性的方便法门。

正是在这种与其"一览众山小"，不如"心中无沟壑"的如如不动无垢心性中，追问存在，就使人从追问真理的真值依据目标上，位移到一切"格物"以"致知"，是为了"正心"而获正觉的目标上。当这种认知的方便法门一旦开启以后，对于存在问题的讨论，就会清晰地展现出来。在中华传统文化中，讨论"理合"的归真问题，是要求"理合"必须归之于终极本体的"道"之真。因此，归真问题，是认知终极本体的存在与意义。而西方文化传统中讨论真理的归真问题，则是讨论命题内涵的观念之真，即在逻辑理性思维法则中是否能够证真的问题。如果一旦混淆了追求知识之真与追寻终极之真的区别,从现象上看,会混淆存在与真理的区别,实质上是混淆了报身实相与终极存在实相的区别,涉及人时,则是混淆了生物之人与人格之人的区别。由此而产生的直接后果,就会产生"得指忘月"的现象,从而在思想实践中,起码忽视顿悟体验而去讲求逻辑理性为真的科学主义信仰,在思想自觉中,丧失了"成人"的人生存在价值目标,泯灭了人格主义的人生存在意义的信仰,使人性沦丧,而生物性竞争愈剧恶化。这一切,在思辨性的思维实践和社会实践中都是可能发生,曾经发生,和已然在发生的事情。不仅在哲学中如是,科学中如是,在佛学中亦如是。否则,中国的历代禅学大德们,就不会代代相传地开示人们注意,不要犯"得指忘月"的科学主义理性崇拜的错误。也就不会出现马祖道一禅师先以"即心即佛"命题开启参禅的方便法门,最终以"非心非佛"命题,指点最终悟道的终极归宿的著名公案。

之所以在价值判断和理念归真的认知中会出现上述差别,这与人们追问存在的目的不同有关。哲学与科学始终追求的是关于世界存在的客观化知识,以求据此来达到以病态弱体能的生物存在性态来实现对世界的理性化统治。即以实现人的生物性存在的生存和发展及扩张为目标。禅学则要求,通过对人本身内在的自在而又自足的终极本体的认知和把握的自觉,以实现建设人间乐土的和谐社会为目标。即把握住自家宝藏,那个如如不动的自性空——"庄严国土",不是为了凿空而入死寂,而是为了"利乐有情",实现人间的大同"致中和"。

如是,我们仍然可以说,通过对存在问题的讨论和比较,可以看到,追求知识之真的真理,是有条件的相对性的归真。不仅因其具有"万法"的性质而有相对性,更因其只解决人类的生物性质存在性态,或者说只具有超越人的弱体能病态的生物存在样态的有限功能,不能解决人生的终极关怀大问题。即便是从辩证思维的角度上说,科学真理可以从具体解决一个人的理性思维上入手,达之对全人类的存在问题解决,是一个正确的思维方式。但是,这种解决的社会实践和存在实现的惟一途径,就是在竞争中求和同,具有自是非彼的根本特性。如是,竞争是第一位的,和谐是第二位的。而在中华传统文化中,绝不是这样认知的。即便是在专门讨论人类最极端的竞争方式:战争理论中,也贯穿了这种"致中和"的寻求和谐的理念。《孙子兵法》,一方面承认"兵者,诡道也","国之凶器",是最剧烈的竞争方式;另一方面,又层层剥笋式地论述,在这种最剧烈的对抗中,如何寻求和谐的潜在的本质因素和寻求互补的关联关系,从而以"致中和"的方式来完成这种最极端的竞争,达到"不战而屈人之兵"的化解矛盾,对抗的和谐统一局面。所以,可以说,《孙子兵法》是一部经典性的研究如何"善用六根"以"致中和"的辉煌的人文巨著。缘于此,我们才可以说,追问终极存在之真,是追求人本身存在本真的有效并有益于人的认知道路。对此的认知,思想自觉,不但可以解决科学真理的生成、论证、检验和正当运用等问题,也可以解决人生的存在与归宿的自我认知问题。如是,才设此一章,以明晰存在与真理的禅学义理之渐修的思路:法相因明。

第三章　蠡海普度:超越

　　20 世纪,日本有一位禅学家在西方颇有影响,他就是铃木大拙。铃木在西方几个主要国家谈禅论道,西方人很感兴趣,但同时亦很难得其要领。铃木便提出了一个哲学化的禅学命题,以便使西方人可以从理论上理解禅学的思想实践方法:"超越 A 与非 A 的逻辑对立。"不提出这一命题还好,一提出这一命题,更使西方人"云深之处不可找"了。从此这个铃木命题,就成了当代禅学的一个难参的"公案"了。其实,理解此命题的"密密意"倒也不难。铃木的立义主旨,就在于开示人们超越逻辑理性的"分别心",以通晓正觉观照的理路。在我看来,这一命题的立义,并不在于反对逻辑推理,而是针对哲学——科学的逻辑推理中的一种悖论现象提出的:纯观念和纯理念的逻辑论证,最终会陷入无休止的循环论证中去,从而迷失了真知的所在,不但找不到真理,更不用说发现终极存在本体了。这,就是"分别心"的根本弊病。也就是张祥龙教授所喻说的,小猫在玩捉自己尾巴的游戏,只能在原地打转转。因此,铃木以此命题开示之,若要在义理上理解科学的思想实践基本方法,就必须超越在形式上,主要表现在由排中律引起的逻辑理性的循环论证。若如是,不但可以跳出三界外,进入禅观照的方便法门,更可以通观到理论真理的源头和终极本体。缘于此,可以说,铃木禅,把佛学渐修功课的求证"苦集灭道"四圣谛,从而达到超越生死大限以达大自在境地的思想实践过程,归结到在正觉中

进行禅观照的思想实践过程,超越一切逻辑论证的循环推理怪圈,
才能达到正觉中止观双运的正果,自渡蠡海,以达到把握人生正智
的彼岸。在我看来,铃木命题,就是把祖师禅的"离相无念"禅修
原则与胡塞尔现象学的"中止判断"方法结合在一起,提出了一种
超越性的思想实践理路,以克服逻辑理性在进行演绎推理时难以
克服的循环论证的悖论现象。通过这种"超越"的基本理路,将辩
证四圣谛而实现对人生无常的超越主旨,落实到禅修的思想实践
中去,首先完成对逻辑理性的"分别心"的超越。具体地说,就是
通过对循环论证的克服,还原人类正觉认知过程的本来面目,从而
在理论上理解禅法。所以,超越的本质,就不是一般地浮泛地谈论
超越"念识",而是要超越逻辑理性认识行为的一个痼疾:循环论
证。若如是,便可以对一切观念、理念进行追本溯源的观照,从而,
不但发现存在实相本体,还可以发现终极本体。如是,我们便可以
说,铃木禅,具体地提示了一条如何达之"于念而无念"的思想实
践途径。

一、循环论证与超越问题

　　逻辑推理的循环论证,不是一个新的"科学"问题,而是一个
古老的"启蒙"问题。老到什么程度呢? 老到和哲学的历史一样
长。它是一个自哲学产生以来就一直存在的问题。在古希腊哲学
家那里,将循环论证,作为逻辑推理的一个内在规定性,本质规定
性来看待。甚至作为哲学所独具的理性思维的思辨优势特征来看
待。亚里士多德形式逻辑三段论,就具有这种潜在的意识形态。
但是,古希腊的怀疑论者皮浪和蒂孟,最早对这种理性的思辨优势
提出了质疑。他们指出,形式逻辑的演绎推理,必须有一个公认的

自明的普遍原则性的基本命题,即具有一个亚里士多德三段论推理的公理性大前提作为演绎推理的发生,或者说,有一个可以启动逻辑推理的自明的命题先验地产生。怀疑论者认为,这种先验自明的公理命题,是无法自行产生而现成地摆在我们的理性思维面前的。如是,这一演绎推理的大前提性命题的真值存在性,便成了问题。它是怎么产生的?它何以就是自明地先验为真的?进而,怀疑论者们就有理由对形式逻辑本身的合理性提出质疑,因为形式逻辑思维法则本身的成立,是依据于这种先验自明的大前提存在而成立的,如其不真,则一切推理法则便失去了正当性;若形式逻辑演绎推理无法证明这一大前提的自足成因的先验性,则形式逻辑本身就不具有把握真理的标准法则地位。亚里士多德的形式逻辑推理,固然可以证明大前提中的观念是真理,但是,却无法说明大前提命题是如何产生的,也证明不了它何以先天地为真。于是,大前提本身的产生,它的先验性,它的自明的真值性,就只能依靠其他后添的观念或理念来论证。然而,这些观念和理念,作为证真的标准和知识手段,又是何以产生的呢?又需要另外一些观念和理念来为之论证。如是,逻辑理性的证真的逻辑演绎推理行为,就会陷入在观念和理念的无尽的循环论证中去,不断地重复为了论证一个观念或理念的正当性、真值性,而引入其他观念和理念来为之论证的推理行为,以至于在观念和理念的论证中循环地重复论证行为就这样,逻辑理性的演绎推理的规定性,使观念性的逻辑演绎推理链条在无尽的循环论证行为中无限地延伸下去,看不到尽头何在。如是,真理、自明性、真理的先验发生与存在诸多问题,就会淹没在永远无法自足地证明的汪洋大海之中,蠡海无边。观念也好,理念也罢,因其无尽头的论证而无法得以证真,也就找不到真理的归宿;理性亦因之而找不到可以在蠡海之中立足喘息的那个"阿基米德点"；如是，哲学的逻辑理性优势，反而使哲学本身掉进了永远无法渡过的念识蠡海。

后来的怀疑论者们，在这种质疑逻辑理性思辨优势的氛围中，发现了一个基本的事实，这一发现可不是于蠡海中发现了一个小岛，而是看到了彼岸的浓绿褐黄："黛从山色来，黄自橘柚出。"一切大前提性陈述性的自明的命题，都源自于现象。而现象都是存在世界的基本显示方式。并且现象本身具有这样一种规定性：它既不无效，也不有效，它只是产生、出现，自在而又自明地存在着。对其最原初的把握，就是对存在现象的普遍性的陈述。也只有这种原初陈述句，由于源于存在实相本体"事和"之现象化展现，才使一切观念、理念、知识、理论与存在本体保持了如此密切的关联关系，不会产生虚假的念识和假命题。或者说，比起其他观念或理念的知识性和理论化的理性化的描述句、陈述句来说，更具有归真非伪的真值价值。这，其实已然开当代现象学之先河了。

柏拉图的薪火传人，哈斯德鲁拔和卡尔纳西德，在探讨这种可以产生大前提的现象时发现，在知性进行的经验归纳判断中，有一种方法，可以把现象把握为自明的公理性大前提。于是，产生了或然性学说。也就是说，尽管我们永远也不可能有理由感到我们确实把握到一种可靠的自明的真值命题，但是，有一种陈述，比别的陈述、描述、论述的东西更接近于真实。因为在经验判断中，各种假设，只有一种陈述接近于存在实相的或然性最大。而这种最具有真值意义的陈述、往往是在直观之外偶然地发生的。它完全不同于一般的直观所把握的幻相而构成的假设性陈述，它是由非直观中产生的对存在现象的体验性陈述，即对在直觉中发生的，偶然顿悟的内涵的陈述。如是，或然性理论就会直指偶然发生的对体验的陈述为真值命题。从经验归纳判断的原理来看，也确实如此。

没有偶然发生的对体验的陈述，就无从启动知性的经验归纳判断。知性要从已有的经验出发去判断的东西，只能是一种偶然发生的东西，而不是反复出现的东西。那些反复出现的东西本身是日常的，已经必然化的东西，无须经验对之作出判断。准确地说，它们已然是经验的构成内容，它们已然是必然的，而不是或然的，当然也就无需经验对之作出判断。更进一步说，它们已然不具有启动知性经验判断的那种触发人心灵的"活力"。缘于此，我们可以说，在古希腊哲学家那里，突破逻辑循环论证怪圈的方向，已然确立在知性的经验判断领域之外，已然初步完成了"超越"，即对于逻辑理性思维领域的超越，并且已然指向了那种先验地、自明地、偶然发生的对体验的陈述。就打开这种潜在的"理合"内涵来说，古希腊哲学，已经将克服逻辑理性循环论证的思维方式，指向非理性的存在领域和非理性认知行为的研究方向上。

但是，在当代逻辑理性崇拜者那里，对偶然性以或然性判断为真值标准的学说，遭到了无情的批判。在这种批判中，发生了一个很有意思的现象，某些哲学家不是从逻辑理性思维会导致必然性的展现，或然性只能说明偶然性的必然发生性上来立论，而是从悟性的陈述和偶然性的陈述所产生的假设的对立上来立论。简言之，他们认为，悟性命名性陈述中产生的命题最具有真值的可能性，因其具有自然的可能性，为什么呢？因为悟性发生作用的可能性是必然的，而不会具有在现实中无限的不可能品性，而是具有必然早晚会发生的可能性品质。偶然性则不同了。偶然性虽然会发生，但是，它不具有自然的可能性，即不具有一种智性的自足的依据。这恰恰是悟性以人的智性自足性为依据而有的必然性。因此，偶然性的发生，具有一种无限的不可能性。也就是说，偶然性发生的某种认知行为，不具有无限小的必然性。悟性发生作用的

几率,在理性把握的必然性中看来虽然无限小,但却不证明悟性的
认知作用不会发生,而只能证明在悟性的精确计算中,悟性对于其
所体验性地把握的存在实相得到的陈述机会无限小,而不说明悟
性发生作用的必然性无限小。这一立论,从对悟性的功用把握和
说明上,无疑是正确的。但是,由此而将悟性与偶然性作为 A 与
非 A 的逻辑对立来看待,却是大错而特错了。悟性和偶然性都是
真实的存在,没有孰真孰假的问题,更没有必然性与非必然性的问
题。道理很简单,悟性发生作用,在表现形式上是偶然的,在必定
迟早会发生作用的存在性质上是必然的。偶然性是悟性发生作用
的一种或然性的表显形式,或者说,是以主观意识形态的一个观念
"偶然性",来陈述悟性发生的几率。而不是说,偶然性就是一种
独立的客体的客观化本体。偶然性的发生,即可以从表面上看是
客体客观化的显现几率,本质上其实是悟性发生作用的客观化表
显形式。因为,若不使用"偶然性"这一观念来命名,就无法描述
悟性发生作用的特殊的特点。如是,偶然性是以悟性发生作用的
必然性为其存在本体依据的,而悟性是以偶然性为其发生作用并
显示其发生作用的存在形式的。即悟性与偶然性是形式与依据的
关系,是表与里的统一体,而不是两种不相干的独立的存在本体和
独立的认知行为。将二者分割开来,并在逻辑上对立起来,作 A
与非 A 的排中律的选择与论证,是典型的逻辑理性的分别心。结
果只能是作茧自缚,永无休止地在这种捕蝇瓶中飞来飞去。布伦
塔诺对此种理性思维方式有一句极端性的评判:"在我们的世界
中,没有什么东西是必然的。"即偶然性才是必然的。

　　布伦塔诺在此种批判的基础上提出了自己的"悟性—偶然
性"创生理论,他认为,偶然性的产生,是一种由被体验到的心理
活动而被引起的。即偶然性的发生源头是体验,人为什么会产生

这种由体验而引起的偶然性认知行为,偶然性为什么会在人类认知过程中发生,这一追问使布伦塔诺观照到,"一定存在着一个直接必然的东西,对于经验来说,它是超越的。"这里,已然不是心理因素问题了,也不是心理学的问题了,而是确认了一种先验性的存在本体是一切认知之源。"这个直接必然的东西,一定是从无创造出经验世界,它是有悟性的。"承认人的悟性根器存在,在西方哲学并不是身新鲜事,但是,将其作为一切创造力的自足的自在依据,在哲学界却不是一件简单的事,这种立论符合于中华传统文化的底蕴,却不大符合西方传统文化的底蕴。因为在西方一神教的文化传统中,人只能领悟上帝的赐予,而不能代替上帝来创造什么。而在中华传统文化中,恰恰相反,为了使自己的创化理论站住脚,同时更为了说明和论证自己的创化理论本身的客观性和必然性及产生的现象学源头,布伦塔诺将对存在实相的认知性的非理性把握实据提供给人们:"无限的创造性的悟性之所以可能,因为所有一切逻辑上可能的东西,它都是可以把握的。"显然,这是从悟性的功用上来论证悟性作为非理性认知本体,一种自在的自足的本体。这种即用论体,以体见用的体用不二论,更是禅学常常为了破除心物二元论的"分别心"而讲究的义理。所以布伦塔诺接着就提示出这个悟性的本体性的存在地位:"在经验之前,一定存在着一个可以超越一切有限性和无限性(即 A 与非 A)的直接的必然的东西。"这就是悟性。当且仅当悟性以"顿悟"的形式突然的,即偶然地表现出其非理性的认知作用时,先验的存在实相才会自明地被展示和陈述出来。如是,把握存在实相本体的就不是逻辑理性,而是人的悟性,而只有悟性的非理性认知品性的自为地发生作用时,对于"分别心"的超越才能实现。由此亦可见,对于东西方人来说,一旦进入非理性认知领域的研究,认知和把握悟性的体与用,都是一条必由之路。于此,也可见禅学的方便法门之普遍性。

　　布伦塔诺的此种先验本体论和对逻辑理性产生的"分别心"的批评,很快就遭到了逻辑理性崇拜者的反击。有意思的是,他们并不直接回答布伦塔诺对悟性——偶然性同为一体的追问和立论,而是绕了一个圈子,从布伦塔诺确立了冲破循环论证怪圈的先验依据的立论上入手。当然,这也很正常。因为他们看到了,布伦塔诺理论化解的绝不仅仅是 A 与非 A 的逻辑对立,而是整个科学主义霸权的基础:"在这个本体论问题上的这种立场,是否符合于保持现代科学的整个内容而不至于使它全部或部分地遭到破坏。这个要求就是,不论一般概念的问题是怎样解决的,都不允许导致基础科学必须得重新解释。而且必须抛弃解决一般概念的想法。"施太格缪勒的这种强烈而剧烈的反击,核心在这样几点:其一,现有的"捕蝇瓶"不能被破坏,只允许在其中飞来飞去找出路;其二,逻辑理性思维及其法则,不允许被置疑,更不允许对其作用进行非理性的限制,也就是不允许非理性的认知行为为占据先验的地位从而支配理性的认知行为;其三,基于上述两点,对于自明的、公理性的大前提命题中的"一般概念"是如何产生的追问和解构,是不必要的,不允许的,必须被否弃的认知行为。科学主义的王者风范,这时荡然无存了,表现出来的是十足的霸道,而骨子里则是蛮横无理的专制本质;科学理论体系不允许被置疑,科学的逻辑理性不允许受到冲击,科学所产生的非理性源头和先验前提不允许被追问。这与其说是欧洲人的贵族气质使其然,还不如说是这些贵族们怕人们看到,他们的先祖原来也是蛮族,科学和理性原来也出自非理性的血统,与非理性的认知行为原来是血脉相承的。可怜的孔雀,为什么你只允许人们赞美你那美丽的羽毛,而不让人们说你在开屏时,不小心,也必然会露出你那丑陋的屁股呢? 没有这个丑陋的屁股,你无法完成新陈代谢,毒素积累在你的体内,你那美丽的羽毛不就会一根根地脱落吗? 你还拿什么来开屏? 到那时,不就只剩下光秃秃的裸体,不穿衣服的皇帝,怎么展示王者的风范。有意思的拒绝。这种对非理性存在与认知的拒绝,本质上是反理性的。

胡塞尔的现象学出现,从表面上看,对布伦塔诺的心理实证论作了瓦解性的冲击,而在本质上,都是对其发现的"自明性"的先验性理论,给予了更深层次的肯定和判断:"自明性并不是与其他感觉并列的一种感觉,而是判断者把握了他所判断的真理的那种体验。因此,自明性是对被意识的东西和这个出现的东西本身的一致性认识。真理本身则在自明的判断中变为现实的体验的那种理念。在自明性的存在时,被意念的东西本身出现,被体验为真的东西,就是真的,而真的东西不能同时又是假的。"如是,现象学还原后把握到的悟性体验到陈述的偶然性发生的东西,就被确认为真实的存在。现象学由此而对逻辑理性的循环论证,提供了一种解脱的方式,并为理性崇拜者提供了一种解毒剂:自明的东西,是不具有 A 与非 A 的可被分割和由排中律抉择的特点。如是,把握到体验中显示的自明的东西,就可以超越"A 与非 A 的逻辑对立"。也就是说,把握和研究非理性的存在与认识行为,就把握了"超越 A 与非 A 逻辑对立"的起点。那么,理性崇拜者们怎么看待这一立论呢? 他们认为:"现象学是调整精神的一种方法,而不是思考事物的程序,如归纳方法和演绎方法,现象学在有可能运用观察方法或研究方法之前,就把握住了纯粹的或绝对的事实。这既不同于科学事实,也不同于自然界的事实,而是现象学的纯粹事实。"从人类认知的三类程序上来说,非理性的认知行为,或者说现象学的还原性认知行为,确实不是,也不能代替理性的逻辑推理论证行为。但是,由此而得出的结论,认为非理性认知行为不是人类认知——思考事物的必由之路,认知的程序之中的一个必然阶段,则是大错而特错的。原因何在呢?就在于科学主义者认为,存在的世界,只有两种,一种是自然的存在世界,一种是观念的存在世界,科学理性的作用,就是研究二者之间的"真实"符合程度和关联的符合性。而达成这一切的和实现这一切,只有逻辑推理论证这一条路可走。然而,所有的理性崇拜者都无法解释:存在世界是如何进入观念世界的,观念世界又是如何可能以纯观念来把握存在世界的。这当中有一个明显的缺坏,而禅学化的现象学恰恰补充了这个关键的环节:是非理性的悟性认知行为,将存在实相"事和"中的"理合"内涵把握为一种理念——观念,从而使存在世界得以进入观念世界,观念世界得以通过"顿悟"方式进入到存在世界中去,从而为逻辑理性论证找到大前提性的命题。也正是在这一意义上,循环论证才得以突破,一切纯观念的论证才找到了起点和终止点。然而,理性崇拜者们是绝对不愿意承认这一点的,因为若如是,理性,尤其是逻辑推理就将丧失在认知真理过程中的绝对权威地位,逻辑推理的启动和有效性,原来靠的是非理性的认知行为支撑,并作为其自足的行为根据。若如是,他们还是"上帝的选民"吗?

海德格尔在存在哲学—存在现象学中,明确了存在的自足依据,是人本身的一种智性化的"照料"——观察——观照行为。当且仅当这种"独特的观察"行为发生时,存在者才成为存在本体。这是在哲学化地重申王阳明的"花寂寂"与"花艳艳"的理论。当且仅当自性与佛性归一时,存在者才整体化地成为全信息的报身实相存在。正缘于对此种"化入"过程的清晰的把握,海德格尔才明确地指出,一旦这种"独特的观察"观照行为终止,所留下来的就是一种简单存在者的信息性的陈迹,使存在者貌似就是独立的纯粹的现存在的东西。由此,使理性崇拜者们产生了一种误解,存在者就是存在,化身幻相即为报身实相。其结果,导致他们以为,一切科学的解释,就是建立在对存在者化身幻想的把握和解释上,即纯观念对自然界的直接的解释——进入之中。那么,这种"进入"性的解释是如何发生的呢? 这时,他们就不再避讳"先验"性问题了,认为,源于在先地已由理性把存在者设为理解目标,理性已先验地在大前提发生以前,把握住了该事物的核心内涵。如是,观念本身就具有了先验性,不但先于一切存在者,而且先于一切逻辑推论而先验地就在那儿了。因此,一切理解就都具有了先验的循环论证的结构。如是,循环论证这一怪病,似乎既是先天而在的,无法克服的,又是"一切理解"的人类智性的理解世界的优势,无须克服。只要循环论证下去,在哪一个理念环节点上,可以满足某一学科的理论说明需求就可以了。因此,无需对其作"中止判断"的规定和"悬置观念"的突破。但是,归根结底,问题并没有得到"科学性"的最终解决。分析哲学家在谈到这种符合论的原理时,身不由己,心不由衷地说出了这样一段话:"一切问题,只有当其中被问到的东西已经以某种方式被理解时才可能,否则,问题本身是不可能存在的。存在的意义之所以能够作为问题提出它来,乃是因为我们对于存在有了一种非主题的理解。尽管这种理解还未达到概念上的明确程度。"即一切大前提产生之前,存在的东西已经以某种方式被理解时才可能。请问,以什么方式在先地被理解呢? 这时大前提还没有产生,理性的逻辑推理作用在还没有启动,显然这不是以理性的方式发生的"理解",那么,是以什么方式呢? 更为有意思的是,他们承认,这种在理性发生逻辑推理认知过程以前的非理性认知行为方式,在先地"理解"到的东西,是不具有概念上的明确程度的。为什么会这样呢?原因也很简单,因为在这种在先的"理解"中,还没有理性的逻辑推理作用加入进来,基本陈述句的内涵还是表显为混沌的原生态的,所以"理解"还远没有走到概念明晰的程度。如果至此还不能清楚地说明此中奥妙的话,那么,他们给这种在先的非理性的"理解"的东西下的定义就更清楚地说明它们是非理性认知行为的结果:"对于存在有了一种非主题的理解",而"主题"性把握的,则是纯粹理性的工作,向前再追问,也只能是知性在对悟性陈述的体验内容作归纳判断时所要做的工作:把握住基本陈述句中陈述的"主题"信息,使之转化为可以为逻辑理性论证的命题。行文至此,我有一种不知道说什么才好的体验。真不知道是分析哲学家们秉持的科学主义立场使然,让他们心不由衷地说出这些使理性崇拜露出屁股的话,还是人类认知能力本来的"天性"使然,让他们不可能不说出这些"实话"。但是,有一点是清楚的,逻辑理性的观念性演绎推理,解决不了这种在先已经出现的某种非理性的理解方式存在问题,同时,也解决不了逻辑推论内在的循环论证的救治问题,更无法从根本上否认,逻辑理性这位贵族,原来出身于非理性的蛮族。

为了进一步深化我们对此问题的了解,我们有必要看一看整个 20 世纪,一些著名的西方哲学家们是如何看待这些问题,并作出了哪些相关的题解和评判。

胡塞尔的现象学产生,是从反对心理主义经验论开始的。他认为,逻辑理性的推理行为启动,与心理现象一点关系也没有。因为心理现象是不确定的,是无法推测的,不具有反映事物内在逻辑规定性的能力。这与佛学强调化身产生的幻相引起的"六根不净"而产生的"念识"是不可靠的义理是相通的。但同时,胡塞尔又认为,逻辑理性所推演的对象,并不就是客观的存在者。因为客观存在者本身并非就是存在实相本体,而只是幻生幻灭的化身存在者,只能引起人的生物性的心理反映。那么,理性所操作的对象是什么呢?胡塞尔提出了一个概念"意向内容"。这个意向内容是什么呢?胡塞尔为了说明它,对主体间的客观性作了大量的分析和论证,虽然还远没有达到后人所达到的那种客体客观化和主体意识形态观念客观化的自明地步,但是,他已从体验中把握到了这一立义,即"意向内容"是主体间客观化的表达。从禅学来看,就是直觉中归一物我的那个报身实相,它是非主亦非客的一种客体见之于主体意识观念的客观化的东西,只有它,才是人类认知行为操作的对象。从这一立义上来说,胡塞尔突破了科学主义的观念世界直接与自然世界相联系和符合的基本认知立场,而是突兀出,在观念世界和自然世界间,要发生认知行为,要从中产生真理,就必然要发生一个先验的认知对象,它既非观念的,亦非存在者的,而是一种认知的"意向内容"。

讨论到这里,胡塞尔似乎就从先验论直接走向了理性的唯名论。其实不然,胡塞尔非常明智地看到,这个"意向内容"构成的存在实相,并不就是逻辑理性把握的认知对象,起码,逻辑理性无法立即把握到这个"意向内容",因为它并没有转化和构成命题,而只是一种存在实相的显现和陈述。所以,他认为,人类认知世界的初始认知行为中把握的意向内容,不就是理性认知行为操作的对象,而是反思的对象。也就是说,人类何以得知自己已然把握到一种存在本体的意向内容呢?即人类何以觉知自己已然把握到了一种存在实相呢?胡塞尔认为,不是通过逻辑论证,因为逻辑推理不把握对象,只是在命题成立以后,去说明、证明命题。人类把握到自己已然把握到存在实相本体的意向内容的认知行为是反思。

至此,现象学才产生了,或者说,现象学的基本内涵才被"发现"了。如是,胡塞尔所说的反思,绝不是原有的科学与哲学理论体系中的反思,而是一种"无念"的"无知识的反思",即禅观照。正是在这种对"无知识的反思"行为的观照中,胡塞尔才发现了他命名的现象学的"还原"方法和进行这种现象学还原所需要的思想实践的前提条件:"悬置一切世界",进而"中止一切判断",在这种"于念而无念"的无垢净土心性中,才可能进行"本质还原"和"先验还原"。

我在这里再次重述胡塞尔现象学发生的历程,目的是说明,胡塞尔通过他的现象学研究,发现了一种"超越 A 与非 A 逻辑对立"的禅学化方法:通过"先验还原",找到存在实相的本体自足依据及其真值,因而也就突破了循环论证的是 A 即非 A 的立论依据。因为这种还原,为观念的产生找到了先验的非观念的发生源头:存在实相的"事和"中包含着全息性的"理合"真值。进而,通过"本质还原",找到了存在实相展示的存在本体的逻辑刚性内涵,即存在实相的"理合"内涵中展示的法则规定性的逻辑内涵,从而,使命题在成立时,即为一种真值命题,而不具有 A 与非 A 的逻辑对立的含混不清的内在矛盾性,也就在认知行为的非理性认知阶段,杜绝了可能发生的逻辑对立。当存在就是存在而不是不存在时,在本质还原中展示的"万法"规则就是"理合"的万法规则逻辑规定性,而不是不存在什么规则的规定性,排中律即失效。因为没有了矛盾律的存在余地和拣选的必要,论证拣选为正当的必要。所以,"本质还原"方法,实际上就是"超越 A 与非 A 逻辑对立"的现象学方法,并且是在非理性认知行为的禅观照中,在先地完成了此种超越。当真值命题确立并进入逻辑推理演绎过程以后,不再需要排中律发生作用时,逻辑理性也就没必要为了论证排中律的

拣选是归真行为而去再进一步进行论证,这样,就杜绝了一条由
"A 与非 A 的逻辑对立"引起循环论证的可能通道。当然,循环论
证并不就因此而被克服,因为胡塞尔在讨论把握住客观化的"意
向内容"时,并没有认知自性空本体的终极实在性,而是形而上地
确立了一个"先验的自我"——"主体间的自我"。将报身实相与
自性空的法身实相相混淆,这种混沌的"箸我相"概念的确立,必
然会引起逻辑推理的循环论证。以至于后来维特根斯坦批评到:
"对于不可言说的东西就不去言说",以免引起新的一轮循环论
证,给逻辑理性惹上不必要的麻烦。所以,我才认为,维特根斯坦
的批评,表面上是针对胡塞尔现象学中形而上的内容,实际上是在
指出,不要用形而上的东西去言说不可以言说,不可以用哲学概念
去指称的那个"性空—自性空"的终极本体是什么"先验的自我",
"主体间的自我"。因为《金刚经》中对其存在品性的陈述是很清
楚的"无人相,无我相,无众生相"。

在这一点上,雅斯贝斯比胡塞尔更前行了一步。他认为:人只
有在与其他实质的精神交往中,才能达到他本然的自我。什么是
本然的自我。在雅斯贝斯那里,就是一种实现"超越"后的自我。
也就是超越自然之我而达之与神共在的,具有"大包"品性的自
我。用禅话的方式来说,就是当人"无我相"地自在地于"无垢心
性"中展现"自性空"时,才具有了终极本体性的"本然自我"的品
性。"只有当我们把全部内存在完全放弃时",人的智性处于"性
空"的存在样态中,才能够自在地归一物我而把握住存在实相的
全新信息构成"理合"内涵。当且仅当人自在地在这种归一物我
中,"本然的自我"——"无我相"的自家宝藏,才能显现出来,即于
用中呈现自足的终极本体。如是,雅斯贝斯在"于相而离相"的祖
师禅法则的再发现中,发现了"本然的自我",是一切认知行为的

源头,亦是自在的非理性认知能力的展现。当然,从禅学的体用不二论上立论,雅斯贝斯关于"本然自我"的立论才可以成立。但是,雅斯贝斯并没有止于此,他提出本然自我理论,并不是为了把握人类自足的终极本体依据,而是为了摆脱非理性认知行为的"超越"性作用和特点,也就是"无我相"的本然自我,具有一种"超越者"的本体存在样态:超越自然之我,和其功用性态:超越自然世界和观念世界的能力。对此,雅斯贝斯是有着明确的论述的。他认为,作为观念的意识一般,是每种性态的存在者都可以有的。换句话说,任何"众生相",都可以产生由化身幻相引发的念识。但是,作为实存的存在本体却不是任何生命体都可以把握的惟一的真实存在本体。如是,在认知过程中,生物反映和存在实相之间,就形成了一种对立,意识一般的观念和存在实相本体的对立。雅斯贝斯在这里寻找到了"A 与非 A 的逻辑对立"的现实存在现象的源头。也就是说,A 与非 A,真值存在与幻相念识的存在性对立,并非仅仅是一种观念性的对立,并非仅在演绎推理活动中的对立,而是在非理性的认知发生源头那里发生的对立。缘于此,逻辑理性在推理过程中,才要动用排中律来剔除幻相念识构成的假命题或假命题成分。那么,这是不是人类认知活动中的必然,是不可克服的呢? 不是,它是可以被克服的,那个克服的自足依据就是"超越者"的自我。雅斯贝斯并不是要硬塞进一个超越者的,而是他在对认知过程的观照中发现,与存在实相对立的,不仅有意识一般,更有一个使存在实相得以显示的"超越者"在场。正是这个超越者的存在在自在的归一物我作用,才使得意识一般在认知过程发生之初即被排除,从而使得存在实相本体得以显现并为悟性以体验的方式把握为真。之所以超越者具有这种超越化身、幻相、念识而直接把握存在本体的能力,源于一种对立——对应关系的存在方式不同。念识与存在实相对立,表现为一种外在的关系,也就是直观行为为完全不同于直觉行为,两种认知行为在外在的发生上对立并可以被区分开。而存在实相与自性空的超越者的发生性对应关系,却不是以外在的行为方式的差别显示,而是一种内在的思想实践中发生的,即佛性映射和与之对应的自性对其把握而归一的直觉过程中发生的,也就是存在实相是在自性空中成立,显现并被把握的,如是,存在实相与超越者的关系就不是 A 与非 A 的现象上的外在对立,也不是观念意识上的外在对立,而是一种存在实相在无垢心性中被归一,被把握的统一关系。正缘于此,认知的自足依据自性空才与存在实相归一为一体,成为一个连续统一体,构成一切真理的真值发生源头。在这里,终极本体是真存在,存在实相也是真存在,两种真存在的归一,就将真存在的偶然存在性态,展示为必然显现的存在。如是,在存在发生的领域中,就没有 A 与非 A 的对立现象和存在为假事态发生。当然,也就从认知发生的源头上排除了在逻辑上发生 A 与非 A 对立的可能性。如是,对这种逻辑对立的超越,在非理性认知领域中,就已然在先地完成了。也就是说,以不产生性,不可能性地在悟性体验和把握存在本体真值过程中完成了对 A 与非 A 的逻辑对立的超越。即在悟性体验、命名存在实相的非理性认知行为发生之时,就同时完成了"对 A 与非 A 的逻辑对立"的"超越"。如是,只要从理论上承认悟性体验和命名的非理性行为的认知,把握存在实相的"理合"真值的性质,在思想实践中去掌握和运用"顿悟"认知行为本身,就是完成了"超越 A 与非 A 的逻辑对立"。从禅学的立场上来看,这一立论是正当的。因为禅学正是要求人们在思想实践中体验、把握以至于自觉地运用"顿悟"的认知方式,来表达思想的自觉。一旦达到了这种禅悟的觉悟程度,当然就会把握到一切真理的存在本体源头了。一旦了然"自性生万法"的"密密意",当然就不会在理性化的逻辑推理——因明的论证中,掉进循环论证的怪圈子里去:存在实相"理合"内涵中真值逻辑事项历历可数,只需以"万法"的"名相"澄明之说明之即可,何须再去费神论证名相的真与假。雅斯贝斯自称的"第三哲学"的禅化之深,亦可于此中略见一斑。他的这种立论与立义,完全吻合于《金刚经》中所提倡的思想实践方法程序:先"于相而离相",达之"无人相、无我相、无众生相"的无垢心性净土之后,再去观照"于念而无念"的认知过程,就顺畅通达了。这远比一上手就要摆弄"于念而无念"的胡塞尔现象学要便捷得多。因为"还原"方法,最终没有达到认知行为的自足的本体依据,还是容易掉进讨论"先验自我"的循环论证泥潭中。

作为一位著名的存在现象学家,并且是通晓佛学和道家理论的学者,海德格尔深深懂得,要实现任何"超越",首要的就是要超越作为"不安"的"在死之中"生存的自我,最终要完成的"超越"的归宿,就是走到实现那个了然生死大限的获得大自在的自我:"向着死亡","提前进入死亡"之中的自我。这种立义,很有些如来禅的"直指人心,见性成佛"的味道,他因之认为,"超越"人的当前之"不安"的"心烦"的状态,就是从根本上实现对一切存在者化身状态的超越。而这种超越行为本身,就指示着人具有一种创生先验、体验先验、把握先验的东西的本质规定性。因为,超越化身之在的人本身的思想实践行为,对每一个人来说,都是前所未有的"先验"行为;并且,人一旦实现了这种超越,摆脱了六根念识的生物性纠缠,"泰然任之",人就没有再回过头去经验这个先验了。所以,他在西方哲学家中,第一次明确地把握先验的规定性标示为"超出自身",并把这种"超越"的思想实践认定为"存在"发生和把握的一个基本法则和基础性认知行为。当且仅当人在思想实践中发生性地完成了，实现了这种先验的自我超越以后，人就生活在一种存在世界之中，而不是生活在化身幻相的物自体世界之中，也不是生活在观念世界的念河蠹海之中。在这种圆觉的境界中生成的人，只有倾听那个终极本体的"声音"，而不屈从于任何理性思想和意想，观念的摆布。如是，何来"A与非A的逻辑对立"？何来"循环论证"的必要呢？一切都是归真的和谐之美的善的存在，人只需要"无我相"地生活于其中就可以了。我们看到，海德格尔的"超越"的这种理解，固然有着其哲学上"合理"的理路，更有着其禅化的内在深义。但是，海德格尔只追求了"超出一切个别存在者"意义上的"不安"之人的目标。达到的，也就只能是这种小乘"担板汉"的自渡境界，于世无益，于人无补，只能做一个历炼心路上的"中途者"，而不是大乘禅学所追求的"利乐有情"的"行者"。所以，人们固然赞赏海德格尔，但却从未赋予他以胡塞尔那样高的智者地位：胡塞尔的现象学是分析哲学与存在哲学这两个互不调和互不交流的思潮之间的可能联系环节和真正的桥梁。

舍勒的情感现象学立足于"用自己的慧眼看见虚无之深渊的人。"在这种"观无"而达之"观有""毕竟有某物存在"的思想实践中，舍勒对于人类的认知行为，把握到了一个规定性的特征："认识远远多于知识。"从先验哲学的体验论观点来说，应该是人类体验到的东西，远远多于人类以知识"万法"方式把握到的东西。从禅学的义理上来说，这一立论是正当的。因为悟性体验到的东西是存在实相整体，而逻辑理性从中把握到的知识，只是其中的某些逻辑事项的观念理论化的东西。舍勒并没有仅满足于他的此种"真知"。他据此而进一步观照中，发现了在"自性生万法"的认知过程中，存在着一个基本的事实：科学上的事实和人的本质存在事实是根本不同的两种东西。如是,才可能发生"认识远远多于知识"的认知现象。在这里,舍勒似乎接触到了万物自有而自足的佛性"性空"的本真和人类自有而自足的"自性空"的本真是不同性态的终极存在。在逻辑推理中,这就可以表显为A与非A的差别与对立。如是,人类对于"认识"的"知识"化把握行为本身,也就有了差别。人如果只需要把握科学知识,能够正确运用知性和理性的归纳和演绎方法就足够了,而无需发现和升华出人格及其力量。因为作为自然人把握自然科学知识,只展示了内在的生物人的实现和存在的需要,满足这种需要的知识是一种"支配的或权力的知识"。但是,要使人真正实现人本身的历世存在价值,则不是这种权力的知识所能达到和奏效的。因为这种"万法"性知识,并不能说明人本身存在的终极依据和洞察到这种终极本体,它需要另外一种"情感"性的东西出现,即人格。只有超越了生物人的有限存在相关的有限的"万法"真理知识时,人才可能证明见到自己具有"看见虚无深渊"的能力,从而发现人的"无垢识"本体存在为何种性态,进而洞察到"绝对的东西"。在这种观照中发现了不同的存在与"佛性"和"自性空",引导产生了不同的知识,如是,A与非A的逻辑对立似乎从存在世界到观念世界都是分立的、对立的、无法超越的。但是,这只是哲学的一般看法。舍勒的慧根之深,正表现在他并没有停留在这种"分别心"上,他正是从对这一分别心作用的过程中,也可以说是在"自性生万法"的过程中看到了,只有A与非A超越了分立的对立关系而走向归一时,科学知识才能产生,并且提供了人类进一步观照自己终极本体的基础,即于"用"中而见"体",在"生万法"的无垢识大用之中,把握到了"能生万法"的那个"自家心性"的存在:"人格的神之爱。"正是这种人类自觉地把握到自己内在自足的分有上帝之爱的内在力量,使有限存在的人能够参与、进入到事物的内在本质中去,予以把握,而生成知识;并且,正是在这种物我归一的过程中,人超越了自己作为生物人的界限,而得到或曰实现了自己终极本体的规定性,成为自觉地具有了神性智化的人格之人。所以,他认为,任何认知,不论是对科学知识的认知,还是关于人本体的终极认知,都根据于这种纯粹本质的认识,都不可能离开这一精神过程而获得实现。这一过程是什么过程?就是物我归一的过程,就是 A 与非 A 的同一过程,也就是人之自性与万物之佛性归一为连续统一体的过程,在这个过程中,人不但可以掌握科学知识,而且可以把握人本身内在自足依据而完成人的存在——历世的历炼,实现人格的升华与实现。如是,我们看到,舍勒的“超越”理论,是一种比较通透的禅学化的超越理论。

其一,A 与非 A 的逻辑对立,并不是发生在观念世界中,而是发生在存在世界中,观念世界中的逻辑对立,只不过是对存在世界中佛性与自性的分立的说明而产生的。因此,对其进行超越,就不可能在逻辑理性的有效范围内完成,而是在存在实相发生的领域中完成的,也就是说,是在直觉中归一物我的非理性认知领域内完成的。

其二,A 与非 A 的佛性自在与自性自足的分立,正是实现其归一的基础。即 A 与非 A 的存在性分立、对立,正是人类可以对其进行超越的存在本真实相。进行这种超越是所运行的方式,是自性进入到佛性映射中去,与之归一即非 A,亦非非 A 的圆融一体的状态,在非理性的直觉中归一,完成了此种超越。如是,就为人类自觉地对一切存在实相进行观照提供了一种基本的认知“精神过程”。也可以说,超越一切存在者从而超越人类肉身存在的思想实践——禅观照,有了一个“对象”可供观照“毕竟有某物存在",毕竟有自性自在之用的直觉过程存在,可供自性自觉地对之观照。即从观照"自性能生万法"的科学知识产生的"精神过程"中,既把握到了知识产生源于这种"超越A与非A的逻辑对立",又从中把握到了那个"绝对的东西";"能生万法"的人类自足的终极本体:无垢心性。

其三,更为重要的是,舍勒发现,知识的产生,即"自性能生万法"的认知过程,"某个存在者A参与一个存在者B的本质存在。"在这种归一的"超越"过程中和这一过程完成以后,并没有引起B的改变。从禅学义理上来说,就是在自性空完成物我归一,并且把握了万法科学知识以后,自性空的无垢识本体性态,并没有发生任何变化,依然是那个"慧眼",那个可以"看见虚无深渊"的无垢心性。若如是解,舍勒就以为他特有的方式重复了禅学的自性空义理:无垢识是实现"超越"的终极本体,是把握一切知识的终极本体之用的存在性态,是可以无限地把握科学知识的人类内在的自足的终极依据。因为不论自性空如何以自在、自为、自觉的方式介入、参与、把握万相以知万法,最终都仍然是"来者不拒,去者不留"、"不增不减"地"如如不动"的那个"自家宝藏"。缘于此,我们可以说,在"超越"理论上,舍勒是西方哲学家中一位禅化大德。这与他着力研究"情感"在认知过程中的地位、作用、归宿是分不开的。因为禅学的渐修也好,顿悟也罢,最终都不是完结在凿空上,而是获正果正智于情理归一的圆觉之中。所以,这种禅观照的思想实践,必然使舍勒将"超越"理论,彻底从逻辑理性领域中解脱出来:在直觉归一中实现"超越A与非A的逻辑对立"的存在实相本体;在情理归一的圆觉胜境中升华出超越一切智能和官能的正智,明见到完成"生万法"之后依然如如不动的那个"自家宝藏"。即使是在天主教分有神性的西方文化传统语境中,也不能掩盖其禅化的思想实践的深刻性和达之思想自觉的澄明的辉煌。

　　舍勒情感现象学所完成的,在存在领域内即开始的"超越 A 与非 A 的逻辑对立"的禅化方向和方式方法,后来不断为一些著名的哲学家们反复发现和论述。这也正好说明了禅学方便法门的"方便"性质和大雄之力的强大活动。例如,莱尼厄尔的先验哲学,就明确地指出,对真理的认识,不是思维法则与意识中的世界法则相符合,而是存在法则与思维法则相符合。即只是在存在实相的发生、体验、陈述、论证的整个认识过程中的符合。这种立论,从命题发生源头上,就接触了产生观念中的 A 与非 A 发生问题,由之而进入逻辑推理时,就不应当再发生 A 与非 A 的逻辑对立。莱尼厄尔就不再被局限在大前提性的命题范围内去寻求"超越",而是在存在实相整体的"整个东西本身存在范围内",去寻求达到对逻辑论证的矛盾性和排中律的超越,从而在非理性的认知范围内即实现此种对逻辑论证的证伪性超越。当这一超越在悟性体验、陈述存在实相的过程中即完成时,也就在确认大前提性命题成立为真时,为逻辑理性找到了产生命题和启动演绎推理的源头。因之,对循环论证悖理现象的克服,也就同时完成了。同时代的法国哲学家梅洛·庞谛,也从现象学的立场上确认了这种在非理性认知过程中完成了此种超越理论的归真性。他说:"承认含混的意识,"是一切认知的发生之源,就是承认在直觉中这种不分主客体,不分 A 与非 A 的归一实相,才是惟一的认知源头性行为。在指认归一实相为惟一存在的真实性条件下,存在世界中没有主体与客体的分离与对立,也就使逻辑理性演绎中 A 与非 A 的对立失去了存在基础。所以,他说:"哲学家承认他不可分割地拥有对明证的喜好和对含混的认知。"承认明证性,就是承认直觉认知行为的归真性。正是这种归真性的自在的无垢识的认知行为,使那个圆融实相虽然处于混沌样态中,远不如化身存在者的主体与客体清晰地分立者,但是,正缘于此,才真实地显示出了存在实相的理合内涵无分主客地"含混"归一地显示为"事和"的存在。正是这种归一实相的存在本体样态的真实性、触动着"自家心性",而使之产生一种倾向性"喜好",而发生了"顿悟"的体验。启动了知性与理性,"在哲学家那里,含混便成了主题,有助于确立确定性,而不是对存在构成一种非存在的否定的威胁。"也可以说,正是物我归一的存在实相本体得以确立,存在的真值性才得以惟一地展现:A 存在就是存在,不会有非 A 的不存在。即使是 B 存在,也是同等于 A 存在的存在,而不是非 A 的 B 的不存在。如是,人们再没有必要去讨论 A 与非 A 的逻辑对立了。因为没有非 A 存在,也就没有必要去反复论证 A 存在是存在而不是不存在。A 与非 A 的逻辑对立既然在存在法则中不属于其内在的逻辑规定性,既无须对其进行逻辑论证,也就没有必要在论证 A 与非 A 孰为真值性存在时,进行观念的循环论证。如是,从存在本体的真值性和逻辑理性推理论证的必要性两方面来说,A 与非 A 的逻辑对立这种理性化观念现象,既不会产生,也没有必要对之论证。超越就这样完成了。值得注意的是,从雅斯贝斯,经舍勒,到莱尼厄尔、梅洛·庞谛,都将对"A 与非 A 的逻辑对立"的超越,锁定在逻辑理性发生作用范围以外。本质上,这已然不是对逻辑推理中产生的循环论证的超越,而是对逻辑理性演绎行为本身的超越。这种超越行为,已远非一些分析哲学家在逻辑理性发生作用范围内去追求"超越 A 与非 A 的逻辑对立"的扬汤止沸的努力可比,因其是一种釜底抽薪式的超越:"A 与非 A 的逻辑对立"命题本身是一个无存在实相为其真值内涵的假命题,不存在 A 与非 A 逻辑对立的存在真值实相的命题,那么,论证 A 与非 A 的逻辑对立是否合理,就成为没有意义的论证行为。正是在这个意义上,维特根斯坦才会说:哲学命题是没有意义的。但是,这里仍然不宜于用"否定"这个字眼。因为,"A与非A的逻辑对立,"就是在逻辑法则的"肯定就意味着否定"这一立论中来的,因而只宜于用"超越"这个字眼。这虽然与上述非理性认知行为本身已完成这种超越行为的立论相比显得无足轻重,但是,这种处理,对于分析哲学家来说,都是至关重要的,也是科学的理性研究精确性要求规定的。若要想与之沟通,在"通情"的基础上"达理",就必须尊重其思维和讨论方式。我想,这也是铃木大拙在设立这一禅学命题时所曾考虑到的。

其后奎因的论证,更为激进。奎因认为,在确认存在实相的陈述句命题为真时,无须引进和确认"先验知识"这一概念。因为所谓"知识",没有一种具有无可反驳可能性的性质。因之,也就没有必要区分开综合句与分析句的不同存在性质。综合句中陈述的是具有"理合"内涵的"事和"存在本体,它只是陈述A即为A,而不存在非A的问题。而分析句则不同。分析句的讨论对象就是分析句存在的依据,即讨论已然为主体意识观念客观化充实的命题。所以,分析句完全不依据于存在实相,而只依据于已然由客观化的客体充实的主体意识形态中的观念。因此,分析句本身就没有存在性质可讨论。也正缘于此,在分析句中才能够产生逻辑演绎的循环论证,即以观念来论证,说明观念,而不是以观念来说明存在,以存在来验证观念。在综合句的陈述中,不会产生循环论证。这不但因为陈述句的言说源于存在实相整体,而且其所使用的语言概念,也是源于对这种存在实相体验中发生的"原语言"。因此,需要逻辑理性论证和说明的,只是存在实相"事和"中的"理合"内涵,而不是要讨论某一观念是否为真。因之,不可能产生循环论证。如是,逻辑理性讨论的归真和证真问题,就从论证何种语句、观念为真而深化到何种对"理合"内涵的陈述语句为"事和"存在性态的真值表达。即后来克里普克所重点讨论的陈述句的正当性问题。所以,陈述句中的用语与存在实相真值内涵的同一性的问题,就不是语句、观念与真理的逻辑法则要求相符合的问题,而是陈述用语是否准确地陈述了体验中所把握存在本体实相,从而可以为他人在相同的体验中获得相同的觉悟。反过来说,就是在发生相同的对存在实相的体验时,人是否可以用同样内涵的语句来对之进行真值的等值陈述。若可以达到这种同一性,则综合句的陈述内容即为真,不存在非 A 的假的内涵,那么,进而发生的分析句就不对其具有证伪的作用,也就不应具有发生 A 与非 A 的逻辑对立的可能性,从而也就不需要为了证伪或证真进入无穷的循环论证,分析句只要对陈述的真值内涵给予以理性化的清晰的理念、理论说明即可。

　　因之,从表面上看,似乎奎因是反对综合——分析句的区分,实质上他是要确立陈述句本身即为真的价值判断,以此来杜绝逻辑推理的循环论证。如果在正觉演绎推理过程中发生了循环论证,只能说明陈述句不是由归一的圆融实相语境——对存在实相的体验中产生的,而是在对化身直观的幻相中产生的,或者是由知性经验把握的直观化身相比附直觉归一实相而产生的。这时,两种语境本身不是同一的,陈述句本身陈述的内涵真值并不同一,当然就包含了可能是 A,也可能是非 A 的不确立性,从而导致了逻辑推理的循环论证。所以,哲学的理性要真正用功的地方,恰恰不在于逻辑推理本身,而在于如何把握真实的陈述句,即归真问题本身的把握。如是,"超越 A 与非 A 的逻辑对立",不在于如何分析,而在于在先地把握陈述句是否可以"在所有相同的语境中可以保持真值地交换。"举一个抽象的例子,阿拉伯数字的 1,英语中的 one,

汉语中的壹,是否在同等的存在实相体验中指示的是同一个真值。若如是,即为真实的陈述句,若不是,则是假陈述,并且是一种可怀疑的、可分析的、可反驳的"知识"。所以,奎因要求,在进行逻辑推理以前,就先将所有那些分析句内容,或可作 A 与非 A 的排中律判断的"知识"性内涵"念识",统统从陈述句—综合句中排除出去,然后才能把握住存在实相整体给予我们的"理合"真值。

在我看来,奎因的讨论,在本质上是在观照陈述句时,运用胡塞尔现象学"还原"中的"悬置一切观念"的方便,在排除了一切分析性的知识以后,再来把握其中"剩余"的东西,以确立是 A 与非 A 的存在真值。完成这一"止观双运"的认知过程的惟一的标准,就是对"相同语境"的再体验性质的把握,即对相同的存在实相的相同的体验的再体验性的把握,而不是对相同的"知识"在不同的存在实相的解说中的"相同"的陈述。这种超越、确实是存在的。人所共知,使用不同语言的不同民族,可能会对同一存在实相有不同的知识;不同的学科,可能会对同一存在实相逻辑事实有不同的理性理论把握,但是,所有的人,对原初存在实相的圆融报身"语境"的体验却是相同的。仁者,可以乐山,智者,可以乐水;但是"见山是山,见水是水"的原初体验却是相同的。所以,奎因的"语境同一性"的陈述为真的理论,就为超越 A 与非 A 的逻辑对立,提供了一种无可置疑,当然也就无可否认,自然也就无循环论证可能的"超越"起点和超越一切观念的本真存在本体实相:体验和观照性地把握同一的圆融实相语境。如是,奎因就把握住了禅观照中归真的正当性:对存在实相的体验,对于所有人来说,是同一的,真实的,是不包含任何否定内涵意义的肯定。正是在这点上,思想实践的禅观照行为超越了逻辑推理证真的行为。因为后者的任何肯定中,都包含着否定的内涵。正是在这个意义上,禅观照才具有了方便法门的功效：在众多"A与非A的逻辑对立"的"不确定性"中，去把握那个源于原初体验的真值所在的"存在"确定性，从而完成对"不确定性"的超越。我们从中可以看到，这种认知方式的价值意义，已远远超过了克服循环论证的逻辑归真的意义，并成为三值逻辑发生和发现的源头。

由分析哲学倡导的，从语义分析走向真值的真理表述归真的方式，使"超越"行为的原初性更加清晰地展现出来。斯尼德的语言结构理论为确立这一方法作出了杰出的贡献。他首先认为，属于某种理论体系的概念的应用，在各种语境和学科中是不同的。但是，这一概念在各种运用中，总有一部分内涵意义是不变的，应该说，这就是概念的理论性的基本特征。而这种相同的内涵意义，恰恰不是无法还原为具体的存在事物的，它们就是观念、概念、理念的理论核心。斯尼德将其称之为"理论的上层建筑"。正缘于此，这些概念在不同的语境和学科的使用中，虽然表述着同一存在实相的"理合"内涵，但都具有完全不同的作用，或是陈述作用，或是描述作用，或是论述作用。如是，人们才会把它们的运用，在一种场合称为理论的，而在另一种场合称为非理论的。就这样，在使用这种"理论的上层建筑"概念定义时，概念本身的运用就出现了表述理性之真与非理性之真的"A与非A的逻辑对立"问题。正是在这种情况下，为了论证在所有的场合中，"理论的上层建筑"概念定义为真理，才产生了逻辑推理的循环论证。因为"理论的上层建筑"无法还原为存在实相。

如何走出这个看起来是逻辑推理法则"命定"的怪圈，如何界定这种"理论的上层建筑"的运用是A而不是非A，或者说在其陈述A与非A时都是真理，斯尼德和巴尔泽创立了理论概念的结构主义理论体系。这一理论体系的理论基础，就是奎因的"直觉优选归则"。在这种归真要求下,人们不再使用任何逻辑推理法则或经验归纳判断法则为标准了,人们也无法再使用这些标准了,因其会导致无穷的循环论证。如是,人们只能依靠对直觉的体验作出一个最直接最简洁也最简单的抉择:处于陈述句语态中的概念的使用方式和起作用的定义内涵,而不管它是否可以还原为某种"事和"的存在样态或"理合"的存在性态,只要它能够最切近地陈述我们对直觉的体验,就可以了。因为,语言,终究是工具,而不就是存在实相本体。如是,"原语言"所具有的表达"超越"行为,展示"超越"行为,实现"超越"行为工具性地位,一下子就呈现在人们面前了。不因为别的,只因为"原语言"具有当下即是地直接陈述存在实相的体验的作用,进一步说,也因为它不具有"知识"性真理的介入作用。正缘于此,它才拥有了真值的,同一性的理论定义内涵。也可以说,一切"理论的上层建筑",就是出自于这些"原语言"的发生之中。而其他的语词、语句的作用,对于它来说,即是处于基于某种语境、学科的"仁者见仁,智者见智"的需要,对其所做的"集合补充"。正是由于这种"理论的上层建筑"具有"原语言"本真性的内涵真值"理合"本身,它不涉及逻辑推理的符号性使用,不涉及分析——综合出的知识的介入,它直接被用于对存在实相的体验的陈述中去,所以,它才在所有陈述性的命题中,具有相同的内涵定义。如是,在理性的和非理性的真值认知语句中,它都只表述同一个认知真值内涵,也正因为如此,陈述句的基本命题,才具有了为逻辑理性论证,为经验判断认定的语言基础。从而,"原语言"本身,就具有了实现"超越"的价值意义:它超越了 A 与非 A 的逻辑对立,超越了理性语句和非理性语句的界限,在一切语句中都是归真性的使用,都表述了同一的真值内涵。如是,对于观念、概念、理念的归真判断,就不是有逻辑推理这一条路可走,更有一条确认其符合存在实相的整体性存在的对直觉判断的悟性命名体验的路可走。而后一条路,完全遵循的是存在法则,不是思维法则。

缘于此,铃木命题的真值内涵就展现在我们面前,完成、实现"超越 A 与非 A 的逻辑对立"的认知方式方法,就是跳出观念论证的蠢海,而回到对原初存在实相的直觉归一过程和其引发的顿悟体验中去,当下即是地把握那个是存在而不是不存在的存在真值本体的非理性认知行为中去。即在"于念而无念"的观照中,完成对存在实相的"理合"内涵的某种真值的把握,从而排除非真值的幻相和念识。当后者不再出现在陈述性命题中时,循环论证的现象就被克服了。因为"原语言"表述的真值命题,是有着明确的存在实相的自在依据的,人们只要观照其是否与存在"事和"本体实相是否相一致即可,没必要先从其他观念上来论证"原语言"所使用的概念是否具有真值内涵的概念,从而避免了循环论证。根据奎因的提示,这种检验方法很简单:回到直觉体验中去,观照瞬间发生的体验及其所把握到的存在实相本体。若是有"顿悟"发生,则直接观照与顿悟有关的一切即可。更宽泛地说,具有直觉体验基础的陈述句,就具有这种"原语言"的知性;不具有直觉体验为内涵的陈述句,就不是原语言陈述句,其归真性就值得怀疑了。这里应指出的一点,我们所说的"原语言",并不就是指新创生的语词,而是指最贴近原初体验内涵的语词,并且最具有与存在实相"理合"内涵"亲和力"的语词。它可以是人们常用的概念、理念,也可以是人们的习语、俗语。原因很简单,人的体验是可以再体验的,人的体验也是日常发生的,所以,人们用于陈述体验的语言当然可以是日常的,惯用的。当然,正是在这种日常的对体验的言说中,原生的原初的新的语词也必然会出现。

综上所述,"超越"行为本身,就是超越逻辑理性认知行为的一种非理性的或是认知理性的认知行为。如是,"超越 A 与非 A 的逻辑对立"的认知行为,就不可能,也不应当在逻辑推理领域内实现和完成。人,不管是哪一国度、哪一民族、哪一种族的人,一旦能在思想实践中实现并完成这一超越,他也就起码是自为地实践了禅学的基础方法"止观双运"。因为,不在禅观照中,是无法实现这一超越的。这,就是铃木命题的"密密义",也是铃木禅为西方学者开示和开启的禅学方便法门。西方学者无法透参此"公案",只是因为他们一门心思地要在逻辑理性作用的领域中去理解它,当他们处于循环论证的"浮云满地无人扫"窘境中时,对于铃木命题的深意,自然会有"云深之处不可找"的体验。如是,在逻辑法则的障蔽中,不能跳出诸多观念、概念、理念的蠡海,当然理解不了,也实现不了这种超越。

行文至此,本章的主旨应该说是已经说清楚了。为了更好地说明问题,也为了满足对于西方哲学禅化这一课题感兴趣的"行者"和"中途者"们的学理兴趣,我将在下文中再多余地谈论两个哲学界关于此问题的有关讨论。

二、当代西方哲学家克服循环论证的思路

尼古拉·哈特曼,在一些西方哲学家眼中是一个怪人。因为他"试图在宇宙向人类认知能力有限性显示的范围以外去理解宇宙。这种探讨超出了人类自己。"从逻辑理性的立场上来看,这种认知取向和努力,确实是不可理解的,人类怎么可能从自己先天认知能力所能把握的世界之外去理解世界呢?可是,哈特曼本人恰恰又是一位无神论者。其实,哈特曼要努力达到的,并非从本体存

在上超越人本身和世界存在,而是要去把握在以观念——概念方式把握到的世界以外的那些现象学还原后所剩余的非合理性的东西,也可以称之为去把握"末那识"——潜意识域中的东西。正是这些东西被知性与理性忽略或剔除,导致了人的知识的有限性和论证真理的逻辑法则的相对性,从而引发了"A与非A的逻辑对立"和循环论证。因为在这种已知的知的范围内所把握到的,不是存在实相整体,而是经过知性归纳判断拣选的单独逻辑事项,因之,论证的命题本身的片面性,必然会导致论证中的悖理现象出现。因此,要实现对已知知识的片面性和论证真理的理性标准的相对性的超越,就必然进入到那个"无知之知"的领域中,从整体上把握存在实相本体,并确认这种存在实相本体的最基本也是最根本的规定性。如是,在哈特曼对"无知的知"的追求中,确立了他的本体论。

通过对哈特曼理论的介绍,我们知道,他清晰地梳理了逻辑理性发挥作用的有限性和局限性,在这一思想实践过程中,哈特曼注意到,心理经验主义和现象学的理性努力,有一个片面化的倾向——过分强调主体的本体性作用,而科学主义者则过于强调客体的客观化的理性分析。这两种倾向都不适用于追问"无知之知"的认知需要。要想真正达之对存在本体实相的认知,既不能偏向于追问人本身的主体性,也不能过分偏重以客体存在为惟一本体存在的方式。真实的存在,恰恰不是以人本身或世间万物存在者为惟一存在显现的可靠方式,是人本身与外界万物的关系性的存在。确切地说,对这种关系性存在为本体的认可和认知,才能达之把握存在实相整体而超越主、客分立对立的认知行为。换个方式说,首先超越这种主体和客体分立独立的存在者而达之对其基本存在方式:连续统一体的关系性存在样态的把握。只有如是地把握存在实相时，人的认知行为，才能超越对于化身幻相认知时所无法超越的"客观化界限"，从而把握到以连续统一体存在方式显现的存在实相。

那么，这种存在实相的把握为什么是可能的呢？哈特曼在对前人理性研究的心路历程的观照中，发现了这样一个基本的人类主体性事实，即人类作为存在者世界中的主体存在者，所具有的一个根本规定性：主体，并非只是一个认识的主体，而是对一切存在者感觉着的主体，主体就是通过感觉而被纳入存在者之中，并进入到存在关系之中。于是，这里便显现出了达之存在本体的一个关键的人类主体的能力。正是具有了这种内在的自足的本体能力，人类才能完成对于化身存在者及由之引起的念识的双重超越，即超越意识——观念的东西而去把握主客体之间由各种各样的关系而构成的存在实相本体。如是，人类主体的本体性根器就显示了出来。它是什么？在哈特曼的论述中，我们首先可以看到的，它一定是非理性的东西，因为它是超越一切意识、观念、理念的，超越逻辑理性的，所以它才具有了超越一切知识片面性的可能性。其次，它是超越一切经验的，可以在不依靠一切经验的条件下直接把握和发现存在关系的东西，因此它具有先验性的品性。最终，哈特曼从这些观照性的思想实践中发现，并把握到这种貌似感官感觉的东西，即非理性的先验的东西，是人的自足根器的一种最突出的表显样态：体验。正是在这种超越知性与理性作用领域之外的人的体验，使人才能把握到一种非存在者样态的存在本体：报身实相的圆融图像存在本体。

哈特曼并没有在此停止思想实践的历程，如果那样，他也就不可能对超越理论作出什么贡献了，在他进一步追问体验的生成与存在性把握，发现了一种不同于一般的感官感觉的人类感知现象。

那就是,世界存在的实在性、真值性以各种人类感官所能把握到的,细微的,不以主要感觉形式出现,但却会以一种从各种感官感觉上来体验却十分视觉化的发散倾向,但又不是以人的单纯的视觉的"看"的方式,而是以各种感官的视觉化倾向的"通"的方式,集聚所有这些在各种感官感觉中边缘化的细微的东西,构成存在本体的全信息的圆融图像。正是因为人具有这种源于六根感官,又不同于每一感官单独发生官能作用而把握到的感觉,而是集中六根感官共通把握到的细微的、边缘化的东西当下即是地通同为一体的能力,从而使人具有了产生体验和把握体验中展示的存在实相本体的能力。它是什么能力?哈特曼并没有形而上地陈述它。从禅学的义理来说,这其实就是人类的无垢识在非理性的自在的认知领域的一种作用方式:通官之通观。也是人类之所以能够产生非直观的一种认知方式:直觉及其内在的自足的根器能力。如是,哈特曼把握到了一种超越一切存在者和一切感官及其逻辑理性能力的存在依据:产生体验和把握体验的终极本体依据。在这种禅化的认知理路中,哈特曼看到了一切"A与非A逻辑对立"的源头,也看到了引起逻辑推理循环论证的源头。人类的一般感官的感觉引起六根不净,产生了大量的念识;人类的逻辑理性演绎推理的作用引起了逻辑悖论;都源自于人类对于其感觉和认知能力的单项把握和片面的极端化运用,从而不但在对存在本体实相的把握上处于一种片面性之中,而且也使人类的认知能力处于一种理性与感性认知方式的对立之中。正是这种源自于人本身的能力的发现,把握和运用,才导致了对存在实相本体的片面性把握和论证引起的"A与非A的逻辑对立"及循环论证的怪病。

人类若想在认知过程中摆脱这种理论上的A与非A的逻辑对立,首先要摆脱对自身能力的把握中发生的感性能力与理性能力的对立。如是,哈特曼对存在本体实相作了一种真值正当性的规定性陈述:实存的本体是无矛盾的。只有把握了这种无内在矛盾的存在实相整体,人才有可能启动进入"无知之知"存在本体的能力。当且仅当这种无矛盾的存在本体为无矛盾的人类自足的认知能力归一把握时,世界存在的本体实相真值才会无矛盾地显现出来。若如是,超越的任务,也就在这种双重的归一中完成。同时,认知的无矛盾的超越行为,也才有了实现的可能。

消融理性与非理性认知行为的对立,谈谈容易,做起来也并不难,因为对于人来说,它是可以时时在体验中呈现的。但是,对于逻辑理性崇拜者来说,却是极不容易的。所以,我们就更应该观照到,哈特曼为我们展示的超越,即包括了"超越 A 与非 A 的逻辑对立"的认知行为,更不仅仅以这种超越的实现为思想实践的惟一目标,而是以超越人类的"分别心"为目标,以达之对于物我归一的存在实相本体的把握。在这种把握中,人们应该观照到,这种超越"分别心"而把握存在本体的认知行为,既不是以把握人的自足的通观之通官能力为目标,也不是以把握存在实相的客观化为目标,正是在这种不以此或彼为惟一把握目标的"无垢"性认知中,才可能达之对存在实相自足的本体之把握。哈特曼哲学之所以被人们称之为"批判"的实在论,根本原因应该就在于此:他不是以把握人本身存在或世界存在为目标,而是以把握"无人相、我相、众生相"的存在本体为目标。这也正是禅学认知的原理:超越,不是以超越"分别心"为目标,而是要运用"止观双运"的禅法,通过克服"分别心",以达之对于一切存在实相本体的把握。这也正是禅学对于直觉认知行为的原理性把握的根本义理所在:无我无物,非主非客,非此非彼地"无相"时,无功利性认知目标约束的"无念"之"自性空"中,才能归一物我而把握到存在实相。如是,"超越"的规定性,对于人来说,就在"离相而无念"的"自性空"中,发挥"无垢识"的认知能力。若不进行如此禅话,哈特曼的哲学理论,确实难以被人理解,也难于使人把握到其真知的所在:那种可以把握一切"细微"感觉并聚合着这些"细微"的感觉而进入到各种存在关系之中,无矛盾地把握到存在本体的那种人的存在主体:利根器。

莱尼厄尔哲学的出发点和基础是体验。他不但从存在原则上认定,要怀疑直接体验和直接体验到的事物是不可能的,而且明确指出,体验和所体验的事物的归一性存在,构成了一切哲学和科学的出发点,即"进行抽象思维才能分解的本原的统一体"。如是,他在本体论意义上,确立了一切理性思维的原始对象和理性思维启动的原初源头。这样,他从其哲学的基础本体论的确立上,就找到了克服逻辑推理循环论证的理论基础。

但是,原始体验是如何能够被确认为形而上学的基础呢?他认为,应该从更高的思想观点出发,不含成见地将原始体验上升为反思的意识形态。如是,我们看到了他的哲学禅化的"阿基米德点":"更高的思想观点"和"不含成见的反思"。也就是在超越一切观念和意识形态的立场上进行"无念"的禅观照时,才能确认原始体验具有的存在实相特性:一、它是惟一绝对的存在本体;二、它是主客归一的连续统一体;三、它是只有在"于念而无念"的禅观照中才能被整体发现的认知对象和认知源头;四、只有"于念而无念"的禅观照才是进行这种超越的惟一认知基础:"阿基米德点"。正是这种禅学化的理性研究,使他发现,能够进行原始体验的,是"本原自我",而不是一般化意义上的生物体存在者或观念化的理性自我。如是,他并不是仅仅在提示出要"无念"地"反思"原始体验,以克服逻辑理性的循环论证,而是提示出一条达到"上升"道路的必要方法:进行批判的自我思考来实现。何以进行这种批判的自我思考。莱尼厄尔并不是简单地要求将其与心理上的内观反思、反省区别开来,而是从本原的自我的功用上来说明:这种本原自我可以将理性观念化的自我在进行科学认识时,"从边缘角度上所忽视的一切给定的事物和自我的原联系显示和把握到"。如是,本原的自我正是在此种超越"各种观念和真理"的认知存在本体整体实现的过程中,即在原初体验中显现出来,应该说,这是一种比较典型的禅学思想实践方法了。不是仅在义理上论证本原自我存在的合理性和正当性,那仍然还是处于逻辑——因明的论证推理之中,更重要的是要在观照直觉物我归一和悟性体验把握存在实相的非理性过程中,去发现那个实现和完成超越的终极本体,即在用中发现体,于体之在时看到用。这种于观照中明见到体用归一,而不是在思辨中论证体用归一的思想实践,恰恰是禅学的特点。因为只有禅学命题本身,才会要求并内在地具有并实践这种超越"思维法则"纯粹思辨的思想实践方法。也就是说,禅学认为,对于非理性存在的认知,把握和对非理性认知行为及本体的认知和把握,绝不仅仅是靠思辨就可以达到的,而是需要一种思与行的合一的认知行为才能达到,如"止观双运",如"定中生慧",如"定慧等",如"明心见性"这一系列需要以思想实践的"行"的方式才能进行理解、印证和把握的命题,就必须在"观照"行为和"思想"行为通为一体时,才能理解和把握。因此,思想实践,是禅学的一个理性特点,也可以说是禅学方便法门的形而上学的称谓。莱尼厄尔对原本自我的发现和把握,就是在这种思与行的归一的思想实践中完成的。

　　如是,我们可以说:"超越 A 与非 A 的逻辑对立"的惟一方便法门,便是进行思想实践的"止观双运"。果真,在这种思想实践中,莱尼厄尔发现了哲学理性思维方式的弊端。其一,哲学思维具有一种逻辑理性只把握存在本体实相中某种单项逻辑事项的特征,"在给定的事物中,只有一小部分是处在中心的",哲学理性只把握这种"处在中心"的东西。其二,哲学理性的此种特征,原于一种尊崇理性方法上的唯我主义,即只有人类才具有理性的逻辑化运用能力,完成对于逻辑理性产生的观念上的对立和理性的循环论证怪病的观照,就应从哲学理性这种"中心性"和"唯我论"立场上显现出来。因为:其一,对原初体验到的物我归一本体的整体把握,只有在非我,即与理性化生物自我脱离的"无我相"的状态中,才能够达到。其二,正是在这种更高的无我相的思想境界中,才能运用"无垢识"对存在实相的整体把握行为的观照中,发现那个非理性的本原自我。他才是完成原始体验的存在基础,是把握原始体验的惟一超越逻辑理性之用的终极存在本体。其三,这种本原的自我,具有一种奇妙的作用方式:只在非常短暂的对体验的把握性的"顿悟"中,自为地显现,并且是以"无垢心性"的无任何实体形象的"大象无形"的方式显现。其四,这种本原自我,在发生非理性认知作用之前、之中、之后,即在经历了人类认知自在、自为、自觉的过程中和其后,并没有任何本质上的变化,既没有变为可以对象化而客观化的观念,也没有从主体地位上转移为客体的客观化内容,从而具有了"如如不动"的"观照"之动,"来去不留"地"生万法"之用的终极本体之大用。如是,莱尼厄尔实际上是继哈特曼之后,明确地确立了"自性空"是人类完成一切可能的超越的利根器;"自性空"之用的"无垢识"——人类的"无垢心性",是人类完成一切可能的超越的根器能力和进行一切可能的超越之后,所最终无法超越的那个终极本体的存在样态。他之所以是最终无法超越的,无非是因为"无垢心性"是一种"如如不动"的"无念亦无相"的无实在性的存在,是不具备任何观念性或存在者形式的存在"空无之妙有"样态的存在,所以,不具备任何认知对象性的存在。没有了超越对象实体,也就没有了超越的可能。超越的认知行为至此终极存在面前,自然而然地就终止了。缘于此,我们可以说,莱尼厄尔是通过思想实践达到了思想自觉,也就是禅学义理所说明的,通过禅观照的止观双运而达之明心见性的正智之正觉。

从对上述两位非分析哲学家心路历程的观照中,我们看到了,西方哲学界,在 20 世纪,已然把完成"超越"的根本研究方向,锁定在对人本身的存在样态和作用性态上,而不是简单地将人作为惟一的理性化的存在者来分析。如是,如何解构科学主义的心物二元论,如何超越这种最基本的"A 与非 A 的逻辑对立",就成了西方哲学界的一个基本的理论任务。在这方面,海贝林的研究,有其独到之处。

从现象学还原的立场上来看,海贝林对于人的研究方向是正确的,即从科学理性研究必然会引起悖论的现象上追溯,从而发现科学推理导致的"A 与非 A 的逻辑对立"和循环论证,是由科学逻辑理性内在的矛盾性规定性所导致的。这种矛盾的原生性规定性就是心物二元论。从禅学义理上来看,海贝林的研究方向也是正当的。即从观照念识如何生成的过程上来发现"分别心"是如何生成的,六根不净的业缘是如何产生的。如是,可以说,海贝林以哲学方式理性化地讨论"分别心"这一点上,是很出色的。

海贝林的立论也是从存在实相的同一性出发的,他认为,凡是存在就意味着同一的本质,在这种归一的统一体中,因其自身的存在性质是同一的,因而就不可能有矛盾。而矛盾的产生,一方面是由于存在者具有生生灭灭,幻生幻灭的化身物自体样态,所以才表现出一种化身之幻相的内在矛盾。另一方面,有主体位置性同时又有主观意志性的存在者,希望自己的存在者物质机体的存在形式和机理组织形式获得完善和永恒,就与存在者本身的生生死死的化身存在样态发生了矛盾。从而就产生了存在者物自体的化身存在样态"物"的幻相性质与其要求"坚持自己的意志"的"心"的意识形态,发生了存在的有限性与追求永恒性的矛盾。根源在于,"心"的意识形态与"物"的化身性态分立而不同一,从而使得哲学理性只能在这种心物二元论的基础上去讨论追求和实现可以达到"坚持自己的意志"的永恒性的真理,因而产生了真理观念与存在者存在形式的分立与矛盾。这是从自然界存在的客体之客观化上来讲。

从主体意识形态观念的客观化上来讲,主体思想追求永恒,是通过达到自体存在完善化的途径来实现的。在追求完善自体的道路上,尤其是追求存在者机体组织结构和运行规则完善这一立场上来看时,就以组织机理的必然理合内涵为原则,要求内在的组织机理有最完善的规则性以符合外在世界的秩序性要求,即内在的东西的根本规定性与外在环境的秩序性要求,在逻辑上保持同一性,也就是符合逻辑的一义规定性,从而实现完善物自体的机体组合机理,以达之永恒存在的目的。如是,科学与哲学的逻辑理性,就成了惟一实现这一目的有效思维方式和确认真理的惟一智能标准。正是在这个意义上,理性化的"心"走到了与不完善的、非永恒的非理性化的存在者的逻辑对立中去。正是在这种心与物的存在样态的非同一性中,发生了理性与非理性的对立。心与物的对立因之也就从同是自在的意识与化身的对立,进入到哲学——科学式的自觉的理论观念与自在的存在者化身样态的对立,也可以说是意识形态与存在物体形态的自觉的对立。正是在这种基本的自觉的理性化的主体观念客观化的对立,导致了在逻辑推理中的观念对立和循环论证。

说来也很简单,科学与哲学,要求把握的是存在者内在的有利于自我机理完善的组织机理。为了判断何种组织的机理是完善的,不是仅能从自体存在者存在样态上来判断,而是要从与外在环境的符合,相适应的立场上来判断。因此,科学与哲学也必须把握住自然界的必然性——秩序性,即把握到自然界的真值观念之后,才能判断和选择物自体内在的有利于机理完善的自组织机理与因素。如是,对内在的生物和物质机理因素,就有了"合理"与不合理的选择。同样,对于自然界的把握也有了秩序与非秩序的区别。正是在这种种把握中,产生了观念性的"A 与非 A 的逻辑对立"。当逻辑理性从演绎规则上把握到某种观念的 A 真理以后,并不一定立即就能够从存在者那里或从自然界中获得验证。因为其真理性只是在逻辑法则的一义规定性上获得论证,而不是从存在实相本体上获得证明。在这种情况下,为了说明这 A 是 A 而非非 A 的归真性,又无法当下即是地在存在者方面得到验证,但又要以此去指导"完善"存在者的内在机理,别无他途,只能从其他观念的引证性论述中,来推论 A 的真理性,即 A = B,B 即为真理,A 亦等于真理,因其在逻辑一义性规定性上是同一的。而 B 何以为是观念而不就是存在实相时成为真理和检验真理的标准或终极真理呢?又须引入其观念的进一步论证:B = C 是真理,因之 B 亦是真理。如此重复循环论证,以致无穷。如是,我们看到,海贝林以哲学的理性化语境阐述导致"A 与非 A 的逻辑对立"和循环论证怪病的心物二元论,就是禅学所讲的"六根不净"引起的"分别心",导致了人类的意识形态易于掉进幻海念河而不得超度的义理。

缘于此种禅学化的理路,海贝林清楚地看到,"分别心"的产生,从现象上看,是人类自是非彼的主体思想意念作用下,对自然界持一种可以保障自己存在者样态或对阻障因素加以控制和统治;从本质上看,则是"箸我相",即完全从人的生物性存在者地位上来把握真理和世界的真值,从追求永恒的自在,转向追求肉体的生物性永生和存在样态的改变与扩张。如是,对存在本体的终极追求就被淹没了。在这种条件下,不见终极本体,存在实相的无矛盾的归一本体亦无从洞见。人类的智化能力,也就只能在心物二元论的分别心中打转转,永远在追逐自己的尾巴,无法明见到终极本体。如是,海贝林提示出的实现超越的对象,就是超越这个"我相"。缘于此,他才明确说,任何哲学,只要在追问本体时,从一开始就局限在人自体的地方,就永远也看不到本体论的追问方向,更谈不上完成这一追问。

莱尼厄尔在他的体验哲学讨论中,明确地提出,心物二元论是一个假命题,是必须从理性研究中,尤其是从哲学研究中予以扬弃的假命题。他认为,完全独立的个体化的纯粹心灵的自我,是一种观念上的虚构,是一种观念上物化了的客观化的虚构。即人们把念识的意识形态物化为一个独立存在的心灵。所以,心物二元论——身心二元论是一个假命题。原因就在于,一方面,人们意识到肉体的东西,也具有直觉的特性;另一方面,人们虚构的心灵的东西,依赖于肉体的感官而转化为一种把握感觉的实体。如是,就产生了只能成感性知觉的肉体与可以把握感觉的心灵的分立,即无意识的肉体和有意识的心灵,二者存在性态截然不同,所以,难以在它们之间建立起逻辑上的一义规定性。但在莱尼厄尔对人类心路历程的观照中发现,这种心物二元论纯属于在逻辑理性的真理理论座架体系内进行反思而得出的观念性的身心的分离、分立与对立。他从对于人类自性自在的归一物我阶段把握到的生命信息的彼此交融与紧密的联结中,才被把握和展现真理的存在真值源头。这一切,既不在于心灵对感觉的把握,也不在于个别肉体感官的单独的感觉,而在于通官中对所有"细微的感觉"的通观性的把握,如是,才产生了报身实相整体。缘于此,对于人本身来说,根本不存在独立于肉体的心灵,也不存在对立于心灵的肉体,人本身就是一个统一体,一个利根器所在的统一体,一个实现自性空得以以其通官之通观的方式实现其认知能力的统一体。所以,真正要想达到对人本身的自足的内在的终极本体的认识,起码在理论上首先要实现对心物二元论的超越,即首先要扬弃心物二元论的身心对立的假命题。当人们"于相而离相"地剥离了"心灵"实体这一幻相之后,才能达到"于念而无念"的对心物二元论的扬弃。这时,人们才可能发现,超越个体个别各个感官上通官的通观事实存在,从而把握到完成一切超越的那个人类的"无垢心性"的存在实相本体"空无之妙有"。

正是在这种思想实践中,莱尼厄尔把握到了存在法则在存在性态,存在范围,作用领域,认知地位,认知功能上,都要高于和大于思维法则。思维法则是后添的、说明的、证明的,而不是先天的、创化的、发生的。思维法则只有在存在法则发生作用时,也只有在与存在法则相一致时,才不会发生悖论现象,也才不会发生循环论证,方才能在真命题的陈述语境中,实现逻辑理性的正当的理论说明与证明功能。如是,超越是在双重意义上获得实现的:存在实相的本体确认,从创化的本源上就超越了一切逻辑理性的弊病;而逻辑理性,在将存在本体实相的真值"理合"内涵,明晰地表达为逻辑真理方面,超越了存在实相的"事和"样态。当且仅当这两种超越在人类的认知过程中都发生并获得实现时,人类的认知存在目的,才初步达到。这也正是祖师禅为什么不但强调"顿悟",同时也强调渐修的开示及参公案的理入之必要性。如是,思想实践,才成为禅学的一大根本特殊品性,禅学与哲学的根本区别也在这里展现:前者强调思想实践的历炼,后者强调纯思辨的自觉。缘于此,禅学从重视实践,特别是提倡思想实践这一基本认知立场上来看,其真理性,要高于哲学,其先验的和理性的可检验性及有效性也强于哲学,因而也就更接近于把握人本身及其存在价值——意义的真值,是人生获自觉之大自在的方便法门。

从卡尔纳普经波普尔到奎因对于科学理性思维与真理的关系的分析中,虽然各有所据,但却同时指向了一个基本的共识:逻辑理性的科学或哲学运用,只能对已产生的大前提性命题中的假设有效的观念进行证伪或证真。在这种逻辑演绎推理中,只能解决是非 A 的证明问题,并不一定就能解决是 A 的问题。因为有时为了对是 A 进行证真,会进入无限循环的论证。因此,逻辑理性把握的演绎推理过程中,永远都不可能完成"超越 A 与非 A 的逻辑对立"的任务,相反,逻辑推理只会使这种逻辑对立更清晰地明确起来,因为逻辑演绎方法本身的核心作用就是证真而非伪,在一个命题被证真时得到的结论就是肯定中同时显示了否定,肯定其是 A 就是否定其是非 A,肯定其是 A 为真理,就同时意味着否定非 A 是真理。

正是在这一基本的对逻辑理性的哲学化运用特征的共识中,奎因提出了他的"观察论",以此来达到对于"A 与非 A 的逻辑对立"的超越。例如,他在批判卡尔纳普的心理主义的语句还原中使用翻译还原方法时,就明确指出,卡尔纳普所建议的,通过语句还原使所有的语言都可以通过逻辑理性的翻译还原,而达到将关于世界的各种命题都翻译为同一种类的,其中除了明确的概念以外,只有逻辑概念和集合概念的逻辑上一致的句子。这,在实践中是行不通的。道理说来也简单,因为任何翻译行为,包括使用逻辑法则将含混的陈述句翻译成清晰的观念化命题,都必须首先包含一种可以被观察到的原初陈述的命题对象。翻译行为,不论是语言的翻译行为,还是逻辑理性对非理性存在实相的观念性客观化翻译行为,都必须有一个可以被把握的存在实相本体可被观察之后,才可能进行。因为翻译行为只不过是把存在实相确切的"事和"存在属性或内涵的"理合"真值内容,以观念形式清楚地给予界定性的表述。不同语言间的翻译行为属于对"事和"的名相的清楚认定,逻辑理性对存在实相的陈述语句的翻译行为属于对其"理合"内涵真值的明确界定。所以,语言还原中的翻译还原本身,仍然只是一个观念化的认知行为,并且这种认知行为还必须以两种认知行为已发生为前提。其一,必须已有悟性对存在实相的把握已然发生;其二,必须有"中立观察"介入进来,才可能进行翻译,即必须事先有观照行为和可观照的直觉归一实相在先地确立,观念化的翻译行为才可能产生。如是,翻译还原的建议本身,并不能完成这种"超越"的任务。

但是,进行语言还原的翻译还原方法本身,却提示出了这样一种超越的依据和方式:翻译之所以能够超越不同语言的界线和理性与非理性的界线,只是因为翻译行为本身必须处于一种"中立观察"状态,既不以 A 语言为标准,也不以 B 语言为标准,而只以清楚地表述存在实相本体体验为标准,再去选择具有逻辑上一义规定性的语词进行翻译。同样,逻辑理性的操作,也可以和可能进行如是的操作,既不以哪一种真理为标准,也不以哪一种真值存在为标准,而以可以准确规范化地表述存在实相之"理合"内涵的逻辑符号来明确地显示其真值存在为标准。也就是说,在"离相而无念"的条件下,翻译的超越才能完成。进一步说,翻译是一种存在实相的本质还原行为,而不仅仅是一种翻译法则的贯彻行为。这,就展示了翻译行为的真值内涵,观照一个轮廓清晰澄明的整体实相存在,只是在这种观照中,翻译才可能进行。也就是说,只有立足于这种思想实践中,翻译行为才可能产生。这就是翻译的"信、达、雅"规则的真值理性内涵。如是,逻辑理性上的观念的理念化归真作用和要求本身,就一定源于对存在实相的把握之真,即人类的理性化认识行为把握到的是存在实相而不是化身幻相,当且仅当把握存在实相之真,才有了保证。何以如是进行呢? 没有别的办法,只有进行"止观双运"的禅观照,即先验哲学和现象学的"中止判断"以后的"中立观察"。因为知性的经验直观归纳和逻辑理性的演绎推理都不能进行这种对存在实相存在性的确定性的把握。如是,奎因的"观察论"所能实现的"超越",就不仅仅是完成"对 A 与非 A 的逻辑对立"的超越,而是完成对知性的直观归纳和逻辑理性的演绎推理的超越,也就是超越思维法则而进入到存在法则展示的存在世界中去,以禅观照的方式,在先地把握存在实相本体和其中未被理性概念清晰化的逻辑事实。

奎因并非是一位非理性的哲学家,也不是一位心甘情愿地研究非理性的哲学家,这一点他很像胡塞尔而与雅斯贝斯大不相同。奎因之所以进入了思想实践中并追溯到了以那个禅观照方式进入"超越"的方便法门的非理性认知途径,只是他没有其他办法和途径去批判和深化卡尔纳普的这样一个理论:逻辑的真只是一个语言概念,因为真本身就是一个语言概念,而展示出真值之真的东西本身并不在语言之中,而是在存在实相的本体之中。所以,要解决一个命题中领先确立的概念归真问题,从而避免在真理论证中出现循环论证,就只能先行进入到禅观照的思想实践中去,从中把握到存在实相本体的约束变项的真值。也就是说,奎因是为了寻找克服逻辑理性循环论证的佯缪现象,才自为地进入到了对逻辑理性领域的超越行为中去。也正是源于这种"自为"的而非理性自觉的认知性质,他才提出了一种看似主动,实则被动的"超越"方法:一旦发现了逻辑推理进入了循环论证,即一旦发现了 A 与非 A 在逻辑上的难以确定孰为真值的对立时,就应当放弃一切推理演绎行为,而重新进入到对存在法则的运用中去,而不是从认知行为自在地开始时,就确认启动悟性的非理性认知的直觉行为本身就是极为合理的。也正是由于他发现了小猫原来是在使用理性来玩捉自己尾巴的游戏而不是在追捕老鼠的假相激怒了他,所以,他才对于理性理念、理论采取了过激的做法,不是悬置观念,不是暂时中止知性的直观经验判断,而是要完全扬弃乃至抛弃一切理念和观念。在禅学看来,这种做法是不智的。即便是老子,在谈论那个"非常道"的"非常名"时,也只是指出它们是不可以以一般的知识性概念来命名和理解这个"道"和"名",并没有完全抛弃"道"与"名"的概念。若如是,则是处于凿空的断灭相"失语"状态,而不是言说其无声之大音和把握其无形之大象。不能言"言外之意"和不能听"弦外之音"是一回事。不能尽非常之言者,则不会在"言语道断"之处领悟那个终极本体的。如是,可以说,奎因的激进性展示在他开启方便法门的被动性,或称之为自为性,而非在正觉的"止观双运"中把握到的悟性之用的自为性。这种惯于戏弄理性冒犯的禅学化特点,可以说在绝大部分西方哲学家的心路历程中都有显现,只不过在奎因和维特根斯坦身上表现得更典型罢了,后者甚至提出:不去言说那个无法言说的终极本体。如是,不用说与祖师禅的心性偈相比,就是比中国的老子,也差之远矣。从中,我们是否可以更深刻地体验到佛陀开示人们要了悟自家宝藏的拳拳之心和密密之意乎! 自知何其难也。中国先哲们在这条心路上执著地跋涉了几千年,乐此不疲,终于在祖师禅的思想实践中,找到了方便法门。

逻辑学家们在克服循环论证怪病的方向上,也没有止步,在超越 A 与非 A 的逻辑对立的努力中,也没有止步。也就是说,人类,并没有把这些由心性不净而产生的"风动、幡动"的病态看做是无药可救的痼疾。本来它们也不是先天源于人之自性的存在实相本体的"理合"内涵,而是后添的直观经验归纳判断及其理性片面演绎推理作用所致。它们既然是非先验的、非自明的、非自足的,当然就有根治的办法。因为,人,终究是人性根器的存在实相本体,而不仅仅是逻辑理性的玩偶。

在前文介绍中,我们在谈到多值逻辑时,就已然进入到了对于传统二值逻辑导致的"A 与非 A 的逻辑对立"的救治。三值逻辑设立的"不确定性"值,被确立为一种确实存在的真值时,就完成了这种在逻辑法则之内的超越方法,使逻辑理性本身为自觉松了绑。在捕蝇瓶中飞久了的苍蝇,也存在找到一条飞出去的途径的可能。虽然小猫在玩捉自己尾巴的游戏,在这个意义上确认小猫在捉老鼠这一命题,显然是伪命题。但是,放弃当下即是的猫捉老鼠的"事和"样态,而确立其"理合"的真值内涵:小猫在捉自己尾巴时,确实是在进行一种追捕行动,完成一种捉老鼠的行为,则是一种具有真值的命题。因为动物在儿时的游戏行为的真值内涵,基本上是求生存的捕食和格斗。当人们一旦放弃了功利主义的"六根不净"目的的认知目标标时,即放弃了当下即是的猫捉老鼠的功利目时,哪怕是暂时的,在观照行为发生时放弃之,就可以看到那个"非 A"中包含着一种与"A"同一的真值,即"非 A"的命题内涵,正指示着一"A"所不能确认的不确定值的真值内涵。如是,就再也没有必要再次以是 A 或非 A 的二值逻辑给予判断和论证,也没有必要引入可以论证"非 A"之所以是"非 A",从而可以反证"是 A"之所以是"A"的其他观念来为之进行无尽的循环论证,而是观照到"非 A"本身指示着一种与 A 相同的,具有同样真值内涵的"是 B"的命题。从而能够将"不确定性"把握为"B",并且把握到与 A 具有同等品性的真值。如是,就可以走出二值逻辑引发的逻辑悖论现象。

那么,多值逻辑从何而来以解逻辑悖论之围。人们可以直观地说,是从数学公式公理中来,是从多元方程中来,是从线性与非线性规划中来,是从概率论运用的几率方程中来,甚至可以说是从当代统计学而来,是从量子物理学而来,是从信息论、控制论中而来。但是,对所有这些"而来"进行所以"而来"的还原时,人们就不难发现,它们都是从非理性的认知方式:止观双运的禅观照中而来。多值逻辑、模糊逻辑、模态逻辑等等的产生和发生,都是从在正觉中进行的两种自觉的观照中而来。一者是观照到二值逻辑必然会引起演绎推理的悖论现象;一者是对二值逻辑所能把握的"理合"内涵以外的"理合"存在实相和与之"合理"地论述的多学科的理论现象的观照中来。即在二值逻辑演绎中不合理的存在,并非在存在实相中不具有"理合"的地位,在二值逻辑中论证合理的东西,在存在实相的"理合"中未必就是可以验证的;在一个学科中把握为合理的东西和排斥的不合理的东西,在另一个学科中未必也是同样合理与不合理的真值。最明显的就是上个世纪代表生物进化论的米丘林学派和孟德尔遗传学的争论与进步。这种观照行为本身,就是一种自为式的"于念而无念"的观照中发生的"自性生万法"的思想实践。没有一位专业科学家和哲学家不承认,当他不摆脱自己专业的理论座架体系,不进入"另一个高度"去观照自己专业的理论与试验、实验体系已有知识的束缚时,不能从中发现基本的新原理和哲学理念与逻辑方法。这种于正觉中的观照，虽然仍然穿着观念——理念的外衣，但终究是经历了脱掉旧外衣，赤条条地进入了止观双运的思想实践过程。也可以说和金岳霖先生一样，跳到长江上空中再去看长江和江岸上网状的石砌大堤，与在江中航行时所看到的长江和大堤存在的样态及存在的性态就完全不一样了。虽然还未达到"万里无云万里空"的正法眼藏，但也可以达到"一览众山小"的另一层次认知领域和心性境界。道理就在这里，泰山虽不为众山之最，但登上其巅，依然有"会当凌绝顶"的同等功效。参透卢行者"风动幡动"公案者，当能从中体悟到真三昧。以"自性能生万法"一偈而诟病惠能者，非是菩萨道场中人，乃是小乘担板汉。其中的道理，亦可以从多值逻辑的发现、认知过程的观照中，领悟一、二。如是，我在本书中首次强调，正觉中的禅观照，方是正觉认知领域中的核心认知行为，亦是止观双运的禅法中的紧要思想实践过程，更是渐修中的根本。限于本书宗旨，于此一义，我将在《禅认知学原理》一书有关"参公案"章节中，与诸君细品。

三、分析哲学实现超越的两个主导理路

分析哲学的主张是很清楚的："逻辑研究和科学研究只是以语言的东西为根据的。那就必须对这种有关语言的东西加以精确的说明，我们的日常语言不适用于对概念作更精确的规定，必须用人工语言的研究代替对日常语言表达式的分析。"分析哲学这一主张，实质上给理性化研究中逻辑法则的运用画了一条界线，逻辑理性不能处理，也不应当介入终极问题的研究。这一主张，是符合分析哲学研究的主旨要求的。这也就为分析哲学在思想实践的层

面上介入铃木命题的"超越"行为,提供了承认存在为前件的"合理领域"。分析哲学在形成一个明确的流派过程中,就已然在这方面有了明确的主张。我们可以看一看波普尔对于无法论证的命题的存在性质的说明:"只有可证伪的陈述才被看作是经验上有意义的。因为,所有的存在假设,都应当从经验科学知识中排除出去。为了证明一个存在命题是错误的,我们必须查遍全宇宙,并且在这种彻查之后,确定在全宇宙中不存在具有所指出的性质的事物。显然,这种陈述形式既不能证真,也不能证伪。然而,我们在我们的自然科学中却不得不常常提出具有这样复杂结构的设想。"对此,卡尔纳普提出了对于基本存在命题用可证实性和可证伪性两套检验方法,来代替逻辑理性的可验证性和可检验性。并且提出了用经验知性和逻辑理性两条途径来讨论命题的真伪问题。第一条道路,是逻辑理性运用逻辑法则,也就是将一个命题的论证演绎为对另外一个命题的论证,以此来发现该命题在逻辑上的一义规定性之真。在这条道路上,往往会陷入循环论证的怪圈。当此路不通时,就应当走第二条道路,即使用非逻辑概念的理路观念,来对之进行"事实——事和"的存在判断。我们知道,当我们运用经验对一个陈述命题进行归纳判断时,当我们将经验中的知识成分都排除出去以后——这在实践中是常有的事,我们所掌握的知识完全无法解释某种"怪事",例如,当下在人们中间很流行的一句话"不按常理出牌",即为一个典型——剩下的就只有那些可以当下再体验的体验的积累了。或者说,如果我们以经验中的所有知识成分对基本陈述句的观念进行归纳拣选以后,剩下的就是无法知识化,即无法以客观化观念来把握的那种原初体验的东西了,即为"无知之知"的东西,对于它们,只有原语言才起作用。或者说,原语言就从这种对原初体验的陈述中产生了。如是,我们在分析哲学中,看到了其发展的另外可能。当逻辑理性难以处理由 A 与非 A 的逻辑对立引起的循环论证问题时,除去在语言上做功课以外,特别注意到研究语言对存在"超越"的主体和"超越"的理性化方式的功用。后来的研究者,于此中最用功的,前者是维特根斯坦,后者是克里普克。

在分析哲学家心目中,现象学是关于意向内容的先验科学;现象学的还原行为本身,就是一种超越行为。在这种"无理论的反思"中,"实在对象始终是超越经验的"。正是在这一基本主义上,分析哲学家维特根斯坦继承了经验实证主义对存在事实——逻辑事实的确认,并以此为其研究的基础和起点,从而在还原中把握到了:"超越",首先是人的思维方式的改变。如是,超越,首先在于对于人的"哲学偏食病"的克服,才能在"无理论的反思"中找到"悬置一切理念"而飞出捕蝇瓶的思想实践方法。

在维特根斯坦看来,A 与非 A 的逻辑对立,完全是逻辑理性专制地发生作用的结果。也就是以逻辑理性至尊的标准来拣选"理合"内涵的结果:可以用逻辑理性和理论言说的东西和不可以其言说的东西的对立。"在有意义的理论界限以外,并不是什么都没有,而是确实有某种不能讲述的东西。"这种不能以现有理论讲述的东西,"是以某种体验的方式并存在"。那么,若要对这种"体验的东西"实现超越——把握,就不是语言本身的功效所能及的了。因为语言本身固然可以超越"含混的陈述"将混沌存在的"事和"之"理合"内涵表达为科学的清晰的法理规定。但是,语言在这种"无法言说的东西"面前,却失去了效力。所以,在将辉煌的混沌把握为澄明的清晰这一超越任务面前,语言是无能为力的。日本人很清楚这一点,叶之言和言之叶是根本不同的两回事。那么,能够实现这两种超越的本体是什么呢? 维特根斯坦并没掉进

不可知论的陷阱,他认为是"理解并掌握语言的人",因为语言是
人理解的并运用的,而理解并运用语言的人,并不是就语言而理解
语言,而是就理解语言与存在实相的关系来理解语言和运用语言,
所以,理解的核心,就不是理解语言,而是理解存在本体实相,尔后
才能理解和运用语言。也就是理解那个能在精确的语言规定中看
见可能的世界的逻辑空间的先验主体性质的人。也可以说是理解
对客体客观化进行主体意识形态的观念"充实"的人。

　　怎样从"理解并掌握语言"的过程中去完成这种超越呢? 维
特根斯坦是这样操作的:哲学命题没有意义,并不等于说哲学命题
没有价值。如果我们不再把哲学命题当做一种科学真理知识,不
将其当做指向科学真理知识的唯一道路、方法、标准来看待,而是
理解哲学命题在展示人的一种理性思维活动的思想操练,那么,没
有了"万法"真理绝对意义的哲学命题就具有了这样一种价
值——理解功能:"我的命题是可以这样发挥证明作用的:理解我
们人。当通过这些命题,根据这些命题,超过这些命题时,我们终
于知道它是没有意义的。当他克服这些没有意义的命题时,他才
能正确地看世界。"当人进行逻辑理性化思考时,当下即是地对这
种演绎推理过程进行观照,发现其中推理所确立的 A 与非 A 的逻
辑对立完全没有意义的,此时便超越了这种对立,从而把握了本真
的存在世界的连续统一体。这时,人便超越了观念世界而进入到
非哲学化的理性面对的生活的世界。在这一认知——超越过程
中,是那个先验主体之人所具有的超越能力,并且可以据此以完成
超越而去把握体验到的,语言所无法言说的"生活世界",在这里,
被超越的是什么? 并不仅仅是语言,也不是超越语言,而是超越了
那个由逻辑理性支配和决定的哲学命题及其逻辑理性思维领域和
思维方式,在"言语道断"之处,展现的是一种非理性化的生活世

界。在这个世界里,存在以一种什么方式展现和被把握呢? 是以一种超验的方式被把握和展现的。即"超出经验界线以外的东西与用有意义的语言不能描述的东西相一致"。这种超验的存在"神秘的东西",人"必须汲取某种体验方式,"才能以非语言的非哲学化的生活方式给予把握和展现。这种方式就是非理性的体验方式。

那么,在逻辑演绎过程中,A 与非 A 的逻辑对立又是怎么产生的呢? 维特根斯坦认为:"我们在观察作为原始现象发生事实的地方,去寻求一种证明或说明其合理性"时,才发生了这种情况。为了说明这种"发生"情况,维特根斯坦用以逻辑理性纯思维法则绝对有效的例子——数学为例,来展现这种情况的发生。古典数学中有一个"完全奇数"命题。但是,至今,也没有人能够指出一个完全奇数,同时,也没有人能够以逻辑法则在纯思维中证明根本就没有完全奇数。可是,人们为什么要去讨论完全奇数命题真伪问题,这有意义吗? 有意义。起码逻辑理性崇拜者是这样认为的。因为数学是纯逻辑思维的学科,因此,一切数学命题都必须经过逻辑推理论证才能成为真理。而逻辑推理法则中的排中律就要求必须进行这种证伪——证真的推理论证:"不是至少有一个完全奇数,就是根本没有完全奇数。"如是,在"完全奇数"这个命题中,就包含了 A 与非 A 的逻辑对立。而恰恰又是在纯逻辑思维的典范——数学本身,在永无止境的纯符合的观念化的循环论证中,永远无法证明存在一个完全奇数或根本不存在一个完全奇数。如是,数学连同逻辑法则一同陷入了永无休止的循环论证怪圈中。

人类,或者确切地说,逻辑理性的崇拜者,为什么会犯这种陷入循环论证的错误呢? 起码在理性崇拜者看来这是一个错误。维特根斯坦用他的逻辑事实——图像,逻辑符合——图形的区分来进行说明,古典数学是一种形而上学的东西。在古典数学中,自然数作为一种完美的整体而存在。对于这个整体来说的每个元素,都具有完全数的性质,是自明的,先验的,已然确立的逻辑事实整体。如是,完全数是一个超越观念和存在者而直接表显无穷整体的图形符合,它就是存在。因此,它本身根本不需要对之进行证真或证伪,因为它就是存在实相图像的抽象的图形符合化。当我们谈论数学中的命题时,逻辑思维法则使我们习惯于从有限上来论证事物。一旦我们用"有"和"没有"的有限性理念来论证表达无穷存在整体实相时,我们本身就犯了"对于不可言说的东西"硬要言说的错误,所以,像论证有或没有完全奇数的这种逻辑推理行为,必然会陷入无穷的循环论证中去,因为,用逻辑法则论证存在实相本体是"有"还是"没有"的论证行为本身,就是一种没有意义的命题,自然就不会得出任何有意义的结论,只能陷入没有意义的循环论证中去,导致这种理性思维错误产生的原因,说来也很简单,就是惯于逻辑推理思维的人,或者崇拜逻辑理性的人,根本区别不了存在实相图像与理性观念符号图形,从而把一切存在本体圆融实相都理解、把握为一种单独逻辑事实的观念化符号,进入将自家心性引入到循环论证的泥潭中,备受理性的煎熬,最终成为理论座架体系"捕蝇瓶"中的囚徒,成了一个不健康的人。这一点,早已为心理学和精神病学理论与实践说明。一个患有心理疾病的人或一名精神病人,之所以是有病的,就是因为,他们会把完全不同的存在实相,当做同一种意志——思想内涵的图形符号,从而作出惟一"正确"的解释和条件反应。这时,他们就理解不了非哲学化——非观念化的生活世界,也就难以过正常人的生活。所以,维特根斯坦如是解套这个古典数学命题:在自然数的无穷个序列中,一个完全奇数,不是有就是没有这一命题说明,这个命题什么也没说,是一个根本无意义的命题。完全奇数只是某个先验主体之人,对事物的一览无遗时提供了一幅存在实相的逻辑事实"理合"图像而已,即它只是以数学概念的方式在陈述存在实相本体的整体性。他只是在告诉我们,在我们讨论数学命题时,我们的眼光,我们的思想基础,不要脱离开这个圆融图像——存在实相整体而已。

面对这种对于逻辑推理无意义的存在实相整体来说,排中律是无效的。这并不说明排中律本身作为逻辑法则中的一个法则无效。排中律在对新概念——新公理的论证时是有效的,只是在对存在实相整体的陈述的证伪证真中无效。正缘于排中律的此种生效的领域性,位置性特点,对其超越才是可能的。而且是在其作用"失效"的非理性的认知领域中,对存在实相进行体验性的把握中,才能进行的超越。如是,维特根斯坦发现了,在人的认知过程中,有一个认知阶段中,逻辑符号图形处于"空无"的状态,"在逻辑为真的命题及在蕴涵关系中,描述符号根本不出现。逻辑的有效性完全是在逻辑符号范围以内的事"。正是在这种逻辑法则不生效的地方,出现了一种逻辑理性"空无"的领域,也就是在存在实相本体整体地显现为圆融实相的报身图像的地方。而人,恰恰经常处于这种"非哲学化的生活世界"的空无逻辑符号的地方生活着。如是,人方才具有了这种超越逻辑对立的场所和可能。

那么,问题的解决同时也引来了新的问题。人类是如何超越图形符合去把握"是"而不是"不是"的存在实相的报身图象呢?即便是体验,也必须言说出来,才能给予展示。如果这时语言的陈述仍然是"空无"的话,人便会掉进另一个深渊:虚无主义的"断灭相",跟着来到的便是理性极端化发展的另一个怪物——不可知论。维特根斯坦在这里批判性地赞同直觉主义。

首先直觉主义对于以真值符号来陈述存在实相的做法是不赞

同的,更不使用那种认为一个命题只有在证真的情况下有意义的假定。换句话说,直觉主义并不赞同用知性把握的已知的知识和经验来直观地对待直觉中把握的存在实相。即不以真值确定的知识观念和符号来描述存在实相并由此而提示出一种需要逻辑理性来论证的命题,如"言之叶"。而只赞成一种不具有真值确定意义上的语言,即日本人所说的"叶之言",不需要在逻辑论证中才能证真的理论语言来陈述存在实相。这种语言成分在经验中是存在的,它生成于体验之中,是一种"约定"性的语言,一种可重复的,并且在重复中积累和同一而形成的体验中发出的原语言——日常语言来陈述存在实相,这种日常语言不以逻辑法则为其规约,即是一种言说"非常道"的"非常名"的语言;也不仅仅在逻辑论证推理领域中使用,而只是在体验发生的过程中被"日常"地"约定"地使用。中国禅宗大德们有两句诗,非常曼妙地展现了这种"叶之言"的情理归一,事理合一的"观妙"的特征:"翠翠青竹莫非法身,郁郁黄花俱是般若。"这两句诗展现的圆融实相与法身真如的关系,远比"色不异空,空不异色"的理论化的"言之叶"要深刻得多。这不仅因其为体验的重复而有效,也因其为逻辑理性推理发生作用而提供了某些"事和"中展现的"理合"内涵的"约定"性规约作用而有效。并且这种约定性的有效性还表现在第三个方面上。它不是由主观意识形态观念强加给我们的客观化,而是一种源自于体验本身的对主客归一的统一性的陈述。它的内涵本身并不包含任何强制性的逻辑论证步骤和过程,但是,所有逻辑论证所要证明的依据和内容都已在先地"在"那里了。所以,维特根斯坦与其他分析哲学家即对于语言的使用立场完全不同:"绝对精确规则是虚的,因为我们要证明怎样使用规则,就必须使用日常语言。"同时,他又从"证明"的日常性质的存在性态上来论证这一点:"证明必须是一眼就能看清的东西,必须是再简单再明白不过的可以再现的。"这是证明与实验的完全不同之处。因为就实验来讲,没有任何保证可以让重复的过程产生重复的结果,就像没有人能保证宇宙间所有的水都可以被电解为氢和氧那样。因为没有人能做到这一点。但是,日常语言的"证明"却可以做到这一点。我不能保证宇宙间所有的水都可以电解为氢和氧,但我却可以证明,你拿出的任何一个单位的水可以电解为氢和氧。那么,如何体验这个"日常语言"在经验中的可重复"证明"的性质呢? 无它,"顿悟"即如是。所以,维特根斯坦把握存在实相而超越一切逻辑思维领域的日常语言方式,确指在"顿悟"中的脱口而出。

如是,维特根斯坦在批判逻辑实证主义的循环论证做法实质上是在玩小猫捉自己尾巴的游戏的同时,其超越 A 与非 A 的逻辑对立的重要方向指向"还原"事物本来面目——存在的逻辑事实。在这种还原中,展示了还原语言的本来面目——悟性体验和命名存在实相的非理性化认知行为的本来面目。正是在这种还原中,维特根斯坦作为一位杰出的分析哲学家,完成了铃木命题的"超越",并展示了他的超越行为的本真价值:"一旦我们知道了语言如何发挥功能,哲学向度就自行消失了。"即一旦我们知道了存在实相——圆融图像的"语境"中如何生成了"约定"的"日常语言",并由人在悟性被启动而产生的对体验的"顿悟"中"不假思索"地破口而出时,以"非常名"而言说的"非常道"就以"叶之言"的语句模态出现了。这时,哲学中的形而上学问题就自行消失了。其实,说得确切一点,是关于哲学的形而上学问题的争论也就自行消失了。因为,苍蝇这时并不是飞在捕蝇瓶之中,不必处之受理论座架的束缚而处之碰壁,而是飞在非哲学化的生活世界中,不论怎么飞,都是"合理"的。

　　谈起分析哲学,人们往往瞩目于这种哲学,或这种分析哲学家在日常语言和人工语言的解构上有什么新的见解,而往往忽视,甚至小瞧他们对于先验知识一类问题的论述。以为他们在这一方面远没有先验哲学家们讲的清楚和地道。当然,这里也有维特根斯坦的阴影在作祟,"不要去言说那些不可言说的东西"。然而,克里普克却走出这一阴影,从分析哲学的立场上,或准确地说,在经验实证主义的立场上重新言说"先验真理"的一位杰出的哲学家,从他相关的,在先验哲学家们看来是相当"业余"的论述中,我们看到了分析哲学家禅学化发展的轨迹:转换分析哲学的思维方式。

　　克里普克不同意弗雷格——罗素的理论:"名字是摹状词的缩写。"或者说:"名字是摹状词的同义词。"他认为,这种立论里面包含着一种模糊的东西。即名字里面包含着一种定义性的东西,而摹状词则只陈述"事和"的存在样态而不包含"理合"的真值内涵。因此,必须把二者区分开来。这种区别的意义何在呢? 克里普克把握住了这样一点:摹状词的指称与命名的名字的内在含义完全不同。若不将二者区别开来,就难以把人们认知行为中把握到的先验的存在与形而上学的论断中指出的必然性规则混淆起来。他认为,这是自康德以来,哲学界完全忽略了的区分,即先验的东西不就是形而上学的东西。形而上学的东西只是从先验的存在"事和"中偶然地把握到了其中存在的"理合"内涵,才成为真值命题。因此,超越的第一步,还原到"先验的对象的偶然真理"中去,即超越形而上学的形式逻辑三段论推理,而去把握那个先验存在的"事和"中偶然地显现的"理合"内涵中去。正是在这种还原的把握中,对于"事和"实相的"摹状词"进行的悟性体验命名产生的转换,才产生了"名字"的"指称"中陈述的显示了"理合"内涵的真值命题。因此,从分析哲学的角度上看,原语言本身形成和发生作用过程中,就已然具有了一种超越性的行为性质,即"名字"超越了"摹状词",悟性命名超越了直觉行为而达到了对"先验真理"的把握,也就是说,悟性命名的非理性认知行为本身,即超越了"事和"的存在实相存在的直觉方式,也超越了形而上学的思辨方式,直接把握到了存在实相的"理合"内涵,从而给出了陈述句。

那么,如何认定陈述句;或者说,如何把握陈述句,克里普克在分析哲学家语言分析的功底上作出了非同凡响的论述。他认为,之所以会出现假设性命题,进一步说,之所以出现假命题,原因并不仅仅在于思辨的思维方式和机械性的形而上学原理,而在于,人们并没有真正弄清楚什么是陈述句。他指出,人们对于存在现象,至少可以采取四种语态来对待:事物的模态语句、事实的模态语句、描述的模态语句,语词的模态语句。后两种模态语句,都具有一定的分析、推理内容,都介入了知识概念和理论观念。前两种模态语句,则不具有分析推理的内涵,是一种直陈式的语句,属于原语言性质的语句,虽然可以不是原语言的性态,按照克里普克鉴别陈述句原则,表达一种先验的偶然真理的语句,应该是没有分析推理内涵成分的语句,而只是直陈存在实相"理合"内涵,或某一逻辑事项的语句。因为只有必然真理才具有分析推理成分。如是,事物的模态语句和事实的模态语句就是陈述语句。只有陈述语句包含了"理合"内涵的先验真值,不会引导出产生伪命题的证真追问,也就不会引导出循环论证。所以,完成超越的第二步功课,就在于区分语句模态中的陈述句和非陈述句。

人们为什么会陷入语句模态的混淆中而不能自拔呢? 或者说,人们为什么在一开始使用语言时就会走上掉进逻辑对立和循环论证的沼泽中去的那条路上呢? 克里普克认为,问题就出在身心分立的二元论上。人们把感觉到的东西指认为是身所把握到的东西,而把对感觉的认知和经验性把握到的东西归之于心。例如,身体感受到热,而心灵把握到的则是热这种观念性的东西,两者符合,就产生了关于热的知识。但是,热,终究是一种人体的主观判断,具有相对性。对于人来说,高于37℃就是热,可是对于其他存在者来说,未必如此。就像对于可以耐受绝对零度的存在者来说,0℃就已经是很热了。从另一个存在角度上说,热这一实相的成立,并非仅仅是有了温度标准和对温度的把握命名而成立,而是因为其中有一个极为重要的"中间现象"成立时,热的温度这一主观意识形态观念才客观化为热的温度,而对热的温度的标准的把握与命名,也只有在热的客观现象被客观化以后,才能够被把握与设立温度标准。也就是说,在身与心的分离分立关系和认知流程发生以前,必须首先产生一种归一物我的存在实相"中间现象"后,存在实相的客观化和主体主观意识观念的客观化才能成立。所以,在科学理性的心物二元论立场上把握的,只是关于热的万法知识,而并不就是先验的存在实相真值。解决把握这种"中间现象"的存在实相,并不是在科学理性推理中轻而易举做到的,而是必须在身心归一的"无念无相"的无意识条件下的通官之通观中才能做到的。也就是只有在"全体间交流",即身、心、脑全部器官统一为一体而把握到热的整体信息时,才能把握到热的存在实相。在此基础上,才能使主体主观意识观念为客体客观化所充实,而得出热的真值命题。这就为实现思想实践的超越,考察陈述句指出了要考察的认知领域:在非心亦非身的那个自性空中,去把握"中间现象"的存在实相。在禅学来说,就是在"无垢识"的运行中,去观照和把握那个归一物我的存在实相。这就为超越逻辑对立,跳出循环论证旧臼,指明了一个非理性认知领域,这也是克里普克转换思维方式的第三步:确认一个存在性的本体自在领域,并对之进行

"无知之知"的理性化把握。如是,克里普克完成了他的思维方式的转变,超越逻辑思维方式而达之存在的思想实践方式。在从思维法则向存在法则的转换中,核心点,是认知通官根器的存在及其所能发挥的通观能力。

克里普克把超越身心二元论作为他纠正混淆先验与必然性认知的基础。也就是,他把把握人类通官之通观能力,作为超越逻辑理性混乱的自足依据。他以对痛疼的体验的直陈陈述句为例,进一步陈述此种立论,对于痛疼的体验,在每个正常人,即是直观展现的。但是,正是这种直观显现的化身幻相,可以成为假相而造成欺骗。也就是说,直观到"事物"的陈述句,具有假命题的可能性。他举了两种欺骗性痛疼的例子。一个假装痛疼的人和一名在最痛疼的事情发生时依然面带微笑的斯巴达人。这种化身幻相之所以可以成立,究其原因,无它,这当中有一个后添的主观意志在起作用。此时,我们的理性化思维方式和经验判断会由此直观而构成假命题:他很痛。他一点都不痛。如是,我们由此就可以得出一个结论,仅由直观化身而构成的关于"事物"的陈述句,具有非真值性,因其掺入了理性化的主观意志和后添的知识的作用。破除、破解这种非真值的陈述句,很简单,也很便捷,即自己的通官之通观能力,就可以通过归一物我的直觉和体验——悟性的启动,来把握其存在实相的"理合"内涵,而不至于为化身"事物"的幻相——假相所迷惑、蒙蔽。所以,事物的模态语句,往往是由直观化身幻相构成的,具有假命题性质。只有在直觉中归一物我而促成的体验,及其对这种体验的把握构成的事实的模态语句,才是具有真值内涵的陈述句,才能从中产生真命题。

如是,我们可以看到,克里普克通过对语句模态的理性研究,进入到了现象学还原领域,不管他口头上如何反对现象学,从而超越了逻辑——语言能分析的领域,直指事实模态语句产生的先验源头,人的通官之通观能力,从而达到了在存在实相"中间现象"的非理性认知领域内,完成"超越A与非A的逻辑对立"。哲学家们认为这是分析哲学在语言研究中产生的成果。其实,这种超越本质上是在超越了逻辑法则和语言研究本身,直达存在实相生成和把握的悟性体验而命名的非理性认知领域,从而把握到语言——陈述句产生的先验的"中间现象"源头时,方才产生的成果。所以,有些分析哲学家明确承认:"克里普克是从语言逻辑研究开始,而超越了这种研究。"之所以如此,不外乎克里普克在无念中自为地开启了禅观照的方便法门。非此,不可能洞见到身心分立的二元论的不合理性,也不可能洞见到人的身、心、脑的通同之用:通官之通观能力。

综上所述,我们可以说,铃木大拙命题开示的超越,是以禅观照思想实践方式超越了逻辑思辨方式,并通过这种超越而达到了对逻辑理性思维领域的观照,从而发现实现这种超越的存在实相本体源头,进入到对存在世界的真如实相把握中去。如是,铃木公案开示的超越,就是从纯思辨的思维方式跃升到止观双运的思想实践方式,从逻辑理性至上唯真的观念世界,提升到顿渐双修的思想实践境界。超越行为本身,在人的无垢识利根器上来说,就是不否认理性的合理之用时对逻辑理性的超越,从而从单一的逻辑理性认知领域中,飞跃到通透悟性、知性、理性合一的般若正智的人本身自足的利根器的把握和运用中。若如是,任何念河蠡海,莫不可渡,莫不可自渡。

第四章　念河息波：泯争

理论争论，及由此而导致的学派、流派的互诟，自哲学产生以来，就是一直存在的现象。而且被一些人认为是一种促进理论发展，不断发现真理，不断完善真理与理论体系的积极现象，所谓"真理不辨不明。"其实，这是一种望文生义的误解。真理不辨不明，指的并不是在论争论战中发现真理，而是指逻辑理性的基本作用：将不清晰的陈述存在实相的基本命题，通过逻辑理性的演绎推理，系统论证，抽象为清晰的理论。只是在说明、证明真理，而不是在发现真理。其实，真理的发现，恰恰不是在观念的论争中，而是在"无念"的"不争"的观照中完成的。在大论战、大辩论的口水战中，是发现不了真理的。所以，深谙此中三昧的季羡林先生有一句名言："我就不相信真理会愈辩论愈明。"事实也是如此。且看20世纪西方哲学的发展，争论愈益激烈，论战格局日益纷杂，用施太格缪勒的话来说，以至于到了不同的哲学流派，连起码的沟通都不可能的地步。"他甚至不能说出另一位哲学家所从事的用哲学这一名称所指的是一种什么样的活动。"如是，何谈发现真理，发展真理，完善真理，连起码的把握共同明白的基本命题都做不到了。原因何在？这种现象还要持续下去吗？怎样才能消除这种无法沟通的论争，以回归到对真值命题作出清晰说明的起码的理性基本功能上去呢？这，就是本章要讨论的问题。

20世纪90年代初，中国理论界、思想界曾经有过相当大范围的争论,相当多的各阶层人士都卷入了对于一些基本问题的论争中来,引起了全社会相当大的思想波动。近百年来中国最有成就的改革家邓小平此时明确提出一个主张:不争论,先做起来看。这是一种政治气魄。政治家之所以有这种伟大的政治气魄,源于他所拥有的一种深邃的政治眼光。邓公此种政治智慧颇有禅学大智慧的风格。例如,马祖道一开示人的般若方法,就是先立一义:"即心即佛",就是"这个在",你先把握住这个"在"于思想实践中去领悟,去透参这个在。至于为什么就是"这个在"而不是"那个在",先不讨论,更不要去争论。当你一旦参透了这个"在"的本根因缘以后,你自然会领悟到"非心非佛"的真三昧。那时,你当然不会局限在一些理念、观念的纠缠之中。因为你已然把握到了终极真如实相,当然就没心思再去争论什么"心"呀"佛"呀的问题,而是一心一意地要去实践"利乐有情"的正觉之正果了。邓公当年止争的大智慧,时隔十几年后,活着的人当是有目共睹其真理价值的。不争论,并不等于说真理、真知会自行显现,而是说,先要处于一种"于念而无念"的"自性空"中,去把握存在实相本体。只有从这种思想实践作起,才能找到引起争论的真正根源,进而采取釜底抽薪的方式透参其中因缘,消泯那些引起争论的思想方式方法,才能真正消除、化解争论,而最终把握住真理。

本章、本书、本课题,并不能起到完全消除、化解所有理论争论的作用,本人也没有存过这种念头,只是想通过对一些西方哲学的争论的观照,理清参加论争者的心路历程,从中指出引起争论甚至是论战的思想方式方法的弊端和由此而产生的误区和盲区,通过这种认知性的解蔽、除弊、还原,使一些争论化解,或者显示出一些争论的焦点其实并不存在,一些争论不休的命题其实属于子虚乌有,连假命题都不是。从而为消解争论,开启"为而不争"的禅学方便法门。或许，这对于很多领域的争论的解决有益，进而对许多事情的研究有益，起码有利于创造一种提倡创新，鼓励创新的宽松的思想实践大环境。

一、西方哲学史的三大公案

纵观西方哲学史，其可谓云横九脉，沧海横流，有很多学派、流派，其间争论的问题，涉及面很广，论争的深度也不一，不能一一谈起。但是，有三个代表性的"公案"，很有典型性，不妨拿来做一番参考。透与不透，暂当别论，但对于此章主旨的阐述是有益的。这就是古代的"芝诺悖论"，近代的"说不尽的康德"和现代的"说不清的维特根斯坦"。

先说古希腊哲学家芝诺提出的一个命题："飞矢不动。"在亚里士多德及其后的形而上学和思辨逻辑理论看来，这是一个典型的悖论性的命题。问题还得从芝诺提出这一命题的立义说起。"飞矢不动"，从其命题的基本语态来看，是一个陈述句。也就是说，是一个陈述存在实相本体的"事实模态语句"，而不是一个"事物模态语句"。它陈述的不是"矢"这个孤立的物自体，而是对于处于运动状态的矢的事实样态的陈述。也可以说，它是在陈述一种存在实相，而不是在陈述一个化身幻相。芝诺在确信他把握住了"飞矢不动"的存在实相本体以后，解说到：飞矢永远处于一个飞行的"途中"，永远不处于飞起来以前和到达终点而不在飞行中的"矢"的物自体事态上。若不处于飞行的"途中"，而处于静止之中，则不是"飞矢"，而只是"矢"。因此，矢虽然处于飞行的运动之中，但是在到达终点以前，飞矢将永远处于"在途中"的样态之中，如是，"飞矢"的"在途中"的事实存在样态是不变的，若其不然，就只是"矢"而不是"飞矢"。因此,"飞矢不动"。

不论看上去,还是听下来,这都像是诡辩,其实不然,存在实相本体,我们在前文中说过,是一种瞬间把握的连续统一体的整体的全信息式的图像。"矢"和"飞"是两个概念,当且仅当矢飞行起来时,才展示了矢的存在价值和意义。因此,"飞矢"本身就是关于矢的内在规定性和外在运动规律性"理合"内涵的"事和"性陈述。如是,我们才说它是对飞矢的存在实相的陈述而不是对矢的存在者身份的陈述。此其一。其二,矢的内在规定性和外在运动规律性都仅可以"在飞之中"而显示出来。而飞是在动而不是不动,这个动应是其内外"理合"的逻辑刚性的惟一陈述词。因之,只有矢在飞,正是矢"在飞之中",在它未有达之终点之时,它才表显出了它们全新逻辑事实的"理合"规定性。因之,在它的这种逻辑刚性的一义规定性上,它未达终点之前,永远驻于飞之中,这种永驻的飞就是其存在实相的"不动"展示,也可以说,它在未达终点之前的"在飞之中"的永驻状态,才表现出了其存在实相的"理合"内涵。因此,对于"飞矢"的逻辑一义规定性来说,它未达终点的"在飞之中"的"不动"存在实相"事和"样态。所以,"不动"才是"飞矢"的存在实相理合内涵真值的基本点,即其逻辑规定性的一义性的正当陈述。它一旦到达终点,矢就不飞了,矢的内在规定性和外在运动规律性也就展现不出来了。所以,只有"不动"的"飞矢"这种报身实相,才全信息地整体展示出了飞矢的一切理合内涵。正是在这一意义上,"飞矢不动"这一陈述句才是"事实模态语句"而不是"事物模态语句"。其三,"飞矢不动"是一种典型的对报身实相的体验性把握的陈述。作为幻生幻灭的化身存在者"矢",我们很难在它飞飞停停,生生灭灭的物自体存在样态上把握住它的全部规定性和运动规律性。但是,当我们在"自性空"中把握住矢在飞行过程中那一瞬间的全信息图像时,化身之矢的飞行状态一下子凝结住了,在它的这种"不动"的飞行状态中,为我们展示了矢的全部内在规定性和外在的运行规律状态。即便是此矢以前如何飞飞停停,此后如何飞飞停停,在此前如何生,此后如何朽,都不再会影响到我们对矢的"事和"样态和"理合"内涵的把握了。因为我们在这个"飞矢不动"的瞬间绵延成立的图像中,已然把握到了矢的存在实相,而"飞矢不动"这一陈述事实模态语句,也恰如其分地展示了矢的本体存在样态和性态。如是,我们把握矢的运动性和可作运动的内在规定性,恰恰就在这个定格的,不动的飞行中的矢的报身圆融实相中整体呈现。如若没有在自性空中瞬间归一物我地产生这一报身存在图像,我们是无法在飞飞停停,生生灭灭的矢的存在者样态上去把握其一切信息,而只能在其或飞,或停,或生,或灭的化身个别单独现象中,把握其片面的信息。尔后,再以知性归纳判断和理性演绎推理,运用命题假设,将这一个个片断连缀起来。事倍功半且不说,仅这种假设推理中,就不知要阐出多少 A 与非 A 的逻辑对立和循环论证。试想,如果一个大活人在你面前做如是状:一声不响,二目不瞬,三性不起,四肢不动,五味不嗅,六畜不食,七彩不看,八音不听,九驻不动,你一定会说:十分难测。当且仅当他全身心地动起来时,你把握住了他的潜意识或下意识的动的一瞬间而成为图像时,从中你才能把握住他的内在品性等"理合"内涵。所以,"飞矢不动",是恰如其分地陈述了飞矢的报身实相。即陈述了存在实相本体,而不是描述化身幻相的片断之片面。其四,有人会说,若如是,芝诺只要命名"飞矢"不就可以了吗?因为"飞矢"二字已然概括了其存在实相的整体样态了,为什么还要添足地加上"不动"谓语以成悖论呢?芝诺作为智者的慧心之用正在这里显现。他要以此命题说明的,区分的,就是存在实相具有的恒定的"不动"性和化身幻相具有的变幻性,及其对二者所做的陈述的天壤之别。也就是说,他要强调的正是这种恒定的报身实相图像中,才真正包含和展示了可以绵延入正觉认知过程的理论真值,而对化身幻相直观中把握的,只是一些鸡零狗碎的片断和片面信息。存在论的基本之义,可以说在他的这个命题中基本陈述出来了。而逻辑理性崇拜者,之所以认为芝诺这一命题是悖论,就在于他们没有弄清这个命题是对存在本体实相的陈述,而不仅仅是对"飞"和"不动"的定义的单独的陈述,更不是对"不动"的理论内涵的孤立的描述。所以,逻辑理性的分析,才会认为"飞"和"不动"这种矛盾性概念出在同一命题对同一事物的陈述中是悖论,并进一步认为,"在途中"而未达终点的矢永远是"动"的而不是"不动",从而认定芝诺命题是一个典型的逻辑悖论。其实,这一立论和逻辑理性推理认定"无"就是"没有",不可能表达"有"的内涵一样,从而会将对终极法身"性空"的"空无之妙有"的陈述句认定是逻辑悖论。如是,便无法去开启禅学的方便法门,也就无法去认知和把握那个"不可言说"的东西,最终将对终极本体的认知和把握的主动权,拱手献给神秘主义、宗教和巫术。

如果哲学家们不是患有逻辑理性崇拜的怪病,不是固执地坚持真理只是观念的真理,不是固执己见地自是非彼地论争,能够在"无垢"的阿基米德点上达观所有智者的心路历程,那么,他们很早就能从巴门尼德的存在理论上理解芝诺命题:"你不能知道什么是不存在,那是不可能的,你不能知道什么是不存在,那是不可能的,你不能把它说出来。因为能够思维和能够存在是同一回事。"芝诺的命题,恰恰就是理解巴门尼德这一存在论主张的最好案例。你不可能知道有不动的飞矢,因为不具有会飞的内在规定性的矢是不存在的。所以,你说不出不会飞的矢的存在,那么你就只能说出会飞的矢的存在。而你把握、命名"飞矢"时,恰恰是在矢的飞行瞬间把握到的,也就是在飞矢的报身实相样态的"定格"图像中,你才可能把握到矢的会飞的全部信息。而这种存在实相所呈现的飞矢的圆融实相,恰恰是定格"在途中"的"不动"的飞矢,而不是已达终点不再飞的矢。你能从这个恒定的飞矢图像中把握到——思维到矢的一切飞的"理合"内涵,只是因为飞矢的报身实相与人的思维能力圆融归一的条件下,才是可能的。也就是说,就存在这一定义上说,报身实相的存在与人的认知能力的存在是统一的存在,并且是这两种存在圆融归一为一种客观化的"事和",并从中"不动"地呈现出飞矢之"动"的"理合"内涵。

如是,存在就是物我归一的圆融实相,而不是单独孤立的物自体化身存在者,存在就是存在,而不是不存在。当且仅当这种存在本体归一地客观化以后,才从中产生了可以为知性和理性操作的观念化的命题。因之,后置的逻辑理性的纯概念性论证,是无法介入这种圆融实相的归一过程及其陈述的。也就根本没必要对之说三道四。因为越俎代庖,理性的利刃会伤及自己的。被相当一部分哲学家认为是分析哲学家的罗素,对此是有着深刻的体验和理解的:"就我而论,我发现,我想对某个题目写一本书时,我必须使自己沉浸于细节之中,直到题材的各个部分熟悉为止。然后有一天,如果我有幸的话,我看见各个部分都恰如其分地联系成一个整体,这时,我只需写下我看见的东西就行了。"这就是典型的渐修中产生顿悟的情景。芝诺就是直截了当地写下他忽然"看见"的矢的整体信息:"飞矢不动"。巴门尼德也是直截了当地写下他看见的"存在"的全部"理合"内涵的性态:存在就是存在,而不是不存在。你不知道什么是不存在,那是不可能的。所以,从存在法则讲,"飞矢不动"是一个真值命题,是一个基本存在的陈述命题,是不含内在矛盾的存在实相的全称命题,无可非议。之所以会产生非议,只是因为逻辑理性崇拜者在提自己的观念"尾巴",在"飞"与"不动"这两种观念之间在打转转,并没有真正讨论存在实相,而在说观念游戏,也就并没有区分开矢的化身幻相和存在实相,从而难以在"飞矢不动"的"事和"中把握其"飞"与"不动"的"理合"内涵和逻辑刚性,因而不是从矢的"飞矢"逻辑事实上去把握存在真值,而只是在纯观念意义上去讨论"飞"不是"不动",而是动的规定性。这在禅学看来,纯属"分别心"在作祟。这也正是维特根斯坦对于"哲学偏食病"及其发作时会滥搅一通的厌恶之情所生之由来。科学主义者啊,什么时候才能不自以为是呢?人哪,什么时候才能不自以为是呢?

下面来说一说"说不尽的康德"。康德是一位圣人。这不仅仅在于他老人家一生保持了童真,更不在于他终其一生守时如钟的规律性生活,而在于他著书立说三百年间,总有人念念不忘地谈论他,而且总也是说不完道不尽。让后人总是当做一个讨论存在与真理的标本的人,应该是以为圣人,就像中国的孔夫子。20世纪,哲学家们终归在康德那里发现了一条真理:"说不尽的康德"。为什么?本人不懂德语,英文也不入流,只能吃别人嚼过的馍。从1973年接触《判断力批判》以来,陆陆续续地读了几乎能找到的原著译本和相关的论述,所获不多。对康德的总体印象是,在先验哲学方面,他老人家可谓是"但开风气不为先"的典范。他对相关的所有研究,都只说了一半就打住了。就像张中行先生戏评胡适之博士,什么书都只写上卷,尔后就不见下文。康德提出先验综合判断这一先验哲学的核心问题,并且提出,这种东西的呈现,与人的悟性有关。但是,什么是悟性,悟性起什么作用,悟性又怎样起作

用,他老人家则语焉不详了。他老人家又提出知性和理性及其在
思维、思想和介入实践的过程,但是,究竟如何界定和把握,也只说
了一半就不说了。闹得后人忙来忙去地"续后四十回",最终才弄
明白一点,原来他要说的是存在法则和思维法则是两回事,在人们
认知的心路历程中,处于不同的"理论指导"位置。但是,到底观
念世界和存在世界是怎么样联系在一起并通同为一体,从而衍生
为真理的,哲学家们至今仍然为雾五里。因为他老人家根本没理
清楚悟性与先验综合判断到底是怎么一回事儿,就急急忙忙地去
谈知性与理性了。这么不守规矩的研究,完全不像一位守时如钟
的人办出来的事儿。

在我看来,康德先验哲学和理性研究的真正香火传人,是现象
学家。

说现象学不能不说胡塞尔。固然,从现象学还原理论上来看,
胡塞尔理清了先验综合判断的存在性态和产生的源头。这,得益
于他的老师布伦塔诺的"自明性"理论。但是,胡塞尔的现象学,
在其核心理性存在论观念上,还是得益于康德:"一切对象从原则
上都是与意识所能理解的人相联结。"脱离开人的特有的终极本
体自性,一切花儿只能"寂寂",无法呈现出"艳艳"的圆融实相,当
然也就无从产生先验的综合判断。即只有人的自性,既能归一物
我成就报身实相,亦能由自为而自觉地去把握、命名、理解报身实
相,并从中抽取其理合内涵,说明为真理。

同为现象学家的舍勒,却反对康德这种"人学"观点,他坚决
反对现象学和先验哲学有什么关联关系。他认为:只有在对认识
行为本身作出本体论的解释,人们才能正确地理解人本身和存在
现象,进而把握住一种人格。这一立论看起来极具实践性,只有人
的实践本质,才使一切成为可能。而使人能够具有实践性本质的,

是人具有超越性的人格。人格之所以是超越性的,就是因为他既不是物理的东西,也不是心理的东西,即不是物自体和生物体的东西。同时,人格的超越性更表现在他是在时间中显现、成立、发挥作用,又不受时间的限制而可以随时当下即是,始终如一地呈现和发挥作用的东西。人格又不是受时间限制的精神、意识、观念的东西,而是一种超越这一切之上的那个"如如不动"的东西。在禅学看来,舍勒的人格即为真如实相本体,在这一点上,分析哲学家们明确表示是无法理解的。因为,他们不懂得化身、报身、法身的不同存在性态。同样,舍勒本人也没有注意到,他反对康德的先验哲学,反对设立一个先验存在的理性的人及人的理性作为认知的终极,而他自己只不过将这个先验存在的人的终极本体"人格"化了,也可以说将这个先验存在的终极本体具体地命名了而已。在这一点上,他可以说比康德,比胡塞尔向前迈进了一步。对人的先天的自足的内在终极本体,从"不可言说""无法言说"的形而上学束缚中解脱了出来,给予了一种情理归一圆觉后的存在性态和样态的归一性命名:"人格",并将其从逻辑理性崇拜者所把握的那个主观主体的位置上提升到人之存在的内在本体性位置上。

就这一点来说,舍勒反对康德的先验哲学是没有意义的,而是继承和发展了康德的先验哲学。起码,从禅学的认知"三觉论"立场上来看是如此的。并且就先验哲学很容易为分析哲学确认并指归到唯心主义和主观意志论的误判上来说,舍勒的反对意见是成立的。也就是说,舍勒反对的并不就是先验哲学和现象学要追问人的终极本体的主旨,反对的是形而上学和分析哲学在观念世界内,以逻辑推理为唯一把握真理的方法、标准,将非理性及其认知行为归一唯心主义"捕蝇瓶"中的反理性的做法。舍勒力图在存在本体论的范围内,确立人本身先天具有的一种内在的自足的终极本体依据。从这一高度的观照来看，舍勒的情感现象学并不与康德的先验哲学对立，而是发展出了一种先验的本体论。

舍勒对于对康德的唯心主义解释所作的批判，立足于这样一种观照：唯心主义没有认识到，现存在与存在本体是一回事。如是，他对化身幻相与报身实相作了明确的区分中，并且由之而洞观到，人格的存在，绝不就是一种意识性的主观观念，也不就是一种人的生物体存在的客观摹写，而是一种人本身内在本体的陈述。在这个意义上，舍勒是同意康德的立论：人格只能被认为是任何理性活动不能确定的存在。舍勒对此立论作了积极的回应。人格不意味着理性可以把握的存在者，也不是理性所以由之而来的那个主体，而是一种具有能动活力的，无时不在"行动"着的价值本体，人的价值存在本体。用祖师禅的话来说，就是那个"能生万法"的自性本体。正是这个本体的存在，才使一切存在者的价值存在和价值意义显现出来，并且为人所把握，舍勒对康德关于人格主义的接近于不可知论的消极性作出了正确的批评。康德将人格"空化"而"虚化"了，从而易于导致虚无主义，也容易导致形而上学的主观唯心主义。当且仅当将人格本体化时，人格才能实在起来，成为终极存在的"无物存在"性态的存在本体实相。正是在这个意义上，舍勒继承了先验哲学的基本立义：人格——价值存在本体的存在及其对其认知，是发生在精确的理性认识之前。即人格本体存在，发生作用和显现，是在逻辑理性认知行为启动之前的非理性认知领域中。并且，人格作为价值存在本体发生作用、支配、决定着理性认知行为。如我们对真、善、美和假丑恶作出理性论证之前，我们的人格本体已然在先地把握到了这些存在实相的真、善、美的理合内涵，逻辑理性论证，只不过对其作了清晰的理论说明与论述，并且是依据于这些在先把握的真、善、美存在实相而对其作出的理性论述。舍勒本人就对这种理性论述作出了相当多的努力。如是,康德才无可奈何地说,人格是任何理性活动不可确定的。无他,只是因为理性活动源于人格的先验认知,而理性活动本身又受人格本体的支配。所以,理性活动在其把握具体价值判断对象时,不可能把握住那个"生万法"的"无相亦无念"的自性空。而舍勒对其作了人文的把握:人格,是人之所以作为人而存在的先验的自足的内在本体。若作如是观,我们就不难看出,舍勒与先验哲学在存在本体上的一义规定性,和他对形而上学与分析哲学对康德先验哲学的误解的批评,如是,说舍勒反对康德先验哲学这一立论,就成为假命题而消解了。

至于海德格尔存在论与康德先验哲学的关系,就更为有意思了。正是在分析哲学家眼中,他们才对立起来。这种对立被分析哲学家理解为两个基本方面的对立。其一,认为海德格尔讨论哲学问题,是从讨论存在的最基本形式,人的存在问题开始的。而康德先验哲学则是从讨论形而上学命题成立的先验综合判断能力。其二,由此产生了对于人的有限性认识分歧。康德认为,人的有限性表显在人的认识能力的有限性,是理性的有限性,是理性之用在人之本体之用上的有限性。海德格尔则认为,人的有限性是表现在人的现存在的有限性,即人的化身之在的有限性。分析哲学的这种立论,初看起来,并无大毛病。但是,若你细观照,则不尽然,为了简洁说明问题,我们从康德来说清楚"悟性"及海德格尔于此"接着说"的心路历程中来看。

简单地说,康德认为,人先天地存在一种能够产生先验综合判断的能力。先验想象力,也可以说是纯粹感性的理性——悟性。海德格尔亦不反对康德这一立论,甚至可以说是赞成康德这一立论。但是,他认为,康德并没有为我们指出,人,怎么样才能把握自己这种先天的内在能力；人，在什么情况下才能开发和运用自己的这种先天能力。海德格尔认为，道路只有一条，就是实现对人的化身肉体存在者超越后，人才能够摆脱"不安"的"烦"的纠缠。渡过此种念河之后，人就能够获得自觉的大自在。即当人"先行进入死亡"之后，人就能够把握和运用悟性。同时，人也只有在正觉中观照自己的一切念河的源头时，才能发现人的这种悟性根器的存在，从而获得摆脱幻相产生的"烦"的念识纠缠，而进入到大自在的自觉之中。海德格尔的此种"思"，已经完全不是一种逻辑理性演绎推理的思维思辨之思，而是提升并进入到"止观双运"的思想实践之思的层次。也就是说，人在定中才能把握到这种悟性"慧根"；而正是因为人具有这种慧根器，人才能从"烦"中获得解脱，超越念河而入"无垢净土"心性中而成就禅定。这正是从"定慧等"的思想实践原理上，论证了人何以能够把握自己的悟性能力，人何以能具有把握自己悟性的先天的存在本体，从而将康德没有说尽的，关于人的内在自足的终极本体依据，进一步在禅观照的思想实践中说清楚了。

若能作如是观，何来海德格尔与康德的对立呢？即便是从分析哲学所认为的两个基本问题的分歧上来看，这一前承后继的理路也是很清楚的。首先，海德格尔和康德的哲学的出发点是一致的，认为不论是讨论认识论问题，即讨论人的先验的认识能力问题，还是讨论世界存在的最基本存在形式问题，人本身，都是最基本的原出发点。因为人所能最直接、最切近、最本体把握的存在就是人本身。也正因为只有人能够先验地领悟到自己最切近地把握到人本身是一切认识的原出发点，是最基本的存在形式，人才能够去讨论关于认识的先验问题。如是，这两种讨论，或者说追问的假象虽然不同，但是在认知到人具有先天地领悟到人本身是最本真的存在的认识论意义上,具有一种先验的能力方面,海德格尔与康德是统一的。正因为如此,两个人才会都对人具有先验的领悟人的基本性质能力问题感兴趣。至于谈到人的有限性问题,二人之间更是一种前承后继的关系。康德是从人的理性认知能力有限这一点出发,来确认人的有限性存在。即从人的存在本体在理性运用方面具有有限性而立论。所以,他才提出了突破这一有限性的存在本体的另外一种"用"的存在性态:悟性及其功用,产生了先验综合判断,以供知性和理性操作,以此来突破理性认识能力的有限性。

海德格尔认为,从理论上说,这是说得通的,但是在实践上却是困难重重。因为人的化身肉体存在方式,使人受"不安"的"烦"的困扰,很难达到自觉地把握人的悟性,以突破人的理性认识能力有限性的程度。要达到这种超越,人,首先必须超越其存在者的"被抛弃"状态带来的"不安"之"烦"的困顿状态。即只有突破人的化身存在有限性时,人才具有了认知和把握并运用悟性的先决条件,康德的先验哲学才有了用武之地,即有了"自性空"这个阿基米德点。从这种"理论发展"的脉络上看,我们实在看不出,海德格尔与康德哲学有什么纷争和对立。如果说,他们之间确有不同,那么有一点分析哲学家是说对了,"康德窥见了人的有限性的深渊,而且在他看到的东西面前感动恐惧而退却了。并且将这个深渊掩盖了起来"。所以,他没能就悟性作进一步的追问、观照和探讨,而海德格尔却由于洞见到了超越人的"被抛弃"状态的可能性,而大胆地飞跃到这个深渊之中,"提前进入死亡",从而把发现人的自性之大用——悟性——的前提条件展现了出来,超越人的化身存在者而进入到人的本体存在实相中去。说得再透彻一点,康德是在对正觉中理性之用的观照中,通过三个批判,看到了人的理性之用的有限性。海德格尔则是从对人的化身存在样态及其对其超越的直觉归一的历程的观照中,从而进一步对人之自性本体的自觉运用的可能性的圆觉胜境的观照中,看到了人的理性之用有限性产生的源头及其对其超越的可能性。两位大师观照人之心路历程阶段不同,当然得出的结论就不同。但是,这只是对人的心路历程的不同阶段的把握,而不是对人本身及其自足的内在终极本体及其悟性之用的不同认识。相反,如果我们从人的认知三觉过程连续统一体的存在实相整体上来看,恰好是一个比较完整的,关于人的有限性的自觉认识,而不是什么不同哲学派别之间的紧张和不同主张的对立与论争。如是,分析哲学所确立的上述两个命题,自然也就荡然了。就其产生的原因,也很简单,因为这两个命题都没有存在实相本体根基,只是在念河之中游戏观念,一旦登岸,当然也就什么也剩不下了。还是那句话,皇帝没穿新衣,皇帝什么衣服也没穿,因为所谓的"皇帝的新衣",只是那两个骗子以观念编织的东西,也可以说只是"说"出来的东西,所以,展现在人们面前的,就只剩下那赤条条来去无牵挂的存在本体了。康德和海德格尔在念河的彼岸看到这一幕,就只剩下哈哈大笑了。

对于康德先验哲学没有说清楚的问题接着说的哲学家当然不少,这里值得提出的另一位,就是奎因。

奎因在分析哲学家眼中是一个非理性的"另类"。属于那种"认为可以从世界之外的某个阿基米德点来观察世界的人。"也就是认为,"一种第一哲学是可能的人",并且是"认为哲学的论证可以比科学论证更有成就的哲学家"。从将经验实证论者奎因从分析哲学中"除名"的这种理由来看,奎因其实是一位追求禅学思想实践的分析哲学家。因此他应当很欣赏分析哲学家们对他的哲学的一种无法让人合理地接受的描述:"就像一些海员必须在大海上来改造自己的船只。他们任何时候也不能在一个船坞中将自己的船解体，再用最好的部件把船重新组装起来。"其实，这正是对于禅观照思想实践特征的美妙性的描述：在空无之妙有的自性空中，在正觉中"看山不是山，看水不是水"地解体一切报身实相，通过已有的知性经验判断，选择最适合的"概念"物件，重新构造出一个特称命题"龙骨"，以便于理性演绎能够在此基础上构建一条更好的渡过蠡海之舟。这，就是奎因哲学中，对康德提出的知性和理性在人类认知心路历程中，于正觉之用过程中应用顺序的阐述。

那么，在"拆船"过程中，是什么帮助了奎因呢？是立足于先验地"整体性"地去观察而产生的"观察句"。并且这种观察句是在"没有背景知识"，和没有任何单独感官刺激作用扰乱的情况下形成的。它能够帮助我们完成这种"无中生有"的过程，它是奎因改建新船的船坞。即先验的综合判断构成的"观察句"，启动了经验在非知识性东西的介入条件下，使知性发生对原初体验的再体验和动用由以往体验积累而成的经验，解体"观察句"，重新选择和运用观念，来构建特称命题，以启动逻辑理性的纯观念的演绎论证。正是在这个立义上，奎因的"渐修"的"渐进主义"的思想实践，化解了先验哲学与分析哲学的争论。起码，奎因准确地指出了分析哲学批判的"日常语言"的不准确性、不科学性。他认为，要用科学人工符号语言取代日常语言的领域，不是在直觉归一和悟性体验的非理性认知领域，即不是要介入和处置基本陈述句的全程命题，而是要操作在知性作用经验归纳判断领域中，并且是在已知的真理不要介入的情况下，去做概念的创新和介入，构成特称命题。这，才是分析哲学的真正的用武之地。正是在这个意义上，奎因才最有资格被称为分析哲学家——经验实证主义者。因为他不仅由此解决了分析哲学介入认知过程的正当性问题，而且也由此就化解了分析哲学与现象学的无原则的争论。因为现象学探讨的问题和把握的对象及其认知性介入的领域与分析哲学完全不同。前者介入的是非理性认知领域,后者则只应在理性认知的正觉认知过程的初始阶段发生作用。一旦跑到非穆斯林的邻居家里去指责人家不应该在自己家里吃猪肉,即便是一位虔诚的伊斯兰信众,这样做也是错误的。《古兰经》里明确告诫过不要这样做。越界的事不要做,宗教尚且如此要求,何况以理性崇拜为信仰的科学哲学家?所以,我实在看不出,将奎因开除出分析哲学沙龙的理由。

20世纪的西方哲学界真够忙的,康德还没有"说尽",又冒出一位让人"说不清"的维特根斯坦。但是后者总比前者让哲学家们有点着落。因为后者只是"说不清",而且这种说不清总归是有眉目的。大约集中在三个问题的说不清上。第一,维特根斯坦的两本主要著作前后立论主张对立的原因说不清。第二,维特根斯坦所要求的"不要去言说"的东西到底是什么说不清。第三,维特根斯坦既然认为哲学是无意义的,还要投身到哲学研究中来,道理何在说不清。一个人总不至于就是为了证明一门学问是无意义的而投入毕生的精力吧。其实,在禅学看来,这三个问题没有什么说不清的。因为这些问题本来就不存在,是假问题。如第一个问题,我在《禅话西方哲学的禅化》一书有关章节中已然作了说明,在此恕不赘言。至于第二个问题,是由于哲学家们只是去争论什么形而上学命题的先验性还是理性化,而不知道其产生的源头是一种终极本体,才产生的假问题。维特根斯坦只是告诫哲学家们,不要试图用哲学——科学逻辑理性及其所用的人工符号语言去言说那个终极本体。因为若如是言说,只能得出一个类似芝诺命题的悖论而自扰。如"空无之妙有",就是逻辑理性思维方式所无法演绎推理的命题。关于第三个问题,在前文中讨论不多,在这里应该说几句。简言之,他的本意只在于,只游戏于观念中的哲学命题和讨论是无意义的。而不是说哲学研究所运用的逻辑理性和思维方式是无意义的。

维特根斯坦以古典数学的形而上学假设前提和直觉主义的争论为例子来说明他的上述看法。古典数学在学理上,是求助于形而上学的。他们把自然数作为一个无穷完整的整体存在来看待。即将一切数的数值、数列、数位都只看做是一个实在的无穷整体的存在的一部分,只有在数的值位性和列的关系性上,才能显示出这个无穷整体。实质上,维特根斯坦认为,古典数学是假设了一个无穷整体作为一切数与理的合理存在的先验前提,而不是真正真实地把握到了那个空无之妙有的无限整体。因此,这个终极存在本体对于古典数学来说,只是一种形而上的虚构。这一点,我们可以从数学设计的无穷大的符号图形看到:∞ ,它只是在展示出在逻辑理性的无限的循环推论的规定性基础上来言说那个无穷的存在整体,与无限的存在实相本体,没有一点圆融实相的图像联系,正是缘于此,当古典数学在常规研究中,谈论具体的数值和数理关联关系时,突然用这些只能用来描述那个无限存在的实相本体时,必然会发生一系列的莫名其妙的混乱和悖论。也就是无法以任何谈论"有"的意义来讨论那个无限存在的本体整体;同时,也没有办法以"没有"这个定义来谈论那个存在本体的整体实相,因为"没有"无法去概述那个终极存在,同时也没有可能去否定那个终极存在。所以,如果要用数学必须用的数理符号语言来谈论那个形而上学的虚构的存在实相本体时,只能用数理逻辑可以理解和把握的标示循环论证的图形符号,这,是毫无意义的。因为它只能展示循环论证的无限化,而不能说明终极存在本体的"妙有"之"空无"品性。基于此点,维特根斯坦才给数学下了这样一个论断:"数学更像是发明者而不是发现者"。即数学家只是发明了人工图形符号语言,而不是发现了存在本体实相的"事和"样态与"理合"性态。对于哲学家来说,这句话更难于理解了。但以《老子》的立论来看则很容易理解。数学家们在"常有欲以观其徼"的方面作的很出色,他们以数值和数理的逻辑演绎方式发明了很多有用的符号和有效的"万法"性的合理方案"徼",但是,他们从来没有发现过那个可以让他们"观其妙"的"常无"之终极本体并给予正当的言说。他们只是在自为地"观其妙"的把握到的报身实相所展示的"理合"内涵中,发明了一系列的数理公式和数学工具。因此,他们才会永远处于对存在本体的虚构中,一接触到这个东西的理性研究和理论论述,就茫然了,甚至会演绎出悖论和假命题。而直觉主义则不然了。

直觉主义者强调,不以任何数值、数理的方式去论证、分析存在实相本体,不论它是报身实相还是存在实相,只要能证明其是存在而不是不存在,就可以了。显然,这一立论比巴门尼德又前进了一步,要说出不存在的证明,而巴门尼德认为这是不可能的,因为你无法说出不存在。直觉主义之所以认为说出不存在是可能的,同样是受逻辑理性的支配,即确立一个存在的证明,同时就是一个否定存在的证明,证明一个存在的同时就是说出另一个存在是不存在;也可以说,承认一个不存在的同时就是同时确认一种它可以不存在的状态。这已经延伸到维特根斯坦的"深层语法"中去了,不存在也是一种语境,而不是虚无,不是无法言说的不存在。如是,不存在存在者的存在变得可以言说,也就是不存在的存在现在可以言说了。如是,对于不存在的存在样态,也变得可以言说了,而且这种言说本身,在逻辑上是讲得通的,但恰恰又是无具体真值内容和内涵的,完全不需要数学人工语言符号图形介入的。如是,数学中形而上学式的假设的无限存在整体的虚构,似乎就可以在直觉的证明中得以确证了。缘于此,以数学方式和数学符号、概念、范畴来言说的那个关于无限存在整体的命题,不但因其本身会构成悖论而无意义,并且由于其本身不应介入这种存在论证领域而变得无意义。于是,我们把握到了维特根斯坦哲学的起点和终点:不要用哲学的有限的概念和理论去言说那个哲学无法言说的存在本体。如果一定要这样做,那么就只会使这些哲学命题和理论变得无意义。因为它们不可能具有言说存在实相本体和功能,也就不可能言说其存在实相本体的真如实相,当然,无论怎样去言说,都是无意义的,就像数学本身无法言说他假设的那个形而上学前提∞那样。既然道理是如此的清晰、明确,用维特根斯坦的话来说:"证明是必须一眼就能看清的东西,必须是简单明白和可以再现的东西。"那么,逻辑理性支配下的哲学和数学为什么还会犯"无意义"的言说的错误呢? 维特根斯坦也一眼就看清楚了:是由于逻辑理性崇拜者们受到"原则上存在的理论上的可能性"符号图形系统的蒙蔽而无法一眼看清楚本来可一眼看清的东西。戴上理论系统的眼镜后,他们看到的东西即是必须符合这些理论座架框套的东西,凡是不符合的,或在这些理论座架中无法看清的东西,就予以拒绝,扬弃乃至排斥。结果,使自己陷入了难以自圆其说的悖论——悖理的窘境。

以禅学的观点来看,毛病出在:这些哲学科学家们,分不清存在实相本体和一切法相、名相概念的区别,后者只是一种观念,而不就是存在,讨论存在问题,必须进入到非理性存在世界和非理性认知的方式方法中去,而不能以逻辑理性操作的逻辑法则越俎代庖,一旦发生这种"非法持刀"的事情,就会使哲学——科学的命题和讨论变得无意义。可惜的是,偏偏有些人具有这种"偏食病"

的痼疾,而且讳疾忌医,以其功力很难与维特根斯坦在学理上抗衡,于是就编造出这么一个"说不清"的维特根斯坦了事,自己足以塞责,也可混淆视听,蒙混过关。"摸着石头过河"有好处,也有弊处,你摸着石头是要过河,可是摸石头时难免把水搅混了,就有些不以过河为己任的人,可以趁着浑水摸鱼了。这也真应了那句"日常语言"所说的:"甘蔗没有两头甜。"

维特根斯坦为治愈这种偏食病所开出的药方也很简单:"还一切事物以本来面目","还语言以本来面目",即把握住那种"不假思考",即不介入任何理性思维活动而在顿悟中脱口说出的东西,这时,哲学的偏食病自然而然地就自愈了。就像芝诺的"飞矢不动"之语,一旦我们进入了存在法则的方便法门,知道了"语境"——报身实相——体验中生成了语言,并且是不加思索地说出了,哲学中形而上学的争论和关于形而上学的先验性的争论,也就自行消失了。因为,这里"言说"的是"叶之言"的原语言,而不是经验性演绎推理后产生的"言之叶"的符号性人工语言。

如是,在维特根斯坦发现的"深层语法"——对存在实相整体的存在性体验把握中,"语境"作为研究对象,即存在实相本体作为研究对象于分析哲学中确立了。它既是先验地存在着的,存在就是存在;又是体验中存在着的,存在当下即是地存在着;正是它的存在体验触动了人的悟性,"叶之言"才通过人之"在"而言说了出来。如是,经验实证论的讨论日益与先验哲学的讨论归一,现象学的还原日益与分析哲学的辨析汇合,对于经验的讨论和研究,不但成了非理性研究者们注重的领域,而且也日益成为理性——科学主义者们注重的领域,从而形成了二十世纪后期哲学界与科学界研究的一个归流性的前沿方向。当西方学学界、思想界日益重视对经验科学的研究和承认非理性的存在的重要性时,我国的一些科学主义者们却在力图排斥,甚至建议政府以行政方式取消经验科学的典型学科:中医学。何其怪哉?!溺杀亲子,是大逆不道。不但违反人伦,就是在生物界也是极为罕见的,君不闻:虎毒不食子乎?

从维特根斯坦为哲学病开出的禅化药方来看,深层语法支配着科学理性,禅观照支配着逻辑理性,以人类理性理解"先验"和"体验"的"生成"问题,已成为一种世界性的认知主流。在这种思想大潮中,唯理论和天赋知识能力论更在走向融合,被观念世界洪水淹没的存在世界已然开示显露。而这一切,正在哲学禅学化的过程中悄然地进行着。即在禅观照中,由于"分别心"的泯灭而达之的"泯争"的认知过程中,汹汹的念河之波,已渐归于平息。有些利根器者,在瞬间顿悟中即化解了捕蝇瓶的束缚以归之于无,即便是一些纯根器者,在捕蝇瓶中飞久了,也渐渐地找到了飞出去的摆脱束缚的出路。然而,在我国,仍有一些科学主义者,固守着捕蝇瓶中的安逸,掩耳盗铃式地生活着。当代人更深刻地认识到这样一点,要想对人工繁殖的驯化的动物进行涉外自然环境中的生活训练,比起当初对之进行人工饲养的驯化的难度要大得多。思想解放,谈之容易,真正做起来,可就不那么简单了。人都追求自由,可是真正一无所有,百无牵挂地自由时,自由又会让他痛苦不堪。因为人类终究是一种病态的生物,没点真本领,很难自由地生存。真正想获得自由、运用自由、享有自由,禅学方便法门开启的,应该是一条可行的途径。或者说,在止观双运的禅学思想实践中,获得自由、运用自由、享有自由,应该是通同一体的事。这,大约就是中国历代都有禅学大德们一再强调开启"定慧等"方便法门的原因吧。多说这几句,应该算是我参究西方哲学这三大公案的心得吧。当然,于此,也是仁者见仁智者见智的事。互相砥砺,在佛学看来是件好事,人生终究是历炼的人生,只要不产生专制的话语霸权就是好事。就像中央明确拒绝了取消中医的主张那样,否认科学主义者的话语霸权。中国真的在改革中开放了,而不仅仅是确认了财产所有权的不可侵犯性。

二、当代西方哲学几大流派的争论

当代分析哲学,亦称科学哲学,批评的重点在于经验主义使用的语言的不精确性,导致了很多理论上的混乱和科学研究的麻烦。和中国的情况不同的是,经验科学在西方的典型学科不是中医学一类的东西,而是心理学及其相关的研究。如是说,心理学在哪些特征上最接近于理论科学,大约就是心理经验造就的心理反映和心理反应的符号化。恰恰是这种心理行为受符号化的支配,使潜意识域中的符合化意识泛起,导致了机械性的心理反应行为,造成了人的意识和行为失常。这是一种反理性的失真反映的结果,造成了心理不健康和心理疾病。但是,正是这种心理行为的机械性特点,使与之相适应的逻辑理性的介入契机,使心理学的研究,走向了其反面,即从潜意识中存留的符号化意识的形成中,去追溯人本身的内在自足依据和人的行为的纯生物性解释,从而将人的意识形态彻底生物化解释。但是,分析哲学批评的,恰恰不是这种倾向,而是心理学研究不恰当地运用了符号系统,造成了日常语言和人工语言的混淆和用法的混乱,妨碍了科学的理性研究和伦理学的人文关怀,进而促成了经验主义与先验实在论的对立,使形而上学的东西日益变得混沌而难以把握了。

布伦塔诺认为,经验的东西,并不与先验的形而上学的东西对立。认为二者对立的根据是这样的:经验实证主义认为,一切概念都起源于经验之中,而形而上学的东西却起源于先验的东西之中。
二者绝不是同一种东西,并且表现也很不同。经验中发生的概念
具有含混性不准确性,但是源于先验的形而上学的东西则更具有
混沌性,而不仅仅是含混性,简直是科学理性无法言说的东西。因
此,分析哲学认为,概念的东西不源自于先验的综合判断的东西。
既然如此,先验的东西就不应该进入到科学理性研究之中,否则,
会引起更大的混乱。如是,非理性东西理所当然地要被排斥在人
类认知范围以外;或者说,非理性的东西,不具有科学性,不具有真
值性。这种论断有一定道理,如果说是指直观中把握的化身幻相
的话。但是,科学理性研究所指的非理性的东西恰恰不是这种直
观幻相现象,反而以为,在经验归纳判断中,少不了这种直观现象
作为对象存在,因为它们要起到对理论验证的归纳判断作用。这
一立论,也有一定道理。因为科学理论,往往是对逻辑事实中的某
一单独逻辑事项的演绎说明论证的结果,而化身的幻相显现,恰恰
是展示存在者的某一片面的印证之用。所以,科学理性排斥存在
实相而把握化身幻相的事情发生,有其然其所然而是其所是的在
故之处。布伦塔诺于此很不以为然。他认为,从对心理经验观察
的角度上说,确实存在着先验的东西,先验判断的东西,它不依赖
于心理经验而成立。正是它的存在,才为心理经验提供了心理反
映和积累以成为心理经验的原质料存在。如是,正是这种先验判
断行为不依赖于心理经验而发生,才能启动心理经验,打开潜意识
域,并由之发生概念而达到形而上学的命题的提出。从禅学的观
点来看,布伦塔诺的立论是有其合理的"理合"内涵的。心理经验
不是凭空发生的,它源自于一系列的先验的体验,而这些体验行为
源自于一种先验的,即先于经验的直觉归一实相的生成与触动。
正是在这种先验的体验中,才发生了先验的经验判断,从而在心理

经验中获得"反应",构成形而上学的命题。正缘于此,康德才将先验综合判断的行为产生归之于人的一种非理性的认知能力:悟性。严格地说,悟性的体验行为就是先验的综合判断行为;悟性的命名行为,就是形而上学的命题产生行为,而心理经验,就在这一非理性认知过程中产生,概念也就在这种经验中归纳性地形成。如是,这里展示出的先验的东西和经验的东西,就不是对立的东西,而是一种因循就序地产生的东西。所以,可以说形而上学命题所表述的东西是先验的东西,但并不是逻辑理性不可以把握的和研究的东西,更不是不具有存在实相真值的东西。其后,梅洛·庞蒂于此作了明确的认定:"哲学家承认他不可分割地拥有对明证的善好和对含混的认识。在哲学家那里,含混变为主题,有助于确立确定性而不是威胁性。"如是观,经验实证主义并不一定就与形而上学对立,只是分析哲学家没有像布伦塔诺那样,从认知的源头和非理性的东西产生的先验认知过程中,去把握什么是先验的东西及其如何进入心理经验和心理反映中,从而促动产生心理反应。

布伦塔诺对于先验的东西的确认,在于他认为先验的东西具有一种无须科学理性说明就具有的一种存在性的自明性。即他是在哲学中第一次提出了要区分存在真值与理论真值,也就是科学真值的问题。这种立论,是他在对康德的先验哲学的心理学理解而来的。康德认为,无法为纯粹性演绎论证的先验的东西是无效的、盲目的,应当予以排除的。这,无疑是开了科学主义信仰的先河。但是,布伦塔诺却认为,科学理性只能把握一小部分先验的东西,也就是处于直觉归一实相辉煌的图像的中心区中较为清晰的那一部分。而在整个心理反映中出现的先验的东西要比为科学理性所把握的东西多得多,相当大一部分存在实相的信息进入到了末那识——潜意识域之中,正因为如此,禅观照在报身实相的存在性质上,才有了可能的对象。所以,后来的先验哲学家们才会说,我们所知道的东西比我们所能认识的东西多得多。因此,存在实相内涵的"理合"真值要比科学理性把握的理论真值多得多。所以,并不是所有具有自明性的存在本体实相都可以当下即是地,并且已然为科学理性把握为科学真理。这就造成了科学真理的局限性和相对性,也成就了科学本身的发展性和进步的可能性,科学精神也就从这种科学本身的现实性和归真性要求中生成。如是,布伦塔诺放弃了以逻辑思维法则作为把握存在实相本体的标准,而提出了"还原原则"即凡是可以还原为具有自明性的先验的东西,即应确认其具有存在真值和相应的存在价值。如是,至于对"自明性"的确证与否,就成了对先验的东西承认与否的一个争论焦点。

最具有代表性的分析哲学的观点是罗素提出来的。他认为,历史中那些被认为自明的东西,结果却是被证明是错的。这无疑是对自明性理论的一个最大的讽刺。然而,先验哲学家们对此作出了一个明确的回应:罗素没有能够区分开自明性和主观意识中的心理经验中产生的确信的心理反应,这是两回事。在心理反映中展现出的自明存在的东西是一回事,而心理反应中以符号化把握的确信的东西是另一回事。自明的东西是指前者体验到的存在实相本体,确信的东西则是后者的心理病态行为——符号化的确认。所以,确信中会出错误,因为在人患有心理疾病的情况下也会确信,甚至是一种固执,那恰恰是由于符号化的观念确信,并不就一定说明其把握到了自明的先验的东西。此其一。其二,确信有程度的差别,可以摇摆于信与不信之间。但是自明的东西没有程度的差别。存在就是自明的存在,没有不自明的存在,更没有在什么程度上是自明的,在什么沉淀上不是自明的存在。仅仅因为它不是主观意识形态性的符号化观念反应,而是对存在本体实相的反映性把握。因此,仅从心理学上,也可以区分出自明的东西和确信的东西完全是两回事。混淆了二者的区别,才有了罗素的嘲讽,而罗素也正好嘲讽了分析哲学对于先验的自明性的"无知",不承认和不去把握那种在"无知之知"中的知。那么,问题随之又来了。我们能有一个方式方法来区分开自明性的东西和确信的单纯主观意识的东西吗? 如果没有,上述应对岂不是无用功吗? 康德创立的先验哲学对此的回答和禅学是同样的:有! 是悟性。在认知历程中,一旦发生了非理性的顿悟,就是明确地自明地展示了对存在实相的体验行为。正是这种非理性的悟性体验中把握到了自明的存在实相本体,使我们知道了它的自明性。应该说,布伦塔诺和其后的先验哲学与现象学却没有说明这样一点:自明性的存在之真值,首先就表现在人人都具有产生非理性的顿悟的可能性和现实性,严格地说,正是顿悟行为具有的悟性的自明性把握和展示了存在实相的自明性和真值性。就是说,由于人本身内在的悟性,自明地在顿悟中展现自性空存在本体和自为地运用了无垢识,才使存在实相得以自明地展示出来。因此,仅就自明性而论,自明性展示的存在真值实相是自明的,同时也在展示自明性的存在本身就是自明的。如是,布伦塔诺的"自明性"这一悟性存在品性的理论化命名,实质上是在向人们揭示,人本身的存在是一种具有内在自足的自明的终极本体依据的存在,以赵州从谂的命题来说,就是:人有自性而狗子无自性。缘于此,自明性这一存在实相的存在真值的展示性而不是说明性概念本身,就是自足的自明。若作如是解,先验哲学就具有了无可辩驳的存在论的理论基础:存在就是存在而不是不存在。正是在后来的哲学家们的潜意识中,他们把握了这种先验哲学的自足的理念依据,才会说出,我们所知道的东西比我们所能认识的东西多得多。因为，"我知道……"，指的是把握到的存在实相的自明性真值，而说："我明白……"，则是指我从知识的层次上把握到了某种存在实相"理合"内涵中的某一逻辑事项的科学真值。用克里普克的话来说，前者使用的是陈述模态语句，后者使用的是分析模态语句。二者的混淆，才造成罗素这类智者都会犯下幼稚的"确信"的错误。如是，一旦区分了先验的非理性的认知行为和经验判断中展示的知性认知行为，上述争论自然也就泯灭了。因为争论双方说的不是一回事儿。

但是，心理学与分析哲学的论争并没有就此而结束。在这里不想展开评论，我只是想说，还是心理学的科学化，才引起了分析哲学无尽的批评。心理学在探讨人类认知事物的根源和心理疾病的成因，就在于简单地将直观现象符号化，从而混淆了存在实相的本真与化身存在者的幻相现象，而探索到了诊治心理病的方法与经验。也正是由于此种应该说是具有成功经验的诊疗，促使心理学研究走上了歧途，开始混淆了心理反映与心理反应的区别，并进一步将人的生物反应和社会反应相混淆，以科学的符号化取代了现实的存在实相。用维特根斯坦的话来说，就是以图形符号取代了"生活世界"，掩盖了"生活世界"的逻辑事实连续统一体存在实相，从而造成了概念与符号的滥用，因而遭到了分析哲学的"不精确用语"的攻击。成也萧何，败也萧何。心理学作为经验科学，成功之处在于以符号论破解了心理疾病的成因，败也就败在从此信奉符号论，以为一切存在实相和认知行为均可以用符号论来解释和处置，甚至出现了弗洛伊德以"利比多"是人类内在终极发生原因的极端化的社会达尔文主义理论。布伦塔诺开创的全新的心理学经验论的解释，打破了这种生物符号论化的心理科学主义理论，指出在心理反映中展示出的具有自明性的东西，才是存在实相的真值本体，且不管其是否可以为心理反应符号化地把握。其后发展起来的现象学和先验哲学及当代逻辑学在此基础上的融通性发展中，逐渐明确了这种自明性存在的东西，不但可以构成基本的陈述语句，而且可以在二值逻辑作用以外，显示出一种"不确定性"的真值存在，从而为认知"无知之知"打开了全新的认知领域。正是在这个意义上，布伦塔诺的心理学研究，才为先验哲学和分析哲学争论的消解，打开了一条通向现象学的通道。

分析哲学的极端化发展，导致了唯理主义和唯名论的科学主义倾向——否认存在真值之真而只承认观念之真，只承认真理理念具有真值性。这种极端化的科学主义倾向，促动了现象学还原方法在先验哲学研究中的应用，不断扫除着先验哲学在语句模态中的含混不清的现象。尤其是维特根斯坦分析哲学，对于存在实相图像与观念符号图形的区别，使分析哲学的研究走向，形成了一种理性的回归，回归到科学的逻辑语句模态研究上来，并在克里普克那里形成了一种融合的结果。尤其是莱尼厄尔、海贝林哲学的产生，加深了加强了这种当代西方哲学三大主流思想的融会。使人们日益清醒地意识到，人类认知世界、解释世界、把握世界，是有多种形式和方法的。能以直觉解决的认知问题，就不必用经验的知性判断；能从经验判断中解决的问题，就不必强求逻辑演绎论证；能在逻辑理性把握范围内解决的问题，就没有必要去启动还原性观照。但是，所有解决问题的方式，最终却应该归结到，也必然会归结到情理归一的圆觉境界中来。因为只有此时，一切真值、真理、知识、理念，才会得到内化，改变并提升人的存在品质与品性，成为人自觉的生存与发展的内在动力。否则，一切均是外在的东西，难以贯彻始终，更难以改变人的生存方式和生活的人格化方式，从而难于提高人的生存和生活质量。人，也就最终实现不了根本的超越——超越人的生物本能而实现人的智慧本性——这，才是人类追求真理的根本目的。虽然有些人自觉地意识到了这点，而有些人只是自为地把握到了这点。但是，我在这里想明确地指出，所有这些争论的消解，所有这些融合的发生，都是在基于对禅观照的发现和运用中完成的。只有在这种观照中，各学派才自为地摆脱了原有的理论座架的束缚，或者是用与对方论战的方法，或者是站在更高的立场上去通观了人类认知的非理性与理性化过程及其结合过程，从而产生了顿悟，才促动了理论的发展和在发展中的融会贯通。并且，我更要指出的是，不论是罗素的哲学史，文德尔班的哲学史还是施太格缪勒的哲学史，虽然都陈述和论述了种种当代哲学理论的发展脉络和特点，但是，他们均未能发现西方哲学在几千年的发展中，尤其是在 20 世纪的融会性发展中的禅学化发展倾向和发展特点，也没能指出现象学、先验哲学、分析哲学在介入非理性研究领域以后，在逐渐走向归一的大趋势，在不断互相借鉴对非理性研究中所获得的成果中，完善着本学派的理论体系基础上走向归一。为什么会这样只见其异而不见其同呢？原因就在于，他们均未能正确地区别开科学理性的反思和禅学的"离相无念"的观照，最终未能步入"止观双运"的方便法门，只能就哲学而言哲学，无法提升到认知学的高度去讨论哲学问题，也就无法自觉地打开非理性研究的认知大门，从而使认知学的研究，也始终处在低层次的自然科学、生理学、心理学、语言学、社会学的个案研究水平上。如是，我们也可以看出，禅话西方哲学的禅学化特点与内涵是十分必要的。

胡塞尔创立的现象学源于布伦塔诺的心理学分析。也可以说首先源于他对自明性的先验性的还原把握，即自明的东西是一种在人类自性空中内在地显现或感知的东西，是一种归一物我的报身实相触动人的心性而产生的意识倾向,由此导致了对概念名相选用时发生的意义意向和对概念名相的意义充实行为。正是在这种非理性的认知过程中,悟性完成了对存在实相的客观化,也正是在这种非理性认知行为的把握中,胡塞尔建立了他的概念理论和对唯名论的批驳。

胡塞尔认为,逻辑理性与自明性的存在实相本体发生联系时,必须经过一个变换的阶段。在这个阶段中,自明性的先验的东西触动人而产生了一种判断。这种判断不是逻辑演绎推理出的,也不是经验归纳而产生的,而是一种在直接的当下即是的体验中发生的。体验中发生了什么事情?体验中发生了什么判断?胡塞尔认为,发生了一种关于存在真值的把握性的判断,即发生了对这个体验到的东西的一种意义内涵的意念性把握。也就是说,自为的有意识的概念原型就在这种体验中生成了,并且它是和体验到的自明的东西是一致的。如是,被体验为真的东西及其真值性的概念的生成与命名,就是真的,是存在本体的"理合"实相:存在就是存在而不是不存在,在存在法则中,肯定不具有同时又是否定判断的内涵。因此,这种在体验中把握到的对自明性的东西的先验判断为真的东西,不可能同时又是假的。如若对其进行逻辑演绎推理时发生了问题,那只能说是在知性经验判断和逻辑理性演绎推理过程中,知识和理性对存在实相"理合"内涵的拣选出了问题,应该"中止判断"并"悬置一切世界"而"还原"到原初对存在实相的体验性把握中去,重新进行拣选。这时的认知行为就是禅观照,而不是悟性体验命名行为了。如是,胡塞尔得出了他的"观念性——概念性"的东西的存在是先验的真值存在的立论。正是这种先验的观念的东西的成立,才使具有一般普遍有效的概念和命题可以提出和成立。

　　而唯名论认为,根本没有一般的普遍的概念。也就是说,形而上学的东西根本是一种假命题的假设,我们使用的一般概念,无非是一种普遍应用的语言符号,它们没有任何有意义的特定的抽象内容,随时需要特殊的个别的东西来填充,才可能具有意义。胡塞尔运用禅观照的还原方法发现了一个基本的事实,唯名论之所以作出如上论断,只是因为他们对于概念的具体运用的心理过程进行了描述,而根本没有对概念产生的先验的非理性化认知过程进行还原观照,所以无法在对人类认知的整体过程中去把握概念产生和应用。因此,要把握概念的形而上的自明的先验性,就必须对事实进行一种全新的观察,就是他的现象学还原——禅观照方法。但是,仅此还不够,必须在观照中把握唯名论理论产生的关键,即具体事物对一般概念的充实。在对这种充实行为的观照中,胡塞尔把握到,意义意向和意义充实是两回事。当且仅当对存在实相的体验发生之时,才会产生"意义意向"。只有在这个意义意向形成以后,才会启动"意义充实"行为。即意义意向行为发生的本质内涵是对存在实相的真值性把握行为,而"言说"只是对这种存在真值的命名行为。这两种非理性的认知行为都是悟性被启动而发生的非理性认知行为,它只与存在实相及其自明的真值有关,而与行为本身的差别无关。意义充实行为只是将意义意向把握行为显示出来,通过一种意义充实行为,显示出意义意向指示的悟性把握到的存在实相。所以,存在真值的观念性生成是本真的,而意义充实行为只是在陈述这一本真存在实相的"理合"内涵。这一立论后来为先验哲学和分析哲学家们共同称之为"客观化过程"。在这一客观化过程中,主体观念意识的客观化是由存在实相本体的客观化促动的,对其进行观念性充实行为是这一客观化过程的完成行为,并且借助这一存在实相的客观化过程,主观意识形态的观念客观化也得以完成。也就是说，悟性体验、把握、命名存在实相的陈述行为，是主体意识形态和客体存在本体归一为基本命题的过程。所以，先验的非理性认知行为的核心，是悟性体验到存在实相时发生的意义意向行为，而不是意义充实行为。唯名论者之所以得出上述结论，只是因为他们只看到了主体意识观念被客体客观化充实而客观化，而没有看到，在悟性体验中，存在实相首先因其先验的存在实相真值自明地显现而被客观化，从而得出了片面的结论。如是，我们看到，一旦跳出旧观念而讨论观念的捕蝇瓶，进入到存在实相发生和显现的非观念的非理性认知领域中去，事情就会发生根本性的变化。就像在现象学还原的观照中，唯名论的理论和争论也就烟消云散了。同样的事情也发生在海德格尔的存在哲学讨论中。

人称"批判的基督教神学家"海德格尔，是如何完成了他对天主教的超越的呢？答曰：进行终极存在样态的观照。这就首先涉及观照的起点，也可以说是涉及胡塞尔把握的那个先验的普遍观念性的存在真值的把握。即将人不作为具体的个别的存在者，而把握为最一般的普遍的存在者。这个存在者的一般性存在性态和一般性存在样态是这样的，他是一种"被抛弃"的存在者，他的存在样态因此是"在世界之中的无由庇护"，由此而引起了他的一般的存在性态："不安。"并且这种不安不是针对哪一个其他存在者或自然世界的，而是由于在整个存在状态"在……之中"找不到人存在的任何理由和支撑点。在这个被抛弃掷入的世界中，人群是一个先天不足的早产儿，又是一个即使有幸成长起来，也是弱体能的病态生物，人从一出生，就开始面对死亡的威胁，时时处在死神造成的不安的恐惧之中。如是，人为了消除自己生来的不安和无存在理由无支撑点的存在性态，努力去向外寻求一个绝对的东

西的支撑和救助。西方人由此而飞跃到基督的世界中去,最后屈
从于天主教的无情规约。这无疑是很不理智的,对于人生来说也
很不划算。因为天主教并没有使人性——人格摆脱"无助"的"不
安",反而使人理性化地背上了"原罪"的重负,并且将一切主动性
和主动能力都奉献给可以祈求的那个天主,希冀有朝一日得到救
赎,起码在那个不知何时才成立的"末日审判"中获得赦免,或者
在自己终了一生之时获得拯救。正是在这种自从受洗之后日日的
企盼中,"不安"的"烦"不但没有减轻,反而在日日加重。每一次
忏悔之后,心灵的负担不但没有减轻,反而在意识形态中加重了:
我是有罪的,我生来就有罪,我的出生就是罪过的潜意识在不断地
累加。如是,海德格尔观照到了另一条追问终极的道路——人文
关怀。

他在问,当人的不安强化、紧张到无以复加的地步时,会怎样
呢? 所有积累的不安会突然迸发出来而产生最激烈的意识形态性
的爆发:绝望。如是,海德格尔观照到,就是在这种绝望的意识形
态中,一切存在者却荡然无存了,包括人对自己本身存在者样态的
绝望——我不可能通过自己对主的奉献和实施"圣工"而救赎自
己。即便是"吾日三省吾身"地无穷期地进行忏悔——使人本身
对自己也扫荡得干干净净了。就在这种绝望的爆发中,人被动地
实现了佛陀所说的"无人相,无我相,无众生相"的无垢境界。当
绝望中展示了一种存在实相本体的"无相"终极时,一切都归之于
平静下来,没有了救赎的企盼,也没有了绝望的激情,在人心灵中
展现的是"在无之中"。如是,对绝望的真值体验把人的存在彻底
"无化"了。在这种澄明的"无相"的"无化"之中,人体验到的是
一种存在实相的"真如"本体:人经历了一切被抛掷,人体验过最
极端的不安之后,突然看到,存在本身的真如实相就是"在无之

中"。当人的意识形态"在无之中"时,回首望去,一切体验均是历炼,一切由死亡恐惧带来的不安,一切由被抛掷而带来的无由庇护,原来都是由一种自我存在者化身幻相一切的念识的扰动。正是这种对终极存在本体实相乃是"在无之中"的把握,使人看清了死亡的本质,也就是看清了必死之人的本质:历练人生。从而使人看清了人生历炼的思想自觉,可以通过"提前进入死亡"的思想实践而达到,进而就可以在有生之时达到"无化",即自觉地进入"在无之中"而获得人生大自在。若如是观,人就能获得人生存在的自足的理由和根本的依据:认知"无化"的存在实相而提前进入死亡的能力本身。如是,人,还有必要去寻求上帝的眷顾、恩宠和救赎吗?绝望——无化已将这一切都"无化"了,超越就此便实现了。海德格尔的人文关怀的渐修理路,不正是在对天主教的批判中重复着《金刚经》中开示的"不二法门"吗:从"无相"的了悟而达之"无念"的顿悟。显然,在这里我们看到的已然不是什么"批判的基督教神学",而是典型的小乘佛教修证"苦、集、灭、道"四谛的心路历程。并且我们进一步看到,在这种修证过程中,在"绝望"的爆发中,打开的正是大乘佛教的禅观照的方便法门。大乘佛学从小乘佛学中升华而来的历程,我们于此种"洋教"的修证过程中再次领略到了。缘于此,海德格尔才看清了人的存在本身的报身实相和展示这种报身实相的终极存在本体的真如实相:"在无之中"。在这里,还要唯名论、唯实论、唯理论等理性崇拜的意义吗?其实,说到底,海德格尔对宗教的超越,对人本身生物性存在者的超越,是在对理性化寻求解脱方式方法的超越,是在开启禅观照方便法门中实现的超越,本质上是对人的自性空的回归性把握中实现的超越。若其不对神学逻辑理性绝望地实现超越,进入到蓦然回首的"无我相"的禅观照中,他何以能够解构一切存在者而"无相"地进入存在本体领域中呢。海德格尔在自己的思想实践中完成的超越,如果对之进行认真的观照,何止是在人生信仰问题上具有真值意义。并且这种超越行为本身,恐怕也不仅仅是现代逻辑理性所说的"头脑风暴"和"逆向思维"所能够说明和实施的吧。

我们再来看一看在分析哲学家眼中形成的弗雷格和胡塞尔关于"含义—意义"之间的争论是如何泯灭的。

在弗雷格看来,在不透明的语境中,启示不是与它的指称对象相关联的,而是与它的含义相关联的。因为报身实相是混沌的,不是澄明清晰的。悟性命名的,不是存在实相的"事和"样态,而是它的"理合"内涵,即其逻辑刚性的性态。也就是说,在顿悟中,悟性体验到了存在实相,但是,悟性命名的却是其把握到的报身实相展示的逻辑事实性质的"理合"内涵。即客体客观化为主体主观意识形态观念充实的东西。

在胡塞尔那里,现象学还原中把握的东西,首要的是事实的"理合"内涵。但是,在进一步的"先验还原"中把握到的存在实相,却绝不是这种"意义充实"的东西,而是"意义意向"所指示的存在实相本体之"事和"。而这种具有"理合"内涵的"意义充实",在非理性认知的悟性体验中,不是作为认知对象出现和被把握的。那么,"意义充实"的"理合"内涵,是在什么情况下作为认知对象而出现的呢?胡塞尔认为,是在"本质还原"中才作为反思的对象出现的,从而构成"知识"性的认知对象和"知识"性观念产生的源头。于此,我们可以进一步理解胡塞尔为什么要将现象学还原分立为两种。也正是在这种分立的还原中,存在实相本体为主体主观意识形态观念客观化的过程才清晰地显示出来。而这一切,都只是在正觉中进行的"中止判断"和"悬置一切世界"的禅观照中最终实现的。即只有在禅观照中，"意向内容"——意义意向和意义充实——的真值性，才得以确认。

　　通过上述梳理，分析哲学认为，弗雷格的科学哲学与胡塞尔的先验哲学观点，是有着本质上的区别的。其实，这是一种误解。因为弗雷格谈的和胡塞尔谈的根本不是一回事。弗雷格讲的是悟性命名行为发生的过程：陈述句的真命题是如何成立的，并解释其具有真值意义的理由。而胡塞尔讲的则是在禅学观照"无理论的反思"——还原中，在追问理论的源头过程中，去把握悟性命名的存在实相之"理合"内涵是如何存在并显现的。如果搞清楚了这二者谈论的本不是同一个认识阶段的事情，那么，就不存在相对应的比较和分析，因为它起码违反了逻辑法则对于比较研究的基本规定性要求：同一律的一义规定性，既然两位哲学家在谈论不同认知阶段中的认知问题和不同的认知方式方法问题，何来矛盾和争论呢？如果就上述有关内容来说，分析哲学家与现象学一定存着什么根本性的区别的话；那么从禅学上就此可以说这样几句话：分析哲学检讨经验立论，把握的是化身幻相——江江月不同，因此，只有精确的事物命名，导致唯名论。现象学要把握的则是报身实相——千江有水千江月的"江月"。这种存在实相的"事和"与"理合"的统一体，且不管它是"西江月"还是"东江月"。如是，现象学证真了先验哲学，分析哲学要把握的只是"观念"性的意识对象，现象学要把握的是产生"意义充实"需要的绵延存在的本体实相。正缘于此种差别，分析哲学要在"文字般若"上下工夫，准确地用观念去描述那个"意向内容"，以此力求在理论陈述中接近真值，使真值在语言中不失真；而现象学则要求，在两种还原中，发现一切真理产生的真值的存在性源头，从存在实相的存在本体上去把握存在真值本身，而不是寻求在语言的运用上尽量接近存在真值

的实性。这二者的求真意义和认知行为不同,所导致的结果当然
是不同的。

　　这里我们还可以再举出一个例子来说明分析哲学与先验哲学
争论时发生谬说的现象。在与奎因讨论"观察句"时,分析哲学家
们提出相对主义者汉森的一个命题:"所有的观察知识都渗透了
理论",以反驳奎因所说的观察句成立的标准:在没有语言的其他
形式和没有背景知识被利用的条件下,才能获得观察句。从而认
为奎因提出的"观察句"并不具有他提出的"中立观察"的性质,因
之也不是在其所发现的"阿基米德点"上达到的观照的结果。其
实,这里掺有了诡辩进来。起码,分析哲学家并没有认真地理解,
"观察句"和"观察知识"是两回事。奎因的"观察句"是在"无念
离相"的自性空中,观照存在实相而得出的悟性命名的陈述句,它
只被存在实相"理合"内涵真值所"充实",而不为任何理论理念和
知识的左右。就像胡塞尔的"逻辑空形式"为存在实相的"意义意
向"和"意义充实"所充实,从而构成基本命题那样。而汉森在其
相对主义命题中所谈论的则是,任何对直观到的化身幻相所构成
的命题中,都含有理论知识的成分。因为从对化身幻相形成的现
象的直观把握中,不具有任何存在实相的"理合"真值显现成分,
所以,必须以知性把握的知识经验予以框架,才能作出"合理"的
归纳判断,以产生事物模态语句的陈述句。因而,汉森的"观察知
识",指的是知性归纳判断直观化身现象时所在先把握的,由已知
的经验,知识构成的理论座架及其判断后形成的特称命题,而不是
产生于直觉中归一存在实相的事实模态语句的"观察句"。这二
者风马牛不相及。仅凭具有"观察性",就对它们作出比较,是不
理智的,即便不是有意识地运用诡辩论的基本技巧——偷换概念,
也是分析哲学在自己注重"知识"背景作用的立场上,引导自己进

入了一个理性认识的误区:区分不开悟性与知性作用的不同,从而区分不开"事物模态语句"与"事实模态语句"。自身在讨论中犯了自家一再批评的错误。当然,这里面,起码从语言形式上看,还存在着另外一个很重要的问题,西方哲学的现有名相——概念,不足以使其对上述的问题作出清晰的界别,从而在对"观察"一词的理解和使用上,形成了一个理性的"盲区",容易造成误导而引起争论。这一点,我将在本章第三节中谈到。

下面,我们再来讨论一下分析哲学自身造成的混乱。

首先,我们先看一看施太格缪勒本人的思想混乱:"如果我们不仅应该有关于事物的表象,而且应该有关于这种事物存在的表象,那么,这种事物的存在的表象必然是先验的或从直观中抽象的表象。但是,它不是先验的,因为我们的命题是来自经验的,它不可能从直观抽象而来。因为在这种情况下,事物的存在就将是事物的一个更为一般的概念。事物的存在应该是与事物不同的某种东西。"那么,这个事物的存在是什么东西? 他没说,他也说不清。施太格缪勒虽然在年轻时就写作并出版了《当代哲学主流》一书,并了解胡塞尔、维特根斯坦和克里普克的理论,但是,他并没有真正理解和掌握这些理论的真值,因此才造成了他本人区分不了"事物"——化身幻相与"事实"——报身实相,从而也就区分不开同是陈述句的"事物模态语句"和"事实模态语句"的区别。这种理论上的"内化"的缺失,导致了他的思想混乱,使他区分不了源于存在实相的悟性命名的陈述句基本命题的先验性,和源于对化身幻相直观而经由经验归纳判断产生的陈述句的抽象性。从禅学化的哲学义理上来看,关于物自体事物的经验判断的抽象命题和关于直觉归一物我而构成的连续统一体存在实相的悟性命名的先验命题,具有完全不同的性质,前者是经验的,后者是先验的。前提依据的是自明的真值先验的体验性把握。如果能作出这种区分的话,那么,"存在"这一概念就不再是一个空泛的、一般的、形而上的概念,而是一个有真值实相内涵的存在本体概念。它也就不再泛指物自体作为存在者的自在性态为存在,而是指物自体为人类自性自在地归一性把握为一种存在实相连续统一体的"事实"存在。就像芝诺命题那样,存在不再是指"矢"之自在,而是指"飞矢"的连续统一体性的真值实相的存在。若分析哲学禅学化到此种深度,那么,施太格缪勒自己也说不清的存在,或者说,他认为是形而上地泛指的存在,就具有了其应有的真值内涵和准确的理论意义。若假如是禅话,那么,施太格缪勒的思想混乱即可得到澄清,他对先验哲学的错误批评即可得到纠正,分析哲学对先验哲学发起的争论,在存在与真理命题方面的争论,有相当大一部分就可以消解,甚至根本就不可能发生,因为,这种争论只能说明"哲学的无意义",而没有必要进行。

但是,分析哲学终究是科学哲学,具有相当强的,令人叹为观止的科学精神。因此,在关于自然科学和人文科学的价值判断上,还是作出了很明确的阐述。从这种讨论中,我们既看到了对斯宾诺莎形而上学的批判,也看到了对这种伦理学的理性价值意义的肯定。他们认为,在自然科学的判断领域中,没有任何过渡性的判断可言,只有真与假的确认,说明和论证。但是,在人文科学领域,则大不一样,在一个关于存在实相的判断中,是有着程度的区别的,即"比较好的"和"比较坏的"区别。而在自然科学中,则不能有"比较真的"和"比较假的"说法,因为这不成话,不像话。因此,在人文科学中,不是仅有理想主义的好的和坏的截然对立的肯定与否定的判断,更有现实主义的"比较……"的判断。如是,在人文科学中,就充分展示了人之自性的能动性、选择性。分析哲学将其称为"优选公理"。禅学则将其称之为圆觉中成就的情理归一之"心印",张中行先生在明确提出"选境"的生活方式。正是在这一立论上,分析哲学家们显示出了每个人都具有的般若正智的慧根性。也正是对这一点的正觉性把握,竺道生才辟支式地提出了"一阐提也能成佛"的人文关怀命题。自性是佛性于人之用,自性是佛性的能动性、积极性、归真性的惟一显现和应用形式。正因为人具有了这种佛性之自性的根器,也就是人是佛性般若智慧的运用之器,人才具有了选择力而不仅仅是比较、辨别能力。比较能力是动物都有的。

人具有这种选择能力,不仅表现在对物自体的选择上,更重要的是在对存在实相展示出的归真性而指示的正当性的选择上。因而,才有了庄子的"心斋"式的生活方式和张中行先生开示的更好的"选境"式的生活方式。进一步说,有这种对存在实相的体验、把握、选择能力,才使人可以从人文关怀的伦理判断立场上来看待科学技术的发展和应用的"合理性"和"合理化"程度,从而使人类摆脱科学本身内在规定性发展出的人的生物本能的无序而又无限扩张及其带来的恶果。科学精神才真正能够得到人文化的发扬和实践,从而选择并发展有利于人格升华和实现,有利于实现和谐为基本理念的"人间佛国乐土"的科学进步和技术发明及制度安排。佛学界对于此点认识是很深刻的。我可以列举一个洋和尚马蒂尔的所见所闻。他是法国的国家博士,中年成名以后,到尼泊尔出家并游历了西藏,他在笔记中记述了一位已经过世的高僧,画出过飞行器的图样,其年代不晚于达·芬奇。但是,这位高僧怕因此成就而引导人们去追求奇巧而沦落了人格追求,因此中止了研制,而只留下了图纸。这个例子比较极端化,但它和佛学界反对炫耀神道一样,说明了佛学对人文关怀的大众性需求的选择。同时更说明,真正进入方便法门的人,是可以达到"自性生万法"的人生胜境的。

然而,有些站在机械论立场上的分析哲学家,却完全否定这种"自性生万法"命题的科学性。例如奥托·严森对胡塞尔现象学的抨击。他认为,胡塞尔的"意向论"远远超出了存在给予的东西。他以为,根本不存在对意向行为激活的对存在实相的体验,从而,胡塞尔的这种"激活行为"促动知性和理性启动的理论是不成立的。理论就是在对存在者的直接把握中去把握真理的。如是,理性就具有了非理性的先验的能力性质。但是,理性是如何被启动的呢?被直观的"看"的行为启动的。那么,为什么单纯的单一感官的"看",就能启动理性呢?其他的感官又起什么作用呢?有存在和发生功能的必然吗?严森于此则语焉不详。其实,他的立场很简单:观念世界直接符合于感知世界,从而将非理性的认知过程完全排除在人类认知过程以外,而不仅仅是否认存在的先验性质。这种立论的根弊,我们在第三章中已然讨论过了,于此不必赘言。问题是,严森为什么在现象学和先验哲学已然很清楚地统治和讨论了存在相关的非理性认知问题以后,还会坚持这种错误的科学主义立场呢?说来也很简单,他在"掩耳盗铃",根本不承认胡塞尔所说的"事物在体验流中的射映"的只能非理性认知的基础和认知过程的存在。他所说的直接的"看"的行为,是坚持直观行为启动理性。其实坚持的只是人类对化身幻相的物自体的视觉性把握,而不是在直觉归一物我时发生作用的通官的通观认知行为。因此,他也就不可能具有把握悟性体验存在实相的可能。严森被他的感官的单独感觉牢牢地拴在了捕蝇瓶里。不能观照体验的人,不能进入体验的人,不能承认体验为先验存在之真的人,当然不可能理解胡塞尔的"意向"理论。因为"意义意向"和"意义充实"等"意向内容"的东西,都是从悟性对存在实相的体验中发生的。不能体验体验,就不能观照体验,当然也就找不到"意向"理论的源头,自然认为胡塞尔是在虚构,幻想。

如是,问题来了。严森为什么不能进入对存在实相的体验并从中观照到悟性的非理性认知作用。说来也很简单:"箸相"。这在分析哲学家中是很罕见的,在机械唯物论者当中则常见。因为分析哲学家的基本立场是从语言观念出发,而不是从存在者出发,所以易于"住念",但却很少"箸相"。严森认为,观念之所以能够超出存在领域,只是因为现存在者本身会发出有关观念的东西为我们的感官所把握,从而由理性把握为观念。即便是在正觉观照中把握的存在实相本身,也只是一种对存在者的单纯的"回忆",与人本身的内在的自足的能力依据没什么关系。即便是人的理性把这种"绵延"入正觉中的存在实相的真值内涵把握为概念,那也不是由于人的自性存在的作用,而只是由存在者发出的信号刺激、存储、回忆的结果。我们看到,严森根本不承认人的内在自足的终极存在本体。他其实是将巴甫洛夫的条件反射的生物学理论照搬到人类认知领域中来讨论人类认知问题。如是,严森对胡塞尔进行批评的基本出发点和立场就十分清楚了,他并不追问人存在的终极本体意义和价值,他也不承认人的自性存在的真实性和正当性。用他的话来说,人本身的存在,并没有什么特殊的不同,人与万物却一样,是同等的物自体。这个结论,看起来很朴实也很简单,其实很愚蠢。因为他既回答不了人为什么会有顿悟认知行为发生,也回答不了人存在的内在终极本体的存在本真性,甚至回答不了理性为什么会,有能动的积极的认识作用,因而也就根本解释不了为什么观念世界会产生并且符合于现存世界。一句话,他解释不了人为什么会"思想"而万物不会"思想"。在他看来,赵州和尚的"狗子不能成佛"的命题一定是个悖论。这种粗鄙的生物实在论,根本与现象学不处在同一个认知层次上。我很奇怪,他和胡塞尔讨论的根本不是同一个认知问题,怎么就能够大言不惭地向胡塞尔现象学挑战呢?说得更透彻一些,他根本没弄懂现象学说的是什么,甚至就没有区分开非理性认知与理性认识,没区分开先验的东西和经验的东西,怎么就敢于向现象学挑战呢?难道真的是"无知者无畏"吗?他的立论,即便是在科学主义阵营中,也是一种等而下之的东西,却也被分析哲学召唤到论坛中来一显身手,实在是有些莫名其妙,这是不是正说明分析哲学的极端化发展已到了黔驴技穷的地步。正是这些莫名其妙的滥竽充数的事件发生,致使学术讨论更加混乱和表现为激烈的对抗。

就重新发现祖师禅的禅法的胡塞尔来说,面对如此粗鄙的攻击,确实有点"秀才遇见兵,有理说不清"的茫然了。对于这种"混搅"的科学主义者来说,禅学的办法很简单:当头棒喝,然后再问,你看到了什么。这一瞬间,他的五魂六魄被吓得空空如也,再经此一问,或许能真正明见万物实乃"性空"的禅悟。因为对这种牛油糊了心性的人,你对他怎么理论惠能的"于有说无,于无说有"的开示理路,都是对牛弹琴。他深深地沉溺于化身幻相之中,只有将他先从这个泥潭中拔起,让他极为被动地处于"于相而无相"的思想意向中时,才可能再向他开示"于相而离相"的真如实相,从而启动他的自我认知。这也是禅学开示人,采取的非理性、非常规方法之妙处。方便法门之方便性,就表现在并不一定靠思辨讨论进行,必要的极端的思想实践方式介入是可行的。所以,中国禅学对于严森这类"死脑筋"的钝根器之人的开示,就创造出了"棒喝"的方便法门。西方哲学家有时也会采用这种棒喝的方式,如巴门尼德、海贝林,就会大喝一声:"存在就是存在","人知道的东西远比人认识的东西多。""与科学知识相比，有更多的先验的东西存在。"

一些利根器的分析哲学家，也看到了，由于研究的领域不同，讨论的问题不同，因此，表面上看起来的对立，甚至不能沟通的哲学理论，其实是不存在对立的，只是逻辑理性的崇拜的"分别心"在作祟，才使人们误入了论争的漩涡，施太格缪勒在写他的当代哲学史著作时，就明确了这一点。康德及其以后发展的先验哲学，重点研究的是在非理性认知领域中，悟性如何体验、把握、命名存在实相而得出先验综合判断命题。而分析哲学，则主要是在知性的经验归纳判断领域内用功，努力去纠正知性运用经验知识对基本陈述句的全称命题进行转换，以产生可为逻辑理性操作的特称命题时，发生的使用语言不准确的问题。因此，在研究领域的正当性和归真性上，先验哲学与分析哲学并不是处于交锋的状态中，而是铁路警察，各管一段，对认知行为由非理性过程进入到理性过程的前承后继的过程分段研究，并且是同样对之进行理性化研究而已。所以，施太格缪勒才会如此清楚地作出如下论断："日常语言是我们所有人为表达思想首先使用的工具。努力地，更确切地确认其功能，与为了完全确立科学目的而使用人工语言代替它——所有这些努力本身与哲学上的根本信念是完全没有关系的。"果然能如此明智地贯彻始终地看待当代哲学三大学派：先验哲学、现象学、分析哲学的基本研究领域，研究目的和研究功效，哪来的那么多混淆和混乱呢？

三、哲学争论为什么"无意义"

维特根斯坦提出了"哲学无意义"，就像尼采当年提出"上帝死了""追随你自己"的立论一样,在思想界引起了不小的震动。而且,始终没有人能够从正面理解和解释这一论断。这种困惑一直像梦魇一样压在每一个认真思考哲学问题的人的心头,挥之不去,至多像施太格缪勒那样,采取鸵鸟战术,一头钻进理念的沙堆中说:"不知道他在哲学名义下面说的是什么。"从禅学的义理来看,相当多的哲学争论是没意义的。产生这些无意义的争论的原因,大致上可以说有三种:

第一,哲学未能承认、把握、区分人类认知的直觉、正觉、圆觉三个过程,从而也就不能区分和正确地对待、承认非理性认知过程与行为和理性的认知过程与行为具有同等的正当性和本真性。进而没有清晰地界定和把握人的无垢识的三种正当的运用方式:悟性、知性、理性。由此而发生了本不应该发生的争论,并造成了混乱。甚至不惜采用诡辩论的方法进行讨论,导致了更大程度上的混乱,我们可以举一个简单的例子来说明。即斯尼德的结构主义理论和库恩的理论动力学的分歧。

斯尼德结构主义的网络理论认为,完全可以从旧理论的网络中产生"补充理论",甚至可以由之而产生新理论。他的立义是突破二值逻辑的束缚,使逻辑理性的运用扩展到系统关系的研究中去,从而把握到与单独逻辑事项相关联的存在实相的逻辑事实整体的真值关系性,发现补充理论,以此来更新旧理论。这里讲的是在正觉逻辑演绎推理中进行的对于逻辑事实实相的系统观照和再论证再说明和理性认知行为和过程。

库恩的理论动力学指出的是全新的理论的发生,是在"发现领域"中产生的。也就是在直觉—顿悟的非理性的"突变"认知行为中,才产生了新理论的基本命题。非常规研究的科学家,也就是不局限在正觉逻辑演绎范围内去进行研究的科学家,正是敏锐地抓住了这些非理性的"突变",并确认其是归真的、正当的"发现",才把握到了全新的课题,从而对其进行理性研究,产生了新理论,乃至新学科的源头和科学发现的非理性认知判断与研究机制的问题,并不是反对正觉中的常规的理性研究对新课题的说明——证明功用。

因此,从对人类认知过程的阶段性上来看,斯尼德的结构主义理论,讲的是在经过悟性命名和知性判断之后,在正觉的认知阶段,逻辑理性如何突破二值逻辑的局限性,进入到系统逻辑的运用中去、对"非合理性"的命题,进行系统的合理性的论述。原则上,他是在探讨科学理性的开放性及其运用。是在讲求正觉认知过程中的事。库恩的理论动力学,则是要说明新的理论命题,进一步说,一切真值理论命题,是如何在非理性认知领域中产生的,讲究的是在直觉认知阶段发生的事。并且重点在于强调这种非常规研究的非理性认知方式方法性质,和对其把握的非常规的认知态度的科学性的重要性。也就是说,库恩极力要从理性研究的科学立场上去确认非理性认知对象、领域和行为的正当性和归真性,以促使人们真正认识到科学真理的真正的发生——发现源头,从而推动人们对科学研究的发展性态的本真的开放状态的确认。从禅学的义理上说,也可以说,他们二位,一个人是在讲"渐修"的必要性,一个人是在讲"顿悟"的重要性,本无任何冲突与矛盾。因为,只有非理性的顿悟而没有逻辑理性的渐修,就不可能将存在实相本体转化为清晰的知识;如果只有逻辑理性指导的渐修,而没有顿悟作为把握一切真知的存在基础,也不可能达到对存在本体实相的知识化把握。所以,在《坛经》的记述中,惠能大师强调的是顿渐双修,并且一义规定性地开示出进行双修的同一个自足的内在依据。其后马祖道一开示的"非心非佛"的终极本体,也是从对

"即心即佛"的报身实相的确认及其理性化的渐修中来的,大梅法常虽然生气地说:"这个老头子又在混说,我只认即心即佛",但是从来没有认为顿悟与渐修是对立的,不可同一而为之的。正缘于此,马祖道一才赞叹地说:"梅子熟了。"原因不在于别的,就在于他们都知道非理性的认知过程和理性的认知过程,是人类在认知历程中都必定要经历的。如果我们从这一观照中来看,斯尼德和库恩的理论,并没有什么冲突。只是哲学家们没能明确区分开非理性的认知过程和认知的方式方法及把握的结果不同于理性认知过程的认知方式方法和结果,将悟性、知性、理性的自性循序运用方式并列地看待,才产生了上述的对立的和不可调和的评判。一旦进入了禅学至于认知历程的义理阐述语境中,这种评判就烟消云散了。于此,我们是否对"求大同存小异"这一命题有一些新的体验?! 我们对"天下一致而百虑,殊途而同归"的中华传统文化精神的科学性,有一些更深的理解?

第二,在哲学讨论中,虽然在 20 世纪,已然区分开了存在者与存在。但是,并没有区分开在现实世界中,存在着化身幻相、报身实相、法身实相存在的不同存在性态。因此,也引起了很多不必要的争论。在这里,我们可以用克里普克关于语句模态的区分理论作一个比较清楚的说明。

克里普克将人们对于世界的言说,区分为四种语态。他明确指出,只有两种语态是非分析的陈述的,即"事物模态语句"和"事实模态语句"。但是,为什么在这两种陈述句中,还会出现假命题呢? 或者说,还会诱发出循环论证而不得要领呢? 除去二值逻辑本身的局限性以外,原因说来也很简单。在哲学中,一直没能正确区分开由直观把握的化身幻相构成的陈述句和由直觉归一的报身实相构成的陈述句。直观和直觉的区分,的确不是一件容易事,并且也是一件在逻辑思维法则约束下难以做到的事。我们日常中经常听到不止是哲学家会说的一个判断标准:"这个学说听起来逻辑上没什么毛病","这件事情逻辑上合理""这件事情逻辑上不可思议""这件事情完全不合逻辑"。最流行的一句话就是"不按常理出牌"。因为直觉本身的产生,是要在无念亦无相的自性空中形成,而这对于逻辑理性来说,完全是不可思议的事情。所以,克里普克作为逻辑学家,区分了事物模态语句和事实模态语句,但是并没有区分开直观与直觉的根源性,也就没有进一步指出,前者陈述的是直观中的物自体的化身幻相,而后者陈述的才是直觉中形成的连续统一体的报身实相。前者依据的是直观的"看到",后者依据的是内在的体悟。一如前文所说,前者陈述的是孤立的"矢",后者陈述的才是存在本体实相"飞矢"。如是,事物模态语句构成的命题可能会引起命题真伪的讨论,并进一步引起循环论证,而后者则是陈述一个逻辑事实构成的真命题,一般不会也不应该引起命题真伪的论证,同时也就不会引发循环论证。因为这种命题的论证可以引导理性追溯到一个"是"存在,而不是不存在的本真存在真值源头。我们依然可以用"少女的微笑"为例来说明。"少女的微笑"是一个摹状词,也就是一个事物模态语句。它告诉我们的是一名少女的微笑,只是一种物自体的表象现象,并没有向我们展示整个存在实相之"事和"内涵的逻辑事实的"理合"真值。因此人们可以对这个"微笑"的"意义意向"给予各种"意义充实",即进行各种见仁见智的假设和论证,当然有可能引起循环论证。如果我们将这一摹状词构成的关于个体少女的模态语句,经过体验领悟而命名指称为一种存在实相的"事实模态语句",情况就完全不同了,可以是"闺女的微笑",也可以是"妓女的微笑"。那么,我们从这种陈述句中就很容易得出不需要其他假设构想的

"理合"内涵的真值命题,而只会从中把握一种"意义意向",或者是"羞涩的",或者是"挑逗的",当然,人们也不会由此论证进入无限的循环。只当人们无法区分开由化身幻相引起的假设陈述句和由报身实相引起的真陈述句时,人们才会陷入无休止的争论。就像"蒙娜丽莎的微笑"这一摹状词构成的模态语句所表达的模糊的意向内容,使人们对达·芬奇这幅画的内容猜测、争论了几百年,至今也没有一个真理性的意义,是少妇的微笑,是高等妓女的微笑,还是达·芬奇姐妹的微笑,或者就是达·芬奇本人的微笑。道理很简单,对这幅名画命名的陈述句中,只有摹状词,没有对其理合内涵"事实"的命名性指称。由于哲学家们没有区别开化身实相,更没有区别开对二者的不同把握方式方法和不同的内在依据,当然就参不出作出区别真陈述句和假陈述句的方法和标准。但是,克里普克到底是个利根器人,他并没有在此停止他的关于陈述句的讨论,虽然关于"事物"和"事实"的陈述句的区分,使他对真值命题的把握有了一定的理性基础。但是,他认为,问题并没有因此而得到解决。他认为,就在这种非理性的陈述句所陈述的内容中,依然会有什么东西在引导人们构造假命题,这就是欺骗。为了指明这种表象和假相掩盖了存在实相真值的情况,他列举了假装疼痛的人和假装不疼痛的人两种类型。那么,克里普克是怎么把握住这种直观的假相的欺骗性的呢?虽然他们都处在疼痛之中。无他,体验,真实的体验和对体验的再体验的观照。体验才能把握住存在实相的真值内涵、体验才能把握住存在而不是不存在。对体验的再体验的观照才能把握住装疼叫喊的人,其实并无真痛实感的实相,而面带微笑的斯巴达人,才真正经受着巨大的疼痛折磨。如是,克里普克无意间打开了禅学的方便法门,在止观双运中去观照化身幻相和报身实相,其中的存在与不存在就在此澄明之照中一览无遗了。

至于关于终极本体存在实相的确认和争论,更是无尽无休。在形而上学的领域内,最有代表性的争论是一元论的唯物主义和唯心主义的争论,后来日渐炽盛的有心物二元论的讨论。然而始终没有能够进入对"性空"的讨论层次。这种现象本身确实与逻辑理性崇拜有关。因为"空无之妙有"命题,确实是逻辑理性无法不以悖论的方式把握的东西。但是,在科学研究领域,尤其是在量子力学研究中,却日益模糊了上述论争的界限。世界的基本存在形式,由于波粒二象性的发现,使物质第一还是精神第一的争论难以为继。同时,信息科学和量子物理学的结合性发展,日渐走向这样一种"意义意向":信息是一种"能"的存在和显现的形式,它既非物质形态,亦非精神形态,而是一种最基本的"智性"的存在实相。同时,夸克理论的建构,使基础科学的研究,进入到了玄之又玄的难以实证的境地。且不谈夸克内色荷量与夸克本身量不成为数值等例,虽然有一个"零和规则"来消除其间的悖理现象与关系。仅一个夸克的单独显现,就需要一种地球上所无法汇聚的巨大能量,也是人类目前到无法把握的能量。但是,它仍为量子力学家们所认可。

按照禅学的观点来看,这是一种彻头彻尾的于"自性空"中的观照了。就像有人解释孙悟空的跟斗云,并不是在一跃之间,他的肉体就飞跃了十万八千里,而是人的意识能量可以在瞬间到达任何一个"意义意向"指向的地方。这是一种人获得正觉之正智以后,在观照中实现的巨大能量。并且人们内在的自足的终极本体,使人们可以体验到并把握到这种大雄之力的存在。因此,量子物理学最终主张,宇宙的所有存在,最终的存在实相本体。只是一个完满所有可能空间的场。粒子,不外就是这种场的不同显现的运动方式。虽然这里有许多尚未得到圆满解释和验证的东西，一点也不比中医学中尚未得到准确验证的东西少，说起来，这不就是禅学两种实相及其关系的理论吗：报身实相——粒子存在与场运动，法身实相——整个宇宙不过就是一个巨大的无限的空间场。所以，科学家们自为地进入了禅观照的方便法门以后，他们才如此地坚信，虽然在终极本体存在实相的追问上，科学与哲学从古代"太初有水"，争论至今变成"太初有氢"，依然无法对之作出完满的回答，但是，对于存在终极本体的"空无之场"的理论确认，依然可能就是对存在终极本体的最好也是最圆满的解释。因为粒子运动可以转化为波，但是波最终还立足于场，表显为场运动，粒子分解最终还原展示为夸克。但夸克最终还原展示为能，能即是展示为场，能也构成于场。如是场，那个无限的永恒的场，那个"空无之妙有"的场，才是真实的宇宙终极本体。它既不是精神的，也不是物质的，它既不是心，也不是物，它是"非心非佛"的如如不动。

　　量子力学和信息学的科学研究发展理路和阶段性成果，也在验证一千多年前卢行者所作的"心偈"理路："不是风动，不是幡动，是尔的心动。"即是你那个无垢识的"自性空"的信息能的场在运动。这一公案的真值内涵就在这里，当你"无念"之时，即是"无相"之时，达之无念而离相的自性空时，也就达到了"无色亦无空"的真如境界。在空无之妙有的终极本体里，人会色空两忘，这时就会体验到和把握到世界存在的终极本体。若如是，还有什么争论的可能呢？更不用说争论的必要了。行文至此，想必有些先生本已按捺不住，这时大约会拍案而起，大声呵斥到："禅话哲学已是妄，还要禅话科学，更是狂妄！"且莫急，且莫气。若静下来换个角度，或者干脆说，提升一个高度，像金岳霖先生显示那样，跳到长江上空中再去看长江，你可能会觉得禅话科学更有深味。因为科学家最能深切体会到科学是最要求突破、创新,最直接地需要由观照而入顿悟的。在他们的心路历程中,常常直接地展示着禅学方便法门之大用。把握到这个东西,应该说,就把握到了认知的非理性存在和巨大作用,也就把握到了创新的核心能量——大雄之力的般若智。若有行家里手于此种科学家心路历程作一番如是禅话,我想,当于认识学的发生与发展有所裨益。而认知学的发展,会带来什么,推动什么,更不可估量。美国汇聚了世界一流的科学家,他们在展望21世纪的科学前沿方向时,把认知学作为前沿的四大科学之首。此中三昧,对于美国人来说,不足为外人道。而对中国人来说,这一切并无神秘,本是"自明"的——是自家的"宝藏"。

笑谈归笑谈,现在我们来谈第三个原因。由于逻辑理性独尊的格局,使哲学很难确立并承认一些进行非理性研究的概念,以用来把握非理性存在的东西和非理性认知的方式及非理性研究的方法,而仅局限在原有的形而上学的大语境中打转转。且不谈无法确认"性空"、"自性空"、"佛性"、"真如"、"实相"这些概念的科学性和准确性,就连"存在"一词,也不断冒出不同的命名和用法,如"实存"、"事实本身"、"逻辑事实"、"逻辑刚性"、"真理现象"、"真值"、"质料""中间现象"、"客观化"、"主体间客观化"等等。如是,因此而引起的争论就更是风雪连天了。以我看来,这么多的对于存在的解释与用法,远不如一个圆融一切的报身实相来得确切和明确。其实,说到底,哲学与科学理性对于非理性存在的排斥和否定,在理论上落实到一点,就是对于这些非理性理念和概念的排斥和否定。原因也无它,只是因其无法为逻辑理性符号化把握,不便于逻辑理性演绎操作而已。于此可见逻辑理性崇拜者的小气。可是就这么小气了一点,一点点,结果,就造成了自身体系内的无端的混乱和内讧,以至于连对方在哲学名义下说的是什么都不知道了。以一句乡愿式的日常话来说："何苦来的呢?"开放一些又何妨呢? 面对汹汹溺水滚滚而来,吾只取一瓢饮不就完了吗? 诸君若是真有心探明逻辑本真,去看一看佛学中的因明学、声明学著作,就应该会知道,佛学不是反理性和无理性的,在逻辑思想上是有讲究与追求的。再去参究以后的历代名禅公案,就更应该知道,禅学不是仅讲求非理性的顿悟的,而是非常注重理论的修养和探讨的。说来道去,无它,在认知的心路历程中,人类的心性历炼是同一的。

最后,要谈一个问题。泯争,不等于无争。泯争是要在观照各种争论中,发现争论的源头,发现争论的本质,进而发现人类的终极存在本体,从而明辨争论,走到归真返本的目的,以便更好地运用人之本真存在,去创造一片人间乐土。

事实上,在各个民族的思辨性历史中,都存在各种争论,中国也不例外,中国的禅学更不例外。在中国禅学发展史中,就出现过多次大的论争,甚至还差点闹出人命来。如南宗禅和北宗禅的"顿渐之争",其后又有口头禅、默照禅的参修方法之争,又有"定慧等"和"因定生慧"的参修心路之争,并且,现在这些争论也还在继续。但是,我想指出的是,禅学的这些争论和哲学的争论有重大差别。其一,佛学与禅学的辩论、争论,是一种渐修的功课,是通过正觉中的演绎推理,逐渐澄明人们心中的色空双立、有无分别的混沌状态和含混的观念,最终达到觉悟和把握、运用般若正智的境地,而不是要确立一个什么样的学说学派。也就是,不以一种孤立的学说为主张,而以修成正当的正智为目的。其二,禅学解决一切争论有一个自足的内在依据:悟性大用之在。因此,一切争论最终可以自行在自性空的无垢识观照中自觉地消解。如大梅法常拒斥他的老师马祖道一的"非心非佛"命题,马祖道一不但不生气,不与之论争,反而由衷地赞叹:"梅子熟了。"而不像胡塞尔与其老师布伦塔诺,海德格尔与胡塞尔的关系那样。究其原因,无他,只是因为马祖道一"印心"地通晓大梅法常已然了悟和把握了那个"自家心性"之本真。再如,马祖道一初参禅时,进入了"看山不是山,看水不是水"的正觉境地,一味地坐禅用功。其师南岳怀让为了开示他,在一旁磨一块砖。道一很奇怪,问师磨砖作什么用? 南岳怀让回答:磨砖作镜。道一说:磨砖岂能成镜? 南岳怀让当下即应:坐禅岂能成佛? 此一棒喝使道一顿悟。这一公案若细究起来,其中牵扯到许许多多的逻辑关系和推理论证过程。若是以德国哲学家的大手笔来写,恐怕不是百万言所能了事的。但是,在中国禅学家那里,一旦掉到了桶底,就不再饶口饶舌地去讨论什么许多逻辑上的是是非非了。缘于此,我才会说,哲学缺乏的正是这种消解争论的自足的内在依据。所以,只能在逻辑理性把握的观念、理念中去寻求解决。结果是在循环论证中越陷越深,找不到出路。正缘于此,维特根斯坦才发大愿:为捕蝇瓶中的苍蝇找到一条飞出去的路径。

行文至此,还必须得多说几句。不少人认为,中华传统文化中缺乏科学理性的传统。因此,大力提倡科学理性是极为必要的,即便是矫往过正也在所不惜。其实,提倡科学是应该的,也是必须的。因为禅学终究不就是科学,认知学终究不就是哲学。但是,矫枉过正则是绝对必须拒绝的事。因为,只有真正对非理性的存在确认和对非理性研究方式方法的确认,并且清醒地给予理性化的研究和阐述、说明,才能真正理解和把握科学精神。更为重要的是,如是,才能使人们真正有能力去辨别什么是反理性的,起码是无理性的,从而从根本上解除盲信、迷信及由此导致的不人道的反人伦的思想武装。这才是真正的建设健康和谐社会的作风和做派,是消除反理性反人道东西的作风和做派,是消除反理性反人道东西的釜底抽薪的办法。况且,科学本身并不就是哲学所能完全说明的。科学文化的真值内涵也不就是西方的。从禅学认知理路上来看,中华传统文化中的认知理性的科学性和科学内涵更为深刻一些和全面一些,起码在信息提供和把握上更整体化一些。对其进行当代人眼光下的澄明观照与整理,不仅对于国人有益,对于21世纪及其后的世界文化与文明的发展进步也极为有意义。这里不妨引用维也纳学派的一句名言佐证说明:"如果没有关于实在的哲学科学,哲学研究就必定限制在逻辑学,认识论或科学论的基础上,哲学当然成了科学的婢女。"

心静的读者会生出一问:中国的禅学由来已久,但是为什么没有推动中国的科学技术发展呢? 或者说,为什么没有衍生出西方那样的科学化的禅学呢? 这个问题是个大问题。李约瑟用了毕生的时间、精力,在那么宽松、充裕的环境中寻求答案,也未成定论。我这里只想说这么几句,聊以塞责,总归是有胜于无吧。

其一,中国传统文化大语境中的知识分子,不论是处于乱世还是盛世,是欣逢开明君主还是徒遇桀纣之君,都将追求和成就人格作为头等大事,也就是将寻求达之天人合一的人本真实现作为头等大事。这就形成了一种小乘担板汉的"士风"。这大约也是佛教传入中国而大盛,在印度却式微的文化根性所在。也就是说,中国的知识分子,非常注重"常无欲以观其妙"的个人修养,而忽略了"常有欲以观其徼"的发现发明创造行为。正缘于此,《老子》问世以来几千年,始终没有人能够重视这么两句话:"常无欲以观其妙,常有欲以观其徼",以达之"为而不争"的胜境的逻辑内涵和创造力的生成。反而一味地念叨:"无为而无不为"的形而上的理念。一位著名的外国学者对中国知识分子这个毛病看得很透:中国的官员和知识分子，做官做事行的是儒家的那一套，自己的生活中信奉和享受的却是道家的那一套。我想，如此"士风"，当是一大根源，此属内因。

其二，自从汉武帝从董仲舒之议，独尊儒术以后，形成了一种政教合一的思想专制局面，只愿意为专制王朝家国服务的意识形态勃勃发展，而反对一切"异端"，从而关闭了"思想自由"的方便法门。在科考只取四书五经这块敲门砖的指引下，读书人，何来闲心去追求"常有之徼"呢？若不信此言，试看中国历史上可数的几位大科学家式的人物，哪一位不是在以儒家理论敲开了"黄金屋、颜如玉、粟满仓"之后，才以闲情逸致的方式去品尝百科美酒时，作出了杰出的科学贡献。所以，政教合一，是一大弊根。此属外因。

其三，儒家文化思想中，有着极强的专制性，而且是强迫别人接受自己价值、理念、观念、判断的专制性。这种专制精神，深深地渗透到每一个接受这种文化的中国人骨髓里，使其不能自拔。我们以孔学伦理的核心观点来说：孔子心目中的仁与智是：仁者，爱人；智者知人。何以爱，何以知呢？

在儒家看来，爱人的消极的底线是："己所不欲，勿施于人。"而爱人的积极标准则是："己欲立而立人，己欲达而达人。"不论千百年来，包括当代学者如何曲说，直说，圆说，正说这种"爱人"之"仁"，但却无法否认这种"仁"的理念之核心的观念是价值判断与取向的外向化。用在文化大革命中流行的一句政治俗语来说："马列主义手电筒，只照别人不照自己。"无非是建立一种思想形态乃至意识习惯，将自己认可的，哪怕是口头上认可的价值、理念、观点、准则，强加于人。非此，则曰不仁，非如是作为，则曰不义。而不仁不义则是小人，必受排斥、打击，甚至焚书而坑之，前有秦始皇,后有李卓吾,最近有一首公益性广告儿歌中唱到:"你爱我我怎会不知道,学学这个学学那个忙得不得了,学得太多学得太杂怎么受得了,妈妈呀……"。这不是典型的"已欲立而立人"的样板吗? 这首儿歌不就是反抗儒家"爱人"理念的经典之作吗? 还必须提及一笔的,这不正是赤子之心的"一切不住"的坦荡荡吗? 所以,儒家文化的专制性精神力量对于中国人的心灵浸泡,是造成科技文明不兴的一个文化根性。

禅学则认为,爱人不是要给人什么东西,更不是给人以什么观念、理念,而是要千方百计地开示他打开自家心性的"方便法门",以使人自觉地明见到自己的那个"自家宝藏?"使人人都能够真正平等地自我发现、实现,而不是立足于伦理价值观念的灌输和强制实行上。但是,也正是这种禅学立义为专制主义所不容纳,因其追求实现的是人性实现的平等,众生平等的精神。这种平等的人性本真的开示,甚至被斥为"狂禅"、"妄禅",始终无法成为社会文化的主流意识形态,所以难于成为推动科技发展的内在力量。"庄严国土,利乐有情"也就一直只是一个宏愿而已。

说到儒家提倡的智者知人。何以知人,这本来是一个西方哲学追问了几千年的根性问题。在孔学这里,除了那套僵化的仁、义、礼、智、信的外向型价值判断以外,我们再也找不到有效的自知及知人的方式方法了。

禅学则不如是而为。禅学首先开示人们要达到的知人的认知目标,就是"自知之明",即知道自己存在本来是怎么一回事。若能如是获得正觉正智,当可以"遇事事和,遇理理合",则可以把握天下万事万物:"自性能生万法,"以利乐有情。另一方面,禅学还提出一整套知晓他人的"观照"理路。判断一个人是明见心性者,还是一个让牛油糊了心的人,洞见到这个人的价值信念,就可以知道他是个担板汉,还是一个愿意利乐有情的人。

如是可见,禅学提倡的大智慧,不落在爱人——知人上,而是落在明见、开发、运用人的自家心性本真根器上,即落在发现、把握和运用人的内在的自足的依据"自性空"上。即不求"内恕"而"外忠",也不求"内圣"而"外王",这些东西,本质上只能助长专制主义和官僚政治的庸庸碌碌。正是在这种根本的区别中,才显示了禅学本身具有一种超越能力和超越精神——不但超越人本身的生物性,而且超越古代的、封建的、政教合一的所有反理性反科学的"捕蝇瓶",从而具有了现代思想实践意义与价值。其方便法门的真三昧也正在于此。并且也将为新兴的认知学建设作出人文学的贡献。

书写至此,我想,也就说清了写《禅话西方哲学的禅化》一书的主旨和目的。作为一名地球村民的中国人,先作此以塞责,也是有胜于无吧。有些人可能会将本书视作异端。先不忙下结论,看完本专题研究的第三本《禅认知学原理》之后,再作批评也不迟。因为前面这两本书,都不过是这第三本书的引言。不忙,不忙,且静静心。当然,马祖道一的开示方法:"手握空拳止孩啼",也不是每个人都能接受的。有争论,是正常现象,也是好事。虽然季羡林先生不相信理会愈辨愈明。其实,说到底,季老并不反对讨论,骨子里他反对的是话语霸权者"拿着不是当理说"的诡辩和霸道不讲理。

责任编辑:王怡石
装帧设计:徐 晖

图书在版编目(CIP)数据

观照西方科学哲学理性/高小斯 著. -北京:人民出版社,2010.11
ISBN 978 - 7 - 01 - 009307 - 9

Ⅰ.①观… Ⅱ.①高… Ⅲ.①科学哲学-研究-西方国家
 Ⅳ.①N02

中国版本图书馆 CIP 数据核字(2010)第 189279 号

观照西方科学哲学理性
GUANZHAO XIFANG KEXUE ZHEXUE LIXING

高小斯 著

人民出版社 出版发行
(100706 北京朝阳门内大街 166 号)

北京市文林印务有限公司印刷 新华书店经销

2010 年 11 月第 1 版 2010 年 11 月北京第 1 次印刷
开本:880 毫米×1230 毫米 1/32 印张:14.25
字数:332 千字

ISBN 978 - 7 - 01 - 009307 - 9 定价:35.00 元

邮购地址 100706 北京朝阳门内大街 166 号
人民东方图书销售中心 电话 (010)65250042 65289539